工业和信息化精品系列教材

云计算技术

U0160648

Cloud Computing
Technology

微课版

Kubernetes

集群实战

王雅静 成安霞 ◉主编

申永芳 段莎莉 钟小平 ◉副主编

人民邮电出版社

北 京

图书在版编目（ＣＩＰ）数据

Kubernetes集群实战：微课版 / 王雅静，成安霞主编. -- 北京：人民邮电出版社，2024.7
工业和信息化精品系列教材. 云计算技术
ISBN 978-7-115-64009-3

Ⅰ. ①K… Ⅱ. ①王… ②成… Ⅲ. ①Linux操作系统－程序设计－教材 Ⅳ. ①TP316.85

中国国家版本馆CIP数据核字(2024)第060499号

内 容 提 要

本书全面、系统地讲解 Kubernetes 的基础知识和运维管理方法。本书共 9 个项目，包括从 Docker 转向 Kubernetes、部署 Kubernetes 集群、熟悉 Kubernetes 基本操作、部署和运行应用程序、发布应用程序、管理存储和配置信息、Kubernetes 调度、高效管理应用程序的部署，以及持续集成和持续部署。

本书结构清晰，在内容编写方面注意难点分散、循序渐进，在文字叙述方面注意言简意赅、突出重点，在实例选取方面注意实用性和针对性。为强化实践性和可操作性，本书为每个知识点都配备了相应的操作示范，便于读者快速上手。

本书可作为院校计算机相关专业、相关课程的教材，也可作为软件开发人员、IT 实施和运维工程师学习 Kubernetes 云原生技术的参考，还可作为相关课程的培训教材。

♦ 主　　编　王雅静　成安霞
　　副 主 编　申永芳　段莎莉　钟小平
　　责任编辑　初美呈
　　责任印制　王　郁　焦志炜

♦ 人民邮电出版社出版发行　　北京市丰台区成寿寺路 11 号
　　邮编　100164　电子邮件　315@ptpress.com.cn
　　网址　https://www.ptpress.com.cn
　　固安县铭成印刷有限公司印刷

♦ 开本：787×1092　1/16
　　印张：20.5　　　　　　　　　2024 年 7 月第 1 版
　　字数：519 千字　　　　　　　2025 年 1 月河北第 2 次印刷

定价：79.80 元

读者服务热线：(010)81055256　印装质量热线：(010)81055316
反盗版热线：(010)81055315
广告经营许可证：京东市监广登字 20170147 号

前　言

国内的云计算技术和产业飞速发展，为建设数字中国和全方位推动高质量发展提供了强有力的支撑。云原生应用逐步成为云计算的主流服务形式，容器编排系统 Kubernetes 作为云原生应用的基石，逐渐成为互联网企业和传统 IT 行业云化和简化运维的利器。国内相关行业的头部企业已成功地利用 Kubernetes 提高生产效率和降低 IT 成本，华为云、阿里云和腾讯云都已支持 Kubernetes 集群。

Kubernetes 已经成为容器编排领域的实践方向，但是如何将它广泛应用于实际的生产环境，仍存在一些技术挑战，尤其是缺乏胜任 Kubernetes 运维的高技能人才。为此，我国很多院校的计算机相关专业陆续将 Kubernetes 技术及其应用作为一门重要的专业课程。为了帮助教师比较全面、系统地讲授这门课程，我们几位长期在院校从事计算机相关专业教学的教师共同编写了本书。

党的二十大报告提出：深入实施科教兴国战略、人才强国战略、创新驱动发展战略，开辟发展新领域新赛道，不断塑造发展新动能新优势。本书全面贯彻党的二十大精神，落实优化职业教育类型定位要求，从 Kubernetes 运维工程师的视角，系统地讲解 Kubernetes 的基础知识和运维管理方法。

本书采用项目式结构编写，注重系统架构解析和实验操作。本书以在 CentOS Stream 8 操作系统上部署和运维 Kubernetes 为例进行讲解，选用 Kubernetes 1.25.4 版本（开源平台的更新较快，书中个别内容可能与最新版本略有出入）。本书从 Docker 容器化开始讲解，以照顾不熟悉容器技术的读者；接着部署一个三节点小型 Kubernetes 集群，用于运维实验操作；在介绍 Kubernetes 的基本操作之后，重点讲解如何在 Kubernetes 中部署和管理应用程序；最后一个项目实现了 Kubernetes 最关键的目标，即简化应用程序的开发和运维，让云原生应用落地，具体内容是将开发的应用程序部署到 Kubernetes 中，实施云原生应用程序的持续集成和持续部署。为方便读者阅读书中源码，作者对部分关键代码的字体做了加粗处理。

为适应"互联网＋职业教育"的发展需求，本书通过电子活页线上补充知识点以丰富教学内容，并提供 PPT 课件、微课视频、补充习题、教学大纲和教案等配套的立体化、多元化的数字化教学资源。

本书的参考学时为 64 学时，具体请参考下面的学时分配表。

前　言

学时分配表

项目	课程内容	学时分配
项目 1	从 Docker 转向 Kubernetes	4
项目 2	部署 Kubernetes 集群	6
项目 3	熟悉 Kubernetes 基本操作	6
项目 4	部署和运行应用程序	6
项目 5	发布应用程序	8
项目 6	管理存储和配置信息	8
项目 7	Kubernetes 调度	8
项目 8	高效管理应用程序的部署	6
项目 9	持续集成和持续部署	12
学时总计		64

由于编者水平有限，书中难免存在不足和疏漏之处，敬请广大读者批评指正。

编　者

2023 年 12 月

Kubernetes集群实战（微课版）

目 录

目 录

项目 3　熟悉 Kubernetes 基本操作 / 62

Kubernetes集群实战（微课版）

目 录

目 录

项目 5　发布应用程序 / 118

项目 6　管理存储和配置信息 / 158

目 录

项目 7　**Kubernetes 调度 / 192**

目 录

**项目 8　高效管理应用程序的
部署 / 228**

目　录

项目 9　持续集成和持续部署 / 256

目　录

VIII

Kubernetes集群实战（微课版）

项目1

从Docker转向Kubernetes 01

　　容器的出现在软件开发的历史上是一次巨大的变革。容器化过程的可移植性和可重复性可以实现应用程序跨云和数据中心的迁移和扩缩容，Docker是业界领先的容器化平台，可以为开发、测试和生产提供环境一致性，成功推动了容器技术的迅速普及和广泛应用。

　　随着容器的大量使用，生产环境中需要解决如何高效地管理容器和如何可靠地编排容器等问题，因此Kubernetes应运而生。选择Kubernetes，用户无须考虑基础设施，只需将镜像推送到Docker注册中心的镜像仓库，所有部署环节的任务都由Kubernetes自动管理。

　　Kubernetes作为容器编排领域的实践方向，成功推动了云原生服务的迅速增长。目前，数百家厂商和技术社区共建了强大的云原生生态，大多数云基础设施公司都以原生形式将Kubernetes作为底层平台。国内的华为云、阿里云和腾讯云都已支持Kubernetes集群，今后会有越来越多的公有云及私有云支持Kubernetes。国内技术力量对Kubernetes做出了重要贡献，相关行业的头部企业成功地利用Kubernetes提高了生产效率和降低了信息技术（Information Technology，IT）成本。

　　Kubernetes设计理念超前、开放并可扩展，其开放的生态拥有大量的贡献者，他们与一线厂商结成利益共同体。Kubernetes让企业快速推出产品并变现，企业成功后反哺社区，又进一步繁荣社区，形成良性循环。可以说，Kubernetes的成功是共建共享的结果，从某种程度上讲这也是一种人类命运共同体的构建活动。坚持合作共赢，推动建设一个共同繁荣的世界；坚持交流互鉴，推动建设一个开放包容的世界。

　　在Kubernetes的架构中，Docker只是其目前支持的一种底层容器技术。虽然新版本的Kubernetes已经将Docker弃用，但是Kubernetes和云原生的基础是容器，Docker镜像依然是必需的，学习和掌握Docker的基本用法依然是有必要的，也是容器化入门的基本途径。在Kubernetes中部署基础软件可以使用现成的镜像，但是部署自己开发的应用程序，还需要掌握使用Dockerfile编写、构建和推送镜像等Docker操作方法，因为Kubernetes本身不能发布源码，也不能构建应用程序。另外，Docker毕竟还是目前最流行的容器解决方案，仍然是本地开发或者单机部署的最佳容器工具。本项目主要让读者掌握Docker的安装和基本操作方法，并让读者对Kubernetes有初步的了解。

☞ 知识目标

➢ 了解应用程序部署方式的演变。
➢ 了解 Docker 的基础知识。
➢ 初步了解 Kubernetes。

☞ 技能目标

➢ 学会安装 Docker。
➢ 掌握 Docker 镜像和容器的基本操作方法。
➢ 初步掌握应用程序容器化的方法。

☞ 素养目标

➢ 激发学习新知识、新技术的兴趣。
➢ 增强关键技术自主可控的使命感。

任务 1.1 认识与安装 Docker

▷ 任务要求

在容器技术出现之前，开发人员就尝试将应用程序打包发布，如将依赖组件和程序一起打包。但是容器的打包更为"优雅"，将容器固化成镜像后就可以加载到任何环境中部署、运行，真正做到了"一次构建，到处运行"。Docker 是主流的容器化工具，它所构建的镜像包含应用程序运行所需的程序、依赖组件和运行环境，作为一个完整、可用的"集装箱"，在任何环境下都能保证环境的一致性。无论是开发人员，还是实施和运维人员，都需要了解和掌握基本的 Docker 技术。本任务旨在让读者了解并安装 Docker，基本要求如下。

（1）了解应用程序部署方式及其演变。
（2）理解 Docker 的基本概念和架构。
（3）掌握 Docker Engine 的安装方法。
（4）了解 docker 命令的基本用法。

⤢ 相关知识

1.1.1 应用程序部署方式的演变

Docker 是一个开源的应用程序容器引擎，它的出现是应用程序部署方式随着需求不断演变的结果。如图 1-1 所示，应用程序部署方式从使用物理服务器的传统部署发展到虚拟化部署，继而转向容器部署。

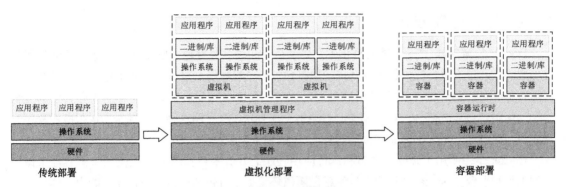

图 1-1 应用程序部署方式的演变

1. 传统部署

早期都是在物理服务器上运行应用程序的。传统部署的优点是部署简单，不需要额外的技术支持。其缺点主要体现在以下 3 个方面。

• 存在资源分配问题，应用程序之间会相互影响。同一台物理服务器上运行多个应用程序可能出现一个应用程序占用大部分资源的情况，从而导致其他应用程序的性能下降。

• 物理服务器的实际利用率偏低。

• 维护多台物理服务器的成本偏高。

2. 虚拟化部署

与传统部署不同，虚拟化部署是在一台物理服务器上运行多个虚拟机，每个虚拟机中运行特定的应用程序。每个虚拟机是一台完整的计算机，在虚拟硬件之上运行所有组件，包括其自己的操作系统。通过虚拟化，用户还可以将一组物理资源呈现为虚拟机集群。这种方式的优点如下。

• 应用程序在不同虚拟机之间被彼此隔离，且能提供一定程度的安全性。

• 能够更好地利用物理服务器的资源，节约 IT 部署总体成本。采用资源池化技术，一台物理服务器的资源可分配到不同的虚拟机上。

• 便于弹性扩展，增加物理机或虚拟机都很方便。

虚拟化部署在一定程度上弥补了传统部署的缺陷，但也存在一些局限。比如，运行虚拟机将运行完整的操作系统，提供的环境所包含的资源超出了大多数应用的实际需要。

3. 容器部署

容器类似于虚拟机，但容器具有更松散的隔离特性，容器之间共享主机的操作系统内核。在容器中运行一个独立的进程，其不会比其他程序占用更多的内存。与虚拟机相比，容器启动快、开销少。与虚拟机类似，每个容器都具有自己的文件系统、中央处理器（Central Processing Unit，CPU）、内存、进程空间等。

容器部署的优点如下。

• 容器具备轻量化的优点，是一种轻量级虚拟化技术。

• 容器与基础架构分离，可以跨云和操作系统发行版本移植。

当然，容器部署也存在需要解决的问题，如容器运行崩溃后如何快速恢复容器、多个容器化应用程序如何实现扩缩容等。这些问题可以通过建立容器集群解决。容器集群的设计目标是提供一个能够自动化部署、扩缩容以及运维的容器化平台。

就隔离特性来说，容器是应用层面的隔离，虚拟机是物理资源层面的隔离。对于需要实现硬件资源隔离的应用场景，虚拟化部署也有必要。

1.1.2　什么是 Docker

　　Docker 的徽标🐳是一艘装有许多集装箱（Container）的货轮。Docker 借鉴集装箱装运货物的思想，让开发人员将应用程序及其依赖项打包到一个轻量级、可移植的容器中，然后发布到任何运行 Docker 的环境中，以容器形式来运行该应用程序。与装运集装箱时不用关心其中的货物一样，Docker 在操作容器时也不用关心容器中有什么软件，采用这种方式部署和运行应用程序非常方便。Docker 中的 Container 应译为容器，以区别于集装箱。

　　Docker 是一个用于开发、发布和运行应用程序的开放平台。Docker 提供了管理容器生命周期的工具和平台。Docker 通过容器这种松散隔离环境提供打包和运行应用程序的能力。

　　Docker 重新定义了应用程序在不同环境中的移植和运行方式，为跨环境运行的应用程序提供了新的解决方案。其优势表现在以下 3 个方面。

　　• 应用程序快速、一致交付。Docker 能够将应用程序与基础设施分开，以便用户快速交付软件。利用 Docker 快速分发、测试和部署代码的方法，用户可以显著降低在开发环境中编写代码与在生产环境中运行代码之间的延迟。容器非常适合持续集成和持续交付工作流程。

　　• 响应式部署和伸缩应用程序。Docker 基于容器的平台支持高度可移植的工作负载，其可移植性和轻量级特性也使动态管理工作负载变得非常容易。

　　• 在同样的硬件上运行更多的工作负载。Docker 非常适合需要使用更少资源实现更多任务的高密度环境和中小型应用程序的部署。

　　Docker 在很大程度上改变了开发人员构建、共享和运行应用程序的方式。

1.1.3　Docker 架构

　　Docker 采用客户端 - 服务器（Client/Service，C/S）架构，如图 1-2 所示。Docker 客户端与 Docker 守护进程通信，而 Docker 守护进程相当于 Docker 服务器，负责构建、运行和分发 Docker 容器。Docker 客户端与 Docker 守护进程可以在同一系统上运行，也可以将 Docker 客户端连接到远程主机上的 Docker 守护进程。Docker 客户端和 Docker 守护进程使用 REST 应用程序接口（Application Program Interface，API），通过 UNIX 套接字（Socket）或网络接口通信。Docker 客户端和 Docker 守护进程属于 Docker Engine（引擎）的一部分。另外，还有一个独立的 Docker 客户端是 Docker Compose，用来处理由一组容器组成的应用，适合单机上的 Docker 容器编排。

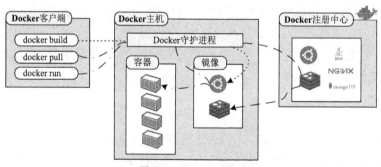

图 1-2　Docker 架构

　　Docker 守护进程（dockerd）监听 Docker API 请求并管理 Docker 对象，如镜像、容器、网络和卷等。Docker 守护进程还可以与其他 Docker 守护进程通信以管理 Docker 服务。

Docker 客户端（docker）是许多 Docker 用户与 Docker 交互的主要方式。当用户使用 docker run 等命令时，Docker 客户端将这些命令发送到 Docker 守护进程，由 Docker 守护进程执行这些命令。Docker 客户端可以与多个 Docker 守护进程通信。

Docker 注册中心用于存储和分发 Docker 镜像。Docker Hub 和 Docker Cloud 是任何人都可以使用的公开注册中心，默认情况下，Docker 守护进程会到 Docker Hub 中查找镜像。用户也可以部署自己的私有注册中心。

使用 Docker 需要创建和使用镜像、容器、网络、卷、插件和其他 Docker 对象。镜像是一个只读模板，包含创建 Docker 容器的说明。容器是镜像的可运行实例。用户可以使用 Docker API 或命令行界面（Command Line Interface，CLI）创建、启动、停止、移动或删除容器，可以将容器连接到一个或多个网络，将外部存储连接到容器，甚至可以根据其当前状态创建新的镜像。

1.1.4　Docker 版本

Docker 企业版（Docker Enterprise）已被 Mirantis 公司收购。现在 Docker 公司保留 Docker Engine，也就是原来的 Docker Engine 社区版，并且专注于 Docker Desktop 和 Docker Hub 的开发与运维。

Docker Desktop 就是 Docker 桌面，这是一款易于安装的应用程序，适用于 macOS、Windows 或 Linux 等环境，便于开发人员构建和共享容器化应用程序和微服务。Docker Desktop 包括 Docker 守护进程、Docker 客户端、Docker Compose、Docker Content Trust、Kubernetes 和 Credential Helper 等组件。

Docker Desktop 提供的 Docker Dashboard 是一个简单的图形用户界面（见图 1-3），让用户能够管理容器、应用程序和镜像，而无须使用命令行执行核心操作。

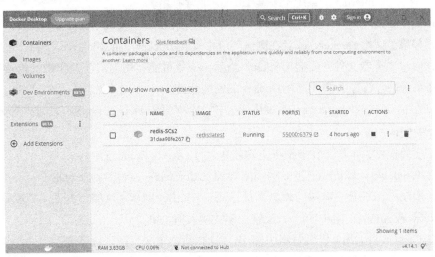

图 1-3　Docker Desktop 图形用户界面

Docker Desktop 包括 Docker Extensions，允许开发人员通过集成由 Docker Partner、社区或他们的队友构建的其他开发工具来提高开发效率。

Docker Desktop 无缝集成 Kubernetes，内置一个单节点的 Kubernetes 集群，便于直接测试 Kubernetes 应用部署。

特别是 Docker Desktop for Linux 的推出，为使用 Linux 环境的开发人员提供与 macOS 和

Windows 环境完全相同的 Docker 体验。该版本可以在多个 Linux 发行版上使用，包括 Debian、Fedora、Ubuntu 和 Arch。

Docker Desktop 内置一个轻量级的 Linux 虚拟机（即使在 Linux 桌面版中安装 Docker Desktop 也会安装一个虚拟机）来运行 Docker 守护进程，而将 Docker 客户端安装在宿主机中运行。总的来说，Docker Desktop 适合开发人员和测试人员使用。

Docker Engine 是 Docker 的核心组件。Docker Engine 是一种用于构建和容器化应用程序的开源容器化技术，包括 Docker 守护进程、Docker 客户端和用于定义应用程序与 Docker 守护进程交互的 REST API。Docker 守护进程依赖于 Linux 内核运行。

Linux 操作系统，尤其是服务器版 Linux 操作系统，适合直接安装 Docker Engine。Docker Engine 直接在 Linux 内核运行，效率更高。开发、测试和运维人员都可以使用 Docker Engine 的 CLI 客户端来高效地管理容器、应用程序和镜像。

任务实现

任务 1.1.1　安装 Docker Engine

微课

01. 安装 Docker Engine

在 Linux 平台上安装 Docker 时通常选择 Docker Engine，并且可以根据需求选择不同的安装方式。CentOS 系列操作系统支持以下安装方式。

• 大多数用户通过 Docker 的软件仓库安装 Docker。这种方式便于 Docker 的安装和升级，是推荐的方式。

• 有些用户选择下载软件包手动安装，这需要手动管理与升级，对在未接入 Internet 的系统上安装 Docker 非常有用。

• 在开发和测试环境中，有的用户选择使用自动化便捷脚本安装 Docker。

另外，如果要试用 Docker，或者在测试环境中安装 Docker，而 Docker 不支持当前操作系统，则可以尝试通过二进制文件来安装 Docker。当然，应尽可能使用为当前操作系统构建的软件包，并使用操作系统的包管理系统来管理 Docker 的安装和升级。

下面以在 CentOS Stream 8 操作系统中通过软件仓库安装 Docker Engine 为例示范安装过程。

1. 准备安装环境

为方便实验操作，本任务在虚拟机上安装和运行 Docker Engine。

（1）在 Windows 计算机中通过 VMware Workstation 创建一台运行 CentOS Stream 8 操作系统的虚拟机。建议内存不低于 4GB，硬盘容量不低于 60GB，网卡（网络适配器）以默认的网络地址转换（Network Address Translation，NAT）模式接入宿主机。

（2）在 CentOS Stream 8 安装过程中，语言选择简体中文，建议读者安装带图形用户界面的服务器版本，便于查看和编辑配置文件、运行命令行（可打开多个终端界面）。为简化操作，初学者可以考虑直接以 root 用户身份登录。如果以普通用户身份登录，执行系统配置和管理操作时需要使用 sudo 命令。操作系统安装完毕后，进行基本配置。

（3）设置主机名。为方便识别，通常要更改主机名，这里更改为 docker_dev。

```
[root@localhost ~]# hostnamectl set-hostname docker_dev
[root@localhost ~]# bash                              # 重新执行 Shell 使配置生效
```

（4）修改网络连接配置（本例将 IP 地址设置为 192.168.10.20）。

```
[root@docker_dev ~]# nmcli connection show          # 获取当前的网络连接信息
NAME      UUID                                      TYPE       DEVICE
virbr0    ebe78e54-b220-4f65-85b2-f6ccf2b8267f      bridge     virbr0
ens160    83daa21e-03bb-4cea-b286-d6a0fb6df711      ethernet   --
[root@docker_dev ~]# nmcli connection modify ens160 ipv4.addr 192.168.10.20/24
ipv4.gateway 192.168.10.2  connection.autoconnect yes  ipv4.dns "192.168.10.2
114.114.114.114"                                  # 修改网络连接配置
[root@docker_dev ~]# nmcli connection up ens160    # 激活网络连接使配置生效
```

（5）禁用防火墙。

```
[root@docker_dev ~]# systemctl stop firewalld && systemctl disable firewalld
```

（6）禁用 SELinux。

```
[root@docker_dev ~]# sed -i 's/^SELINUX=enforcing$/SELINUX=disabled/'/etc/
selinux/config                                    # 重启系统后会永久禁用 SELinux
[root@docker_dev ~]# setenforce 0                  # 临时禁用 SELinux 以免重启系统
```

（7）更改时区设置，创建软链接以替换当前的本地时间设置。

```
[root@localhost ~]# ln -sf /usr/share/zoneinfo/Asia/Shanghai /etc/localtime
```

2. 设置 Docker 仓库

首次安装 Docker Engine 之前，需要设置 Docker 仓库，以便从该仓库中安装和更新 Docker。

（1）执行以下命令安装所需的 yum-utils 包以提供 yum-config-manager 工具。

```
[root@docker_dev ~]# yum install -y yum-utils
```

（2）执行以下命令设置 Docker Engine 稳定版的仓库地址。考虑到国内访问官方的 Docker 仓库可能不方便，这里使用的是阿里云提供的镜像源。

```
[root@docker_dev ~]# yum-config-manager --add-repo \
    http://mirrors.aliyun.com/docker-ce/linux/centos/docker-ce.repo
```

这将在 /etc/yum.repos.d 目录下创建一个名为 docker.repo 的文件。该文件中定义了多个仓库的地址，但默认只有稳定版（Stable）被启用。Docker Engine 提供两种类型的更新渠道：Stable 提供最新的、可用的通用版本，即稳定版；Test 提供稳定版发布之前准备用于测试的预发布版本，即测试版。

3. 安装 Docker Engine 软件包

CentOS Stream 8 操作系统默认的容器引擎是 Podman，Podman 是由 Red Hat 公司开发的容器调度器。为避免冲突，安装 Docker 之前需要先执行以下命令卸载 Podman。

```
[root@docker_dev ~]# yum erase podman builda
```

本例中执行以下命令安装指定版本的 Docker Engine 和 containerd（不指定版本会安装最新版本）。

```
[root@docker_dev ~]# yum install docker-ce-20.10.21 docker-ce-cli-20.10.21
containerd.io-1.6.10
```

安装过程中如果提示是否接受 GNu 隐私卫士（The GNu Privacy Guard，GPG）密钥，请接受。

安装 Docker 之后默认不会立即启动 Docker。执行以下命令立即启动 Docker 并将 Docker 设置为开机自动启动。

```
[root@docker_dev ~]# systemctl enable --now  docker
```

安装完毕，查看版本，验证是否安装成功。

```
[root@docker_dev ~]# docker --version
Docker version 20.10.21, build baeda1f
```

生产环境中往往需要安装指定版本的 Docker Engine，而不是最新版本。具体方法是先执行 yum list docker-ce --showduplicates | sort -r 命令列出可用的 Docker Engine 版本（将其中的"docker-ce"替换为"containerd.io"，则可查看 containerd.io 的安装版本），然后安装特定版本的 Docker Engine：yum install docker-ce-< 版本字符串 > docker-ce-cli-< 版本字符串 > containerd.io-< 版本字符串 >。

Kubernetes集群实战（微课版）

4. 运行 hello-world 镜像进行验证

接下来通过运行 hello-world 镜像来验证 Docker Engine 的安装。

```
[root@docker_dev ~]# docker run hello-world
Unable to find image 'hello-world:latest' locally
latest: Pulling from library/hello-world
2db29710123e: Pull complete
Digest: sha256:faa03e786c97f07ef34423fccceeec2398ec8a5759259f94d99078f264e9d7af
Status: Downloaded newer image for hello-world:latest
Hello from Docker!
This message shows that your installation appears to be working correctly.
...
```

以上消息表明安装的 Docker 可以正常工作。在整个过程中，Docker 采取了以下步骤。

（1）Docker 客户端联系 Docker 守护进程。

（2）Docker 守护进程从 Docker Hub 中拉取了 hello-world 镜像。

（3）Docker 守护进程基于该镜像创建了一个新容器，该容器运行可执行文件并输出当前正在阅读的消息。

（4）Docker 守护进程将该消息流式传输到 Docker 客户端，由 Docker 客户端将此消息发送到用户终端。

任务 1.1.2　了解 docker 命令的基本用法

默认情况下，Docker 守护进程绑定到 UNIX Socket，而不是传输控制协议（Transmission Control Protocol ,TCP）端口。该 UNIX Socket 归 root 用户所有，其他用户只能使用 sudo 命令访问它。在使用 docker 命令时，如果不想使用 sudo 命令，则可以创建一个名为 docker 的组并向其中添加用户，docker 组中的成员使用 docker 命令时具有 root 用户的特权。在 CentOS Stream 8 操作系统上安装 Docker 时默认会创建该组。

docker 命令本身就是一个 Linux 命令，采用的是 Linux 命令语法格式，可以使用选项和参数。Docker 官方文档中有的地方将不带参数的选项称为标志（Flag），为便于表述，本书统一使用选项这个术语。docker 命令的基本语法格式如下。

```
docker［选项］命令
```

其中，命令是 docker 命令的子命令。子命令又有各自的选项和参数，例如 attach 子命令的语法格式如下。

```
docker attach［选项］容器
```

其中，选项是指 attach 子命令的选项，容器是指 attach 子命令的容器，表示要连接到的目标容器。

有的选项既可使用短格式，又可使用长格式。短格式的为一个短横线（-）加上单个字符，如 -d；长格式的为两个短横线加上字符串，如 --daemon。

短格式的单字符选项可以组合在一起使用，例如可以将以下命令：

```
docker run -t -i ubuntu  /bin/bash
```

改写为：

```
docker run -ti ubuntu  /bin/bash
```

布尔值选项，也就是常说的开关选项的用法如下。

```
选项 = 布尔值
```

下面给出一个示例。

```
-d=false
```

可以从 docker 命令的帮助信息中获知选项默认值。使用布尔值选项时，可以不赋值，此时 Docker 将选项值视为 true，不管默认值是 true 还是 false。例如，以下命令将 -d 选项值设置为 true，表示容器将以分离模式在后台运行。

```
docker run -d
```

默认值为 true 的选项（如 docker build --rm=true）要设置为非默认值，只能将其显式地设置为 false。

```
docker build --rm=false
```

多值选项（如 -a=[]）可以在单个命令行中多次定义。下面给出两个示例。

```
docker run -a stdin -a stdout -i -t ubuntu /bin/bash
docker run -a stdin -a stdout -a stderr ubuntu /bin/ls
```

注意，由于伪终端实现的限制，不能组合使用 -t 选项和 -a stderr 选项，因为在伪终端模式中所有的标准错误（stderr）都会输出到标准输出（stdout）。

有时多值选项可以使用更复杂的值字符串，例如下面的 -v 选项。

```
docker run -v /host:/container example/mysql
```

像 --name 选项的值是一个字符串，在一个命令行中只能定义一次。像 -c=0 表示 -c 选项的值是一个整数，在一个命令行中也只能定义一次。

给布尔值选项赋值时，必须使用等号。给数据类型为字符串或整数的选项赋值时，可以使用等号，也可以不使用等号（相当于选项的参数），例如可以将以下命令：

```
docker run -v /host:/container example/mysql
```

改写为：

```
docker run -v=/host:/container example/mysql
```

部分选项的值采用键值对表示，例如：

```
docker run -it --mount source=nginx-vol,destination=/nginx ubuntu /bin/bash
```

对于较长的单行命令，为便于阅读，与通用的 Linux 命令行一样，可以使用续行符（\）换行。这样的命令在命令行中输入时，会在下一行开头显示 ">" 符号，表示当前行是上一行的延续，例如：

```
[root@docker_dev ~]# docker run --device=/dev/sdc:/dev/xvdc \
>              --device=/dev/sdd --device=/dev/zero:/dev/nulo \
>              -i -t \
>              ubuntu ls -l /dev/{xvdc,sdd,nulo}
```

任务 1.1.3　运行一个容器

这里以常用的 docker run 命令为例演示如何运行一个容器。下面的命令运行一个 Ubuntu 容器，在该容器中运行 /bin/bash 命令以启动一个 Bash 终端，由于指定了 -i 选项和 -t 选项，用户可以在本地命令行会话窗口中与容器交互。

```
[root@docker_dev ~]# docker run -i -t ubuntu /bin/bash
Unable to find image 'ubuntu:latest' locally
latest: Pulling from library/ubuntu
e96e057aae67: Pull complete
Digest: sha256:4b1d0c4a2d2aaf63b37111f34eb9fa89fa1bf53dd6e4ca954d47caebca4005c2
Status: Downloaded newer image for ubuntu:latest
root@fb615540724e:/# ls                    # 查看容器中的当前目录列表
bin  boot  dev  etc  home  lib  lib32  lib64  libx32  media  mnt  opt  proc
root  run  sbin  srv  sys  tmp  usr  var
root@fb615540724e:/# uname -a              # 查看容器中当前操作系统内核信息
Linux fb615540724e 4.18.0-338.el8.x86_64 #1 SMP Fri Aug 27 17:32:14 UTC 2021
x86_64 x86_64 x86_64 GNU/Linux
root@fb615540724e:/#  cat /etc/issue       # 查看容器中当前操作系统发行版信息
Ubuntu 22.04.1 LTS \n \l
root@fb615540724e:/# exit                  # 结束 /bin/bash 命令，从容器中退出
exit
[root@docker_dev ~]#                       # 切回到本地命令行
```

Docker 启动容器并且执行 /bin/bash 命令。因为容器是交互式运行的，且连接到用户的终端窗口，所以用户可以使用键盘向容器输入内容，终端显示输出结果。

任务 1.2　掌握 Docker 的基本操作方法

📄 **任务要求**

Docker 的 3 个核心概念是镜像（Image）、容器（Container）和仓库（Repository），它们贯穿于 Docker 容器化的整个生命周期。镜像是打包好的应用程序，相当于 Windows 系统中的软件安装包。容器是通过镜像创建的运行实例，应用程序以容器形式部署和运行，一个镜像可以用来创建多个容器，容器之间都是相互隔离的。仓库又称为镜像仓库，类似于代码仓库，是集中存放镜像文件的地方，可以将制作好的镜像推送到仓库以发布应用程序，也可以将所需的镜像从仓库拉取到本地以创建容器来部署应用程序。注册中心（Registry）是存放仓库的地方，一个注册中心

往往有很多仓库。镜像、容器和仓库的关系如图 1-4 所示。本任务旨在帮助读者理解 Docker 核心概念并掌握 Docker 的基本操作方法，基本要求如下。

（1）了解 Docker 镜像的基础知识。

（2）了解 Docker 容器的基础知识。

（3）了解 Docker 仓库的基础知识。

（4）掌握镜像和容器的基本操作方法。

（5）学会 Docker 注册中心的建立和使用。

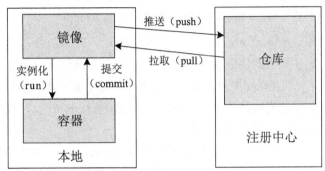

图 1-4　镜像、容器和仓库的关系

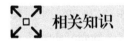相关知识

1.2.1　Docker 镜像基础知识

镜像是容器的基础，有了镜像才能启动容器并运行应用程序。Docker 应用程序的整个生命周期都离不开镜像。

1. 镜像的概念

镜像的英文名称为 Image，又译为映像，在 IT 领域通常是指一系列文件或一个磁盘驱动器的精确副本。在虚拟化部署中，镜像就是一个虚拟机模板，它预先安装基本的操作系统和其他软件。与虚拟机镜像类似，Docker 镜像是用于创建容器的只读模板，它包含文件系统，而且比虚拟机镜像更轻巧。

Docker 镜像是按照 Docker 要求定制的应用程序，就像软件安装包一样。一个 Docker 镜像可以包括一个应用程序以及能够运行它的基本操作系统环境。例如，一个 Ubuntu 镜像可以包含 Ubuntu 操作系统环境；一个 Web 应用程序的镜像可以包含一个完整的操作系统（如 Ubuntu）环境、一个 Apache HTTP Server，以及用户开发的 Web 应用程序。

Docker 镜像是一个特殊的文件系统，除了提供容器运行时所需的程序、库、资源、配置等文件外，还包含为运行准备的一些配置参数。镜像不包含任何动态数据，其内容在创建容器之后也不会被改变。

运行容器时，使用的镜像如果在本地计算机中不存在，Docker 就会自动从 Docker 仓库中下载镜像，默认从 Docker Hub 公开镜像源下载镜像。

2. 镜像的基本信息

可以使用 docker images 命令列出本地计算机上的镜像来考察镜像的基本信息。

```
[root@docker_dev ~]# docker images
REPOSITORY      TAG       IMAGE ID        CREATED         SIZE
ubuntu          latest    a8780b506fa4    4 weeks ago     77.8MB
hello-world     latest    feb5d9fea6a5    14 months ago   13.3kB
```

输出的列表反映了镜像的基本信息。REPOSITORY 列表示镜像仓库，TAG 列表示镜像的标签，IMAGE ID 列表示镜像 ID，CREATED 列表示镜像创建时间，SIZE 列表示镜像大小。

镜像 ID 是镜像的唯一标识，采用通用唯一标识符（Universally Unique Identifier，UUID）形式表示，全长为 64 个十六进制字符。可以在 docker images 命令中加上 --no-trunc 选项显示完整的镜像 ID，例如查看上述 Ubuntu 镜像时获知该镜像的完整 ID 如下。

```
sha256:a8780b506fa4eeb1d0779a3c92c8d5d3e6a656c758135f62826768da458b5235
```

实际上镜像 ID 就是镜像的摘要值（Digest），是由哈希函数 sha256 对镜像配置文件计算而来的。只是引用镜像时不需要使用 "sha256:" 前缀。在实际操作中，镜像 ID 通常使用前 12 个字符的缩略形式。如果本地的镜像数量少，则还可以使用更短的格式，只取前面几位即可，如 a87，前提是在本地计算机上能够区分各镜像。

标签用于标识同一仓库的不同镜像版本，例如 Ubuntu 仓库里存放的是 Ubuntu 系列操作系统的基础镜像，有 14.10、16.04、18.04、20.04 等多个不同的版本。

除了镜像 ID 外，也可以使用 "仓库名称 : 标签" 这样的组合形式来唯一地标识镜像，如 "ubuntu:18.04"，这个组合形式也被称为镜像名称。镜像名称更直观，在操作镜像时可用来代替镜像 ID。如果镜像名称省略标签，即只使用 "ubuntu"，则 Docker 将使用默认的 "ubuntu:latest"（最新版本）镜像。

镜像的摘要值可以用于构建内容寻址标识符，通过 "仓库名称 @ 摘要值" 格式标识镜像。在 docker images 命令中加上 --digests 选项即可获取镜像的摘要值。上述 "ubuntu:latest" 镜像就可以用 "ubuntu@sha256:a8780b506fa4eeb1d0779a3c92c8d5d3e6a656c758135f62826768da458b5235" 来标识。

总之，镜像可以通过镜像 ID、镜像名称（包括 "仓库名称 : 标签"）或者内容寻址标识符 "仓库名称 @ 摘要值" 来标识或引用。

3. 镜像描述文件 Dockerfile

Docker 用 Dockerfile 来描述镜像，定义如何构建 Docker 镜像。Dockerfile 是一个文本文件，包含要构建镜像的所有指令。Docker 通过读取 Dockerfile 中的指令自动构建镜像。前面在验证 Docker 是否成功安装时已经获取了 hello-world 镜像，这是 Docker 官方提供的一个最小镜像。它的 Dockerfile 只有以下 3 行内容。

```
FROM scratch
COPY hello /
CMD ["/hello"]
```

其中，FROM 指令定义所用的基础镜像，即该镜像从哪个镜像开始构建，scratch 表示空白镜像，该镜像不依赖其他镜像，从 "零" 开始构建；第 2 行表示将文件 hello 复制到镜像的根目录；第 3 行则意味着通过该镜像启动容器时执行可执行文件 /hello。

对 Dockerfile 执行 bulid 命令就可以构建镜像。

大多数镜像都是从一个父镜像开始扩展的，这个父镜像通常是一个基础镜像。基础镜像不依赖其他镜像，而是从"零"开始构建。Docker 官方提供的基础镜像通常都是各种 Linux 发行版的镜像，如 Ubuntu、Debian、CentOS 等，这些 Linux 发行版的镜像一般是最小的 Linux 操作系统。

大多数 Docker 镜像都是在其他镜像的基础上逐层建立起来的。采用这种方式构建镜像，每一层都由镜像的 Dockerfile 指令决定。除了最后一层，每一层都是只读的。

4．镜像操作命令

Docker 提供了若干镜像操作命令，如 docker pull 用于拉取（下载）镜像，docker images 用于输出镜像列表等，这些命令可看作 docker 命令的子命令。被操作的镜像对象可以使用镜像 ID、镜像名称或内容寻址符标识。有些命令可以操作多个镜像，镜像之间使用空格分隔。

Docker 还提供一个统一的镜像操作命令 docker image，基本语法格式如下。

```
docker image 子命令
```

其中的 docker image 子命令用于实现镜像的各类管理操作功能，其大多与传统的镜像操作 docker 子命令相对应，功能和用法也一样，只有个别不同。完整的镜像操作命令见表 1-1。本项目中的示范以镜像操作的 docker 子命令为主。

表1-1　镜像操作命令

docker image 子命令	docker 子命令	功能
docker image build	docker build	通过 Dockerfile 构建镜像
docker image history	docker history	显示镜像的历史记录
docker image import	docker import	从 tarball 文件中导入内容以创建文件系统镜像
docker image inspect	docker inspect	显示一个或多个镜像的详细信息（docker inspect 还可以查看容器等其他 Docker 对象的详细信息）
docker image load	docker load	从 tar 归档文件或标准输入（stdin）中装载镜像
docker image ls	docker images	输出镜像列表
docker image prune	—	删除未使用的镜像
docker image pull	docker pull	从注册中心拉取镜像或镜像仓库
docker image push	docker push	将镜像或镜像仓库推送到注册中心
docker image rm	docker rmi	删除一个或多个镜像
docker image save	docker save	将一个或多个镜像保存到 tar 归档文件中（默认情况下流式传输到标准输出 [stdout]）
docker image tag	docker tag	为指向源镜像的目标镜像添加一个名称

1.2.2　Docker 容器基础知识

Docker 的目的是部署和运行应用程序，这是由容器实现的。获得镜像后，即可以镜像为模板启动容器。

1．容器与容器 ID

容器的英文名称为 Container，在 Docker 中指通过镜像创建的应用程序运行实例。镜像和容器的关系，就像是面向对象程序设计中的类和实例一样，镜像是静态的定义，容器是镜像运行时的实体，基于同一镜像可以创建若干不同的容器。

容器的实质是进程，但与直接在主机上执行的进程不同，容器进程在属于自己的独立的名称空间（Namespace）内运行。因此容器可以拥有自己的根文件系统、自己的网络配置、自己的进程空间，甚至自己的用户 ID 空间。容器内的进程运行在一个隔离的环境里，使用起来就好像是在一个独立于主机的系统下操作一样。通常容器之间是彼此隔离、互不可见的。这种特性使得用容器封装的应用程序比直接在主机上运行的应用程序更加安全。这种隔离的特性可能会导致一些初学者混淆容器和虚拟机，这个问题应引起重视。

容器的唯一标识为容器 ID，与镜像 ID 一样采用 UUID 形式表示，它是由 64 个十六进制字符组成的字符串。可以在 docker ps 命令中加上 --no-trunc 选项显示完整的容器 ID。通常采用前12 个字符的缩略形式，容器数量少的时候，还可以使用更短的格式，只取前面几个字符即可。

容器 ID 能保证唯一性，但不便于记忆，因此可以通过容器名称来代替容器 ID 引用容器。容器名称默认由 Docker 自动生成，也可以在执行 docker run 命令时通过 --name 选项自行指定。还可以使用 docker rename 命令重新命名现有的容器，以便于后续的容器操作。

2. 可写的容器层

容器与镜像的主要不同之处是容器顶部可写的容器层。一个镜像由多个可读的镜像层组成，正在运行的容器会在这个镜像上面增加一个可写的容器层，所有写入容器的数据（包括添加新的数据或修改已有的数据）都保存在这个容器层中。当容器被删除时，这个容器层也会被删除，但是底层的镜像层保持不变。因此，任何对容器的操作均不会影响到其镜像。

由于每个容器都有自己的可写的容器层，所有的改变都存储在这个容器层中，因此多个容器可以共享同一个底层镜像，并且仍然拥有自己的数据状态。图 1-5 展示了共享同一个 ubuntu:16.04 镜像的多个容器。

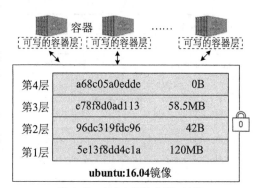

图 1-5　多个容器共享同一镜像

Docker 使用存储驱动来管理镜像层和容器层的内容。每个存储驱动的实现都是不同的，但所有存储驱动都使用可堆叠的镜像层和写时复制策略。

写时复制是一个高效率的文件共享和复制策略。如果一个文件位于镜像中的较低层，其他层（包括可写的容器层）需要读取它，那么只需使用现有文件即可。其他层首次需要修改该文件（构建镜像或运行容器）时，文件将会被复制到该层并被修改。这最大限度地减少了每个后续层的输入输出（Input/Output，I/O）和空间大小。

3. 容器操作命令

Docker 提供了相当多的容器操作命令，既包括创建、启动、停止、删除、暂停等容器生命周期管理操作，如 docker run、docker start；又包括列出容器、查看、连接、获取日志、获取事件、导出等容器运维操作，如 docker ps、docker inspect。这些都可看作 docker 命令的子命令。

被操作的容器可以用容器 ID 或容器名称标识或引用。有些命令可以操作多个容器，多个容器 ID 或容器名称之间使用空格分隔。

Docker 还提供了一个统一的容器管理命令 docker container，基本语法格式如下。

```
docker container 子命令
```

其中的 docker container 子命令用于实现容器的各类管理操作功能，其大多与传统的容器操作 docker 子命令相对应。完整的容器操作命令见表 1-2。考虑到目前使用 docker 的用户较多，本项目主要示范用于容器操作的 docker 子命令。

表1-2 容器操作命令

docker container 子命令	docker 子命令	功能
docker container attach	docker attach	将本地的标准输入、输出和错误流附加到正在运行的容器上，也就是连接到正在运行的容器上，其实就是进入容器
docker container commit	docker commit	通过当前容器创建新的镜像
docker container cp	docker cp	在容器和本地文件系统之间复制文件和目录
docker container create	docker create	创建新的容器
docker container diff	docker diff	检查容器创建以来其文件系统上文件或目录的更改
docker container exec	docker exec	在正在运行的容器中执行命令
docker container export	docker export	将容器的文件系统导出为一个归档文件
docker container inspect	docker inspect	显示一个或多个容器的详细信息（docker inspect 还可以查看镜像等其他 Docker 对象的详细信息）
docker container kill	docker kill	"杀死"一个正在运行的容器
docker container logs	docker logs	获取容器的日志信息
docker container ls	docker ps	输出容器列表
docker container pause	docker pause	暂停一个或多个容器内的所有进程
docker container port	docker port	列出容器的端口映射或特定的映射
docker container prune	—	删除所有停止执行的容器
docker container rename	docker rename	重命名容器
docker container restart	docker restart	重启一个或多个容器
docker container rm	docker rm	删除一个或多个容器
docker container run	docker run	创建一个新的容器并执行命令
docker container start	docker start	启动一个或多个已停止的容器
docker container stats	docker stats	显示容器资源使用统计信息的实时流
docker container stop	docker stop	停止一个或多个正在运行的容器
docker container top	docker top	显示容器内正在运行的进程
docker container unpause	docker unpause	恢复一个或多个容器内被暂停的所有进程
docker container update	docker update	更新一个或多个容器的配置
docker container wait	docker wait	阻塞一个或多个容器的运行，直到容器停止运行，然后输出退出码

1.2.3 Docker 注册中心与仓库

镜像构建完成后，可以很容易地在本地（当前主机上）运行，但是如果需要在其他主机上使用这个镜像，就需要一个集中存储和分发镜像的服务，提供这种服务的是注册中心。一个 Docker 注册中心往往包括许多仓库，每个仓库可以包含多个标签，每个标签对应一个镜像。

1. 区分注册中心与仓库的概念

目前有人将注册中心与仓库这两个术语混用，并不严格区分，这不利于理解 Docker 注册中心。Registry 可译为注册中心或注册服务器，是存放仓库的地方，一个注册中心往往有很多仓库。Repository 可译为仓库，是集中存放镜像文件的地方。每个仓库集中存放某一类镜像，往往包括多个镜像文件，不同的镜像通过不同的标签来区分，并通过"仓库名称:标签"格式指定特定版本的镜像。

严格地讲，镜像命名时应在仓库名称之前加上 Docker 注册中心主机名作为前缀，只有使用默认的 Docker Hub 时才忽略该前缀。前面在介绍设置镜像标签时已经详细说明了镜像命名。

2. 官方注册中心

官方的注册中心 Docker Hub 提供大规模的公开仓库，其中存放了数量庞大的镜像供用户下载。几乎所有常用的操作系统、数据库、中间件、应用软件等都有现成的 Docker 官方镜像，或由贡献者（其他个人和组织）创建的镜像，用户只需要稍做配置就可以直接使用。Docker 可以通过执行 docker search、docker pull、docker login 和 docker push 等命令提供对 Docker Hub 的访问。

Docker Hub 部署在境外服务器中，在国内访问可能会受影响。为解决此问题，需要配置相应的国内镜像源来提高镜像的下载速度和稳定性。目前国内提供的 Docker Hub 镜像服务主要有阿里云加速器、DaoCloud、网易云镜像仓库和时速云镜像服务等。

另外，对于 Docker Proxy（Docker 镜像代理）这样的加速器，不用注册即可直接使用加速器地址。使用该加速器的基本配置方法是修改 /etc/docker/daemon.json 文件，在其中加上以下语句。

```
"registry-mirrors": ["https://dockerproxy.com"]
```

保存该文件之后执行下面的命令重启 Docker，以使 Docker 的配置文件生效。

```
systemctl daemon-reload && systemctl restart docker
```

目前只能通过此镜像加速器访问流行的公开镜像，Docker Hub 中的私有镜像仍需要用户从位于境外的镜像仓库中拉取。

3. 第三方 Docker 注册中心

除官方的 Docker Hub 之外，还有一些服务商提供类似的 Docker 注册中心，如阿里云容器镜像服务（Alibaba Cloud Container Registry，简称 ACR）。ACR 除了提供 Docker Hub 的镜像加速服务之外，也像 Docker Hub 一样提供自己的仓库注册服务——容器镜像服务。在该服务的开通流程中，需要设置独立于阿里云账号密码的 ACR 登录密码，便于镜像的上传和下载。

无论是使用 docker pull 命令从阿里云镜像仓库拉取镜像，还是使用 docker push 命令将镜像推送到阿里云镜像仓库，都必须先使用 docker login 命令登录 ACR。在引用第三方注册中心的镜像时需要使用完整的镜像标签，其标签格式如下。

```
Registry 域名 / 名称空间 / 仓库名称 :[ 标签 ]
```

其中，Registry 域名为 ACR 的域名，仓库名称就是镜像名称，标签相当于镜像版本。

可以使用 docker tag 命令为镜像添加一个新的标签，也就是给镜像命名，这实际上是为指向源镜像的目标镜像添加一个名称，基本语法格式如下。

```
docker tag 源镜像 [: 标签] 目标镜像 [: 标签]
```

一个完整的镜像名称的结构如下。

```
[ 主机名 : 端口 ]/ 名称空间 / 仓库名称 :[ 标签 ]
```

例如，执行以下命令为本地的 hello-world 镜像设置针对 ACR 的标签。

```
docker tag hello-world registry.cn-hangzhou.aliyuncs.com/docker_abc/hello-world
```

执行以下命令将已设置标签的 hello-world 镜像推送到 ACR 中的仓库。

```
docker push registry.cn-hangzhou.aliyuncs.com/docker_abc/hello-world
```

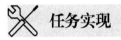 任务实现

任务 1.2.1 镜像和容器的基本操作

微课

03. 镜像和容器的基本操作

Docker 提供非常丰富的镜像和容器操作方法，下面示范部分常见的操作方法。

（1）拉取镜像。使用 docker pull 命令从镜像仓库（默认为 Docker Hub 上的公开仓库）将所需的镜像下载到本地，便于直接使用该镜像来运行容器。例如，拉取一个 14.04 版本的 Ubuntu 镜像。

```
[root@docker_dev ~]# docker pull ubuntu:14.04
14.04: Pulling from library/ubuntu
2e6e20c8e2e6: Pull complete
0551a797c01d: Pull complete
512123a864da: Pull complete
Digest: sha256:64483f3496c1373bfd55348e88694d1c4d0c9b660dee6bfef5e12f43b9933b30
Status: Downloaded newer image for ubuntu:14.04
docker.io/library/ubuntu:14.04
```

可以发现，镜像是逐层拉取的。使用 docker pull 命令拉取镜像时，或者通过一个本地不存在的镜像创建容器时，每层都是单独拉取的，并将镜像保存在 Docker 的本地存储区域。

（2）显示本地的镜像列表。使用 docker images 命令时不带任何选项或参数会列出本地的全部镜像。

```
[root@docker_dev ~]# docker images
REPOSITORY      TAG       IMAGE ID       CREATED         SIZE
ubuntu          latest    a8780b506fa4   4 weeks ago     77.8MB
hello-world     latest    feb5d9fea6a5   14 months ago   13.3KB
ubuntu          14.04     13b66b487594   20 months ago   197MB
```

-f（--filter）选项用于显示满足过滤条件的镜像，如果有多个过滤条件，就使用多个 -f 选项。-f 选项可以通过 dangling 的布尔值列出无标签的镜像，例如：

```
[root@docker_dev ~]# docker images  -f dangling=true
REPOSITORY      TAG       IMAGE ID       CREATED        SIZE
<none>          <none>    81a9f3f18816   4 hours ago    394MB
<none>          <none>    1babd91ffa41   4 hours ago    95.6MB
<none>          <none>    213181fe5997   4 hours ago    172MB
```

上面的镜像列表中，可以看到一类特殊的镜像，这类镜像既没有仓库名称，也没有标签，仓库名称和标签均显示为 <none>。这类无标签的镜像也被称为虚悬镜像（Dangling Image），一般来说，虚悬镜像已经失去了存在的价值，是可以随意删除的，可以用下面的命令删除。

```
docker image prune
```

也可以在 docker rmi 命令中通过 Shell 命令替换批量删除所有虚悬镜像（由 docker images 命

令获取这些镜像）。

```
docker rmi $( docker images -f dangling=true -q)
```

小贴士 虚悬镜像原本是有仓库名称和标签的，随着镜像维护，发布了新版本后，重新拉取时镜像的仓库名称就被转移到了新下载的镜像上，而原有的旧镜像上的仓库名称则被取消，变为 <none>。除了拉取镜像可能导致这种情况，构建镜像也会导致这种情况，由于新旧镜像同名，旧镜像名称被取消，从而出现仓库名称、标签均为 <none> 的镜像。

（3）查看镜像的构建历史。使用 docker history 命令可以查看镜像的构建历史，也就是 Dockerfile 的执行过程。下面的示例为查看 ubuntu:14.04 镜像的构建历史。

```
[root@docker_dev ~]# docker history ubuntu:14.04
IMAGE          CREATED        CREATED BY                                       SIZE
13b66b487594 20 months ago   /bin/sh -c #(nop)  CMD ["/bin/bash"]              0B
<missing>     20 months ago   /bin/sh -c mkdir -p /run/systemd && echo 'do…    7B
<missing>     20 months ago   /bin/sh -c [ -z "$(apt-get indextargets)" ]       0B
<missing>     20 months ago   /bin/sh -c set -xe   && echo '#!/bin/sh' > /…   195KB
<missing>     20 months ago   /bin/sh -c #(nop) ADD file:276b5d943a4d284f8…   196MB
```

镜像的构建历史也反映了其层次，示例中共有 5 层，每一层的构建操作命令都可以通过 CREATED BY 列显示，如果显示不全，可以在 docker history 命令中加上 --no-trunc 选项显示完整的操作命令。镜像的各层相当于一个子镜像。例如，第 2 次构建的镜像相当于在第 1 次构建的镜像的基础上形成的新镜像。以此类推，最新构建的镜像是历次构建结果的累加。

执行 docker history 命令输出的 <missing> 行表明相应的层已在其他系统上构建，并且已经不可用了，可以忽略这些层。

（4）启动容器并让其以守护进程的形式在后台运行。实际应用中，多数情况下容器会采用这种方式运行。这种方式只需使用 -d 选项。下面启动一个 Web 服务器的容器。

```
[root@docker_dev ~]# docker run -d -p 80:80 --name testweb httpd
a3d20a476b85db9a8d6325067570851bf47399b43e732d67c06cf15cd87f4de5
```

其中，-p 选项用于设置端口映射，格式为"主机端口 : 容器端口"。容器启动后在后台运行，并返回一个唯一的容器 ID，可以通过该 ID 对容器做进一步操作。如果不通过 --name 选项明确指定容器名称，则 Docker 会自动生成一个容器名称。这个名称可与容器 ID 一样用来操作容器。

（5）显示容器列表。使用 docker ps 命令时不带任何选项可查看正在运行的容器的列表。

```
[root@docker_dev ~]# docker ps
CONTAINER ID  IMAGE   COMMAND             CREATED        STATUS
PORTS                              NAMES
a3d20a476b85  httpd   "httpd-foreground"  42 seconds ago  Up 41 seconds
0.0.0.0:80->80/tcp, :::80->80/tcp  testweb
```

可以发现，正在运行的 testweb 容器的对外发布端口是 80（默认的 HTTP 端口）。可以执行以下命令从本地主机上访问该容器发布的服务。

```
[root@docker_dev ~]# curl 127.0.0.1
<html><body><h1>It works!</h1></body></html>
```

（6）获取容器的日志信息。在后台运行的容器不会将输出信息直接显示在主机上，此时可以考虑使用 docker logs 命令来获取容器的日志信息。

```
[root@docker_dev ~]# docker logs testweb
AH00558: httpd: Could not reliably determine the server's fully qualified domain
name, using 172.17.0.2. Set the 'ServerName' directive globally to suppress this message
...
```

（7）进入容器。对于正在运行的容器而言，用户可以进入容器做一些交互操作，通常使用 docker exec 命令在正在运行的容器中执行新的命令。下面的例子为进入正在运行的 testweb 容器做交互操作并从容器中退出。

```
[root@docker_dev ~]# docker exec -it testweb /bin/bash
root@a3d20a476b85:/usr/local/apache2# ls
bin  build  cgi-bin  conf  error  htdocs  icons  include  logs  modules
root@a3d20a476b85:/usr/local/apache2# exit
exit
```

docker exec 命令允许用户在不打断容器运行的情况下，在容器中启动一个新的进程来执行指定的命令。另一个进入容器的命令 docker attach 用于将用户的输入输出连接到正在运行的容器中，允许用户查看或与容器的主进程进行交互。

与 docker exec 命令不同的是，当用户使用 docker attach 命令进入容器后，执行 exit 命令退出后该容器会被关闭从而停止运行。可以使用 docker restart 命令重启该容器来恢复运行。如果按 Ctrl+P+Q 组合键退出容器，则可正常退出不关闭容器。

（8）删除容器。可以使用 docker rm 命令删除一个或多个容器。

```
[root@docker_dev ~]# docker rm testweb
testweb
```

默认情况下，只能删除未运行的容器。要删除正在运行的容器，需要使用 -f（--force）选项通过 SIGKILL 信号强制删除。

任务 1.2.2　自建 Docker 注册中心

考虑到安全可控和 Internet 连接限制等问题，用户可以建立自己的注册中心以提供镜像仓库注册服务。Docker Registry 工具已经开源，并在 Docker Hub 中提供官方镜像。下面讲解以容器形式部署自己的 Docker 注册中心的方法，该注册中心用于在可控的环境中存储和分发镜像。

微课

04. 自建 Docker
注册中心

1. 基于容器安装并运行 Docker Registry

目前（截至本书完稿）Docker Registry 工具的最新版本为 2.0 系列，它主要负责镜像仓库的管理。执行以下命令创建并启动一个运行 Docker Registry 的容器。

```
[root@docker_dev ~]# docker run -d -p 5000:5000 --restart=always --name
myregistry -v /opt/data/registry:/var/lib/registry registry
```

这里通过 -v 选项将主机的本地 /opt/data/registry 目录绑定到容器 /var/lib/registry 目录（Docker Registry 默认存放镜像文件的位置）中，这样可以实现数据的持久化，将镜像仓库存储到本地文件系统中。-p 选项用于设置端口映射，这样访问主机的 5000 端口就能访问到 Docker Registry 服务。--restart 选项用于设置重启策略，示例中值设置为 always，表示这个容器即使异常退出也会自动重启，保证了 Docker Registry 服务的持续运行。--name myregistry 选项表示将该容器命名为

myregistry，便于后续操作。

执行以下命令获取所有的镜像仓库来测试 Docker Registry 服务，示例中说明服务正常运行，刚建立的注册中心还没有任何镜像。

```
[root@docker_dev ~]# curl http://127.0.0.1:5000/v2/_catalog
{"repositories":[]}
```

2. 使用自建的注册中心

（1）将镜像上传到自建的注册中心的镜像仓库。上传镜像之前需要先针对自建的注册中心设置相应的标签。

```
[root@docker_dev ~]# docker tag hello-world 127.0.0.1:5000/hello-world:v1
```

然后执行镜像上传命令。

```
[root@docker_dev ~]# docker push 127.0.0.1:5000/hello-world:v1
The push refers to repository [127.0.0.1:5000/hello-world]
e07ee1baac5f: Pushed ...
```

完成之后进行测试。

```
[root@docker_dev ~]# curl http://127.0.0.1:5000/v2/_catalog
{"repositories":["hello-world"]}
```

（2）从自建的注册中心的镜像仓库中下载镜像。执行以下命令下载刚才推送的镜像。

```
[root@docker_dev ~]# docker pull 127.0.0.1:5000/hello-world:v1
v1: Pulling from hello-world
...
```

查看本地的镜像列表，可以发现带完整标签的 hello-world 镜像。

```
REPOSITORY                   TAG     IMAGE ID      CREATED       SIZE
...
127.0.0.1:5000/hello-world   v1      feb5d9fea6a5  14 months ago 13.3KB
```

任务 1.3   构建镜像并将应用程序容器化

任务要求

Docker 将常规的应用程序整合到容器并在其中运行的过程称为容器化（Containerization）或 Docker 化（Dockerization）。容器能够简化应用程序的构建、部署和运行过程。容器化应用程序最主要的工作有两项：一是构建应用程序的镜像，这通常由开发人员实施；二是基于应用程序镜像以容器形式部署和运行应用程序，这主要由运维人员实施。一旦应用程序被打包为一个 Docker 镜像，就能以镜像的形式交付并以容器的形式运行。单一容器应用程序的部署使用 docker 命令即可，而复杂的多容器应用程序的部署则需要进行编排。本任务旨在帮助读者掌握应用程序容器化的操作方法，基本要求如下。

（1）了解 Dockerfile。

（2）了解构建 Docker 镜像的方法。

（3）了解应用程序容器化的基本步骤。

（4）掌握应用程序容器化的基本操作方法。

⟡ 相关知识

1.3.1 镜像的构建

对于自己开发的应用程序，如果要在容器中部署、运行，一般都要构建自己的镜像。大部分情况下都是基于一个已有的基础镜像来构建镜像的，不必从"零"开始。Dockerfile 可以非常容易地定义镜像内容。Dockerfile 是由一系列指令和参数构成的脚本，一条指令构建一层，因此每一条指令的内容就是描述该层应当如何构建，一个 Dockerfile 包含构建镜像的完整指令。Docker 通过读取一系列 Dockerfile 指令自动构建镜像。所有的容器化过程都可以由开发人员通过 Dockerfile 来描述，这意味着无论是在本地开发环境，还是在持续集成和部署环境，我们都可以使用同样的方法来构建应用程序。

1. Dockerfile 的格式

Dockerfile 的格式如下。

```
# 注释
指令 参数
```

指令不区分大小写，建议大写。指令可以指定若干参数。

Docker 按顺序执行其中的指令。Dockerfile 必须以 FROM 指令开头。该指令定义构建镜像的基础镜像。FROM 指令之前唯一允许的是 ARG 指令（用于定义变量）。

以"#"符号开头的行都被视为注释行，除非是解析器指令（Parser Directive）。行中其他位置的"#"符号被视为参数的一部分。

解析器指令是可选的，它会影响处理 Dockerfile 中后续行的方式。解析器指令不会添加镜像层，也不会出现在构建步骤中。解析器指令是"# 指令 = 值"格式的一种特殊类型的注释。例如，#syntax=docker/dockerfile 1.0 表示正在使用 Docker 官方推荐的 Dockerfile 语法，并且遵循的是 1.0 版本的规范。仅在使用 BuildKit 后端时启用此功能。单个指令只能使用一次。

一旦注释行、空行或构建指令被处理，Docker 就不再搜寻解析器指令，而将后续的解析器指令所有都作为注释，并且判断解析器指令。因此，所有解析器指令必须位于 Dockerfile 的首部。

2. Dockerfile 常用指令

Dockerfile 常用指令见表 1-3。

表1-3　Dockerfile常用指令

指令	功能	基本语法格式
FROM	设置基础镜像	FROM <镜像> [AS <镜像名称>] FROM <镜像>[:<标签>] [AS <镜像名称>] FROM <镜像>[@<镜像摘要值>] [AS <镜像名称>]
RUN	运行命令	RUN <命令> RUN [" 可执行文件 "," 参数 1"," 参数 2"]
CMD	指定容器启动时默认执行的命令	CMD [" 可执行文件 "," 参数 1"," 参数 2"] CMD [" 参数 1"," 参数 2"] CMD 命令 参数 1 参数 2

指令	功能	基本语法格式
LABEL	向镜像添加标记	LABEL <键>=<值> <键>=<值> <键>=<值> ...
EXPOSE	声明容器运行时侦听的网络端口	EXPOSE <端口> [<端口>...]
ENV	指定环境变量	ENV <键> <值> ENV <键>=<值> ...
COPY	将指定源路径的文件或目录复制到容器文件系统指定目标路径中	COPY [--chown=<用户>:<组>] <源路径>... <目的路径> COPY [--chown=<用户>:<组>] ["<源路径>",... "<目的路径>"]
ADD	与 COPY 指令功能基本相同，但 ADD 指定可以使用 URL 地址指定源，且归档文件在复制过程中能够被自动解压缩	ADD [--chown=<用户>:<组>] <源路径>... <目的路径> ADD [--chown=<用户>:<组>] ["<源路径>",... "<目的路径>"]
ENTRYPOINT	配置容器的默认入口点	ENTRYPOINT ["可执行文件", "参数 1", "参数 2"] ENTRYPOINT 命令 参数 1 参数 2
VOLUME	创建挂载点	VOLUME ["挂载点路径"]
WORKDIR	配置工作目录	WORKDIR 工作目录路径

3. 基于 Dockerfile 构建镜像的基本语法

定制镜像实际上就是定制每一层所添加的配置、文件。将每一层修改、安装、构建、操作的命令都写入 Dockerfile 脚本，使用该脚本构建、定制镜像。当需要定制额外的需求时，只需在 Dockerfile 上添加或者修改指令，重新生成镜像即可。

基于 Dockerfile 构建镜像可以使用 docker build 命令，该命令的基本语法格式如下。

```
docker build [选项] 路径 | URL | -
```

该命令通过 Dockerfile 和构建上下文（Build Context）构建镜像。构建上下文是由文件路径（本地文件系统上的目录）或一个表示 Git 仓库位置的统一资源定位符（Uniform Resoure Locator，URL）定义的一组文件。

Docker Engine 会以递归方式处理构建上下文，这样本地路径包括其中的所有子目录，URL 包括所有的仓库及其子模块。使用当前目录作为构建上下文的简单构建命令如下。

```
docker build .
Sending build context to Docker daemon  6.51 MB
...
```

镜像的构建由 Docker 守护进程运行而不是命令行接口运行。构建过程的开始阶段就将整个构建上下文递归地发送给 Docker 守护进程。大多数情况下，最好将 Dockerfile 和所需文件复制到一个空的目录中，再以这个目录为构建上下文进行构建。

一定要注意不要将多余的文件放到构建上下文中，特别是不要把 /、/usr 等路径作为构建上下文，否则构建过程会相当缓慢甚至失败。

要使用构建上下文中的文件，可让 Dockerfile 引用由指令（例如 COPY）指定的文件。

按照习惯，将 Dockerfile 文件直接命名为 "Dockerfile"，并置于构建上下文的根位置。否则，构建镜像时就需要使用 -f 选项指定 Dockerfile 文件的具体位置。

```
docker build -f Dockerfile文件路径 .
```

其中的点号（.）表示当前路径。

Kubernetes集群实战（微课版）

可以通过 -t（--tag）选项指定构建的新镜像的仓库名称和标签，例如：

```
docker build -t shykes/myapp .
```

要将镜像标记为多个仓库，就要在执行 build 命令时添加多个 -t 选项（带参数），例如：

```
docker build -t shykes/myapp:1.0.2 -t shykes/myapp:latest .
```

Docker 守护进程逐一执行 Dockerfile 中的指令。如果需要，则将每条指令的结果提交到一个新的镜像，最后输出新镜像的 ID。Docker 守护进程会自动清理发送的构建上下文。

Dockerfile 中的每条指令都被独立执行并创建一个新镜像，这样 RUN cd /tmp 等命令就不会对下一条指令产生影响。

Docker 会尽可能地重用过程中的中间镜像（缓存），以加速构建过程。只有当当前构建的镜像与之前构建的镜像存在本地父子关系时，Docker 才会使用之前构建过程中的缓存。可以通过 --cache-from 选项将特定的镜像指定为缓存来源，若指定的镜像不存在，则会从镜像仓库下载。如果通过 --no-cache 选项禁用缓存，则构建过程中将不再使用缓存，而是从镜像仓库中下载。

构建成功后，可以将生成的镜像推送到 Docker 注册中心的镜像仓库中。

1.3.2　应用程序镜像的内容

容器化自己开发的应用程序时，需要确定将哪些内容打包到镜像中，具体可以参考以下要点。

电子活页

01.01 多阶段构建镜像

（1）选择基础镜像。每种程序开发技术几乎都有自己的基础镜像，如 Java、Python、Node.js 等；应用程序部署平台，如 nginx、Apache 等服务器也有相应的基础镜像。如果不能直接使用这些镜像，就需要从基础操作系统镜像开始安装所有的依赖项。最常见的就是将 Ubuntu 操作系统作为基础镜像。

（2）安装必要的软件包。如果有必要，则应针对构建、调试和开发环境创建不同的 Dockerfile。这不仅关系到镜像大小，还涉及安全性、可维护性等。

（3）添加自定义文件。

（4）定义容器运行时的用户权限，发布尽可能避免容器以 root 用户身份运行。

（5）定义要对外发布的端口。不要为了发布特权端口（端口号小于 1024 的端口，如 80）而将容器以 root 用户身份运行，可以让容器发布一个非特权端口（如 8000），然后在启动时进行端口映射。

（6）定义应用程序的入口点（Entry Point）。比较简单的方式是直接运行可执行文件。专业的方式是创建一个专门的 Shell 脚本（如 entrypoint.sh），通过环境变量配置容器的入口点。

（7）定义配置方式。应用程序如果需要参数，可以使用应用程序特定的配置文件，也可以使用操作系统的环境变量。

（8）持久化应用程序数据。若要将由应用程序生成的内容、数据文件和处理结果持久化存储，不要将它们打包到镜像中，也就是不要保存到容器自身的文件系统中。

1.3.3　应用程序容器化的基本步骤

应用程序容器化大致分为以下几个步骤。

（1）制订镜像构建方案，充分考虑业务类型和运作方式，从而制作合适的镜像。

（2）准备应用程序代码。对于开发人员来说，可以直接使用自己的代码。对于运维人员来说，要获取应用程序的代码。

（3）创建 Docker 镜像，为应用程序的每个组件创建并测试单个容器。编写 Dockerfile，然后基于 Dockerfile 构建应用程序镜像，生成 Docker 镜像之后，就能将应用程序以镜像的形式交付并以容器的形式运行了。Dockerfile 包括描述当前应用程序的指令。

（4）将容器及其所需的基础设施组装成一个完整的应用程序，可以使用 Docker 栈文件或 Kubernetes 的 Pod 定义文件来编排。这种方式主要是针对生产环境而言的，适合集群环境部署。对于测试环境，可以编写 Compose 文件来编排复杂的多容器应用程序，这只适合在单机环境中部署。

（5）测试、分发和部署完整的容器化应用程序。分发容器化应用程序的最简单方法就是将镜像推送到 Docker 注册中心的镜像仓库，便于其他人员访问使用。测试和部署容器化应用程序还可以使用持续集成和持续部署流程，以实现应用程序的快速迭代和自动化部署。

✕ 任务实现

将应用程序容器化

微课

05. 将应用程序
容器化

这里采用来自 Docker 官方的例子，简单示范应用程序容器化的过程。本例是一个在 Node.js 中运行的简单的任务列表应用程序。完成本任务无须熟悉 Node.js，也不需要具备 JavaScript 经验，但是需要具备以下前提条件。

• 已安装 Docker 并且 Docker 能够正常运行。

• 已安装 Git 客户端。

• 已安装用来编辑文件的集成开发环境（Integrated Development Environment，IDE）或文本编辑器。Docker 建议使用微软公司的 Visual Studio Code。

1. 获取应用程序源码

在运行应用程序之前，需要获取应用程序源码。

（1）若实验环境中没有安装 Git 客户端，先执行以下命令进行安装。

```
[root@docker_dev ~]# yum install -y git
```

（2）创建项目目录。

```
[root@docker_dev ~]# mkdir -p /dev-app/01
[root@docker_dev ~]# cd /dev-app/01
```

（3）执行以下命令将 getting-started-app 库克隆到本地。

```
[root@docker_dev 01]# git clone https://gitclone.com/github.com/docker/
getting-started-app.git
```

（4）克隆完成之后，会在当前目录下生成一个以该库名称命名的子目录，用于存放该库的全部内容。查看该子目录的内容。在 getting-started-app 目录中会看到 package.json 文件和两个子目录（spec 和 src）。

```
[root@docker_dev 01]# ls  getting-started-app
package.json  spec  src  yarn.lock
```

其中 package.json 文件包含关于项目的重要信息，用于跟踪依赖关系和元数据。

2. 构建应用程序的容器镜像

要构建容器镜像，就需要使用 Dockerfile，Dockerfile 包含 Docker 用于创建容器镜像的指令。

（1）将当前目录切换到 getting-started-app，在其中创建一个名为 Dockerfile 的文件。

```
[root@docker_dev 01]# cd getting-started-app
[root@docker_dev getting-started-app]# touch Dockerfile
```

（2）使用文本编辑器或代码编辑器将以下内容添加到 Dockerfile 中。

```
FROM node:18-alpine
WORKDIR /app
COPY . .
RUN yarn install --production
CMD ["node", "src/index.js"]
EXPOSE 3000
```

（3）执行以下命令生成容器镜像。

```
[root@docker_dev getting-started-app]# docker build -t getting-started .
Sending build context to Docker daemon  4.626MB
Step 1/6 : FROM node:18-alpine
18-alpine: Pulling from library/node
8921db27df28: Pull complete
...
Step 4/6 : RUN yarn install --production
 ---> Running in 585a7255cec3
...
Step 5/6 : CMD ["node", "src/index.js"]
 ---> Running in 84646281a629
Removing intermediate container 84646281a629
 ---> c0951ab8d799
Step 6/6 : EXPOSE 3000
 ---> Running in bdc9a021da12
Removing intermediate container bdc9a021da12
 ---> 1cd88218f441
...
Successfully built 1cd88218f441
Successfully tagged getting-started:latest
```

docker build 命令使用 Dockerfile 构建新的容器镜像。读者可能已经注意到，Docker 下载了很多"层"。这是因为 Dockerfile 指示构建器要从 node:18-alpine 镜像开始构建。但是，当前计算机上没有该镜像，Docker 就需要下载该镜像。

Docker 下载镜像之后，将当前目录的内容复制到应用程序中，并使用 yarn 安装应用程序的依赖项。CMD 指令指定从此镜像启动容器时要运行的默认命令。

-t 选项用于为镜像设置标签，可以将其简单地视为最终镜像的可读名称，本例命令为 getting-started，因此在运行容器时可以直接使用该名称引用该镜像。

docker build 命令末尾的"."符号告诉 Docker 应该在当前目录中查找 Dockerfile。

3. 运行应用程序

完成镜像的构建之后，就可以在容器中运行应用程序了，使用 docker run 命令即可。

（1）使用 docker run 命令运行容器，并指定刚刚创建的镜像的名称。

```
[root@docker_dev getting-started-app]#  docker run -dp 3000:3000 getting-started
baa2801e10290330ccce29032019c6f9c233d9af08d45913d9a9bbcd94e38f90
```

使用 -d 选项以"分离"模式在后台运行新容器，使用 -p 选项指定在主机的端口 3000 和容器端口 3000 之间创建的映射。如果没有端口映射，则用户将无法访问应用程序。

（2）几秒之后，打开 Web 浏览器访问网址 http://localhost:3000，用户就能访问任务列表应用程序，如图 1-6 所示。

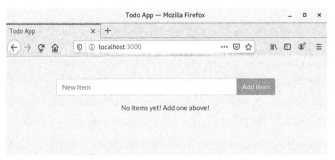

图 1-6　任务列表应用程序

（3）可以在任务列表应用程序中添加项目，还可以根据需要将已完成的项目删除，如图 1-7 所示。前端会将操作成功后的项目保存到后端。

图 1-7　在任务列表应用程序中管理任务

此时，我们拥有一个正在运行的任务列表应用程序，其中包含一些项目，而且这个应用程序全部是自己构建的。查看当前的容器列表，可以发现至少有一个容器正在运行，该容器正在使用名为 getting-started 的镜像并在端口 3000 上运行。

4. 更新应用程序和容器镜像

前面实现了应用程序容器化。接下来更新应用程序和容器镜像。首先要更新源码。

（1）在 getting-started-app 目录中找到 src/static/js/app.js 文件，将以下代码：

```
<p className="text-center">No items yet! Add one above!</p>
```

修改为：

```
<p className="text-center">You have no todo items yet! Add one above!</p>
```

（2）使用 docker build 命令构建镜像的更新版本。

```
[root@docker_dev app]# docker build -t getting-started .
Sending build context to Docker daemon  4.626MB
Step 1/6 : FROM node:18-alpine
 ---> 264f8646c2a6
Step 2/6 : WORKDIR /app
 ---> Using cache                                    # 使用缓存
...
Successfully built 579996f02fb9
Successfully tagged getting-started:latest
```

在构建过程中每生成一层新的镜像时，新的镜像就会被缓存。即使后面的某个步骤导致构建失败，再次构建时也会从失败的那层镜像的前一条指令继续往下执行。

（3）删除前面基于 getting-started 镜像运行的容器，删除前需要停止它。

```
[root@docker_dev app]# docker stop baa2801e1029  && docker rm baa2801e1029
```

旧容器仍在运行时是无法启动新容器的，原因是旧容器已在使用主机的端口 3000，并且主机上只有一个进程（包括容器）可以侦听特定端口。

（4）使用更新后的代码重新构建的镜像，启动新的容器。

```
[root@docker_dev app]# docker run -dp 3000:3000 getting-started
aeb69631c2b7e97ef1c31098f46dcd59acace437ed54a77c1ae2eb22f578812f
```

（5）打开 Web 浏览器访问网址 http://localhost:3000，可以发现任务列表应用程序的帮助文本已改变，如图 1-8 所示。

图 1-8　任务列表应用程序的帮助文本已改变

小贴士

可以发现前面所添加的任务数据都被删除了，这是因为当容器被删除后，该容器层也随之被删除了。要向容器提供持久化存储，就需要使用容器的外部存储，Docker 为此提供了卷和绑定挂载两种类型的持久化存储方案。限于篇幅，这里就不示范了。

5. 分享应用程序

如果要到其他计算机上部署该应用程序，可以将开发的镜像推送到 Docker 注册中心，然后在其他计算机上拉取该镜像来启动相应的容器。我们可以分享所构建的应用程序镜像，默认情况下使用 Docker Hub 分享镜像，不过这需要申请相应的账户。为简化实验，这里直接使用前面自建的注册中心。

（1）针对自建的注册中心设置相应的标签。

```
[root@docker_dev ~]# docker tag getting-started  127.0.0.1:5000/getting-started:v1.1
```

（2）执行镜像推送命令。

```
[root@docker_dev ~]# docker push 127.0.0.1:5000/getting-started:v1.1
```

（3）查看自建的注册中心的镜像列表，可以发现已推送成功。

```
[root@docker_dev ~]# curl http://127.0.0.1:5000/v2/_catalog
{"repositories":["getting-started","hello-world"]}
```

测试完毕，删除容器以恢复实验环境。

任务 1.4 转向 Kubernetes

任务要求

作为打包和运行应用程序的优秀解决方案，容器也面临一些挑战。生产环境中需要管理运行应用程序的容器，并确保服务不会下线，尤其是容器数量较多时，人工操作就变得非常困难。这需要自动化的容器编排，Kubernetes 就是这样的开源容器编排系统。单主机的 Docker Engine 和单一的容器镜像只能解决单一服务的打包和测试问题，而在生产环境中部署企业级应用程序的容器集群就需要 Kubernetes 发挥作用。Kubernetes 提供一个能够自动化部署、扩缩容以及运维的应用容器平台。Kubernetes 已经成为运行容器化应用程序的一种事实标准。本任务主要让读者初步了解 Kubernetes 的基础知识，基本要求如下。

（1）了解 Kubernetes 的概念。

（2）了解从 Docker 转向 Kubernetes 的缘由。

（3）了解 Kubernetes 的特性和应用场景。

（4）了解 Kubernetes 与云原生的关系。

（5）了解 Kubernetes 在国内的应用现状。

相关知识

1.4.1 什么是 Kubernetes

Kubernetes 是用于自动化部署、扩缩容和管理容器化应用程序的开源系统。业界通常将其简称为 K8s，即用 "8" 代替名字中间的 8 个字符 "ubernete"。Kubernetes 这个名字源于希腊语，意思是 "舵手" 或 "领航员"。Docker 的徽标🐳类似于装有许多集装箱的货轮，而 Kubernetes 的徽标⚙类似于船舵（船的方向盘），意味着 Kubernetes 管理一个项目就像舵手驾驶一艘船一样。两者的徽标也从侧面表明了 Kubernetes 与 Docker 之间的关系和不同之处。

28
Kubernetes集群实战（微课版）

1.4.2　为什么要使用 Kubernetes

容器有效地保证了应用程序在任何地方都以相同方式运行，使用户能够快速、轻松地利用各种运行环境。当用户需要对应用程序扩缩容时，就需要解决一些问题，如应用程序的自动化维护、故障容器的自动替换，以及容器生命周期中的更新和重新配置。这就涉及容器的编排，Kubernetes 因为具有较好的稳定性、可靠性和易用性而成为部署容器的首选方式。

1. Kubernetes 是业界领先的容器编排解决方案

Docker 只是简单的容器化平台，要对容器化应用程序进一步管理、扩缩容和维护，必须使用专门的容器编排工具，如 Kubernetes、Mesos、Docker Swarm。

Mesos 是 Apache 下的开源分布式资源管理框架，被称为分布式系统的内核，可以很容易地实现分布式应用程序的自动化调度。Mesos 仅是开源集群管理系统，在 Mesos 之上运行 Marathon 才可以实现容器编排。Marathon 提供了容器任务的管理能力，为运行 Docker 容器和本地 Mesos 容器提供支持。由于大数据计算调度领域的局限性，Mesos 只在特定的小范围内使用。

Docker Swarm 是 Docker 公司自己针对 Docker 容器的原生集群的解决方案，它的优点是可以紧密集成到 Docker 的生态系统中，并且使用自己的 API，无须使用额外的编排软件来创建或管理集群，Docker 工具和 Docker API 都可以无缝地在 Docker Swarm 上使用。Docker Swarm 适合规模不大的应用程序环境。考虑到 Kubernetes 的影响力，Docker 公司先后将 Kubernetes 添加到 Docker Swarm 和 Docker 企业版中。随着 Docker 企业版被 Mirantis 公司收购，Mirantis 公司更倾向于编排工具 Kubernetes，Docker Swarm 面临被逐步淘汰的命运。

Kubernetes 是谷歌公司推出的开源容器集群管理系统，积累了谷歌公司多年生产环境的运维经验，同时凝聚了社区的最佳创意和实践。Kubernetes 本身就具有超前的核心基础特性，谷歌公司又凭借容器化基础设施领域多年的实践经验，迅速构建出一个与众不同的容器编排和管理的生态。Kubernetes 内部最底层、最核心的 Borg/Omega 系统是使用 Go 语言重新设计开发的，并对外开源。从 API 到容器运行时的每一层，Kubernetes 都向开发人员提供可以扩展的插件机制，鼓励开发人员参与到 Kubernetes 开发的各个阶段。这样，Kubernetes 在业界竞争中胜出，并很快发展成为容器编排和管理领域的事实标准。

作为开源系统，Kubernetes 可以自由地部署在企业内部，以及私有云、公有云或混合云中，用户可以轻松地做出合适的选择。

2. 使用 Kubernetes 具有极大的优势

Kubernetes 积累了谷歌公司在容器化应用业务方面的经验，以及社区成员的实践，从而成为生产环境首选的开源容器平台。Kubernetes 具有以下优势。

• 大大提升开发和运维复杂系统的人力资源效能。以前需要庞大的团队一起分工协作才能设计、实现和运维的分布式系统，采用 Kubernetes 解决方案只需一个精悍的小团队，一名架构师负责系统中服务组件的架构设计，几名开发工程师负责业务代码的开发，一名系统兼运维工程师负责 Kubernetes 的部署和运维。

• 全面"拥抱"微服务架构，解决复杂业务系统的架构问题。

• 随时随地将系统整体迁移到公有云上。Kubernetes 架构完全屏蔽了底层网络的细节，用户无须改变运行配置文件，就能将系统从现有的物理环境无缝迁移到公有云上。

• 利用 Kubernetes 服务弹性扩容机制轻松应对突发流量。

• Kubernetes 架构具有横向扩容能力，便于在线完成集群扩容以及在多个云环境中的弹性伸缩。

1.4.3 Kubernetes 的主要特性

Kubernetes 的基本功能是简化托管的容器化应用程序的管理。具体来讲，其主要特性如下。

• 自动化上线和回滚。Kubernetes 分步骤地将针对应用程序或其配置的更改上线，同时监视应用程序运行状况以确保不会同时终止所有实例。如果出现问题，Kubernetes 将回滚所做的更改。

• 服务发现与负载均衡。无须修改应用程序来使用服务发现机制，Kubernetes 为容器提供了自己的 IP 地址和一个域名，并且可以在它们之间实现负载均衡。

• 自我修复。Kubernetes 会重新启动失败的容器、替换容器、"杀死"不响应用户定义的运行状况检查的容器，并且在准备好服务之前不将其通告给客户端。

• 存储编排。Kubernetes 允许用户自动挂载选择的存储系统，例如本地存储、公有云等。

• 密钥与配置管理。用户不必重新构建容器镜像，即可部署和更新密钥和应用程序的配置，也无须在软件堆栈配置中发布密钥。

• 自动装箱。Kubernetes 根据资源需求和其他限制自动放置容器，同时避免影响可用性。

• 批量执行。除了提供服务之外，Kubernetes 还可以管理批处理和持续集成工作负载，满足批量处理和分析数据的场景。

• IPv4/IPv6 双协议栈。Kubernetes 为 Pod 和 Service 分配 IPv4 和 IPv6 地址。

• 水平扩缩。在 Kubernetes 中可以使用一个简单的命令、一个用户界面或基于 CPU 的使用情况自动扩缩应用程序，保证应用业务高峰时的高可用性以及低峰时回收资源以最小成本运行服务。

• 扩展性。无须更改上游代码即可扩展 Kubernetes 集群。

1.4.4 Kubernetes 与云原生

云原生正是云计算区别于传统 IT 架构的根本特征，云原生应用程序正在成为云计算主流的服务形式。Kubernetes 主要应用于云架构和云原生的部署场景。2015 年，谷歌公司联合 20 多家公司一起创建了云原生计算基金会（Cloud Native Computing Foundation，CNCF）来推广 Kubernetes，并由此开创了云原生应用程序的新时代。Kubernetes 作为 CNCF 官方的云原生平台，大大简化了应用程序的开发和运维。以 Kubernetes 即服务（Kubernetes as a Service，KaaS）为核心的云服务代表未来趋势。KaaS 将为用户带来更简单、更安全、更灵活、更智能的云原生解决方案。

1. 什么是云原生

业界公认，云原生（Cloud Native）概念是由 Pivotal 公司（现已被 VMware 公司收购）的 Matt Stine 于 2013 年首次提出的。作为一个新的组合词，Cloud 表示应用程序位于云中，而不是传统的数据中心；Native 表示应用程序为云而设计，以充分发挥云平台的弹性和分布式优势。2015 年，Matt Stine 定义云原生架构的特征为：12 因素、微服务、自敏捷架构、基于 API 协作、抗脆弱性。2017 年，Matt Stine 将云原生架构重新归纳为模块化、可观察、可部署、可测试、可替换、可处理等 6 个特征。目前 Pivotal 官网中又将云原生架构概括为以下 4 个要点。

• 微服务：将应用程序分解成小型、松散、耦合、独立运行的服务。

• DevOps：开发与运维一体化，实现从开发到生产部署的流程自动化。

- 持续交付：应用程序可以稳定、持续地发布。
- 容器化：所有的服务都必须部署在容器中。

CNCF 旨在推广孵化和标准化与云原生相关的技术，目前主流云计算供应商都加入了该基金会。起初 CNCF 对云原生的定义包含 3 个方面：应用程序容器化、面向微服务架构和应用程序支持容器的编排调度。

随着 CNCF 会员和项目越来越多，CNCF 重新定义了云原生的代表技术，具体包括容器、服务网格、微服务、不可变基础设施和声明式 API。这些云原生技术有利于各组织在公有云、私有云和混合云等新型动态环境中，构建和运行可弹性扩展的应用程序。

2. 云原生应用程序的特点

与传统应用程序相比，云原生应用程序具有可预测、不依赖操作系统、按需分配资源、便于实施 DevOps、持续交付、微服务、可扩展、快速恢复等特点。

3. Kubernetes 是云原生技术的基石

在云原生概念被提出的 2013 年，Docker 正式发布。Docker 旨在帮助开发人员将应用程序打包到容器中并发布。Docker 实现了容器的可移植、轻量化、虚拟化，为容器技术的普及做出了重要贡献。

在容器和 Docker 诞生之后，开发人员需要使用工具来管理这些容器和容器化引擎，而 Kubernetes 就是管理全寿命周期的容器编排工具。CNCF 致力于培育和维护开源生态系统来推广云原生技术，Kubernetes 由谷歌公司发布，并且成为 CNCF 托管的第一个开源项目。作为管理云容器平台的工具，Kubernetes 简化了容器化应用程序的部署，成功解决了应用程序上云的效率和可移植性等问题，从而被称为云原生技术的基石。

云原生的 Kubernetes 架构可以连续多次处理应用程序的部署。云原生的 Kubernetes 架构通过自动化机制来高效地管理应用程序。云原生和 Kubernetes 的组合变得越来越流行。

任务 1.4.1　了解 Kubernetes 的应用

Kubernetes 可以适应物理环境、虚拟环境、云和混合环境中的各种基础设施。只有具有以下特点的应用程序才适合使用 Kubernetes 运行。

- 应用程序作为小型的、简洁的、独立的可扩展服务，也就是一组微服务。单体架构的应用程序不能进行细粒度控制或动态扩展，因此并不适合 Kubernetes。在 Kubernetes 上部署容器化的单体应用程序没有价值。将应用程序交由 Kubernetes 运行的基本步骤如下。

（1）将应用程序重构为微服务。

（2）将每个服务容器化。

（3）将容器化的服务部署到 Kubernetes。

- 应用程序不依赖于特定的硬件配置，不需要访问专用硬件设备。Kubernetes 在容器级别而非硬件级别运行，根据需要为应用程序分配资源，用户一般可以在定义 Kubernetes 的部署时给每个应用程序分配资源的最低值。应用程序如果需要严格分配 CPU 或内存，则在虚拟机上部署更为合适。

- 应用程序可以基于共享基础设施共存。Kubernetes 可以使用名称空间将工作负载分割，形成虚拟边界，适合每个工作负载运行自己的虚拟环境。但是，Kubernetes 不在专用虚拟机或物理服务器上提供硬性的应用程序隔离。

- 应用程序包括涉及内外部访问的多个服务，Kubernetes 能够以细粒度的方式定义面向内外部访问的服务。

小贴士 总的来说，Kubernetes 更适合那些以离散的微服务的方式运行的应用程序。需要注意的是，Kubernetes 并不是适合所有应用程序部署的最佳解决方案，即使使用容器作为微服务运行，Kubernetes 也不一定是最佳部署方式，可能还有其他更便捷的解决方案，如 Amazon ECS 或阿里云容器服务都可以用于运行容器。

一个适合使用 Kubernetes 运行的典型例子是需要 7×24 小时全天运行、开发人员每天多次部署新版本的 Web 应用程序。开发人员通过 Kubernetes 可以简单、快捷地更新和发布该应用程序，也可以轻松实现该应用程序的热更新、迁移等操作。

需要注意的是，转向 Kubernetes 需要投入大量的时间和资源，Kubernetes 通常更适合大中型企业。小型企业更适合作为 Kubernetes 云服务的终端用户，因为直接使用 Kubernetes 部署的性价比并不高。

另外，Kubernetes 并不是传统的、包罗万象的平台即服务（Platform as a Service，PaaS）。Kubernetes 在容器级别而非硬件级别运行，有许多功能 Kubernetes 本身并不支持。例如，Kubernetes 不提供也不采用任何机器配置、维护、管理或自我修复系统。

任务 1.4.2 了解 Kubernetes 在国内企业中的实际应用

电子活页

01.03Kubernetes 与 OpenStack 的区别

Kubernetes 是云原生技术的核心，不断推动云原生应用的发展。国内 Kubernetes 的使用率呈现逐步上升的趋势，其用户目前主要集中在行业头部企业。下面根据从 Kubernetes 官网以及一些用户官网搜集的资料，简单介绍国内部分企业的 Kubernetes 应用实践和成果。

腾讯云容器服务（Tencent Kubernetes Engine，TKE）基于原生 Kubernetes 提供以容器为核心的解决方案，是高度可扩展的高性能容器管理服务，解决用户开发、测试及运维过程中的环境问题，帮助用户降低成本、提高效率。TKE 目前拥有大规模的 Kubernetes 集群以及业界优秀的 Kubernetes 成本优化实践。在腾讯内部，核心业务应用了成本优化技术，CPU 利用率最高提升了 3 倍；在腾讯外部，小红书 80% 的业务都在 TKE 中运行，成本降低了约 40%。

中国移动云（ECloud）从 2016 年开始进行云原生转型，运行 100 多个公有云资源池和数百个超大型 Kubernetes 集群，基于云原生开源项目 Clusterpedia 构建多 Kubernetes 管理平台，轻松管理和高效检索在多个 Kubernetes 集群上运行的资源，将多集群资源检索效率提高了约 60%，实现了对多集群工作负载状态的统一访问，使多集群资源管理成为可能。同时，工程师还节省了约 50% 的操作和维护时间。

中国联通利用 Kubernetes 提高效率和降低 IT 成本。自 2016 年以来，中国联通使用 Docker 容器化、VMware Workstation 和 OpenStack 等基础设施运营多个数据中心，每个数据中心有数千台服务器，但是资源利用率仍然相对较低。后来选择 Kubernetes 改善云基础设施的使用体验，专注于使用开源技术的内部开发，以提高运营和开发效率。目前中国联通的 Kubernetes 云平台拥有 50 个微服务和所有新的开发，资源利用率提高了 20% ～ 50%，降低了 IT 基础架构成本，部署时间从几小时缩短到 5 ～ 10 分钟。

作为我国大型零售商之一，京东是 Kubernetes 超规模电子商务的典型代表。早在 2014 年京东就将其应用程序转移到使用 OpenStack 和 Docker 在裸机上运行的容器中，以加快计算资源的交付。但是，数万个节点在多个数据中心运行时遇到了瓶颈和可扩展性问题。2016 年初，京东开始转向 Kubernetes，目前京东运营着世界上最大的 Kubernetes 集群。部署时间从几小时缩减到几十秒，效率提高了 20% ～ 30%，每年节省数亿美元。"双十一"购物活动于 2018 年首次在 Kubernetes 平台上运行，并获得成功。

华为是世界上大型的电信设备制造商之一，同时也是一家跨国公司。为支持全球业务的快速发展，华为内部 IT 部门的数据中心在 10 万个以上的虚拟机中运行 800 多个应用程序。随着新应用程序的快速增加，基于虚拟机的应用程序的管理、部署成本和部署效率都成为业务敏捷性的关键挑战。为此，华为开始将内部 IT 部门的应用程序转移到 Kubernetes 上运行，目前约有 30% 的应用程序被转移为云原生应用程序。部署周期从一周减少到几分钟，应用程序交付效率提高了 10 倍。

蚂蚁金服起源于 2004 年推出的在线支付平台支付宝，一直处于超速增长状态，面临着全新的数据处理挑战。为向用户提供可靠和一致的服务，蚂蚁金服在 2014 年初采用了容器，2016 年决定选择 Kubernetes 为其数据中心的数万个节点集群提供协调解决方案。到 2017 年底，所有核心金融系统都已容器化，并逐步向 Kubernetes 迁移。

网易尝试利用 Kubernetes 支持全球互联网业务，将其私有云平台建立在 Kubernetes 上，实现在一个生产集群中运行上万个节点，并且可以在一个集群中支持多达 3 万个节点。网易向外部用户推出一款基于 Kubernetes 的面向云和微服务的 PaaS 产品——网易轻舟微服务。

电子活页

01.04 我国对 Kubernetes 开源的技术贡献

小贴士

加强国际科技的交流合作，加强国际化科研环境建设，形成具有全球竞争力的、开放的创新生态。我国是全球第二大开发者市场，国内的企业和技术人员逐渐走上国际化道路，积极参与云原生相关开源技术的开发，为 Kubernetes 及其相关技术生态贡献中国力量，已被 CNCF 视为重要的技术力量。值得自豪的是，我国开展了多个 CNCF 开源项目，并得到了广泛应用。

项目小结

我们可以将容器看作包含应用程序代码、配置和依赖关系的软件包。由于能够让应用程序在开发的生命周期内保持跨平台的一致性，越来越多的应用程序以容器的形式在开发、测试和生产环境中运行。虽然市场上出现了各种容器技术解决方案，但 Docker 和 Kubernetes 是业界流行的解决方案。

容器技术并不是 Docker 公司首创的，但是以往的容器实现只关注如何运行，而 Docker 公司能够整合原有的容器技术并进行创新，尤其是 Docker 镜像的设计，完美地解决了容器从构建、交付到运行的一致性问题，并提供了完整的生态支持。

Docker 主要充当容器化平台。容器化就是将应用程序封装成基于内核的隔离系统，使其可移植。容器化的应用程序可以部署到任何地方，无须使用依赖项即可运行。

生产环境中从单机走向集群是必然的，云计算的发展正在加速这一进程。这需要大规模容器化分布式系统，谷歌公司的开源容器管理系统 Kubernetes 就是这样的解决方案。Kubernetes 充当容器编排系统，其目标是让部署容器化的应用程序变得简单、高效。Kubernetes 提供了一种应用程序部署、规划、更新、维护的机制。Kubernetes 拥有一个庞大且快速增长的生态，其服务、支持和工具的使用范围相当广泛。

学习 Kubernetes 有一定难度，配置和使用 Kubernetes 需要大量的投入。好在 Kubernetes 既可以在云端安装，又可以在本地安装，并且提供了多种快速部署工具，大大方便了我们的学习和实验。项目 2 将介绍部署 Kubernetes 集群。

课后练习

1. 以下有关 Docker 的叙述中，正确的是（   ）。

    A. Docker 不能将应用程序发布到云端进行部署

    B. Docker 将应用程序及其依赖项打包到一个可移植的镜像中

    C. Docker 操作容器时必须关心容器中有什么软件

    D. 容器依赖于主机操作系统的内核版本，因而 Docker 局限于操作系统平台

2. 以下关于应用程序部署的说法中，正确的是（   ）。

    A. 虚拟化部署能全面取代传统部署

    B. 容器出现之后，虚拟化部署已经没有必要了

    C. 微服务必须使用 Kubernetes 部署

    D. Kubernetes 只能部署容器化应用程序

3. 在容器化应用程序开发流程中，项目开始时分发给所有人员的是（   ）。

    A. Dockerfile   B. Docker 镜像   C. 源码   D. 基础镜像

4. 以下 Docker 镜像名称中，完整的表示是（   ）。

    A. reg-srv/fedora/httpd:version1.0   B. reg-srv:5000/httpd:version1.0

    C. reg-srv:5000/fedora/httpd   D. reg-srv:5000/fedora/httpd:version1.0

5. 以下关于 Dockerfile 指令的说法中，不正确的是（   ）。

    A. FROM 指令可以在同一个 Dockerfile 中多次出现，以创建多个镜像层

    B. RUN 指令将在当前镜像顶部创建新的层，在其中执行所定义的命令并提交结果

    C. COPY 和 ADD 指令的对象都不能为压缩包

    D. CMD 指令用来指示 docker run 命令运行镜像时要执行的命令

6. （   ）负责监听 Docker API 请求并管理 Docker 对象。

    A. Docker 客户端   B. Docker 守护进程   C. Docker Hub   D. Docker Compose

7. 以下工作不属于应用程序容器化的是（   ）。

    A. 准备源码   B. 构建镜像   C. 搭建基础设施   D. 测试应用程序

8. （   ）不是容器编排工具。

    A. Kubernetes   B. Mesos   C. OpenStack   D. Docker Swarm

9.（　　）不适合使用 Kubernetes 运行。

    A．单体应用程序   B．分布式应用程序   C．微服务   D．Web 应用程序

10．以下不属于云原生应用程序特点的是（　　）。

    A．微服务   B．操作系统相关性   C．可扩展   D．持续交付

项目实训

实训 1　安装 Docker Engine 并进行镜像和容器的基本操作

实训目的

（1）了解 Docker 版本和安装方式。

（2）掌握 Docker Engine 的安装方法。

（3）掌握镜像和容器的基本操作方法。

实训内容

（1）准备 Docker 安装环境。

（2）设置 Docker 软件仓库。

（3）安装 Docker Engine 软件包。

（4）启动 Docker 并运行 hello-world 镜像进行测试。

（5）执行拉取镜像、显示镜像列表和查看镜像构建历史信息的操作。

（6）基于 httpd 镜像以后台方式运行 Apache 容器并对外开放 80 端口。

（7）使用 docker exec 命令进入 Apache 容器查看当前目录。

（8）停止并删除 Apache 容器。

实训 2　对 Node.js Web 应用程序进行容器化

实训目的

（1）了解应用程序容器化的基本步骤。

（2）学会应用程序容器化的基本方法。

实训内容

直接从源码托管平台克隆一个公告板应用程序项目 node-bulletin-board 使用。

（1）创建项目目录。

（2）使用 Git 工具将 node-bulletin-board 库克隆到本地。

（3）查看克隆到本地的应用程序和 Dockerfile。

（4）基于 Dockerfile 构建镜像。

（5）基于构建的镜像启动容器。

（6）在浏览器中访问 localhost:8000 实际测试公告板应用程序。

（7）测试完毕后，停止并删除该容器。

项目2
部署Kubernetes集群

02

项目1已经介绍了 Kubernetes 的基础知识，读者已经对 Kubernetes 有了初步认识。但要成为高技能人才，必须加强实践锻炼和专业训练。接下来示范 Kubernetes 集群的实际部署，在了解 Kubernetes 集群的基本概念之后，使用部署工具 kubeadm 快速创建一个满足实验要求的三节点小型 Kubernetes 集群，并在此基础上进行简单的集群可视化管理操作，以便读者加深对 Kubernetes 的认识。

【课堂学习目标】

☞ 知识目标

➤ 了解 Kubernetes 集群的组件。
➤ 了解 Kubernetes 集群的部署方式和工具。
➤ 了解 Kubernetes Dashboard。

☞ 技能目标

➤ 学会使用部署工具创建 Kubernetes 集群。
➤ 学会使用 Kubernetes Dashboard 部署容器化应用程序。

☞ 素养目标

➤ 提高统筹规划能力。
➤ 增强动手实践意识。
➤ 培养动手实践能力。

任务 2.1　创建 Kubernetes 集群

▷ 任务要求

学习 Kubernetes 重在动手实践，第一步就是要创建一个 Kubernetes 集群，作为测试和练习的平台。管理员可以使用两种部署方式安装 Kubernetes 集群：一种是使用要求很高的，以二进制方式手动部署，另一种是使用便捷工具快速部署方式。考虑到初学者经验不足，本任务选择官方提供的部署工具 kubeadm 创建一个满足实验需求的小型 Kubernetes 集群，基本要求如下。

（1）了解 Kubernetes 集群的基本组成。

（2）了解 Kubernetes 集群的主要组件。

（3）了解 Kubernetes 集群的部署方式。

（4）了解 Kubernetes 集群的部署工具。

（5）学会 Kubernetes 集群的规划和部署。

（6）熟悉使用 kubeadm 部署 Kubernetes 集群的全过程。

 相关知识

2.1.1　Kubernetes 集群的组件

Kubernetes 由若干称为节点（Node）的计算机组成。节点可以是物理机，也可以是虚拟机，具体取决于集群配置的基础设施。节点分为以下两种类型。

• 工作节点（Worker Node）。每个集群至少有一个工作节点，工作节点通过托管 Pod 来运行容器化应用程序。Pod 相当于一个容器集合，是 Kubernetes 中最小的可部署单元，也是作为应用负载的组件。

• 控制平面节点（Control Plane Node），即集中运行控制平面的节点。控制平面负责管理整个集群及其工作节点。在生产环境中，控制平面通常跨多台计算机运行以支持容错性和高可用性。

> **小贴士**　实际上 Kubernetes 遵循的是主从结构。也有人将控制平面节点称为主节点或管理节点，但 Kubernetes 官方并没有这种说法。

通常 Kubernetes 集群中会有许多节点。而在一个仅用于学习或测试的环境中，Kubernetes 集群中也可能只有一个节点，该节点运行控制平面并兼作工作节点。

Kubernetes 集群所需的组件如图 2-1 所示。工作节点上的组件通过 API 调用与控制平面节点上的 kube-apiserver（API 服务器）组件通信。

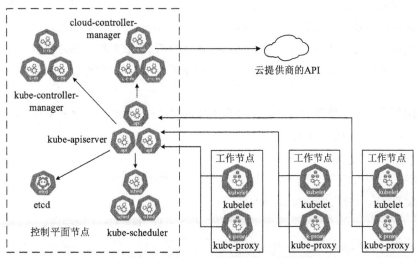

图 2-1　Kubernetes 集群所需的组件

接下来进一步介绍 Kubernetes 集群的主要组件，包括控制平面组件、工作节点组件和功能插件。

2.1.2　控制平面组件

控制平面组件是由集群管理员部署和维护的，用来支撑平台运行的组件。控制平面组件为集群做出全局决策，如资源的调度。控制平面组件可以在集群中的任何节点上运行。但是，简单起见，Kubernetes 设置脚本通常会在同一台计算机上启动所有控制平面组件，并且不会在该计算机上运行用户业务（即不兼作工作节点）。下面介绍主要的控制平面组件。

1. kube-apiserver

此组件实现的 API 服务器（API Server）负责公开 Kubernetes API，处理接收请求的工作。API 服务器是 Kubernetes 控制平面的前端，也就是整个集群的入口，任何用户或者程序都需要经过它操作集群资源。它提供认证、授权、访问控制、API 注册和发现机制等。

kube-apiserver 在设计上考虑了水平扩缩，通过部署多个实例来进行扩缩。管理员可以运行kube-apiserver 的多个实例，并在这些实例之间平衡流量，同时提高其可用性。

2. etcd

etcd 是兼具一致性和高可用性的键值数据库，通常用于分布式系统中的配置管理、服务发现和分布式协调工作。Kubernetes 将 etcd 用作所有集群数据的后台数据库，持久化存储集群中的所有资源对象以及配置数据等。生产环境中 etcd 通常会以集群方式部署到多个节点上运行。

3. kube-scheduler

此组件实现的 Kubernetes 调度器（Scheduler）负责在集群节点中调度分配 Pod。调度器能够自动感知 Kubernetes 集群的拓扑和所运行的负载，调度决策考虑的因素包括单个 Pod 及 Pod 集合的资源需求、软硬件及策略约束、亲和性及反亲和性规范、数据位置、工作负载间的干扰及最后时限。

4. kube-controller-manager

此组件负责运行控制平面的控制器进程。控制器用于部署和管理 Pod。Kubernetes 在后台运行许多不同的控制器进程。

每个控制器都负责监控一个指定的资源，对比当前的状态和期望的状态，一旦发现问题，就将资源调整到期望的状态。例如，节点控制器（Node Controller）负责在节点出现故障时进行通知和响应，副本控制器（Replication Controller）确保在任何时候集群中关联的 Pod 副本数都保持在预设值，服务账户控制器（ServiceAccount Controller）为新的名称空间创建默认的服务账户（ServiceAccount）。

每个控制器都是一个单独的进程，但是为了降低复杂性，Kubernetes 将它们编译到同一个可执行文件中，并在同一个进程中运行。

5. cloud-controller-manager

它是控制平面嵌入特定云平台的控制逻辑组件，方便用户充分利用云基础设施技术，在公有云、私有云或者混合云环境中运行 Kubernetes。

cloud-controller-manager 是 Kubernetes 与云提供商服务能力对接的关键组件，可以将 Kubernetes 集群连接到云提供商的 API 之上，并可以将与云平台交互的组件和与 Kubernetes 集群交互的组件分离开。通过 Kubernetes 和底层云基础设施之间互操作性逻辑的分离，云提供商能够以不同于 Kubernetes 主项目的步调发布新特征。

下面的控制器都包含对云平台驱动的依赖。

• 节点控制器（Node Controller）：用于在节点终止响应后检查云提供商以确定节点是否已被删除。

• 路由控制器（Route Controller）：用于在底层云基础架构中设置路由。

• 服务控制器（Service Controller）：用于创建、更新和删除云提供商负载均衡器（Load Balancer）。

与 kube-controller-manager 类似，cloud-controller-manager 将若干逻辑上独立的控制回路组合到同一个可执行文件中，以同一进程的方式运行，便于对其进行水平扩容以提升性能或者增强容错能力。

cloud-controller-manager 基于插件机制实现，不同的云提供商都能将其平台与 Kubernetes 集成。不过，cloud-controller-manager 是可选的组件，它仅运行特定云平台的控制回路。如果用户在自己的环境中运行 Kubernetes，或者在本地计算机中运行学习或测试环境，所部署的集群就不需要云控制器管理器。

2.1.3　工作节点组件

工作节点组件负责维护运行的 Pod 并提供 Kubernetes 运行环境。

1. kubelet

kubelet 会在集群中的每个节点上运行，是负责启动容器的重要的守护进程，用于保证容器在 Pod 中健康运行。

kubelet 启动时会加载配置参数，并向 API 服务器申请创建一个节点对象来注册自身的节点信息，如操作系统、内核版本、IP 地址、总容量和可供分配的容量等。然后，kubelet 定时向 API 服务器报告自身情况，以供调度器用来在调度 Pod 时给节点打分。

注意，kubelet 不能管理不是由 Kubernetes 创建的容器。

2. kube-proxy

kube-proxy 是集群中每个节点上运行的网络代理，是实现 Kubernetes 服务（Service）的通信与负载均衡机制的重要组件。kube-proxy 维护节点上的一些网络规则，这些网络规则会允许集群内部或外部的网络会话与 Pod 进行网络通信。

3. 容器运行时

容器运行时（Container Runtime）在 Kubernetes 集群的每个节点上运行，负责容器的整个生命周期。容器云的发展催生了许多容器运行时技术。为解决这些容器运行时和 Kubernetes 的集成问题，Kubernetes 推出了容器运行时接口（Container Runtime Interface，CRI）以支持更多的容器运行时。

电子活页

02.01Kubernetes 的容器运行时架构

Kubernetes 的早期版本只支持 Docker 容器运行时，为支持开放标准，从 1.23 版本开始不再直接对 Docker 容器运行时提供内置支持。Kubernetes 目前的版本支持的 CRI 主要有 containerd 和 CRI-O。目前 containerd 的应用非常广泛，也是 Kubernetes 首选的容器运行环境。CRI-O 是专注于在 Kubernetes 中运行容器的轻量级容器运行环境。

2.1.4　功能插件

Kubernetes 还拥有各种功能插件（Addons），用于提供集群级功能。这些插件本身是通过 Kubernetes 对象（DaemonSet、Deployment 等）实现的，它们所用的资源属于 kube-system 名称空间。下面列出几种主要的功能插件。

• 域名系统（Domain Name System，DNS）。集群 DNS 是一个 DNS 服务器，与环境中的其他 DNS 服务器一起工作，为 Kubernetes 服务提供 DNS 记录。Kubernetes 最常用的 DNS 插件是 CoreDNS。CoreDNS 是一种灵活的、可扩展的 DNS 服务器，可以以 Pod 形式运行来提供 DNS 服务。

• 容器网络接口（Container Network Interface，CNI）。集群中的 Pod 之间要通信就必须通过 CNI。Kubernetes 常用的 CNI 插件有 Calico 和 Flannel。

• Web 用户界面。Dashboard 是 Kubernetes 集群的通用的、基于 Web 的用户界面。它使用户可以管理集群中运行的应用以及集群本身，并排除故障。

• 容器资源监控。此类插件用于监控容器资源，将关于容器的一些常见的时间序列度量值保存到一个集中的数据库中，并提供浏览这些数据的界面。

• 集群级日志。此类插件负责保存、搜索和查看容器日志。

2.1.5　Kubernetes 部署方式

Kubernetes 主要有两种部署方式。

1．二进制方式

即下载 Kubernetes 发行版的二进制包，手动部署每个组件，组成 Kubernetes 集群。这种方式的优点是可扩展性强、方便灵活定制化、版本升级便捷。这种方式还有助于我们认识各个组件，理解 Kubernetes 的实现机制。但是，操作的步骤比较烦琐，不利于快速部署，对初学者来说有一定难度。

2．部署工具

使用部署工具可以快速创建 Kubernetes 集群。这种方式的优点是简单、高效，缺点是可扩展性差、定制能力有限。Kubernetes 官方和第三方都提供此类工具。下面列出几种主要部署工具。

• minikube：可以用来在 Windows、macOS 或 Linux 计算机上部署一个单节点的 Kubernetes 集群，以便用户试用 Kubernetes 或进行日常开发工作。

• kubeadm：可以通过 kubeadm init 和 kubeadm join 两条命令快速部署一个 Kubernetes 集群，目前相关技术已经很成熟，适于快速部署生产环境。kubeadm 是官方提供的部署工具，会随着 Kubernetes 每个版本的发布同步更新，并且会根据集群配置方面的一些实践不断完善。

• kOps：这是官方推出的 Kubernetes 运维工具，适用于生产环境 Kubernetes 集群的安装、升级和管理。目前 kOps 主要用于在亚马逊云平台（Amazon Web Services，AWS）上快速安装 Kubernetes 集群。kOps 是一个自动化的置备系统，提供全自动安装流程，使用 DNS 识别集群，支持多种操作系统，具有高可用性。

• Kubespray：这是部署生产环境 Kubernetes 集群的工具。该工具由 kubernetes-sigs 组织维护。其主要特点是通过 Ansible 进行部署，支持操作系统级通用的部署方式，可以在裸机或云上快速部署 Kubernetes 集群。

2.1.6 kubeadm 工具

使用 kubeadm，管理员可以通过一种用户友好的方式快速创建一个可用的、安全的 Kubernetes 集群，并且管理集群生命周期。kubeadm 支持弹性部署，既可以创建一个符合最佳实践的小型 Kubernetes 集群，又可以创建大规模的、高可用的 Kubernetes 集群，不仅能够满足学习或测试的需求，而且完全能够满足生产环境的需求。

kubeadm 的常用命令见表 2-1，其中 kubeadm init 和 kubeadm join 这两个命令最常用。

表2-1　kubeadm的常用命令

命令	功能
kubeadm init	初始化（创建）控制平面节点
kubeadm join	创建工作节点并将其加入集群中
kubeadm upgrade	将 Kubernetes 集群升级到新版本
kubeadm config	查看和处理 Kubernetes 配置信息，例如 kubeadm config print init-defaults 命令显示 init 命令配置信息，kubeadm config print join-defaults 显示 join 命令配置信息，kubeadm config images pull 命令根据配置文件拉取镜像，kubeadm config images list 命令显示需要拉取的镜像
kubeadm token	管理 kubeadm join 命令所使用的令牌
kubeadm reset	还原通过 kubeadm init 或 kubeadm join 命令对节点进行的任何变更
kubeadm certs	管理 Kubernetes 证书
kubeadm kubeconfig	管理 kubeconfig 文件
kubeadm version	显示 kubeadm 的版本信息

2.1.7 高可用 Kubernetes 集群

生产环境部署的一般都是高可用 Kubernetes 集群，这就有一个集群拓扑的选择问题。使用 kubeadm 工具部署高可用 Kubernetes 集群时，可以根据需要选择拓扑类型，以下两种拓扑的区别主要在于 etcd 组件的部署位置。

1. 堆叠 etcd 拓扑

这是 kubeadm 的默认拓扑，使用堆叠（Stacked）的控制平面节点，etcd 分布式数据存储集群堆叠在控制平面节点上，作为控制平面的一个组件运行，即 etcd 节点与控制平面节点耦合为同一节点，如图 2-2 所示。

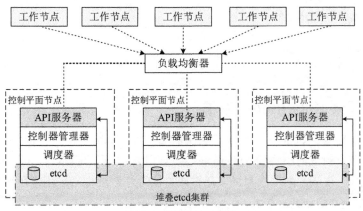

图2-2　堆叠 etcd 拓扑

每个控制平面节点运行 API 服务器（kube-apiserver）、控制器管理器（kube-controller-manager）和调度器（kube-scheduler）实例。API 服务器通过负载均衡器发布给工作节点。

每个控制平面节点创建一个本地 etcd 成员，该 etcd 成员只与该节点的 API 服务器通信。当使用 kubeadm init 和 kubeadm join --control-plane 命令时，在控制平面节点上会自动创建本地 etcd 成员。

这种拓扑设置简单，易于管理副本，但是存在耦合失败的风险。如果一个节点发生故障，则 etcd 成员和控制平面实例都将丢失，并且集群的冗余会受到影响。这种拓扑应当添加更多的控制平面节点来降低此类风险，至少需要部署 3 个堆叠的控制平面节点。

2. 外部 etcd 拓扑

外部 etcd 拓扑如图 2-3 所示，etcd 分布式数据存储集群在独立于控制平面节点的其他节点上运行。与堆叠 etcd 拓扑一样，外部 etcd 拓扑中的每个控制平面节点都会运行 API 服务器、控制器管理器和调度器实例，API 服务器通过负载均衡器发布给工作节点。但是 etcd 成员在不同的节点上运行，每个 etcd 节点与每个控制平面节点的 API 服务器进行通信。

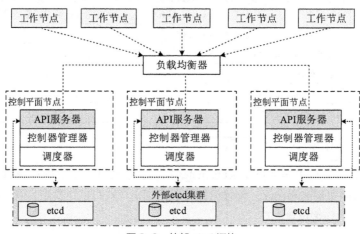

图 2-3　外部 etcd 拓扑

这种拓扑由于解耦了控制平面节点和 etcd 成员，控制平面实例或者 etcd 成员发生故障对整个集群的影响较小，不会像堆叠 etcd 拓扑那样影响集群的冗余。

不过，这种拓扑需要两倍于堆叠 etcd 拓扑的主机数量，至少需要 3 台用于搭载控制平面节点的主机和 3 台用于搭载 etcd 节点的主机。

✖ 任务实现

任务 2.1.1　规划 Kubernetes 集群

本任务的目标是基于 CentOS Stream 8 操作系统，使用 kubeadm 工具部署一套由单控制平面节点和两个工作节点组成的小规模 Kubernetes 集群环境，所用的版本为 Kubernetes1.25.4。这种部署存在单点风险，仅满足本书项目的实验需求，实际生产环境应采用高可用性方案。本任务 Kubernetes 集群的基本规划见表 2-2。

表2-2　Kubernetes集群的基本规划

节点类型	主机名	IP 地址	硬件配置
控制平面节点	master01	192.168.10.30	CPU：4核。内存：8GB。硬盘：60GB
工作节点	node01	192.168.10.31	CPU：2核。内存：4GB。硬盘：60GB
工作节点	node02	192.168.10.32	CPU：2核。内存：4GB。硬盘：60GB

任务 2.1.2　准备 Kubernetes 集群安装环境

首先需要按照规划完成安装环境的准备，具体要完成以下任务。每台节点主机上都要安装 CentOS Stream 8 操作系统、chrony、containerd、kubeadm、kubelet、kubectl 等基本软件或工具，并完成必要的系统配置。本任务中，VMware Workstation 虚拟机作为集群节点主机。为提高效率，可以通过下面的操作先准备好控制平面节点主机的安装环境，然后克隆两台主机作为工作节点，修改相应的主机名和 IP 地址。下面仅示范控制平面节点主机的操作。

1. 准备节点主机

集群节点主机可以是物理机，也可以是虚拟机。为方便实验，本例按照规划的硬件配置使用 3 台安装了 CentOS Stream 8 操作系统的 VMware Workstation 虚拟机（网络适配器选择 NAT 模式以支持访问外网）搭建小规模集群。将其中配置高的主机作为控制平面节点，其主机名设置为 master01，IP 地址设置为 192.168.10.30；另外两台主机作为工作节点，其主机名分别设置为 node01 和 node02，IP 地址分别设置为 192.168.10.31 和 192.168.10.32。3 台主机的默认网关为 192.168.10.2，DNS 为 192.168.10.2 和 114.114.114.114。控制平面节点主机上相关的操作如下。

```
[root@localhost ~]# hostnamectl set-hostname master01    # 修改主机名
[root@localhost ~]# bash                                  # 重新执行 Shell 使配置生效
[root@master01 ~]# nmcli connection show                  # 获取当前的网络连接信息
NAME      UUID                                    TYPE      DEVICE
virbr0    3d081de7-b0f1-4105-ae59-645bb6163a1c    bridge    virbr0
ens160    83daa21e-03bb-4cea-b286-d6a0fb6df711    ethernet  --      # 需配置的网络连接
[root@master01 ~]# nmcli connection modify ens160 ipv4.addr 192.168.10.30/24
ipv4.gateway 192.168.10.2  connection.autoconnect yes  ipv4.dns "192.168.10.2  114
.114.114.114"                                            # 修改网络连接配置
[root@master01 ~]# nmcli connection up ens160           # 激活网络连接使配置生效
连接已成功激活（D-Bus 活动路径：/org/freedesktop/NetworkManager/ActiveConnection/3）
```

2. 配置主机名解析

将以下主机名与 IP 地址之间的映射信息追加到 /etc/hosts 配置文件中。

```
192.168.10.30    master01
192.168.10.31    node01
192.168.10.32    node02
```

3. 禁用防火墙

必须在每台节点主机上开放防火墙的特定 TCP 端口。控制平面节点要开放的端口有 6443（用于访问 Kubernetes 的 API 服务器）、2379/2380（用于 etcd 的 API 通信）、10250（用于访问 kubelet API）、10257（用于访问 kube-controller-manager 组件）、10259（用于访问 kube-scheduler 组件）。工作节点要开放的端口为 10250（用于访问 kubelet API），还要开放 NodePort Services 所用的端口（默认为 30000 ～ 32767）。本例为简化实验操作，执行以下命令直接禁用节点主机上的防火墙。

```
[root@master01 ~]# systemctl stop firewalld && systemctl disable firewalld
```

4. 禁用 SELinux

SELinux 作为 Linux 内核的一项功能，提供访问控制的安全政策保护机制。执行以下命令临时禁用 SELinux。

```
[root@master01 ~]# setenforce 0                      # 临时禁用 SELinux
```

使用 sed 命令修改 SELinux 配置文件，重启系统后会永久禁用 SELinux。

```
[root@master01 ~]# sed -i 's/^SELINUX=enforcing$/SELINUX=disabled/' /etc/selinux/config
```

5. 关闭交换分区

Linux 系统的交换分区（Swap）相当于 Windows 系统中的虚拟内存。交换分区影响应用程序运行的性能以及稳定性。从 Kubernetes 1.8 版本开始要求关闭系统的交换分区，否则 kubelet 将无法启动。执行以下命令临时关闭交换分区。

```
[root@master01 ~]# swapoff -a
```

再查看当前内存，可以发现 Swap 的各项值均为 0，表明交换分区已经关闭。

```
[root@master01 ~]# free -m
              total        used        free      shared  buff/cache   available
Mem:           7741         994        5707          39        1040        6461
Swap:             0           0           0
```

使用 sed 命令将 /etc/fstab 文件中定义 Swap 自动挂载的语句注释掉，重启系统后会永久关闭交换分区。

```
[root@master01 ~]# sed -ri 's/.*swap.*/#&/' /etc/fstab
```

6. 设置系统时间同步

Kubernetes 集群各节点的时间必须同步。Linux 系统中通常通过安装 ntpdate 或 chrony 来提供时间同步功能，这里安装 chrony。

```
[root@master01 ~]# yum install -y chrony
```

修改 /etc/chrony.conf 配置文件，注释掉原有的时间服务器地址，增加阿里云和腾讯云的时间服务器地址。

```
server ntp1.aliyun.com iburst
server ntp2.aliyun.com iburst
server ntp1.tencent.com iburst
server ntp2.tencent.com iburst
```

执行以下命令重启 chrony，并查看同步情况以测试时间同步设置。

```
[root@master01 ~]# systemctl restart chronyd.service
[root@master01 ~]# chronyc sources
MS Name/IP address         Stratum Poll Reach LastRx Last sample
===============================================================================
^? 120.25.115.20                 0    6     0      -     +0ns[   +0ns] +/-    0ns
^? 203.107.6.88                  0    6     0      -     +0ns[   +0ns] +/-    0ns
^? 139.199.215.251               0    6     0      -     +0ns[   +0ns] +/-    0ns
```

CentOS Stream 8 默认采用的是东部标准时间（Eastern Standard Time，EST），需要更改时区设置。

```
[root@master01 ~]# date
2022 年 11 月 27 日 星期日 07:17:21 EST
[root@master01 ~]# ln -sf /usr/share/zoneinfo/Asia/Shanghai /etc/localtime
[root@master01 ~]# echo 'Asia/Shanghai' >/etc/timezone
[root@master01 ~]# date
2022 年 11 月 27 日 星期日 20:19:07 CST  # 已变更为中国标准时间（China Standard Time，CST）
```

7. 安装 IPVS 相关工具

IP 虚拟服务器（IP Virtual Server，IPVS）是 Linux 内核中内置的传输层负载均衡器，实现了四层负载均衡（Layer-4 Load Balancing）。IPVS 为大型集群提供了更好的可扩展性和性能，因此推荐为 Kubernetes 集群环境的配置。

IPVS 的管理程序是 ipvsadm，ipvsadm 支持直接路由、IP 隧道和 NAT 这 3 种转发模式。各节点主机应安装 ipset 和 ipvsadm 工具，ipvsadm 工具用于查看 IPVS 的代理规则。

```
[root@master01 ~]# yum install -y ipset ipvsadm
```

IPVS 已经加入 Linux 内核的主干，为 kube-proxy（Kubernetes 代理）启用 IPVS 的前提是加载相应的 Linux 内核模块。这里编写 /etc/sysconfig/modules/ipvs.modules 脚本文件，在其中加入以下内容来加载所需的内核模块。

```
#!/bin/bash
modprobe -- ip_vs
modprobe -- ip_vs_rr
modprobe -- ip_vs_wrr
modprobe -- ip_vs_sh
modprobe -- nf_conntrack  # 如果内核版本低于 4.18，则改用 nf_conntrack_ipv4 模块
```

执行该脚本文件，再检查是否已经加载 IPVS 所需的模块，此处结果表明正常加载。

```
[root@master01 ~]# bash /etc/sysconfig/modules/ipvs.modules
[root@master01 ~]# lsmod | grep -e -ip_vs -e nf_conntrack    # 查看相关的模块
nf_conntrack          172032  2 nf_nat,ip_vs
nf_defrag_ipv6         20480  2 nf_conntrack,ip_vs
nf_defrag_ipv4         16384  1 nf_conntrack
libcrc32c              16384  5 nf_conntrack,nf_nat,nf_tables,xfs,ip_vs
```

当 kube-proxy 以 IPVS 代理模式启动时，它将验证 IPVS 内核模块是否可用。如果未检测到 IPVS 内核模块，则 kube-proxy 将以 iptables 代理模式运行。

8. 安装 containerd

从 Kubernetes 1.23 版本开始，容器运行时默认不再采用 docker/dockershim，而建议采用 containerd。

（1）调整内核参数。与 Docker 作为容器运行时不同，containerd 要配置相关内核参数。

执行以下命令加载所需的两个内核模块。

```
[root@master01 ~]# modprobe overlay
[root@master01 ~]# modprobe br_netfilter
```

要允许 iptables 检查桥接流量，就要显式加载 br_netfilter 模块。编辑 /etc/modules-load.d/containerd.conf 文件，在其中加入以下内容以配置 containerd 所需的内核参数。

```
net.bridge.bridge-nf-call-ip6tables = 1
net.bridge.bridge-nf-call-iptables = 1
net.ipv4.ip_forward = 1
```

前面两个参数的用途是让 Linux 节点的 iptables 能够正确查看桥接流量，最后一个参数用于启用 IP 转发功能。

执行以下命令使以上内核参数的调整生效。

```
[root@master01 ~]# sysctl -p /etc/sysctl.d/99-kubernetes-cri.conf
```

（2）下载 containerd 软件包。

```
[root@master01 ~]#  wget https://github.com/containerd/containerd/releases/
download/v1.6.8/cri-containerd-1.6.8-linux-amd64.tar.gz
```

（3）将该软件包解压缩到系统根目录中。

```
[root@master01 ~]# tar -zxvf cri-containerd-1.6.8-linux-amd64.tar.gz -C /
```

该软件包已经按照官方二进制方式部署推荐的目录结构布局，其中包含 systemd 配置文件、containerd 部署文件以及 cni 部署文件。

（4）修改 /etc/containerd/config.toml 配置文件。

将 SystemdCgroup 值设置为 true。

```
SystemdCgroup = true
```

将 sandbox_image 值设置为国内基础镜像源地址。

```
sandbox_image = "registry.aliyuncs.com/google_containers/pause:3.8"
```

修改仓库地址（镜像源）。

```
      [plugins."io.containerd.grpc.v1.cri".registry.mirrors]
         [plugins."io.containerd.grpc.v1.cri".registry.mirrors."docker.io"]
              endpoint=[ "https://usydjf4t.mirror.aliyuncs.com","https://mirror.
ccs.tencentyun.com","https://registry.docker-cn.com","http://h$
         [plugins."io.containerd.grpc.v1.cri".registry.mirrors."k8s.gcr.io"]
              endpoint=["https://registry.cn-hangzhou.aliyuncs.com/google_containers"]
```

（5）启动 containerd 并设置为开机自动启动。

```
[root@master01 ~]# systemctl daemon-reload && systemctl enable containerd &&
systemctl start containerd
```

（6）查看 containerd 的版本信息进行验证。

```
[root@master01 ~]# crictl version
Version:  0.1.0
RuntimeName:  containerd
RuntimeVersion:  v1.6.8
RuntimeApiVersion:  v1
```

9. 添加 Kubernetes 组件的阿里云软件源

CentOS Stream 8 操作系统默认配置国外的软件源，但这里配置安装 Kubernetes 镜像仓库和 Kubernetes 组件的阿里云软件源。创建 /etc/yum.repos.d/kubernetes.repo 文件，在其中加入以下定义。

```
[kubernetes]
name=Kubernetes
```

```
baseurl=https://mirrors.aliyun.com/kubernetes/yum/repos/kubernetes-el7-x86_64/
enabled=1
gpgcheck=1
repo_gpgcheck=0
gpgkey=https://mirrors.aliyun.com/kubernetes/yum/doc/yum-key.gpg https://
mirrors.aliyun.com/kubernetes/yum/doc/rpm-package-key.gpg
```

执行以下命令查看当前可安装的 Kubernetes 版本。

```
[root@master01 ~]# yum list kubeadm.x86_64 --showduplicates | sort -r | grep 1.25
kubeadm.x86_64                    1.25.4-0                    kubernetes
kubeadm.x86_64                    1.25.3-0                    kubernetes
kubeadm.x86_64                    1.25.2-0                    kubernetes
kubeadm.x86_64                    1.25.1-0                    kubernetes
kubeadm.x86_64                    1.25.0-0                    kubernetes
```

10. 安装 kubeadm、kubelet 和 kubectl

集群中的每个节点上都需要安装以下工具。

- kubeadm：用来初始化集群的工具。
- kubelet：用来在集群中的每个节点上启动 Pod 和容器等。
- kubectl：用来与集群通信的命令行工具。

建议这 3 个工具的版本保持一致，这里均安装 1.25.4 版本的工具。

```
[root@master01 ~]# yum install -y kubelet-1.25.4 kubeadm-1.25.4 kubectl-1.25.4
```

安装完毕，启动 kubelet 并将其设置为开机自动启动。

```
[root@master01 ~]# systemctl enable kubelet && systemctl start kubelet
```

 小贴士　本例使用虚拟机作为集群节点。准备完控制平面节点的安装环境后，关闭该虚拟机。再克隆两台虚拟机作为工作节点，按照规划修改两台虚拟机的主机名、网络连接设置以及内存大小等，从而快速完成整个集群环境的安装准备。

任务 2.1.3　部署 Kubernetes 集群节点

准备完节点主机后，就可以开始部署节点了。

1. 配置节点主机的 SSH 互信

安装了 CentOS Stream 8 操作系统的主机默认支持安全外壳（Secure Shell，SSH）连接，实际应用中多使用 ssh 命令连接其他主机后进行远程操作，以免频繁切换到各主机上操作。为方便 SSH 连接，一般都会配置 SSH 互信，以实现免密（使用公钥认证，不需要用户名和密码）登录，具体操作步骤如下。

微课

02.部署Kubernetes
集群节点

首先执行 ssh-keygen 命令生成 SSH 公钥认证所需的公钥和私钥文件，交互过程中按 Enter 键即可使用默认配置。

```
[root@master01 ~]# ssh-keygen
Generating public/private rsa key pair.
Enter file in which to save the key (/root/.ssh/id_rsa):
Enter passphrase (empty for no passphrase):
Enter same passphrase again:
```

```
Your identification has been saved in /root/.ssh/id_rsa.
Your public key has been saved in /root/.ssh/id_rsa.pub.
The key fingerprint is:
SHA256:Fnht6yLvqpAJYtdFPapmmlmkP4R4JegSiSrLMTegxBg root@master01
...
```

然后执行以下命令将所生成的公钥发送到要免密登录的主机（本例涉及 3 台主机）中。

```
[root@master01 ~]# ssh-copy-id -i ~/.ssh/id_rsa.pub root@master01
...
root@master01's password:                        # 提供主机 root 用户账户的密码
Number of key(s) added: 1
Now try logging into the machine, with:   "ssh 'root@master01'"
and check to make sure that only the key(s) you wanted were added.
[root@master01 ~]# ssh-copy-id -i ~/.ssh/id_rsa.pub root@node01
...
[root@master01 ~]# ssh-copy-id -i ~/.ssh/id_rsa.pub root@node02
...
```

最后执行以下命令测试其中一台主机的免密 SSH 登录。

```
[root@master01 ~]# ssh node01
Activate the web console with: systemctl enable --now cockpit.socket
Last login: Mon Nov 28 10:12:13 2022
[root@node01 ~]# exit
注销
Connection to node01 closed.
```

这样，管理员就可以在任意一台主机中登录到其他主机上进行操作。

2. 初始化控制平面节点

控制平面节点是运行控制平面组件的主机，包括 etcd（集群数据库）和 API 服务器（命令行工具 kubectl 与之通信）。使用 kubeadm init 命令初始化控制平面节点时有以下两种方式。

• 使用配置文件。使用 --config 选项指定配置文件，通常使用 kubeadm config 命令生成默认的配置文件，根据需要修改后即可完成初始化。

• 直接指定命令行选项参数。Kubeadm init 的常用选项见表 2-3。

表2-3　kubeadm init的常用选项

选项	说明
--kubernetes-version	Kubernetes 程序组件的版本号，要与安装的 kubelet 软件包的版本号相同
--control-plane-endpoint	控制平面节点的固定访问地址（API 服务器的访问地址）。该选项对于多控制平面节点是必选项，对于单控制平面节点则是可选项，但是 kubeadm 不支持将未指定 --control-plane-endpoint 选项参数的单控制平面集群转换为高可用集群
--pod-network-cidr	Pod 网络的地址范围，其值为无类别域间路由选择（Classless Inter-Domain Routing，CIDR）格式的网络地址，默认值为 192.168.0.0/16
--service-cidr	Service 的网络（集群内部的虚拟网络）地址范围，其值为 CIDR 格式的网络地址，默认值为 10.96.0.0/12
--service-dns-domain	Kubernetes 集群域名，默认为 cluster.local
--apiserver-advertise-address	API 服务器所绑定的 IP 地址，默认为网络接口。一般为控制平面节点用于在集群内部通信的 IP 地址
--apiserver-bind-port	API 服务器所监听的端口，默认为 6443
--image-repository	镜像仓库地址，默认为 k8s.gcr.io

选项	说明
--token-ttl	共享令牌（Token）的过期时间，默认为 24 小时，0 表示永不过期
--cri-socket	连接 CRI 的 socket 文件路径。不同的 CRI 所用的连接文件不同，containerd 使用 unix:///run/containerd/containerd.sock；CRI-O 使用 unix:///var/run/crio/crio.sock；docker 使用 unix:///var/run/cri-dockerd.sock

本例采用直接指定命令行选项参数的方式初始化控制平面节点。这里使用 --image-repository 选项指定阿里云镜像仓库地址，另外使用 --ignore-preflight-errors 选项忽略所有预检项的警告信息。

```
    [root@master01 ~]# kubeadm init        --apiserver-advertise-address=192.168.10.30
--image-repository registry.aliyuncs.com/google_containers   --kubernetes-version v1.25.4
--service-cidr=10.96.0.0/12    --pod-network-cidr=10.244.0.0/16        --ignore-preflight-
errors=all
    [init] Using Kubernetes version: v1.25.4
    ...
    Your Kubernetes control-plane has initialized successfully! # 提示控制平面节点初始化成功
    # 以下提示：分别针对普通用户和 root 用户提供认证配置文件的方法
    To start using your cluster, you need to run the following as a regular user:
        mkdir -p $HOME/.kube
        sudo cp -i /etc/kubernetes/admin.conf $HOME/.kube/config
        sudo chown $(id -u):$(id -g) $HOME/.kube/config
    Alternatively, if you are the root user, you can run:
        export KUBECONFIG=/etc/kubernetes/admin.conf
    You should now deploy a pod network to the cluster.        # 提示部署 Pod 网络
    Run "kubectl apply -f [podnetwork].yaml" with one of the options listed at:
        https://kubernetes.io/docs/concepts/cluster-administration/addons/
    Then you can join any number of worker nodes by running the following on each
as root:                                        # 提示加入工作节点的命令（包括令牌值）
    kubeadm join 192.168.10.30:6443 --token 51siix.szxjd53d406j615y \
    --discovery-token-ca-cert-hash sha256:fb304dbb2075a3ae22b6e9c0a4b7008c86607099e4b0a2
07e18c7e98f237bdd4
```

3. 为 kubectl 命令提供配置文件

kubectl 是 kube-apiserver 的命令行客户端程序，在 Kubernetes 集群中，通常管理员都会在控制平面节点上通过 kubectl 与集群互动、发送操作命令来对集群进行管理。该命令行工具使用 kubeconfig 文件来获取集群的配置信息以向 API 服务器请求认证，认证通过并获取授权后方能执行相应的管理操作。kubeconfig 文件保存集群的配置信息，具体包括集群、用户、名称空间、认证等的信息。这个文件默认位于 Kubernetes 集群的控制平面节点主机的 $HOME/.kube 目录下，文件名不一定是 kubeconfig。

使用 kubeadm 初始化控制平面节点的过程中生成了一个具有 Kubernetes 系统管理员权限的认证配置文件 /etc/kubernetes/admin.conf，并给出了提供认证配置文件方法的提示。按照提示，将该配置文件复制到该目录的 config 子目录中以便运行 kubectl。

```
    [root@master01 ~]# mkdir -p $HOME/.kube
    [root@master01 ~]# cp -i /etc/kubernetes/admin.conf $HOME/.kube/config
    [root@master01 ~]# chown $(id -u):$(id -g) $HOME/.kube/config
```

这样就可以使用 kubectl 命令了。例如，使用 kubectl 命令查看当前的集群节点信息。

```
[root@master01 ~]# kubectl get node
NAME         STATUS    ROLES          AGE      VERSION
master01     Ready     control-plane  4m49s    v1.25.4
```

可以发现，目前仅部署了一个控制平面节点（ROLES 列表示角色）。

还可以直接通过环境变量为 kubectl 命令提供配置文件，例如执行以下命令将其设置到环境变量中。

```
export KUBECONFIG=/etc/kubernetes/admin.conf
```

这种方式只是临时生效，若要永久性生效，可以将该命令添加到用户配置文件 ~/.bash_profile 中。当然，还可以在执行 kubectl 命令时通过 --kubeconfig 选项指定特定的 kubeconfig 文件。

4. 将工作节点加入集群

接下来，将另外两台主机作为工作节点加入新创建的 Kubernetes 集群中。可以直接在控制平面节点上使用 ssh 命令登录到工作节点上进行操作。这里以操作 node01 主机为例，执行前面执行 kubeadm init 命令时给出的加入工作节点的命令（可以直接复制过来）。

```
[root@master01 ~]# ssh node01                           # 免密登录 node01 主机
Activate the web console with: systemctl enable --now cockpit.socket
Last login: Mon Nov 28 21:40:02 2022
[root@node01 ~]# kubeadm join 192.168.10.30:6443 --token 51siix.szxjd53d406j615y
 --discovery-token-ca-cert-hash sha256:fb304dbb2075a3ae22b6e9c0a4b7008c866070
99e4b0a207e18c7e98f237bdd4
[preflight] Running pre-flight checks
...
This node has joined the cluster:                        # 提示此节点已成功加入集群
...
[root@node01 ~]# exit                                    # 退出 node01 主机的登录
```

按照同样的方法将 node02 主机加入集群。再次查看当前的集群节点信息。

```
[root@master01 ~]# kubectl get nodes
NAME         STATUS    ROLES          AGE      VERSION
master01     Ready     control-plane  7m44s    v1.25.4
node01       Ready     <none>         51s      v1.25.4
node02       Ready     <none>         18s      v1.25.4
```

可以发现，集群中又增加了两个工作节点。

加入工作节点的令牌默认有效期为 24 小时，过期之后该令牌就不可用了，如果有需要还可以重新创建令牌。最简单的方法是执行以下命令添加节点，该命令提供了令牌。

```
[root@master01 ~]# kubeadm token create --print-join-command
kubeadm join 192.168.10.30:6443 --token d1jh7s.yg0h4iy9scv8cb7g --discovery-
token-ca-cert-hash  sha256:fb304dbb2075a3ae22b6e9c0a4b7008c86607099e4b0a207e18c7e9
8f237bdd4
```

微课

03. 安装 Pod 网络
插件

任务 2.1.4 安装 Pod 网络插件

必须部署一个基于 Pod 网络插件的 CNI，以便 Pod 之间可以相互通信。CNI 是容器网络的 API，也是 Kubernetes 调用网络的标准接口，kubelet 通过该接口调用不同的网络插件以实现不同的网络配置方式。CNI 插件用于实现一系列的 CNI API。Kubernetes 系统上 Pod 网络的实现依赖于第三方 CNI 插件。常见的 CNI 插件有 Calico、Flannel、Terway、Weave Net 以及 Contiv。Calico 是一个纯三层的方案，实现了 Kubernetes 网络策略，并提供访问控制列表（Access Control List，ACL）功能。本例选用 Calico 作为 Pod 网络插件，在控制平面节点主机上执行以下操作进行安装。

（1）从官网下载安装 Calico 插件所需的配置文件 calico.yaml。

```
[root@master01 ~]# wget https://docs.projectcalico.org/manifests/calico.yaml
```

（2）修改 calico.yaml 配置文件，将其中的 CALICO_IPV4POOL_CIDR 的值设置为之前执行 kubeadm init 命令时通过 --pod-network-cidr 选项指定的 Pod 网络地址。

```
- name: CALICO_IPV4POOL_CIDR
  value: "10.244.0.0/16"
```

（3）执行以下命令使用配置文件 calico.yaml，在集群中部署 Calico 插件（创建多种 Kubernetes 资源）。

```
[root@master01 ~]# kubectl apply -f calico.yaml
poddisruptionbudget.policy/calico-kube-controllers created
...
daemonset.apps/calico-node created
deployment.apps/calico-kube-controllers created
```

（4）查看名称空间 kube-system 下的所有 Pod。

```
[root@master01 ~]# kubectl get pods -n kube-system
NAME                                       READY    STATUS     RESTARTS      AGE
calico-kube-controllers-798cc86c47-jrlhm   1/1      Running    0             11m
calico-node-4bj7s                          1/1      Running    0             11m
calico-node-bqnzx                          1/1      Running    0             11m
calico-node-s7fsd                          1/1      Running    0             11m
coredns-c676cc86f-mj6qh                    1/1      Running    1 (27m ago)   12h
coredns-c676cc86f-xm4k7                    1/1      Running    1 (27m ago)   12h
etcd-master01                              1/1      Running    1 (27m ago)   12h
kube-apiserver-master01                    1/1      Running    1 (27m ago)   12h
kube-controller-manager-master01           1/1      Running    1 (27m ago)   12h
kube-proxy-hdw4g                           1/1      Running    1 (27m ago)   12h
kube-proxy-x2rfl                           1/1      Running    1 (27m ago)   12h
kube-proxy-zwvfs                           1/1      Running    1 (27m ago)   12h
kube-scheduler-master01                    1/1      Running    1 (27m ago)   12h
```

可以发现，通过 kubeadm 工具部署的大部分 Kubernetes 组件都是以 Pod 形式运行的。

（5）执行以下命令进一步查看 Calico 插件在各节点上的部署情况。

```
[root@master01 ~]# kubectl get po -A -o wide | grep calico
kube-system    calico-kube-controllers-798cc86c47-jrlhm   1/1       Running   0
11m   10.88.0.2       node02      <none>           <none>
kube-system    calico-node-4bj7s                          1/1       Running   0
11m   192.168.10.32   node02      <none>           <none>
kube-system    calico-node-bqnzx                          1/1       Running   0
11m   192.168.10.30   master01    <none>           <none>
kube-system    calico-node-s7fsd                          1/1       Running   0
11m   192.168.10.31   node01      <none>           <none>
```

可以发现，每个节点上都安装有 Calico 插件，这样就能保证集群中 Pod 之间的通信。

微课

04.测试Kubernetes
集群

任务 2.1.5　测试 Kubernetes 集群

　　完成以上集群部署任务之后，就可以进一步测试 Kubernetes 集群，包括验证 Pod 的运行、Pod 的网络通信。在控制平面节点上进行测试操作。

　　（1）创建一个简单的 Deployment 以运行 nginx。

```
[root@master01 ~]# kubectl create deployment nginx --image=nginx:1.8.1
deployment.apps/nginx created
```

　　（2）将该 Deployment 发布为 Service 以供外部访问。

```
[root@master01 ~]# kubectl expose deployment nginx --port=80 --type=NodePort
service/nginx exposed
```

　　（3）查看创建的 Pod 和 Service 是否正常运行。

```
[root@master01 ~]# kubectl get pod,svc
NAME                          READY    STATUS      RESTARTS    AGE
pod/nginx-cf797f6c5-s5lkq     1/1      Running     0           2m26s

NAME                 TYPE         CLUSTER-IP       EXTERNAL-IP    PORT(S)         AGE
service/kubernetes   ClusterIP    10.96.0.1        <none>         443/TCP         12h
service/nginx        NodePort     10.105.200.136   <none>         80:30820/TCP    56s
```

　　（4）根据发布的节点端口访问发布的 nginx 服务器。

电子活页

02.02Kubernetes
证书到期处理

```
[root@master01 ~]# curl http://node02:30820
<!DOCTYPE html>
...
<p><em>Thank you for using nginx.</em></p>
</html>
```

　　测试结果表明节点能够成功访问 nginx 服务器。将以上主机地址改为集群中的任意一个节点的主机地址都可以成功访问该服务器。

　　到目前为止，就成功创建了一个小型的测试用 Kubernetes 集群。

任务 2.1.6　使用 containerd 命令行工具 crictl

微课

05.使用containerd
命令行工具 crictl

　　容器运行时 containerd 提供两个命令行工具 ctr 和 crictl。ctr 的作用与 docker 的一样，用法也比较一致。ctr 与 Kubernetes 无关，只要安装了 containerd 就可以使用 ctr 命令来操作容器。crictl 是与 CRI 兼容的容器运行时命令行接口，可以用来检查和调试 Kubernetes 集群节点上的容器运行时和应用程序，其子命令与 docker 的子命令基本一致，但是要少一些。

　　例如，执行以下命令查看节点上当前的镜像列表。

```
[root@master01 ~]# crictl images
IMAGE                      TAG        IMAGE ID          SIZE
docker.io/calico/cni       v3.24.5    628dd70880410     87.5MB
docker.io/calico/node      v3.24.5    54637cb36d4a1     81.6MB
...
```

执行以下命令查看节点上当前的容器列表。

```
[root@master01 ~]# crictl ps
   CONTAINER        IMAGE            CREATED         STATE        NAME         ATTEMPT
POD ID               POD
   75e3ecda6ac1a    54637cb36d4a1    26 minutes ago  Running      calico-node  0
f6e1607c1c245        calico-node-bqnzx
   ...
```

容器列表中会给出容器所属的 Pod 信息。使用 crictl pods 命令则会列出当前运行的 Pod。

值得一提的是，与 docker 不同，containerd 会涉及名称空间的概念，镜像和容器都在各自的名称空间中可见，目前 Kubernetes 使用 k8s.io 作为默认的名称空间。

任务 2.2　部署和使用 Kubernetes Dashboard

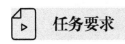

任务要求

完成 Kubernetes 集群的部署之后，初学者就可以开始考虑尝试集群的可视化管理操作，以增强对 Kubernetes 的感性认识。Dashboard（仪表板）是基于 Web 的 Kubernetes 用户界面，可以用来管理集群中的所有资源对象。本任务的基本要求如下。

（1）了解 Kubernetes 集群资源管理方式。

（2）了解 Kubernetes Dashboard 的功能。

（3）掌握 Kubernetes Dashboard 的安装方法。

（4）掌握 Kubernetes Dashboard 的使用方法。

相关知识

2.2.1　Kubernetes 集群资源管理方式

Kubernetes 提供了多种集群资源管理方式，以满足不同场景的需求。

• kubectl：该工具提供了除系统部署之外的几乎全部的集群及其资源管理操作。其优点是使用便捷、效率高，缺点是仍有部分操作功能无法支持，要求用户熟练掌握相关用法。

• 配置文件：使用 YAML 格式（现在也支持 JSON 格式）文件定义资源，其他管理方式实施的操作最终都会转换为 YAML 格式的清单文件提交给 Kubernetes 的 API 服务器。这是推荐的方式，更适合专业的管理员使用。其优点是功能齐全，能够定义所有的资源和对象。但是，这种方式要求用户具备专业的技术能力，且不便于排查问题。

• Web 用户界面：Kubernetes Dashboard 提供直观的图形化管理界面，可用来查看、监控和管理 Kubernetes 对象。其优点是使用非常简单，适合普通用户，缺点是功能非常有限。这种方式更适合一些演示场合。

• API：Kubernetes 提供各种编程语言的软件开发工具包（Software Development Kit，SDK）接口，便于用户开发的应用程序接入 Kubernetes 集群。其优点是非常灵活，能够适配使用多种编程语言以开发有关 Kubernetes 的应用程序，缺点是门槛较高。这种方式适于开发人员。

2.2.2 Kubernetes Dashboard 的功能

Dashboard 是基于 Web 的 Kubernetes 用户界面，主要具备以下功能。

• 查看 Kubernetes 集群中的各种资源。这些资源包括集群级别的资源（如名称空间、节点、集群角色、持久卷等）、不同类型的工作负载（如 Deployment、StatefulSet、DaemonSet 等）、服务和负载均衡、配置和存储。

• 创建和管理 Kubernetes 对象。主要是以 Deployment 为主的管理。例如，通过 Deployment 实现弹性伸缩、发起滚动升级、重启 Pod，或者使用部署向导将容器化应用程序部署到 Kubernetes 集群中，对容器化应用程序进行故障排除。

• 监控 Kubernetes 对象。主要实现对集群、工作负载、存储等资源的监控。例如，Dashboard 同时展示集群中的资源状态信息和所有错误信息。

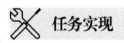

任务实现

微课

06.安装Kubernetes
Dashboard

任务 2.2.1 安装 Kubernetes Dashboard

前面提到过，Dashboard 是以 Kubernetes 功能插件的形式提供的，可以将 Dashboard 以 Kubernetes 对象的形式部署到集群中。

1. 安装 Dashboard

（1）下载安装 Dashboard 所需的配置文件。这里下载的是能够支持 Kubernetes 1.25 的 Dashboard 2.7.0。

（2）调整默认配置。修改下载的 recommended.yaml 文件，在其中的 Service 定义部分增加 Service 类型的定义和节点端口的定义。

```
spec:
  type: NodePort                 # 指定 Service 类型
  ports:
    - port: 443
      targetPort: 8443
      nodePort: 30005            # 指定节点端口
```

默认配置的 Dashboard 仅支持集群内部的访问，这里将 Service 类型修改为 NodePort 类型，以便通过节点上的 IP 地址和静态端口（NodePort）对外发布服务，支持从集群外部访问。

（3）执行以下命令应用该配置文件，创建相应的 Kubernetes 对象来运行 Dashboard。

```
[root@master01 ~]# kubectl apply -f recommended.yaml
namespace/kubernetes-dashboard created
serviceaccount/kubernetes-dashboard created
service/kubernetes-dashboard created
secret/kubernetes-dashboard-certs created
secret/kubernetes-dashboard-csrf created
secret/kubernetes-dashboard-key-holder created
configmap/kubernetes-dashboard-settings created
role.rbac.authorization.k8s.io/kubernetes-dashboard created
clusterrole.rbac.authorization.k8s.io/kubernetes-dashboard created
```

```
rolebinding.rbac.authorization.k8s.io/kubernetes-dashboard created
clusterrolebinding.rbac.authorization.k8s.io/kubernetes-dashboard created
deployment.apps/kubernetes-dashboard created
service/dashboard-metrics-scraper created
deployment.apps/dashboard-metrics-scraper created
```

这里创建的对象类型比较多，涉及名称空间、服务账户、Deployment、Service 等。

（4）查看创建的 Pod，可以验证 Dashboard 本身也是以 Pod 形式部署的。

```
[root@master01 ~]# kubectl get pod -n kubernetes-dashboard
NAME                                          READY   STATUS    RESTARTS   AGE
dashboard-metrics-scraper-64bcc67c9c-fkx57    1/1     Running   0          4m25s
kubernetes-dashboard-5c8bd6b59-p2nvp          1/1     Running   0          4m25s
```

（5）查看创建的 Service。

```
[root@master01 ~]# kubectl get svc kubernetes-dashboard -n kubernetes-dashboard
NAME                   TYPE       CLUSTER-IP    EXTERNAL-IP   PORT(S)          AGE
kubernetes-dashboard   NodePort   10.97.98.63   <none>        443:30005/TCP    14m
```

可以发现，Dashboard 可以通过节点主机的 IP 地址和 30005 端口来访问，从集群外部访问可使用网址 https://192.168.10.30:30005，在集群内部访问可使用网址 https://10.97.98.63:443。

2. 获取令牌

与 Kubernetes 集群交互需要通过认证，认证方式主要有两种，分别是令牌和 kubeconfig 文件（即证书）。Dashboard 登录可以使用其中任何一种方式。这里示范最简单的令牌方式，首先要获取集群管理员的令牌。

Kubernetes 有两类账户：一类是用户账户（User），适合普通的用户使用；另一类是服务账户（ServiceAccount），专门提供给进程使用，让进程拥有相应的权限。为保护集群数据，默认情况下 Dashboard 会使用最少的基于角色的访问控制（Role-Based Access Control，RBAC）配置部署。Dashboard 是一个守护进程，管理员可以创建一个专门的服务账户供 Dashboard 使用，并为该账户赋予管理员权限。

（1）在 kube-system 名称空间中创建名为 dashboard-admin 的服务账户。

```
[root@master01 ~]# kubectl create serviceaccount dashboard-admin -n kube-system
serviceaccount/dashboard-admin created
```

（2）为 dashboard-admin 账户创建集群的角色绑定。

```
[root@k8s-master01 ~]# kubectl create clusterrolebinding dashboard-admin
--clusterrole=cluster-admin --serviceaccount=kube-system:dashboard-admin
```

这里的角色为 Kubernetes 内置角色 cluster-admin，服务账户为 kube-system 名称空间中的 dashboard-admin。cluster-admin 角色是超级管理员，具有管理集群的最高权限，相当于 Linux 系统中的 root 用户。本例将 dashboard-admin 账户与 cluster-admin 角色绑定，就是让该账户获得集群管理员权限。

（3）获取 dashboard-admin 账户的令牌。

```
[root@master01 ~]# kubectl create token dashboard-admin -n kube-system
--duration=87600h
eyJhbGciOiJSUzI1NiIsImtpZCI6IjM4b241YXB4UWNnQ0p2UUE3blRoRXFXSWRoVFgwRlZZOaTd0L
XFvNFJfZFkifQ.eyJhdW...301dwc0cvgOh1cwMqwcYaLznuHAUhLJaWK1zNA
```

其中，--duration 选项用于指定获取的令牌过期时间，本例的 87600h 约等于 10 年。

3. 登录 Dashboard

（1）在任一节点主机上打开 Firefox 浏览器，输入网址 https://192.168.10.30:30005 访问 Dashboard，由于使用的是超文本传输安全协议（Hypertext Transfer Protocol Secure，HTTPS），首次访问会提示访问面临潜在的安全风险，继续即可。

（2）出现图 2-4 所示的对话框，选中"Token"单选按钮，将前面获取的令牌值复制到"输入 token"文本框中，单击"登录"按钮。

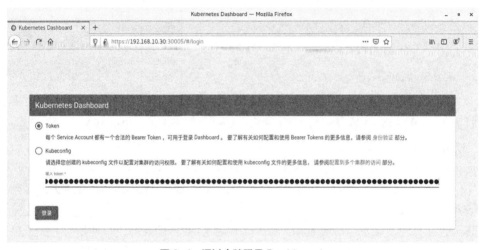

图 2-4　通过令牌登录 Dashboard

（3）认证通过之后，即可进入 Dashboard 界面，如图 2-5 所示。

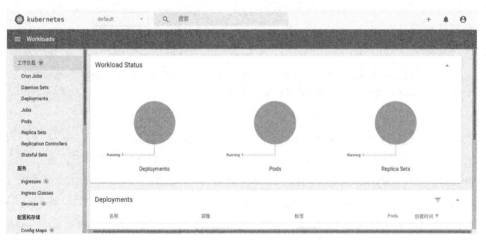

图 2-5　Dashboard 界面

任务 2.2.2　使用 Kubernetes Dashboard

下面示范如何使用 Dashboard 对 Kubernetes 集群做一些简单的可视化管理操作。

1. 熟悉 Dashboard 的基本操作

首先要熟悉 Dashboard 的可视化视图操作界面。

（1）导航操作。

当在集群中定义 Kubernetes 对象时，Dashboard 会在初始视图中显示它们。默认情况下只会显示默认名称空间（default）中的对象，可以通过更改导航菜单中的名称空间筛选器进行改变。"命名空间"实际上是名称空间的不同中文翻译，本书中统一使用"名称空间。"

Dashboard 展示大部分 Kubernetes 对象，可以通过左侧导航栏中的几个菜单类别（如工作负载、服务、配置和存储）来分组访问这些对象。

（2）集群管理。

单击左侧导航栏中的"集群"项，进入 Kubernetes 集群列表页面，视图再分类列出集群的详细信息。也可以通过"集群"分组中的集群角色绑定（Cluster Role Bindings）、节点（Nodes）、名称空间、持久卷（Persistent Volumes）等导航节点显示相应的详情视图。

例如，单击"Nodes"显示集群节点列表，单击列表项右侧的 ⋮ 按钮（操作菜单按钮）会弹出下拉菜单，可以选择操作该列表项的命令，如图 2-6 所示。单击"名称"列中的集群节点名称，可以进一步查看和操作该节点上的资源（对象），如图 2-7 所示，在其中的"Pods"列表中还可以进一步查看和操作指定的 Pod。

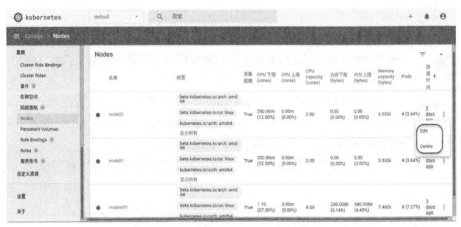

图 2-6　集群节点列表

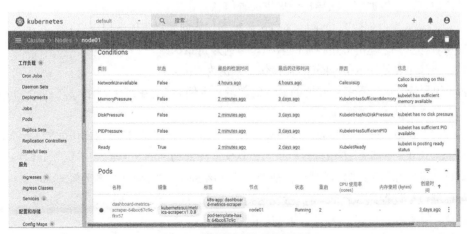

图 2-7　集群节点的各种资源列表

（3）工作负载管理。

单击左侧导航栏中的"工作负载"项，进入工作负载列表页面，默认显示当前指定的名称空间中所有运行的应用程序。视图按照工作负载类型（如 Deployments、Replica Sets、Stateful Sets 等）列出应用程序，并且每种工作负载都可以被单独查看和操作。列表汇总了关于工作负载的可执行信息，如一个 ReplicaSet 的就绪状态的 Pod 数量，或者目前一个 Pod 的内存用量。也可以通过"工作负载"分组中的导航节点显示相应的详情视图。

工作负载的详情视图展示了指定对象的状态、详细信息和相互关系。例如，Deployment 关联的新 ReplicaSet 和 HorizontalPodAutoscalers。

（4）服务管理。

单击左侧导航栏中的"服务"项，进入服务（Services）列表页面，其中显示了允许对外发布的服务和允许在集群内部发现的 Kubernetes 对象。Services 和 Ingresses 视图展示它们所关联的 Pod、供集群连接使用的内部端点和供外部用户使用的外部端点。

（5）配置和存储管理。

单击左侧导航栏中的"配置和存储"项，进入配置和存储列表页面，可以根据需要查看和管理持久卷声明（Persistent Volume Claim，PVC）资源，这些资源被应用程序用来存储数据。该页面还可以查看和管理 Config Maps 和 Secrets 等对象。

2. 部署容器化应用程序

微课

09.使用Dashboard
部署容器化应用
程序

在 Dashboard 中通过一个简单的部署向导可以将容器化应用程序作为一个 Deployment 和可选的 Service 来创建和部署。下面以部署 nginx 为例示范基本操作步骤。

（1）删除前面测试 Kubernetes 集群时通过命令行创建的 nginx。切换到 Services 列表中，删除名为"nginx"的 Service，再切换到 Deployments 列表中，删除名为"nginx"的 Deployment。

（2）单击菜单栏中的 + 按钮，出现相应的"创建新资源"界面。可以通过以下 3 种方法创建应用程序。

- 输入并创建：直接输入 YAML 或 JSON 格式的手动指定的详细配置。
- 从文件创建：导入已有的配置文件。
- 从表单创建：根据部署向导提示提供配置信息。

（3）单击"从表单创建"，如图 2-8 所示，根据部署向导提示输入以下信息。

- 应用名称：要创建的应用程序的名称，本例为 nginx-test。
- 容器镜像：要使用的 Docker 容器镜像，本例为 nginx。
- Pod 的数量：应用程序要部署的 Pod 的数量，本例为 2。系统会创建一个 Deployment 以保证集群中运行期望的 Pod 的数量。
- Service：可以设置为 Internal（内部），表示创建一个可以在集群内部访问的 Service；也可以设置为 External（外部），表示创建一个可以从集群外部访问的 Service。本例为 Internal。
- 端口：设置 Service 绑定的端口，即用户访问该 Service 的端口，本例为 8080。
- 目标端口：设置该 Service 将流量发送到要部署的目标 Pod 的端口，本例为 80。
- 协议：选择网络协议，本例中为默认值 TCP。
- 名称空间：设置应用程序所属的名称空间，本例为默认值 default。

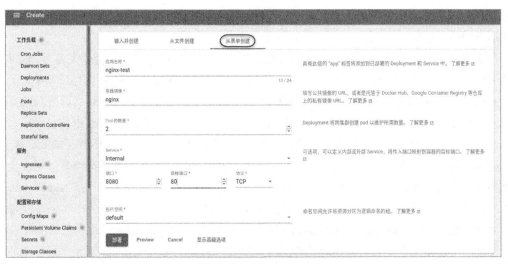

图2-8　从表单创建应用程序

（4）单击"部署"按钮，完成所定义的应用程序的部署。

也可以单击"Preview"按钮以 YAML 或 JSON 格式查看该应用程序的 Deployment 配置清单，或者单击"显示高级选项"按钮展开高级选项进一步配置相关选项，如对标签、环境变量等选项进行配置。

（5）自动切换到"Overview"视图，"Workload Status"区域展示该应用程序的部署过程，显示 Deployments、Pods 等的运行状态（见图2-5）。图标都变成绿色表示成功运行。

继续向下浏览，可以查看 Deployments 和 Pods 列表，如图2-9所示，可以发现本例创建了两个 Pod 副本。可以根据需要进一步查看和操作 Deployment 和 Pod。

（6）切换到 Services 列表中，删除名为"nginx-test"的 Service，再切换到 Deployments 列表中，删除名为"nginx-test"的 Deployment，以恢复实验环境。

Deployments					
名称	镜像	标签		Pods	创建时间 ↑
● nginx-test	nginx	k8s-app: nginx-test		2 / 2	5 minutes ago ⋮

Pods								
名称	镜像	标签	节点	状态	重启	CPU 使用率 (cores)	内存使用 (bytes)	创建时间 ↑
● nginx-test-5c4f596b57-29zk4	nginx	k8s-app: nginx-test pod-template-hash: 5c4f596b57	node01	Running	0	-	-	5 minutes ago ⋮
● nginx-test-5c4f596b57-b776k	nginx	k8s-app: nginx-test pod-template-hash: 5c4f596b57	node02	Running	0	-	-	5 minutes ago ⋮

图2-9　查看 Deployments 和 Pods 列表

项目小结

Kubernetes 将集群中的主机划分为控制平面节点和工作节点。控制平面节点上运行与集群管理相关的一组进程，这些进程实现了整个集群的资源管理、Pod 调度、弹性伸缩、安全控制、系统监控和纠错等管理功能，并且都是自动完成的。工作节点运行实际的应用程序，各个工作节点又通过若干组件的组合来实现。Pod 是 Kubernetes 创建或部署的基本单元，一个 Pod 代表集群中正在运行的一个进程。

部署 Kubernetes 有多种方式：二进制方式部署主要用于生产环境，需要手动部署每个组件，组成 Kubernetes 集群；kubeadm 部署工具主要用于测试环境，现在也可以用于生产环境。

通过本项目的实施，读者应当掌握了使用 kubeadm 快速部署 Kubernetes 集群的方法。本项目中示范的是三节点小规模 Kubernetes 集群的创建，仅满足本书各项目的实验或测试需求。待掌握 kubeadm 部署工具后，读者也可以使用此工具进行生产部署。但 kubeadm 毕竟是快速部署工具，为了降低部署门槛，屏蔽了很多细节，导致遇到问题时排查比较困难。要提高部署的可控性，需考虑使用二进制方式部署。二进制方式部署难度较大，但是有助于更深入地理解 Kubernetes 的工作原理，更有利于后期维护。感兴趣的读者在完成本书的学习之后，可以尝试二进制方式部署。

本项目还涉及 Kubernetes Dashboard 的部署和使用。它是 Kubernetes 的原生管理工具，提供一个便捷的可视化用户界面，方便初学者使用控制台直观地管理 Kubernetes 对象。通过相关任务的实施，读者也对 Kubernetes 对象有了一定认识。但是，Kubernetes 管理员主要还是使用更专业的命令行和 YAML 配置文件，这也是后续项目实施要采用的 Kubernetes 管理方式。

课后练习

1. 以下关于 Kubernetes 集群组成的说法中，正确的是（ 　　 ）。
   A. 集群节点不适合采用虚拟机　　　　　B. 集群中不能只有一个节点
   C. 控制平面节点组件不可以水平扩缩　　D. 每个集群至少有一个工作节点

2. 在 Kubernetes 集群中，（ 　　 ）是可选的控制平面节点组件。
   A. kube-apiserver　　　　　　　　　　B. kube-scheduler
   C. cloud-controller-manager　　　　　　D. etcd

3. 在 Kubernetes 集群中，（ 　　 ）负责启动容器。
   A. kubelet　　　　　　　　　　　　　　B. kube-proxy
   C. containerd　　　　　　　　　　　　　D. kube-controller-manager

4. Kubernetes 的容器运行时首选（ 　　 ）。
   A. Docker　　　　B. containerd　　　　C. CRI-O　　　　D. rkt

5. Kubernetes 集群中的 Pod 之间要进行通信必须提供的功能插件是（ 　　 ）。
   A. DNS　　　　　B. CNI　　　　　　　C. Dashboard　　　D. 容器资源监控

6. （ 　　 ）只能部署单节点的 Kubernetes 集群。
   A. kubeadm　　　B. kOps　　　　　　C. Kubespray　　　D. minikube

7. 用于创建控制平面节点的 kubeadm 命令是（ 　　 ）。
   A. kubeadm init　　　　　　　　　　　B. kubeadm join
   C. kubeadm config　　　　　　　　　　D. kubeadm kubeconfig

8. 在 Kubernetes 集群资源管理方式中，管理员首选（ 　　 ）。
   A. kubectl　　　　B. 配置文件　　　　C. API　　　　　D. Web 用户界面

项目实训

实训 1　使用 kubeadm 工具部署三节点 Kubernetes 集群

实训目的

（1）了解 Kubernetes 集群的组成。

（2）了解 Kubernetes 集群的部署方式。

（3）学会使用 kubeadm 工具快速部署 Kubernetes 集群。

实训内容

（1）简单规划要部署的 Kubernetes 集群。

（2）准备 Kubernetes 集群安装环境（3 个节点主机）。

（3）部署 Kubernetes 集群节点。

（4）安装 Pod 网络插件。

（5）通过部署 nginx 来测试 Kubernetes 集群的使用。

（6）练习 crictl 命令的使用。

实训 2　安装和使用 Kubernetes Dashboard

实训目的

（1）了解 Kubernetes Dashboard 的基本功能。

（2）学会使用 Kubernetes Dashboard 对集群进行可视化管理操作。

实训内容

（1）准备 Kubernetes 实验环境。

（2）安装 Kubernetes Dashboard。

（3）获取 dashboard-admin 服务账户的令牌并登录 Dashboard。

（4）熟悉 Dashboard 的基本操作。

（5）尝试使用 Dashboard 部署 nginx。

（6）删除所部署的应用程序。

项目3
熟悉Kubernetes基本操作

03

　　国内行业头部企业利用 Kubernetes 提高生产效率和降低 IT 成本，加快发展数字经济，打造具有国际竞争力的数字产业集群。前面我们搭建了满足实验要求的三节点小型 Kubernetes 集群，并初步尝试了集群可视化管理操作。本项目将转向 Kubernetes 的基本操作，具体任务是理解和使用 Kubernetes 对象，熟悉命令行管理工具 kubectl 的基本使用，掌握 Kubernetes 基本部署单元 Pod 的创建和管理方法。kubectl 是 Kubernetes 管理员必须掌握的命令行工具，在学习过程中，读者应多动手操作，通过实践操作来进一步理解 Kubernetes 的概念和原理。

【课堂学习目标】

☞ 知识目标

➢ 了解 Kubernetes 对象和资源。
➢ 熟悉 kubectl 命令的语法。
➢ 了解 Pod 的概念和实现机制。

☞ 技能目标

➢ 学会 Kubernetes 对象的创建和基本操作。
➢ 掌握 kubectl 命令的基本用法。
➢ 学会创建和管理 Pod。

☞ 素养目标

➢ 注重基本功训练。
➢ 培养抽象思维能力。

任务 3.1　理解和使用 Kubernetes 对象

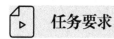 任务要求

　　Kubernetes 管理的所有内容都可以看作资源，如 Pod、Service、Node 等都是资源。所有资源

都可以被抽象为对象，用户需要通过操作对象来管理 Kubernetes。在 Kubernetes 中，可谓"万物皆对象"。本任务的基本要求如下。

（1）了解 Kubernetes 对象和资源的概念。

（2）了解 Kubernetes 对象的描述方法。

（3）了解 Kubernetes 对象的管理方法。

（4）初步掌握 Kubernetes 对象的创建方法。

（5）学会使用 Kubernetes 对象的标签。

（6）学会使用 Kubernetes 名称空间。

 相关知识

3.1.1　什么是 Kubernetes 对象

Kubernetes 中的对象是一些持久化的实体，可以理解为是对集群状态的描述或期望，包括集群中哪些节点上运行了哪些容器化应用程序，应用程序的资源是否满足使用要求，应用程序的执行策略（如重启策略、升级策略和容错策略）等。

> **小贴士**
>
> 在一些有关 Kubernetes 的文档中，也有将对象称为资源对象的，还有人直接称其为资源。在 Kubernetes 官方文档中，将资源（Resource）定义为 Kubernetes API 中的一个端点，其中存储的是某个类别的 API 对象的集合。例如内置的 Pod 资源包含一组 Pod 对象。对象可以看作资源的实例，其本身也就是资源，两者可以混用。本书依官网使用这两个术语，在讲解具体对象时，直接使用其英文术语，如 Service、Pod 等，不加"资源"或"对象"等后缀。

Kubernetes 的管理和运维主要是操作各种对象，基本的 Kubernetes 对象如图 3-1 所示。

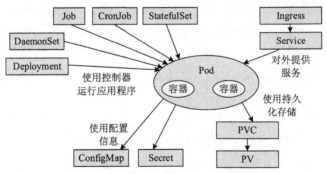

图 3-1　基本的 Kubernetes 对象

在 Kubernetes 集群中部署各种服务实际上就是要运行容器，让应用程序在容器中运行。Kubernetes 的最小管理单元是 Pod 而不是容器，只能将容器放在 Pod 中，而 Kubernetes 一般不会直接管理 Pod，而是通过 Pod 控制器来管理 Pod。Kubernetes 通过 Service 发布 Pod 提供的服务以供用户访问。如果 Pod 中服务的数据需要持久化，则由 Kubernetes 提供各种存储系统。至于其他基本对象，会在后面涉及时具体介绍。

Kubernetes 对象的创建、删除、修改实际上都是通过 kube-apiserver 组件提供的 Kubernetes

API 进行操作的。这些 API 都是 RESTful 风格的。常用的命令行管理工具 kubectl 实际调用的就是 Kubernetes API。这些对象存储在 etcd 键值数据库中，增、删、改、查等操作都是在 etcd 中进行的。Kubernetes 通过跟踪比较 etcd 中存储对象的期望状态与当前系统中对象的实际状态的差异，来实现自动调整和自动控制。

3.1.2　Kubernetes 对象的规约和状态

几乎每个 Kubernetes 对象都包含两个嵌套的字段 spec 和 status，负责管理对象的配置。

spec 指定对象的规约（规格），是必需的字段，用于描述对象的期望状态（Desired State），也就是希望对象应该具有的特征。

status 用于描述对象的当前状态（Current State），它是由 Kubernetes 系统和组件设置并更新的。在任何时刻，Kubernetes 控制平面都在积极地管理着对象的实际状态（Actual State），让对象达到期望的状态。

例如，Kubernetes 中的 Deployment 能够表示运行在集群中的应用程序。创建 Deployment 时设置该对象的 spec，如指定该应用程序要有 3 个副本运行。Kubernetes 系统读取 Deployment 的 spec，并启动所期望的应用程序的 3 个副本，更新状态以使该对象与指定的规约相匹配。一旦其中有副本失败了，就会发生状态变更，Kubernetes 系统会通过执行修正操作来响应规约和状态之间的不一致，这就意味着它会启动一个新的副本来替换失败的副本。

3.1.3　描述 Kubernetes 对象

创建 Kubernetes 对象时需要提供该对象的描述信息，来指定该对象在 Kubernetes 中的预期状态。在通过 Kubernetes API 创建对象时，API 请求要求提供 JSON 格式的信息，但管理员使用 kubectl 命令时一般使用 YAML 格式提供描述信息，kubectl 命令在发起 API 请求时会自动将描述信息转换成 JSON 格式。

用于描述对象的文件称为资源配置文件或清单文件（Manifests），国内也有人称其为"资源定义文件"，本书统称为配置文件。Kubernetes 的管理和运维工作中一项重要的任务就是编写这类配置文件，并将其提供给 Kubernetes 来实现资源的自动编排。下面给出一个 Deployment 的 YAML 配置文件示例。

```
# 必需字段，声明对象使用的 API 版本
apiVersion: apps/v1
# 必需字段，声明要创建的对象的类别
kind: Deployment
# 必需字段，定义对象的元信息，包括对象名称、使用的标签等
metadata:
  name: nginx-deployment
# 必需字段，声明对象的期望状态，如使用的镜像、副本数等
spec:
  selector:
    matchLabels:
      app: nginx
  replicas: 2      # 运行两个与该模板匹配的 Pod 副本
  template:
    metadata:
```

```
        labels:
          app: nginx
      spec:
        containers:
        - name: nginx
          image: nginx:1.14.2
          ports:
          - containerPort: 80
```

可以基于这个 YAML 配置文件创建 Deployment 来运行 nginx。

在任何对象的 YAML 配置文件中，apiVersion、kind、metadata 和 spec 这 4 个字段都是必需的，其中 spec 字段最重要。对每种 Kubernetes 对象而言，其 spec 的具体格式都是不同的，包含不同的嵌套字段。管理员可以通过 Kubernetes API 参考资料查找不同对象的规约格式。

在声明 Kubernetes 对象时还要注意，不同的版本的 apiVersion 字段值有所不同。

至于 status 字段的状态信息是不需要在 YAML 配置文件中定义的。这些信息是由 Kubernetes 自动进行维护所生成的，用于记录对象在系统中的当前状态。

3.1.4 Kubernetes 对象的管理方法

管理员在控制平面节点上一般使用 kubectl 命令行工具，该工具支持多种不同的方法来创建和管理 Kubernetes 对象，下面分别进行介绍。

1. 指令式命令

这种方法是以发送操作指令的形式直接操作 Kubernetes 对象，所操作的对象在命令的参数中直接指定，也就是操作当前活动的对象，操作结果由 Kubernetes 系统实时管理，不提供历史配置的记录。例如，执行以下命令创建 Deployment 来运行 nginx。

```
kubectl create deployment nginx --image nginx
```

这种方法简单、易学，只需执行一次命令即可更改集群，特别适合在项目开发阶段使用，或者在 Kubernetes 中运行一次性任务。

2. 指令式对象配置

这种方法是将指令发送给配置文件，配置文件必须包含 YAML 或 JSON 格式的完整对象定义，被操作的对象会由 Kubernetes 按照配置文件中的定义创建或更改。

例如，执行以下命令创建配置文件 nginx.yaml 中定义的对象。

```
kubectl create -f nginx.yaml
```

执行以下命令更新配置文件 nginx.yaml 中定义的对象。

```
kubectl replace -f nginx.yaml
```

这种方法可以同时指定多个文件，但是各个文件都是独立的，相当于不同的多个操作放在一条命令中，不会将多个文件合并再操作。例如，执行以下命令删除两个配置文件中定义的对象。

```
kubectl delete -f nginx.yaml -f redis.yaml
```

这种方法将对象的定义存储在配置文件中，配置文件可以通过代码管理系统管理，可以与流程集成，如在推送和审计之前检查更新，适合在生产环境中使用。这种方法有一定难度，要求用户了解对象架构，能够编写定义对象的配置文件。

3. 声明式对象配置

这种方法也是将对象的定义保存在配置文件中，但是并不指定对该文件执行的操作，要对对象执行的操作（create、update、patch、delete）是由 Kubernetes 自动检测出来的。此方法可以基于目录工作，根据目录中的若干配置文件执行不同的操作，具体是通过 kubectl apply 命令应用配置文件来实现。

声明式对象配置保留其他编写者所做的更改，即使这些更改并未合并到资源配置文件中。控制器可以使用 patch API 操作仅写入观察到的差异，而不是使用 replace API 操作来替换整个对象配置。

例如，执行以下命令处理 configs 目录中的所有资源配置文件，创建并更新对象。

```
kubectl diff -f configs/
kubectl apply -f configs/
```

首先使用 diff 子命令查看将要做的更改，然后使用 apply 子命令应用配置文件，kubectl 会自动检测 configs 目录下每个文件的创建、更新和删除操作。

命令默认仅处理目录下的文件，包括其子目录中的文件。如果要处理目录及其所有子目录中的文件，可使用 -R 选项进行递归操作。

声明式对象配置也适合在生产环境中使用。它与指令式对象配置相比，一是对活动对象所做的更改即使未合并到配置文件中，也会被保留下来；二是更好地支持对目录的操作，并自动检测每个文件的操作类型。

这种方法难度较高，而且难于调试，使用 diff 子命令产生的部分更新会创建复杂的合并和补丁操作。

3.1.5　对象的名称和 UID

Kubernetes 集群中的每一个对象都有一个名称来标识在同类资源中的唯一性。名称可读性较好，命名时一般会使用有一定意义的名称。在创建对象时可以给对象指定名称。不属于同一类别的对象可以有相同的名称，而同一种类型的对象，要赋予不同的名称，就需要用到名称空间。例如，在同一个名称空间中有一个名为 myapp-001 的 Pod，还可以将一个 Deployment 也命名为 myapp-001，因为它们的类型不同。

名称在同一资源的所有 API 版本中必须是唯一的。这些 API 资源通过各自的 API 组、资源类型、名称空间（针对名称空间的资源）和名称来区分。名称空间的英文为 Namespace，又译为名字空间或命名空间。例如，管理员可以使用 /api/v1/pods/myapp-001 字符串来引用 URL 中的对象。

小贴士　　对象的名称不可以包括下画线，一般只能包括小写字母、数字，以及短横线（-）。

在 Kubernetes 集群的整个生命周期中创建的每个对象都有一个唯一标识符（Unique Identifier，UID）来标识，以确保该对象在整个集群中的唯一性。与名称不同，UID 是 Kubernetes 自动为对象生成的，是可以唯一标识该对象的字符串。UID 是 Kubernetes 本身用于管理对象的全局唯一标识符（UUID）。UUID 是符合 RFC 4122 规范的 128 位二进制数，使用十六进制表示则共有 32 个字符（如 6d25a684-9558-11e9-aa94-efccd7a0659b），可读性较差。

3.1.6 标签和注解

Kubernetes 除了使用名称或 UID 来唯一标识对象外,还提供标签(Label)和注解(Annotation)机制,便于用户为对象指定非唯一性的属性,以便将元数据附加到对象。

1. 标签

标签非常简单,但是功能强大,Kubernetes 中几乎所有对象都可以用标签来组织。标签的主要作用就是为对象添加标识,用来区分和选择对象,方便用户管理对象。标签具有以下特点。

- 标签以键值对的形式附加到各种对象上,如 Node、Pod、Service 等。在资源配置文件中标签的格式如下。

```
"metadata": {
  "labels": {
    "key1" : "value1",
    "key2" : "value2"
  }
}
```

- 一个对象可以定义任意数量的标签,同一个标签也可以被添加到任意数量的对象上。
- 标签可以在对象定义时确定,也可以在对象创建后动态地添加、修改或者删除。
- 与名称和 UID 不同,标签不支持唯一性,许多对象可以拥有相同的标签。
- 标签键对于给定的对象必须是唯一的,一个对象不能有多个同名的标签键。

标签键必须小于等于 63 个字符,以字母或数字字符开头和结尾,可以包含短横线(-)、下画线(_)或点号(.)。标签键的前缀是可选的。如果需指定前缀,则前缀必须是 DNS 子域,由点号分隔的 DNS 标签,不能超过 253 个字符,后面跟斜线(/)。前缀 kubernetes.io/ 和 k8s.io/ 是为 Kubernetes 核心组件保留的。

标签键的值的规则基本同标签键,除了值可以为空外。

图 3-2 所示为添加有标签的一组 Pod。

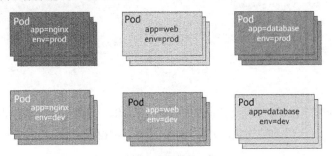

图 3-2 添加有标签的一组 Pod

2. 标签选择器

有了标签以后,管理员就可以根据标签来管理对应的对象。可以通过标签实现对象的多维度分组,以便灵活、方便地进行资源分配、调度、配置、部署等管理工作,这需要借助标签选择器(Selector,又译为选择算符)来实现。标签选择器用于查询和筛选拥有某些标签的对象。通过标签选择器,客户端或用户可以识别一组对象。目前,Kubernetes 支持以下两种标签选择器。

(1)基于等值的标签选择器。

这种标签选择器的匹配对象必须满足所有指定的标签约束条件,尽管它们也可能具有其他标签。它可接受的运算符有 =、== 和 !=,前两种都表示相等(含义是一样的),而最后一种表示不相等。下面给出两个示例。

- environment=production：选择标签的键为 environment、值为 production 的所有对象。
- tier!=frontend：选择标签的键为 tier、值不为 frontend 的所有对象与所有标签的键不为 tier 的对象。

英文逗号可用作"与"运算符来组合选择条件，如 environment=production,tier!=frontend 表示选择标签的键为 environment、值为 production 的所有对象，并排除标签的键为 tier、值不为 frontend 的对象。我们不仅可以组合基于等值的标签选择器表示的条件，还可以组合基于等值的标签选择器表示的条件和基于集合的标签选择器表示的条件。

（2）基于集合的标签选择器。

这种标签选择器是通过一组值来进行筛选的，支持 3 种运算符，即 in（包含）、notin（不包含）和 exists（表示是否存在标签对应的键）。下面给出几个示例。

- environment in (production, qa)：选择标签的键为 environment、值为 production 或 qa 的所有对象。
- tier notin (frontend, backend)：选择标签的键为 tier、值不为 frontend 或者 backend 的所有对象，以及所有标签的键不为 tier 的对象。
- partition：选择包含键 partition 的标签的所有对象，无须校验它的值。
- !partition：选择所有不包含键 partition 的标签的对象，无须校验它的值。

基于集合的标签选择器可以转换为基于等值的标签选择器，例如 environment in (production) 等同于 environment=production。

3. 注解

可以使用注解为 Kubernetes 对象附加任意的非标识的元数据。客户端程序能够获取和利用这些元数据。与标签类似，注解也使用键值对的形式进行定义，格式如下。

```
"metadata": {
  "annotations": {
    "key1" : "value1",
    "key2" : "value2"
  }
}
```

标签主要用于选择对象或者查找满足某些条件的对象，注解不能用于标识和选择对象。注解中的元数据可多可少，可以是结构化的，也可以是非结构化的，还可以包含标签中不允许出现的字符。

注解记录的信息通常包括：构建、发布或镜像信息（如时间戳、发布 ID、Git 分支），日志、监控、审计等资源库的地址信息，程序调试工具信息，联系人信息。

3.1.7 名称空间

如果仅使用标签分类资源，标签会非常多，有时候还会产生重叠，而且每次查询、筛选可能需要提供很多标签，这就非常不方便。Kubernetes 提供了名称空间来进一步组织和划分资源。

名称空间为名称提供了一个范围。同一名称空间内资源的名称应是唯一的，不同的名称空间下面可以有相同的名称。名称空间不能相互嵌套，每个 Kubernetes 对象只能属于一个名称空间。

Kubernetes 中大部分资源可以使用名称空间划分，还有部分全局资源不属于任何名称空间。

名称空间只能做到在逻辑上划分，对运行的对象来说，不能做到真正的隔离。例如，分属两个名称空间下的 Pod 相互知道对方的 IP 地址，如果 Kubernetes 依赖的底层网络没有提供名称空间之间的网络隔离，那么这两个 Pod 仍然可以互相访问。

名称空间适用于存在跨团队或项目的场景。对于只有几个到几十个用户的集群，不需要创建或考虑名称空间。也不必使用多个名称空间来划分略有差异的资源，例如，同一软件的不同版本应该使用标签来区分，而没有必要使用名称空间。

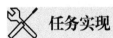

任务 3.1.1　创建 Kubernetes 对象

nginx 是一种 Web 服务器软件。本任务通过创建 Deployment 部署 nginx，来示范 kubectl 的 3 种对象管理方法。

1. 使用指令式命令创建 Deployment

（1）执行以下命令，基于 nginx 镜像创建 Deployment。

```
[root@master01 ~]# kubectl create deployment nginx --image nginx:1.14.2
deployment.apps/nginx created
```

（2）查看该 Deployment 是否成功创建，可以发现默认只有一个副本。

```
[root@master01 ~]# kubectl get deployment
NAME     READY    UP-TO-DATE    AVAILABLE        AGE
nginx    1/1      1             1                51s
```

（3）查看 Pod 进行验证。

```
[root@master01 ~]# kubectl get pod
NAME                       READY    STATUS      RESTARTS      AGE
nginx-896b88869-bmchg      1/1      Running     0             76s
```

（4）执行以下命令删除该对象。

```
[root@master01 ~]# kubectl delete deployment nginx
deployment.apps "nginx" deleted
```

2. 使用指令式对象配置创建 Deployment

采用这种方法需要创建一个用于定义 Deployment 的 YAML 配置文件，本例所编写的 YAML 配置文件名为 nginx-deployment.yaml，内容同 3.1.3 节中的代码。

本书的实例文件存放在两处，一处是项目 1 中使用的 Docker 主机（项目 9 中也会使用）的 /dev-app 目录，另一处是 Kubernetes 控制平面节点主机的 /k8sapp 目录。每个项目的程序文件置于相应目录下的子目录中。例如，项目 3 的程序文件位于 /k8sapp/03 目录中。

执行以下命令，基于该 YAML 配置文件创建 Deployment，然后进行验证。

```
[root@master01 ~]# kubectl create -f /k8sapp/03/nginx-deployment.yaml
```

微课

01.创建Kubernetes 对象

```
deployment.apps/nginx-deployment created
[root@master01 ~]# kubectl get deployment
NAME                      READY      UP-TO-DATE      AVAILABLE       AGE
nginx-deployment          2/2        2               2               2m41s
[root@master01 ~]# kubectl get pod
NAME                                      READY      STATUS       RESTARTS       AGE
nginx-deployment-7fb96c846b-6pgv9         1/1        Running      0              2m52s
nginx-deployment-7fb96c846b-sqrdr         1/1        Running      0              2m52s
```

按照 YAML 配置文件的定义，创建了有两个副本的 Deployment 和 Pod。

最后基于该 YAML 配置文件删除 Deployment。

```
[root@master01 ~]# kubectl delete -f /k8sapp/03/nginx-deployment.yaml
deployment.apps "nginx-deployment" deleted
```

3．使用声明式对象配置创建 Deployment

声明式对象配置也需要 YAML 配置文件，为简化操作，这里沿用上一个例子的 YAML 配置文件，仅对该文件执行声明式对象配置操作，可以创建有两个副本的 Deployment。

```
[root@master01 ~]# kubectl apply -f /k8sapp/03/nginx-deployment.yaml
deployment.apps/nginx-deployment created
[root@master01 ~]# kubectl get deployment
NAME                      READY      UP-TO-DATE      AVAILABLE       AGE
nginx-deployment          2/2        2               2               36s
```

kubectl apply 命令将定义的配置应用于对象，如果对象还不存在，那么它将被创建，否则将配置应用于现有对象。由于目前没有定义的 Pod，这里会自动选择创建（create）操作。

修改该 YAML 配置文件，将其中的副本数修改为 3。

```
    replicas: 3      # 运行 3 个与该模板匹配的 Pod
```

再次应用修改后的 YAML 配置文件，可以发现配置被修改了，并且将 Deployment 的副本升到 3 个。

```
[root@master01 ~]# kubectl apply -f /k8sapp/03/nginx-deployment.yaml
deployment.apps/nginx-deployment configured
[root@master01 ~]# kubectl get deployment
NAME                      READY      UP-TO-DATE      AVAILABLE       AGE
nginx-deployment          3/3        3               3               106s
[root@master01 ~]# kubectl get pod
NAME                                      READY      STATUS       RESTARTS       AGE
nginx-deployment-7fb96c846b-4cmnr         1/1        Running      0              118s
nginx-deployment-7fb96c846b-mrr9n         1/1        Running      0              34s
nginx-deployment-7fb96c846b-njfbf         1/1        Running      0              118s
```

最后基于该 YAML 配置文件删除 Deployment。

```
[root@master01 ~]# kubectl delete -f /k8sapp/03/nginx-deployment.yaml
deployment.apps "nginx-deployment" deleted
```

kubectl create 和 kubectl apply 命令的区别在于前者只能创建对象，而后者可以创建和更新对象。如果对象已经启动并运行，并且在 YAML 配置文件中做了更改，此时使用 kubectl create 命令将失败，但使用 kubectl apply 命令则会自动更新对象。

需要注意的是，kubectl apply 命令只能创建或更新对象，不能删除对象，删除对象还是要使用 kubectl delete 命令。

任务 3.1.2 操作对象的标签

可以在创建对象时在配置文件中指定标签，也可以在创建对象以后再使用命令添加、修改或删除标签。下面示范标签的相关操作。

1. 为对象添加标签

执行以下命令创建名为 nginx-a 的 Pod 并为其添加标签 app=nginx。

```
[root@master01 ~]# kubectl run nginx-a --image=nginx -l app=nginx
pod/nginx-a created
```

编写 Pod 配置文件 nginx-label.yaml，其内容如下。

```
apiVersion: v1
kind: Pod
metadata:
  name: nginx-b
  labels:                   # 为 Pod 设置两个标签
    app: nginx
    env: prod
spec:
  containers:
  - name: nginx
    image: nginx
```

此配置文件定义名为 nginx-b 的 Pod 并为其添加两个标签 app=nginx、env=prod。执行以下命令基于该配置文件创建 Pod。

```
[root@master01 ~]# kubectl create -f /k8sapp/03/nginx-label.yaml
pod/nginx-b created
```

为 Pod 添加标签之后，在查看 Pod 时带上 --show-labels 选项就可以看到 Pod 的标签。执行以下命令查看当前 Pod 的标签，可以发现都按照定义添加了标签。

```
[root@master01 ~]# kubectl get pod --show-labels
NAME      READY   STATUS    RESTARTS   AGE     LABELS
nginx-a   1/1     Running   0          7m52s   app=nginx
nginx-b   1/1     Running   0          78s     app=nginx,env=prod
```

对于现有的 Pod，可以直接使用 kubectl label 命令为其添加标签。

```
[root@master01 ~]# kubectl label pod nginx-a env=test version=0.9
pod/nginx-a labeled
```

执行 kubectl get 命令时还可以使用 -L 选项来查询指定键的标签。

```
[root@master01 ~]# kubectl get pod -L env,version
NAME      READY   STATUS    RESTARTS   AGE     ENV    VERSION
nginx-a   1/1     Running   0          14m     test   0.9
nginx-b   1/1     Running   0          7m26s   prod
```

2. 修改对象的标签

对于对象的现有标签，使用 kubectl label 命令加上 --overwrite 选项即可修改。

```
[root@master01 ~]# kubectl label pod nginx-a env=debug --overwrite
```

```
pod/nginx-a labeled
[root@master01 ~]# kubectl get pod nginx-a --show-labels
NAME        READY   STATUS    RESTARTS  AGE    LABELS
nginx-a     1/1     Running   0         15m    app=nginx,env=debug,version=0.9
```

3. 删除对象的标签

使用 kubectl label 命令时在标签键后面加一个减号即可删除对象的指定标签。

```
[root@master01 ~]# kubectl label pod nginx-a version-
pod/nginx-a unlabeled
[root@master01 ~]# kubectl get pod nginx-a --show-labels
NAME        READY   STATUS    RESTARTS  AGE       LABELS
nginx-a     1/1     Running   0         16m11s    app=nginx,env=debug
```

4. 操作具有指定标签的对象

可以通过 -l 选项来筛选具有指定标签的对象。例如，执行以下命令删除具有标签 app=nginx 的所有对象，这样也就清理了本例所用的对象。

```
[root@master01 ~]# kubectl delete pod -l app=nginx
pod "nginx-a" deleted
pod "nginx-b" deleted
```

微课

03.操作名称空间

任务 3.1.3   操作名称空间

执行以下命令可以查看集群中当前的所有名称空间列表，编者为各个名称空间加上了注释，其中 default 为 Kubernetes 集群的默认名称空间。

```
[root@master01 ~]# kubectl get namespaces
NAME                   STATUS   AGE
default                Active   22d    # 默认名称空间
kube-node-lease        Active   22d    # 用于与各节点相关的租约（Lease）对象
kube-public            Active   22d    # 主要由集群使用
kube-system            Active   22d    # 系统创建对象所用的名称空间
kubernetes-dashboard   Active   22d    # Dashboard 所用的名称空间
```

可以通过配置文件创建名称空间。编写配置文件 test-ns.yaml，其内容如下。

```
apiVersion: v1
kind: Namespace
metadata:
  name: test-ns
```

执行以下命令基于该配置文件创建名为 test-ns 的名称空间。

```
[root@master01 ~]# kubectl create -f /k8sapp/03/test-ns.yaml
namespace/test-ns created
[root@master01 ~]# kubectl get namespace test-ns
NAME       STATUS    AGE
test-ns    Active    13s
```

更简单的方法是通过命令直接创建名称空间，使用以下命令也会创建名为 test-ns 的名称空间。

```
kubectl create namespace test-ns
```

如果不明确指定，将操作默认名称空间 default。需要在特定的名称空间中操作时，可以在 kubectl 命令中通过 -n（或 --namespace）选项指定。例如，执行以下命令基于前面的 nginx-deployment.yaml 文件在 test-ns 名称空间中创建 Deployment。

```
[root@master01 ~]# kubectl create -f /k8sapp/03/nginx-deployment.yaml -n test-ns
deployment.apps/nginx-deployment created
```

接下来查看该 Deployment 及其关联的 Pod。

```
[root@master01 ~]# kubectl get deployment
No resources found in default namespace.
[root@master01 ~]# kubectl get deployment -n test-ns
NAME               READY   UP-TO-DATE   AVAILABLE   AGE
nginx-deployment   2/2     2            2           109s
[root@master01 ~]# kubectl get pod -n test-ns
NAME                                READY   STATUS    RESTARTS   AGE
nginx-deployment-6595874d85-bhpnk   1/1     Running   0          3m27s
nginx-deployment-6595874d85-ghzlf   1/1     Running   0          3m27s
```

要删除上述对象，也需要指定其所属的名称空间。

```
[root@master01 ~]# kubectl delete -f /k8sapp/03/nginx-deployment.yaml -n test-ns
deployment.apps "nginx-deployment" deleted
```

任务 3.2　使用 kubectl 命令

▶ 任务要求

kubectl 是 Kubernetes 重要的命令行工具之一，也是用户日常使用和管理员日常管理 Kubernetes 必须掌握的工具。kubectl 提供了大量的子命令，用于管理 Kubernetes 集群和实现各种功能。通过 kubectl 与 API 服务器安全通信，与 Kubernetes 进行交互，管理员既能对集群本身进行管理，又能在集群中进行容器化应用程序的安装与部署。本任务的基本要求如下。

（1）了解 kubectl 命令的基本用法。

（2）了解 kubectl 命令的语法要素。

（3）熟悉 kubectl 命令的基本使用。

⟡ 相关知识

3.2.1　kubectl 命令的基本用法

kubectl 命令可以对一个或多个资源（也就是对象）执行操作，其基本用法如下：

```
kubectl [command] [TYPE] [NAME] [flags]
```

该命令的各组成部分说明如下。

（1）command 指定对资源执行操作的子命令，如 create、get、describe、delete。

（2）TYPE 指定要操作的资源类型。资源类型不区分大小写，可以指定单数、复数或缩写形式。例如，要操作的 Pod 可以写作 pod、pods 或 po。

（3）NAME 指定要操作的资源名称。资源名称区分大小写。如果省略名称，则会操作所有资源，例如 kubectl get pods 会列出所有的资源。

对多个资源执行操作时，可以根据需要采用不同的类型和名称表示格式。

- 按类型和名称指定资源，具体又可以细分为以下两种形式。

对所有类型相同的资源进行分组的格式为：TYPE1 NAME1 NAME2 ...。例如：

```
kubectl get pod example-pod1 example-pod2
```

指定多个资源类型的格式为：TYPE1/NAME1 TYPE2/NAME2 TYPE3/NAME3...。这种情形将 TYPE 与 NAME 组合在一起，例如：

```
kubectl get pod/example-pod1 replicationcontroller/example-rc1
```

- 用一个或多个配置文件指定资源，格式为：-f file1 -f file2 -f file3...。这种情形无须再指定 TYPE 与 NAME，它们来自配置文件，例如：

```
kubectl get -f ./mypod.yaml
```

配置文件尽可能使用 YAML 格式，YAML 格式比 JSON 格式更适合配置文件。

（4）flags 指定可选的选项及参数。多数选项既可以使用长格式，又可以使用短格式。例如，--all-namespaces 选项或 -A 选项都表示所有名称空间。

有的选项可以带参数，选项与参数之间可以加等号，也可以不加等号，例如 -o=wide 或 -o wide。选项严格区分大小写。例如，用于筛选特定的标签，-L 选项只需指定标签的键：

```
kubectl get pod -L env,versions
```

而 -l 选项需要指定标签的键值对：

```
kubectl get pod -l 'env!=prod'
```

需要注意的是，在命令行指定的选项及参数会覆盖默认值和任何相应的环境变量。

项目 2 中已经提到过，执行 kubectl 命令需要提供包括认证信息在内的集群配置信息，这些配置信息默认由 $HOME/.kube/config 文件提供，还可以通过 KUBECONFIG 环境变量来提供，或通过 --beconfig 选项指定特定的 kubeconfig 文件来提供。

3.2.2 kubectl 常用子命令

kubectl 提供了丰富的子命令，表 3-1 列出了部分常用子命令及其用法。

表3-1 kubectl常用子命令

子命令	用法	说明
annotate	kubectl annotate(-f FILENAME | TYPE NAME | TYPE/NAME) KEY_1=VAL_1 ... KEY_N=VAL_N [--overwrite] [--all] [--resource-version=version] [flags]	添加或更新资源的注解
api-resources	kubectl api-resources [flags]	列出可用的 API 资源
apply	kubectl apply -f FILENAME [flags]	从配置文件或标准输入更改资源应用配置
attach	kubectl attach POD -c CONTAINER [-i] [-t] [flags]	挂接到正在运行的容器，查看输出流或与容器（标准输入）的交互信息
config	kubectl config SUBCOMMAND [flags]	修改 kubeconfig 文件
create	kubectl create -f FILENAME [flags]	从配置文件或标准输入创建资源

子命令	用法	说明
delete	kubectl delete (-f FILENAME | TYPE [NAME | /NAME | -l label | --all]) [flags]	基于文件、标准输入或通过指定标签选择器、名称、资源选择器或资源本身，删除资源
describe	kubectl describe (-f FILENAME | TYPE [NAME_PREFIX | /NAME | -l label]) [flags]	显示资源的详细状态
diff	kubectl diff -f FILENAME [flags]	查看当前起作用的配置与配置文件或标准输入之间的差异
drain	kubectl drain NODE [options]	腾空节点以准备维护
edit	kubectl edit (-f FILENAME | TYPE NAME | TYPE/NAME) [flags]	使用默认编辑器编辑和更新服务器上一个或多个资源的定义
exec	kubectl exec POD [-c CONTAINER] [-i] [-t] [flags] [-- COMMAND [args...]]	对 Pod 中的容器执行命令
expose	kubectl expose (-f FILENAME | TYPE NAME | TYPE/NAME) [--port=port] [--protocol=TCP|UDP] [--target-port=number-or-name] [--name=name] [--external-ip=external-ip-of-service] [--type=type] [flags]	将副本控制器、服务或 Pod 作为新的 Kubernetes 服务暴露（发布）
get	kubectl get (-f FILENAME | TYPE [NAME | /NAME | -l label]) [--watch] [--sort-by=FIELD] [[-o | --output]=OUTPUT_FORMAT] [flags]	列出资源
label	kubectl label (-f FILENAME | TYPE NAME | TYPE/NAME) KEY_1=VAL_1 ... KEY_N=VAL_N [--overwrite] [--all] [--resource-version=version] [flags]	添加或更改资源的标签
logs	kubectl logs POD [-c CONTAINER] [--follow] [flags]	输出 Pod 中容器的日志
patch	kubectl patch (-f FILENAME | TYPE NAME | TYPE/NAME) --patch PATCH [flags]	使用策略合并流程更新资源的一个或多个字段
replace	kubectl replace -f FILENAME	基于文件或标准输入替换资源
rollout	kubectl rollout SUBCOMMAND [options]	管理 Deployment、DaemonSet 和 StatefulSet 的部署
run	kubectl run NAME --image=image [--env="key=value"] [--port=port] [--dry-run=server | client | none] [--overrides=inline-json] [flags]	在集群上运行指定的镜像
scale	kubectl scale (-f FILENAME | TYPE NAME | TYPE/NAME) --replicas=COUNT [--resource-version=version] [--current-replicas=count] [flags]	更新指定副本控制器的大小
set	kubectl set SUBCOMMAND [options]	设置资源的指定配置

3.2.3 kubectl 命令支持的资源类型

kubectl 命令支持丰富的资源类型，表 3-2 列出了其中部署常用的资源类型及其缩写（别名），以 Kubernetes 1.25.0 为准。可以通过 kubectl api-resources 命令查看全部的资源类型。

表3-2 kubectl命令支持的常用资源类型

资源名称	缩写	API 分组及其版本	是否属于名称空间	资源类型
configmaps	cm	v1	是	ConfigMap
endpoints	ep	v1	是	Endpoint
events	ev	v1	是	Event
limitranges	limits	v1	是	LimitRange
namespaces	ns	v1	否	Namespace
nodes	no	v1	否	Node

资源名称	缩写	API 分组及其版本	是否属于名称空间	资源类型
persistentvolumeclaims	pvc	v1	是	PersistentVolumeClaim
persistentvolumes	pv	v1	否	PersistentVolume
pods	po	v1	是	Pod
podtemplates	—	v1	是	PodTemplate
replicationcontrollers	rc	v1	是	ReplicationController
resourcequotas	quota	v1	是	ResourceQuota
secrets	—	v1	是	Secret
services	svc	v1	是	Service
daemonsets	ds	apps/v1	是	DaemonSet
deployments	deploy	apps/v1	是	Deployment
replicasets	rs	apps/v1	是	ReplicaSet
statefulsets	sts	apps/v1	是	StatefulSet
horizontalpodautoscalers	hpa	autoscaling/v1	是	HorizontalPodAutoscaler
cronjobs	cj	batch/v1	是	CronJob
jobs	—	batch/v1	是	Job
events	ev	events.k8s.io/v1	是	Event
ingresses	ing	extensions/v1	是	Ingress
storageclasses	sc	storage.k8s.io/v1	否	StorageClass

3.2.4　kubectl 命令支持的输出格式

所有 kubectl 命令的默认输出格式都是可读的纯文本格式。若要以特定格式在终端窗口输出详细信息，可以使用 -o 选项或 --output 选项指定格式。kubectl 命令支持的输出格式见表 3-3。

表3-3　kubectl命令支持的输出格式

输出格式	说明
-o custom-columns=<spec>	以逗号分隔的自定义列列表输出
-o custom-columns-file=<filename>	使用文件中的自定义列模板输出
-o json	输出 JSON 格式的 API 对象
-o jsonpath=<template>	输出 jsonpath 表达式定义的字段
-o jsonpath-file=<filename>	输出文件中 jsonpath 表达式定义的字段
-o name	仅输出资源名称
-o wide	以纯文本格式输出，包含所有附加信息。以 Pod 为例，输出包含所在节点的信息
-o yaml	输出 YAML 格式的 API 对象

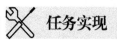

任务实现

任务 3.2.1　熟悉 kubectl 命令的用法

微课

04. 熟悉 kubectl
命令的用法

1. 获取 kubectl 命令的帮助信息

使用 kubectl -h 命令可以查看子命令列表。

通过以下用法可以查看某子命令的帮助信息。

```
kubectl <command> --help
```

例如，查看 kubectl run 命令的帮助信息。

```
[root@master01 ~]# kubectl run --help
Create and run a particular image in a pod.
Examples:
  # Start a nginx pod
  kubectl run nginx --image=nginx
  # Start a hazelcast pod and let the container expose port 5701
  kubectl run hazelcast --image=hazelcast/hazelcast --port=5701
...
```

执行 kubectl options 命令可以查看全局选项。

执行 kubectl api-resources 命令可以查看支持的资源列表，其中 SHORTNAMES 列列出的是资源名称的缩写（别名）。例如：

```
[root@master01 ~]# kubectl api-resources
NAME                    SHORTNAMES    APIVERSION    NAMESPACED    KIND
bindings                              v1            true          Binding
componentstatuses       cs            v1            false         ComponentStatus
configmaps              cm            v1            true          ConfigMap
...
```

2. 使用 kubectl 命令行补全功能

实现 kubectl 命令行补全功能需要安装 bash-completion 包。

```
[root@master01 ~]# yum install bash-completion -y
```

执行以下命令使配置生效。

```
[root@master01 ~]# source /usr/share/bash-completion/bash_completion
[root@master01 ~]# source < (kubectl completion bash)
```

接下来即可测试自动补全功能，输入相关命令后连按两次 Tab 键会自动补全命令。

要保证系统重启后仍然能使用 kubectl 命令行补全功能，需要将相关 source 命令添加到环境变量文件中。

```
[root@master01 ~]# echo "source <(kubectl completion bash)" >> ~/.bashrc
```

任务 3.2.2　使用 kubectl 命令辅助生成 YAML 配置文件

从零开始为 Kubernetes 对象编写 YAML 配置文件的效率很低，而且容易出错，我们可以利用 kubectl 命令来辅助生成部署用的 YAML 配置文件，然后根据需要修改文件。

可以使用 kubectl explain 命令获取特定资源及其字段的规范，基本用法如下。

微课

05. 使用 kubectl 命令辅助生成 YAML 配置文件

```
kubectl explain resource[.field]...
```

例如，查看 Deployment 资源及其字段的规范。

```
[root@master01 ~]# kubectl explain deployment
KIND:     Deployment
VERSION:  apps/v1
```

```
DESCRIPTION:
    Deployment enables declarative updates for Pods and ReplicaSets.
FIELDS:
  apiVersion   <string>
    APIVersion defines the versioned schema of this representation of an
    object. Servers should convert recognized schemas to the latest internal
    value, and may reject unrecognized values. More info:
 ...
```

该命令输出请求的资源及其字段的规范，默认情况下仅显示下一级别的字段，可以使用
--recursive 选项来显示所有级别的字段。

可以查看特定字段的规范，例如：

```
[root@master01 ~]# kubectl explain pods.spec.containers
KIND:     Pod
VERSION:  v1
...
RESOURCE: containers <[]Object>
FIELDS:
  args   <[]string>
...
```

效率更高的方法是自动生成 YAML 配置文件，这里给出生成 Deployment 配置文件的例子。

```
[root@master01 ~]# kubectl create deployment nginx-deploy --image=nginx -o
yaml --dry-run=client > nginx-deploy.yaml
```

--dry-run=client 选项表示在本地尝试运行，但是不会实际部署，即所谓的"干跑"模式。查
看生成的 YAML 配置文件：

```
[root@master01 ~]# cat nginx-deploy.yaml
apiVersion: apps/v1
kind: Deployment
metadata:
  creationTimestamp: null
  labels:
    app: nginx-deploy
  name: nginx-deploy
spec:
  replicas: 1
  selector:
    matchLabels:
      app: nginx-deploy
  strategy: {}
  template:
    metadata:
      creationTimestamp: null
      labels:
        app: nginx-deploy
    spec:
      containers:
      - image: nginx
        name: nginx
        resources: {}
```

```
status: {}
```

这样我们就可以在此文件的基础上进行修改，更轻松地定制要创建的 Deployment。

任务 3.3　创建和管理 Pod

▶ 任务要求

Kubernetes 将 Pod 而不是单个容器作为最小的可部署单元。如果要部署应用程序，则必须将它作为容器部署在 Pod 中。尽管应用程序可以在容器中运行，但在 Kubernetes 中，容器必须是 Pod 的一部分。实际使用中很少直接创建 Pod，而是使用高层级的工作负载资源及其控制器来管理 Pod 副本。但是，工作负载资源使用 Pod 模板来创建相应的 Pod，仍然涉及 Pod 的配置，因此我们有必要掌握 Pod 的创建和管理方法。本任务的基本要求如下。

（1）了解 Pod 与容器的关系。

（2）了解 Pod 的定义。

（3）了解 Pod 的生命周期与健康检查机制。

（4）学会创建多容器 Pod。

（5）掌握 Pod 的基本配置方法。

⤢ 相关知识

3.3.1　什么是 Pod

Pod 是 Kubernetes 创建或部署的最小单元。Pod 代表 Kubernetes 中单个应用程序的实例，是由单个容器或多个容器组成的资源。Pod 具有以下特点。

• Pod 相当于容器集合，类似于共享名称空间并共享文件系统卷的一组容器。最常见的是一个 Pod 运行一个容器，此时可以将 Pod 看作单个容器的包装器。Pod 也可以运行多个协同工作的容器。

• Pod 具有联网功能。Pod 可看作逻辑上的虚拟机（实际上并不是虚拟机），每个 Pod 都有自己的 IP 地址。Pod 中的每个容器共享网络名称空间，包括 IP 地址和网络端口。Pod 的成员容器之间可以使用 localhost（本地主机）互相通信。当 Pod 中的容器与 Pod 之外的实体通信时，它们必须协调如何使用共享的网络资源（如端口）。

• Pod 具有存储功能。每个 Pod 可以设置一组共享的存储卷。Pod 的成员容器都可以访问该组卷，从而允许这些容器共享数据。此组卷还允许持久保留 Pod 中的数据，即使其中的容器需要重新启动。

• Pod 被创建后用一个 UID 来唯一标识，当 Pod 生命周期结束，被一个等价 Pod 替代后，UID 将重新生成。

3.3.2　Pod 与容器

虽然直接部署单个容器更容易，但是在 Kubernetes 中使用 Pod 更有必要。

1. 为什么要使用 Pod 作为 kubernetes 部署的最小单元

容器通常遵循单一性原则，即"一个容器一个进程"，有利于容器镜像的复用与模块的拆分。设计应用程序时需要拆解模块与功能，以便生成容器镜像，保证容器的单一性。如将日志收集、运行监控等功能单独封装到一个容器内，以便其他模块复用。

为了更好地管理容器，Kubernetes 需要更多的信息，如重启策略、健康检测。为避免给容器本身额外增加新的属性，Kubernetes 架构师引入 Pod 这个新的抽象层，让 Pod 从逻辑上包括一个或多个容器。

一个 Pod 封装一个或多个容器、存储资源、一个独立的网络 IP 地址以及管理容器运行方式的策略选项。除 Docker 之外，Kubernetes 还支持很多容器运行时。Pod 中的每个容器运行的仍然是 Docker 镜像。

2. 单一容器 Pod

Kubernetes 管理员通常会选择单一容器 Pod，即 one-container-per-Pod 模式。这种模式下 Kubernetes 直接管理的仍然是 Pod，而不是容器。将一个多组件的应用程序拆解为若干个单一容器 Pod，更便于各组件的管理和扩展。例如，将一个具有前端、后端和数据库 3 个组件的 Web 应用程序分为单个 Pod 中的 3 个容器来部署，每个容器的资源、配置、操作要求各不相同，如果要将这些组件进行水平扩容（运行多个实例），则只能对 Pod 而不是容器扩容，而对 Pod 扩容就会创建多个不必要的数据库实例。因此，这种情形下我们还不如将各个组件独立为 Pod 分开部署，这也是首选单一容器 Pod 的原因。

3. 多容器 Pod

多容器 Pod 的主要优势在于，一个 Pod 中的所有容器可以共享相同的 IP 地址和卷，容器之间还可以通过本地主机相互通信。Pod 中可以封装一个应用程序，该应用程序由多个位于同一位置的容器组成，这些容器紧密耦合并共享资源。Pod 将这些容器、存储资源和临时网络身份封装在一起作为一个单元进行整体管理。

多容器 Pod 最常见的设计模式是 Sidecar 模式。Sidecar 的本意是摩托车的边车（挎斗），只为摩托车增加一个座位，而不影响摩托车的主体。在软件架构中，Sidecar 模式是指在原来的业务逻辑上再增加一个抽象层，允许在应用程序"旁边"添加功能，而无须修改应用程序代码。对于 Kubernetes 的 Pod，Sidecar 模式则是指为主容器增加辅助容器。这种模式无须对 Pod 中的主容器做任何更改，即可增强主容器的能力。例如，Pod 中有一个主容器为共享卷中的文件提供 Web 服务器支持，还有一个辅助容器负责从远端下载并更新这些文件，如图 3-3 所示。

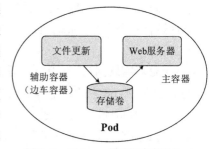

图 3-3　Sidecar 模式的多容器 Pod

4. 初始化容器

有些 Pod 包括初始化容器（Init Container）和应用容器（App Container）。初始化容器是在 Pod 的应用容器（主容器）启动之前就要运行的容器，主要完成应用容器的前置工作。初始化容器必须在启动应用容器之前运行并运行完成，如果初始化容器运行失败，则 Kubernetes 需要重启它直到运行完成。初始化容器必须严格按照定义的顺序运行，当初始化容器成功运行之后才能运行后续的容器。初始化容器常见的应用场景如下。

• 提供应用容器镜像中不具备的程序或自定义代码。

• 为应用容器的成功启动提供依赖的前提条件。

例如，在 Pod 中使用容器运行 nginx 提供 Web 服务之前，通过初始化容器与 MySQL 和 Redis 数据库服务器建立连接。

3.3.3　Pod 的定义

Kubernetes 中的所有资源都可以使用 YAML 配置文件创建，Pod 也不例外。在 Kubernetes 中，Pod 是操作的基本单元，但通常并不是直接创建 Pod（创建自主式 Pod），而是使用工作负载资源创建 Pod。不管用哪种方式创建 Pod，Pod 的定义都是一样的。下面给出 Pod 的基本定义。

```
apiVersion: v1              # API 版本
kind: Pod                   # 资源类型
metadata:                   # 元数据
  name: string              # Pod 名称
  namespace: string         # Pod 所属的名称空间，默认为 default
  labels:                   # 自定义标签
    - name: string
spec:                       # Pod 中容器的详细定义（规约）
  containers:               # 容器列表
    - name: string          # 容器名称
      image: string         # 容器的镜像名称
      imagePullPolicy: [ Always | Never |IfNotPresent]    # 拉取镜像的策略
      command: [string]     # 容器的启动命令
      args: [string]        # 容器的启动命令参数列表
      workingDir: string    # 容器的工作目录
      volumeMounts:         # 挂载到容器内部的卷配置
        - name: string      # 引用 Pod 定义的卷的名称，需用 volumes[ ] 部分定义的卷名
          mountPath: string # 卷在容器内 mount 的绝对路径，应少于 512 字符
          readOnly: boolean # 是否为只读模式
      ports:                # 需要发布的端口号列表
        - name: string      # 端口名称
          containerPort: int  # 容器需要监听的端口号
          hostPort: int     # 容器所在主机需要监听的端口号，默认与容器相同
          protocol: string  # 控制端口协议，支持 TCP 和 UDP，默认为 TCP
      env:                  # 容器运行前需设置的环境变量列表
        - name: string      # 环境变量名称
          value: string     # 环境变量的值
      resources:            # 资源限制和请求设置
        limits:             # 资源限制的设置
          cpu: string       # CPU 的限制，单位为核数，将用于 docker run --cpu-shares 参数
          memory: string    # 内存限制，单位可以为 Mib/Gib，将用于 docker run --memory 参数
        requests:           # 资源请求的设置
          cpu: string       # CPU 请求，容器启动时的初始可用数量
          memory: string    # 内存请求，容器启动时的初始可用数量
      lifecycle:            # 生命周期钩子
        postStart:  # 容器启动后立即执行此钩子，如果执行失败，会根据重启策略重启
        preStop:    # 容器终止前执行此钩子，无论结果如何，容器都会终止
      livenessProbe: # 对 Pod 内各容器做健康检查的设置，当探测时无响应几次后，将自动重启该容器
        exec:               # 将 Pod 内各容器的检查方式设置为 exec
          command: [string] # 使用 exec 方式需要指定的命令或脚本
        httpGet:    # 将 Pod 内各容器的健康检查方式设置为httpGet，需要指定path、port 等
```

```
            path: string
            port: number
            host: string
            scheme: string
            HttpHeaders:
            - name: string
              value: string
        tcpSocket:                        # 将 Pod 内各容器的健康检查方式设置为 tcpSocket
          port: number
    restartPolicy: [ Always | Never | OnFailure]    # 设置重启策略
```

Kubernetes 中的所有资源基本上都包括以下 5 个一级字段（属性）。

- apiVersion：由 Kubernetes 内部定义的 API 版本，可通过 kubectl api-versions 命令查询。
- kind：由 Kubernetes 内部定义的资源类型，可通过 kubectl api-resources 命令查询。
- metadata：元数据，主要是资源标识和说明信息。
- spec：资源规约，这是最重要的配置，包括各种资源配置信息的详细描述。
- status：资源状态信息，不需要定义，具体信息由 Kubernetes 自动生成。

其中，.spec.containers.command（本书中这种字段格式包括子字段的上级字符，第一个字段以"."开头表明它是顶级字段）和 .spec.containers.args 字段定义的是容器启动命令和参数，用于指定在 Pod 中的容器初始化完毕之后运行的命令，主要实现覆盖相应镜像的 Dockerfile 中 ENTRYPOINT 指令的功能。

Pod 中的每个容器中都需要运行的 Docker 镜像。.spec.containers.image 字段指定镜像名称，用法同 Docker 命令，默认的镜像来自 Docker Hub 公开仓库，来自其他 Docker 注册中心的镜像需要使用完整路径的镜像名称。.spec.containers.imagePullPolicy 字段指定镜像拉取策略，Always 表示总是从远程仓库拉取镜像；IfNotPresent 表示本地已有镜像则使用本地镜像，否则从远程仓库拉取镜像；Never 表示只使用本地镜像，不从远程仓库拉取镜像。如果提供的镜像名称不含标签或使用默认标签 latest，则默认拉取策略是 Always；如果镜像名称带有其他标签，则默认拉取策略是 IfNotPresent。

3.3.4　Pod 的生命周期

06. 定义容器生命周期事件处理

电子活页

03.02 定义容器生命周期事件处理

Pod 从创建到终止的时间范围就是 Pod 的生命周期。Pod 在其生命周期中只会被调度一次。一旦 Pod 被调度（分派）到某个节点，Pod 就会一直在该节点运行，直到 Pod 停止运行或者被终止。

1. Pod 的阶段

Pod 的 status 字段描述其实际状态，这是一个 PodStatus 对象，其中包含一个 phase 子字段，用于指示 Pod 当前的阶段，共有 5 种，具体说明见表 3-4。阶段是 Pod 在其生命周期中所处位置的简单、宏观概述，并不是对容器或 Pod 状态的综合汇总。

2. 容器状态

Kubernetes 会跟踪 Pod 中每个容器的状态，就像它跟踪 Pod 的阶段一样。调度器将 Pod 调度给某个节点，kubelet 就通过容器运行时开始为 Pod 创建容器。容器的状态有以下 3 种。

- Waiting（等待）：容器仍在执行它完成启动所需要的操作。
- Running（正在运行）：容器处于正在执行状态并且没有问题发生。
- Terminated（已终止）：容器已经执行并且正常结束，或者因为某些原因失败。

管理员可以使用以下命令检查 Pod 中容器的状态，该命令的输出中包含每个容器的状态。

```
kubectl describe pod <Pod 名称>
```

阶段	说明
Pending（待定）	Pod 已被 Kubernetes 系统接受，但有一个或者多个容器镜像尚未创建。此阶段包括等待 Pod 被调度的时间和通过网络下载镜像的时间
Running（正在运行）	该 Pod 已经被绑定到某个节点上，Pod 中的所有容器都已被创建。至少有一个容器正在运行，或者正处于启动或重启状态
Succeeded（已成功）	Pod 中的所有容器都被成功终止，并且不会再重启
Failed（已失败）	Pod 中的所有容器都已终止了，并且至少有一个容器是因为失败而终止。也就是说，容器以非 0 状态退出或者被系统终止
Unknown（未知）	因为某些原因无法取得 Pod 的状态，通常是因为与 Pod 所在主机通信失败

3. 容器重启策略

Pod 定义中的 .spec.restartPolicy 字段用于定义容器重启策略，具体包括以下 3 种策略。

- Always：容器失效时自动重启该容器，这是默认值。
- OnFailure：容器终止运行且退出码不为 0 时重启。
- Never：不论什么状态，都不重启该容器。

重启策略适用于 Pod 中的所有容器，不过仅针对同一节点上 kubelet 的容器进行重启操作。首次需要重启的容器，将在其需要时立即重启，随后再次需要重启时，将由 kubelet 延迟一段时间后进行。

4. Pod 的状况

Pod 有一个 PodStatus 对象，其中包含一个 PodConditions 数组，用于指示 Pod 的状况（是 Status 而不是 State）。Pod 内置 5 种状况，具体说明见表 3-5。

表3-5 Pod的状况

状况	说明
PodScheduled	调度就绪，Pod 已经被调度到某节点
PodHasNetwork	网络就绪，Pod 沙箱被成功创建并且配置了网络
ContainersReady	Pod 中的所有容器都已就绪
Initialized	所有的初始化容器都已成功完成运行
Ready	Pod 可以为请求提供服务，并且应该被添加到对应服务的负载均衡池中

3.3.5 Pod 的健康检查机制

许多长时间运行的应用程序最终会进入损坏状态，除非重启，否则无法恢复。例如，Java 程序内存泄漏了，程序无法正常工作，但是 Java 虚拟机（Java Virtual Machine，JVM）进程一直在运行。对于这种应用程序本身出现问题的情况，Kubernetes 提供健康检查机制，通过探测器（Probe，又译为探针）对容器进行定期诊断，检测是否运行正常来决定是否重启该容器。探测器探测结果共有以下 3 种。

- Success（成功）：容器通过了诊断。
- Failure（失败）：容器未通过诊断。
- Unknown（未知）：诊断失败，不会采取任何行动。

针对运行中的容器，目前 Kubernetes 提供 3 种探测器，具体说明见表 3-6。

表3-6　探测器类型

探测器	说明	使用场合
livenessProbe（存活探测器）	指示容器是否正在运行。探测失败，则会"杀死"容器，并且容器将根据其重启策略决定是否重启（重启策略为 Always 或 OnFailure 才会重启）。容器如果不提供该探测器，则默认状态为 Success	希望容器在探测失败时被"杀死"并重启
readinessProbe（就绪探测器）	指示容器是否准备好为请求提供服务。探测失败，将从与 Pod 匹配的所有服务的端点列表中删除该 Pod 的 IP 地址。容器如果不提供该探测器，则默认状态为 Success	（1）希望仅在探测成功时才开始向 Pod 发送请求流量；（2）希望容器能够自行进入维护状态
startupProbe（启动探测器）	指示容器中的应用程序是否已经启动。如果提供该探测器，则所有其他探测器都会被禁用，直到该探测器探测成功为止。探测失败，将"杀死"容器，并且容器根据重启策略重启。如果没有提供该探测器，则默认状态为 Success	所包含的容器需要较长时间才能启动就绪的 Pod

如果应用程序对后端服务有严格的依赖性，可以考虑同时使用 livenessProbe 和 readinessProbe。每种探测器都支持多种探测机制，常用的探测机制见表 3-7。

表3-7　常用的探测机制

探测机制	说明	示例
exec	在容器内执行指定命令。如果命令退出时返回码为 0，则诊断成功	exec: 　command: 　- cat 　- /tmp/healthy
httpGet	对容器的 IP 地址上的指定端口和路径发送 HTTP GET 请求。如果响应的状态码大于等于 200 且小于 400，则诊断成功	httpGet: 　path: /healthz 　port: 8080
tcpSocket	对容器的 IP 地址上的指定端口执行 TCP 检查。如果端口打开，则诊断成功	tcpSocket: 　port: 8080

 任务实现

07. 创建多容器 Pod

任务 3.3.1　创建多容器 Pod

下面创建一个包含两个容器的 Pod，两个容器共享一个用于它们之间通信的卷。

（1）创建 Pod 配置文件，本例所编写的 YAML 配置文件名为 two-containers-pod.yaml，内容如下。

```
apiVersion: v1
kind: Pod
```

```
metadata:
  name: two-containers-pod
spec:
  # Pod 级配置
  restartPolicy: Never
  volumes:                              # 定义共享数据的卷（共享卷）
  - name: shared-data
    emptyDir: {}                        # emptyDir 类型的卷
  containers:
  # 容器级配置
  # 第 1 个容器配置
  - name: nginx-container
    image: nginx
    volumeMounts:                       # 挂载共享卷
    - name: shared-data
      mountPath: /usr/share/nginx/html  # 挂载路径
  # 第 2 个容器配置
  - name: busybox-container
    image: busybox
    volumeMounts:                       # 挂载共享卷
    - name: shared-data
      mountPath: /pod-data              # 挂载路径
    # 容器启动命令及参数
    command: ["/bin/sh"]
    args: ["-c", "echo Hello from the busybox container > /pod-data/index.html"]
```

该配置文件中为 Pod 定义了一个名为 shared-data 的共享卷，这是 emptyDir 类型的卷，只要 Pod 存在该卷就一直存在，只有 Pod 被删除时该卷才会被删除。

两个容器都挂载该卷。第 1 个容器运行 nginx 服务器，共享卷的挂载路径是 /usr/share/nginx/html；第 2 个容器运行 BusyBox 系统，共享卷的挂载路径是 /pod-data。

需要注意的是，第 2 个容器运行容器启动命令，将消息写入指定的 index.html 文件后会终止运行。由于与第 1 个容器共享卷，该文件会被写入 nginx 服务器的根目录下。

（2）执行以下命令，基于上述配置文件创建 Pod。

```
[root@master01 ~]# kubectl apply -f /k8sapp/03/two-containers-pod.yaml
pod/two-containers-pod created
```

（3）查看 Pod 及其容器的信息，以 YAML 格式输出，这里仅列出部分信息。

```
[root@master01 ~]# kubectl get pod two-containers-pod --output=yaml
...
  name: two-containers-pod
...
spec:
...
  containerStatuses:
    lastState: {}
    name: busybox-container
...
    state:
      terminated:                       # 终止
```

```
...
    lastState: {}
  name: nginx-container
...
    state:
      running:                                    # 正在运行
        startedAt: "2023-03-25T06:06:26Z"
  hostIP: 192.168.10.32
  phase: Running
  podIP: 10.244.140.76
...
```

可以发现，busybox 容器已经被终止，而 nginx 容器依然在运行。

（4）进入 nginx 容器的 Shell 环境，使用 curl 命令向 nginx 服务器发起请求。

```
[root@master01 ~]# kubectl exec -it two-containers pod -c nginx-container -- /bin/bash
root@two-containers:/# curl localhost
Hello from the busybox container
root@two-containers:/# exit                      # 退出容器 Shell 环境
```

由于 busybox 容器在 nginx 容器的根目录下创建了 index.html 文件，所以这里能够访问该文件。

（5）使用 curl 命令向 Pod 的 IP 地址发起请求，也能访问该 index.html 文件。

```
[root@master01 ~]# curl 10.244.140.76
Hello from the busybox container
```

（6）执行 kubectl delete -f /k8sapp/03/two-container-pod.yaml 命令删除该 Pod。

> **小贴士**　只有容器之间紧密关联时才应该使用多容器 Pod，本例仅是一种示范。多容器 Pod 中，容器之间的通信可以通过共享存储实现，也可以通过网络接口 localhost 实现。

任务 3.3.2　为 Pod 及其容器设置资源配额

微课

08. 为 Pod 容器设置
CPU 和内存配额

定义 Pod 时可以根据需要为每个容器设置所需要的资源数量，也就是资源配额，以免容器占用大量资源导致其他容器无法运行。

1. 了解资源配额的设置方法

Kubernetes 使用 .spec.resources 字段为容器设置资源配额，该字段包括以下两个子字段，用于设置资源配额的上下限。

• requests：设置容器需要的资源的最小值（请求资源），如果环境资源不够，容器将无法启动。

• limits：限制容器运行时可用资源的最大值（限制资源），当容器占用的资源超过该值时会被终止，并重启。

实际应用中主要设置 CPU 和内存这两种资源。CPU 资源以 CPU 为单位，1 个 CPU 等于一个物理 CPU 核或者一个虚拟核。CPU 资源的 CPU 数可以是整数和小数，也可以用毫核（m）为单位表示。1 个 CPU 等于 1000m，Kubernetes 不允许设置精度小于 1m 的 CPU 资源。内存资源以字节为单位，可以使用普通的整数，或者带有 E、P、T、G、M、k 等数量单位的数；也可以使用对应的 2 的幂数，如 Ei、Pi、Ti、Gi、Mi、Ki。

2. 为 Pod 容器设置 CPU 和内存配额

下面创建拥有两个容器的 Pod，并为每个容器分别设置 CPU 和内存配额，其中第 2 个容器使用 stress 程序做压力测试。stress 是 Linux 的一个压力测试工具，可以对 CPU、内存、磁盘等做压力测试。

（1）创建 Pod 配置文件，本例所编写的 YAML 配置文件名为 resources-limit-pod.yaml，内容如下。

```
apiVersion: v1
kind: Pod
metadata:
  name: resources-limit-pod
spec:
  containers:
  - name: nginx
    image: nginx
    resources:                        # 资源配额
      limits:                         # 限制资源（上限）
        cpu: 200m                     # CPU 限制
        memory: 400Mi                 # 内存限制
      requests:                       # 请求资源（下限）
        cpu: 100m
        memory: 200Mi
  - name: stress
    image: polinux/stress
    resources:                        # 资源配额
      limits:                         # 限制资源（上限），也可以用字符串表示
        memory: "200Mi"
      requests:                       # 请求资源（下限）
        memory: "100Mi"
    command: ["stress"]
    args: ["--vm", "1", "--vm-bytes", "150M", "--vm-hang", "1"]
```

最后两行是第 2 个容器的启动命令，表示执行 stress 命令压满 150MB 内存。--vm 选项用于指定进程数量，--vm-bytes 选项表示分配的内存量，--vm-hang 选项表示内存分配多长时间后释放掉，单位是秒。

（2）基于该配置文件创建名为 resources-limit-pod 的 Pod。

（3）验证 Pod 中的容器是否已运行，可以发现两个容器都能正常运行。

```
[root@master01 ~]# kubectl get pod
NAME                    READY   STATUS    RESTARTS   AGE
resources-limit-pod     2/2     Running   0          2m52s
```

（4）执行 kubectl get pod resources-limit-pod --output=yaml 命令查看 Pod 相关的详细信息，可以发现，该 Pod 中两个容器的 CPU 和内存配额限制与定义的相同。

（5）删除该 Pod 以恢复实验环境。

3. 测试资源配额超限

当节点拥有足够多的可用资源时，容器可以使用其请求的资源。但是，容器不允许使用超过其限制的资源。如果给容器分配的资源超过其限制，该容器会成为被终止的候选容器。如果容器继续消耗超出其限制的资源，则会被终止。下面进行测试和验证。

（1）修改以上 Pod 配置文件，将最后一行改为：

```
    args: ["--vm", "1", "--vm-bytes", "500M", "--vm-hang", "1"]
```

stress 容器会尝试分配 500MB 的内存，远高于其 200MB 的限制。

（2）保存该配置文件，重新基于该文件创建 Pod。

（3）执行以下命令监视 Pod 的状态。

```
[root@master01 ~]# kubectl get pod -w
NAME                    READY    STATUS              RESTARTS       AGE
resources-limit-pod 0/2          ContainerCreating   0              5s
resources-limit-pod 2/2          Running             0              20s
resources-limit-pod 1/2          OOMKilled           0              21s
resources-limit-pod 1/2          OOMKilled           1 (17s ago)    37s
resources-limit-pod 1/2          CrashLoopBackOff    1 (2s ago)     38s
```

等候一段时间，按 Ctrl+C 组合键终止。

输出结果表明，该 Pod 中有一个容器（stress）被终止、重启、再终止、再重启，默认终止的容器可以被重启，就像其他任何类型的容器运行时失败一样。另一个容器（nginx）始终处于正常运行状态。

（4）执行 kubectl describe pod resources-limit-pod 命令查看该 Pod 的详细信息。下面列出其中与 stress 容器有关的状态信息，结果表明它由于内存溢出而被"杀掉"。

```
stress:
    Container ID:   containerd://5898850cbe50eac507ddd97f4860c502d11f73ee6a
3505d66fb0dda7f0326ef3
...
    State:          Waiting
      Reason:       CrashLoopBackOff
    Last State:     Terminated
      Reason:       OOMKilled
    Exit Code:      1
    Started:        Sat, 22 Apr 2023 16:06:47 +0800
    Finished:       Sat, 22 Apr 2023 16:06:47 +0800
```

（5）删除该 Pod 以恢复实验环境。

任务 3.3.3　实现 Pod 容器的健康检查

微课

09. 实现 Pod 容器
的健康检查

　　Kubernetes 提供的存活探测器用于实现健康检查，通过检测容器的响应是否正常来决定是否重启容器。Pod 定义存活探测器，可以让 Kubernetes 自动感知 Pod 是否正常运行。这里以 HTTP GET 方式为例示范 Pod 容器健康检查的实现方法。

　　（1）创建 Pod 配置文件，本例所编写的 YAML 配置文件名为 liveness-probe-pod.yaml，主要内容如下。

```
spec:
  containers:
  - name: liveness-probe-pod
    image: nginx
    livenessProbe:                    # 定义存活探测器
```

```
httpGet:
  path: /
  port: 80
initialDelaySeconds: 10 # 容器启动 10 秒后开始探测
timeoutSeconds: 2       # 容器必须在 2 秒内将反馈传给探测器，否则视为探测失败
periodSeconds: 30       # 探测周期，每 30 秒探测一次
successThreshold: 1     # 连续探测成功 1 次表示成功
failureThreshold: 3     # 连续探测失败 3 次表示失败
```

探测器向容器的 80 端口发送 HTTP GET 请求，如果请求不成功，Kubernetes 会重启容器。文件中对探测器做了定制，容器启动 10 秒后开始探测，如果 2 秒内容器没有做出回应则被认为探测失败。每 30 秒做一次探测，在连续探测失败 3 次后就重启容器。

（2）基于该配置文件创建名为 liveness-probe-pod 的 Pod。

（3）执行 kubectl describe pod liveness-probe-pod 命令查看 Pod 的详细信息，下面列出部分相关信息。可以发现，该 Pod 当前处于正常运行状态（Running），重启次数（Restart Count）为 0，表明目前没有重启，容器一直处于健康状态。如果重启次数大于 0，则说明已经重启，容器曾有过有"不健康"的历史。

```
Containers:
  liveness-demo:
...
    State:          Running
      Started:      Sat, 22 Apr 2023 17:45:38 +0800
    Ready:          True
    Restart Count: 0
    Liveness:       http-get http://:80/ delay=10s timeout=2s period=30s #success=1
#failure=3
```

（4）删除该 Pod 以恢复实验环境。

以上示范的是常见的探测方法，其具体机制是向容器发送 HTTP GET 请求，如果探测器收到"2××"或"3××"信息，说明容器是健康的。

> 环境变量是 Pod 容器运行环境中设定的一个变量，便于对容器进行灵活的配置。创建 Pod 时，可以通过配置文件的 .spec.env 和 .spec.envFrom 字段来设置环境变量。

项目小结

电子活页

03.03 在 Pod 中使用环境变量

要熟悉 Kubernetes 的基本操作，就需要掌握 Kubernetes 对象的概念。Kubernetes 中的对象是一些持久化的实体，是一种期望的记录，Kubernetes 会始终保持期望创建的对象存在和集群运行在预期的状态下。Kubernetes 中的对象又可称为资源，官方文档中也常常混用这两个术语。创建和管理 Kubernetes 对象共有 3 种方式，分别是指令式命令、指令式对象配置和声明式对象配置。需要注意的是，应当在控制平面节点上执行 Kubernetes 对象操作命令。

定义 Kubernetes 对象时一般要通过元数据提供标识和说明信息。每个对象都有一个名称用于

标识其在同类资源中的唯一性，同时也有一个 UID 用于标识其在整个集群中的唯一性。我们还可以使用标签或注解将非唯一性的属性附加到 Kubernetes 对象中。名称空间提供一种机制，将同一集群中的资源划分为相互隔离的组。

　　Kubernetes 提供的 kubectl 是使用 Kubernetes API 与 Kubernetes 集群的控制平面节点进行通信的命令行工具，可以用来创建、删除和修改 Kubernetes 对象。

　　Pod 是可以在 Kubernetes 中创建和管理的、最小的可部署计算单元。Kubernetes 定义 Pod 的资源，然后在 Pod 中运行容器，为容器指定镜像，这样就可以用来运行具体的应用程序。一个 Pod 封装一个或多个容器，Pod 中的容器共享存储和网络等资源。

　　每个 Pod 旨在运行特定应用程序的单个实例。如果希望水平扩展应用程序，则应该使用多个 Pod，每个实例使用一个 Pod。在 Kubernetes 中，这种 Pod 实例通常被称为副本（Replication），需要使用一种工作负载资源及其控制器来创建和管理一组 Pod 副本，以实现应用程序的扩缩容和自动修复。项目 4 将通过工作负载资源来部署和运行基本的应用程序。

课后练习

1. 在 Kubernetes 对象的 YAML 配置文件中，（　　　）不是必需字段。
    A. kind   B. metadata   C. spec   D. restartPolicy
2. Kubernetes 的最小管理单元是（　　）。
    A. 容器   B. Pod   C. 进程   D. 控制器
3. 在 Kubernetes 集群中唯一标识对象的是（　　）。
    A. 对象的名称   B. 对象的标签   C. 对象的 UID   D. 对象的注解
4. 选择标签键为 env、值为 prod 的所有资源的标签选择器是（　　　）。
    A. env in (prod)   B. prod=env   C. prod==env   D. prod in (env)
5. 以下关于 kubectl 命令基本用法的说法中，不正确的是（　　　）。
    A. 资源类型不区分大小写   B. 资源名称区分大小写
    C. 只能对一个资源进行操作   D. 选项区分大小写
6. 以下命令中不符合语法的是（　　　）。
    A. kubectl get pods mypod1 mypod2
    B. kubectl get pod/mypod1 deployment/mydeploy1
    C. kubectl get pod-mypod1
    D. kubectl get pod -L env,versions
7. 以下关于 Pod 的说法中，不正确的是（　　　）。
    A. 每个 Pod 都有自己的 IP 地址   B. Pod 的成员容器之间可以相互通信
    C. Pod 的成员容器可以共享卷   D. Pod 生命周期结束后不可以重新生成
8. 以下关于 Pod 与容器的说法中，不正确的是（　　　）。
    A. 首选单一容器 Pod   B. 可以在 Pod 中为主容器增加辅助容器
    C. Pod 中的容器不再使用 Docker 镜像   D. Kubernetes 中不可以直接部署容器

项目实训

实训 1　操作指定名称空间中对象的标签

实训目的

（1）了解 Kubernetes 名称空间和对象的标签。

（2）学会 Kubernetes 名称空间的基本用法。

（3）学会 Kubernetes 对象的基本操作。

实训内容

（1）准备 Kubernetes 集群实验环境。

（2）创建一个实验用的名称空间。

（3）在该名称空间中创建一个 Pod 并为其添加标签 app=test。

（4）将该对象的标签 app=test 修改为 app=dev。

（5）为该对象增加标签 ver=1.5。

（6）删除该对象名为 app 的标签。

（7）删除该对象。

（8）删除该名称空间。

注意，上述对象操作都要指定名称空间。

实训 2　创建一个多容器 Pod 并进行测试

实训目的

（1）了解多容器 Pod。

（2）增加对多容器 Pod 的认识。

实训内容

（1）参照任务 3.3.1 进行操作。

（2）编写定义 Pod 的配置文件，其中涉及的两个容器分别运行 nginx 和 BusyBox，两个容器共享卷。

（3）基于该配置文件创建 Pod。

（4）查看 Pod 及其容器的信息，以 YAML 格式输出。

（5）进入 nginx 容器的 Shell 环境，使用 curl 命令向 nginx 服务器发起请求，以验证结果。

（6）使用 curl 命令向 Pod 的 IP 地址发起请求，进一步验证结果。

（7）删除该 Pod。

项目4

部署和运行应用程序

04

工作负载（Workloads）是 Kubernetes 集群中运行的应用程序。无论工作负载是单一组件，还是由多个一同工作的组件构成，在 Kubernetes 中都可以在一组 Pod 中运行它。Kubernetes 引入工作负载资源（Workloads Resource）来自动管理一组 Pod。Kubernetes 针对不同应用程序的特性提供不同类型的工作负载资源，这些工作负载资源的监控、管理、运行、恢复方式有所不同。每类工作负载资源通过配置相应的控制器（Controller）来确保运行的 Pod 的类型和数量与用户所指定的状态相一致。在 Kubernetes 中部署和运行应用程序时，通常不会直接创建 Pod，而是通过控制器来部署和管理 Pod。本项目讲解并示范通过 Deployment、DaemonSet、Job 和 CronJob 控制器在 Kubernetes 中部署几种基本的应用程序。StatefulSet 控制器对部署有状态应用程序非常重要，但是它涉及持久卷存储和无头（Headless）Service，因此将在后续项目中讲解和示范。

【课堂学习目标】

☞ 知识目标

➤ 了解工作负载资源与控制器的概念。

➤ 熟悉 Deployment 控制器及其用法。

➤ 熟悉 DaemonSet 控制器及其用法。

➤ 熟悉 Job 控制器及其用法。

➤ 熟悉 CronJob 控制器及其用法。

☞ 技能目标

➤ 学会使用 Deployment 控制器运行无状态应用程序。

➤ 学会使用 DaemonSet 控制器部署集群守护进程集。

➤ 学会使用 Job 控制器运行一次性任务。

➤ 学会使用 CronJob 控制器运行定时任务。

☞ 素养目标

➤ 培养抽象思维。

➤ 培养统筹协调能力。

任务 4.1　使用 Deployment 运行无状态应用程序

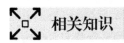

任务要求

　　Pod 本身并不能自愈，一个 Pod 所在的节点发生故障，Pod 将被删除；节点资源不够或需要进行维护时，Pod 也会从节点上被驱逐，从而被删除。为此，Kubernetes 引入控制器来管理 Pod 副本。管理员很少会直接创建一个 Pod，大多数情况下会通过控制器完成对一组 Pod 的创建、调度及全生命周期的自动管控任务。Deployment 是常用的控制器，适合用来管理集群中的无状态应用程序。本任务的基本要求如下。

　　（1）了解工作负载资源类型和控制器的概念。

　　（2）了解 Deployment 控制器及其基本用法。

　　（3）学会使用 Deployment 部署无状态应用程序。

　　（4）学会管理基于 Deployment 部署的无状态应用程序。

相关知识

4.1.1　工作负载资源与控制器

　　Pod 只能管理自身，直接创建的 Pod 是一种自主式 Pod，一旦删除就不会自动重建，没有自我修复功能。Pod 具有确定的生命周期，如果运行 Pod 的节点发生致命错误，则该节点上的所有 Pod 的状态都会失效，即使该节点后来恢复正常运行，也需要管理员重新创建新的 Pod 以恢复应用程序。当集群中有大量 Pod 时，或者同一个 Pod 有多个副本时，人工监控和管理每个 Pod 会变得极其困难。为此，Kubernetes 在 Pod 的基础之上，引入工作负载资源来帮助用户统一管理一组 Pod。

　　工作负载资源自动实时监控和管理指派给它的 Pod，并确保处于运行状态的 Pod 的数量是正确的，Pod 的状态与用户所期望的保持一致，如果出现异常，则会自动修复。

　　考虑到不同的应用程序有不同的特性，为满足不同的业务场景需求，Kubernetes 提供多种类型的内置工作负载资源，如表 4-1 所示。

表4-1　常用的内置工作负载资源类型

资源类型	功能
Deployment	管理集群中的无状态应用程序，如 Web 服务
StatefulSet	管理集群中的有状态应用程序，如 MongoDB
DaemonSet	管理集群中的守护进程集，确保所有节点运行同一个 Pod，如日志收集组件
Job	运行一次性任务
CronJob	运行定时任务

　　除了 Kubernetes 内置的工作负载资源类型，管理员还可以通过使用定制资源定义，添加第三方工作负载资源。

　　这些工作负载资源具体是通过配置控制器来实现的。控制器用于工作负载资源的部署和管理，在更高层次上部署和管理 Pod，因此又称为 Pod 控制器。Kubernetes 的许多重要特性都是依靠控制器来实现的。控制器的主要功能如下。

- 管理 Pod。
- 使用标签与 Pod 关联。
- 实现 Pod 的运维，如滚动更新、扩缩容、副本管理、Pod 状态维护等。

每类工作负载资源都是由对应的控制器来实现的，如 Deployment 控制器用于部署 Deployment，CronJob 控制器用于部署 CronJob。

4.1.2 ReplicationController、ReplicaSet 和 Deployment

Kubernetes 的 Pod 副本管理机制是实现 Pod 高可用的基础，最早由 ReplicationController 实现，后来升级为 ReplicaSet，现在则使用更高级的 Deployment。

1. ReplicationController

在最早的 Kubernetes 版本中，只有一个 Pod 控制器——ReplicationController（通常缩写为 rc），用于确保在任何时候都有特定数量的 Pod 副本处于运行状态。当 Pod 数量过多时，ReplicationController 会终止多余的 Pod；当 Pod 数量太少时，ReplicationController 会启动新的 Pod。由 ReplicationController 创建的 Pod 在失败、被删除或被终止时会被自动替换。ReplicationController 能够支持 Pod 副本的自我修复、扩缩容和滚动更新。

2. ReplicaSet

ReplicationController 独立于所控制的 Pod 副本，通过标签控制目标 Pod 副本的创建和终止，但是只能选择一个标签。后来推出的 ReplicaSet（通常缩写为 rs）提高了标签选择的灵活性，具有集合式的标签选择器，可以选择多个标签，也就是能够控制多个不同标签的 Pod 副本。ReplicaSet 用于替代 ReplicationController。

3. Deployment

Deployment（通常缩写为 deploy）是一个更高级的控制器，它管理 ReplicaSet，并向 Pod 提供声明式的更新以及许多其他增强功能。Deployment 并不直接管理 Pod，而是在 ReplicaSet 之上工作，通过管理 ReplicaSet 来间接管理 Pod（见图 4-1），功能比 ReplicaSet 更强大。

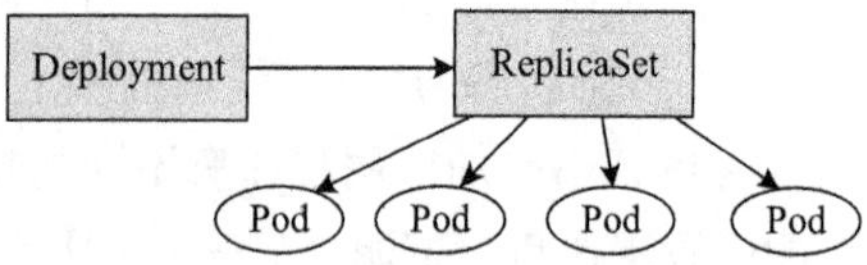

图 4-1　Deployment 间接管理 Pod

用户应当使用 Deployment，而不要直接使用 ReplicaSet。只有需要自定义更新业务流程或根本不需要更新时，才需要使用 ReplicaSet。

4.1.3 Deployment 的应用场景

Deployment 特别适合无状态应用程序。无状态应用程序不会在本地存储持久化数据，多个应用副本对于同一个用户请求的响应结果是完全一致的，多个应用副本之间没有依赖关系。

Deployment 所管理的无状态应用程序完全等同，具有以下特点。

- 多个 Pod 副本的创建没有确定的顺序。
- 多个 Pod 副本的名称是随机的。Pod 被重新调度后，其名称与 IP 地址都会发生变化。
- 所有 Pod 副本都是相互等价的，在需要时可以随时被替换。
- 多个 Pod 副本共享存储。

Deployment 的典型应用场景如下。

- Web 应用程序。
- API 应用程序。
- 微服务。

Kubernetes 的一些官方组件也使用 Deployment 来管理，可以执行以下命令进行验证。

```
[root@master01 ~]# kubectl get deploy --namespace=kube-system
NAME                        READY   UP-TO-DATE   AVAILABLE   AGE
calico-kube-controllers     1/1     1            1           21d
coredns                     2/2     2            2           21d
```

结果表明，calico-kube-controllers 和 coredns 组件都是由 Deployment 部署在集群的节点上运行的。因为这两个组件属于系统组件，需要在命令行中通过 --namespace=kube-system 选项指定名称空间，如果不指定，仅返回默认名称空间 default 的资源，则无法查看这些系统组件。

4.1.4 Deployment 的基本用法

创建 Deployment 最简单的方式是直接使用命令，基本用法如下。

```
kubectl create deployment 名称 --image=镜像  [选项]
```

这种用法一般只用于测试，实际应用中主要使用配置文件来创建 Deployment。先创建一个 YAML 格式的 Deployment 配置文件，再使用 kubectl create 命令或者使用 kubectl apply 命令基于该文件创建 Deployment。

为减轻 Deployment 配置文件的编写负担，可以使用"干跑"（dry-run）模式生成一个 Deployment 的 YAML 格式的原始配置，然后在此基础上进行定制。例如，执行以下命令生成部署 nginx 的 Deployment 配置文件。

```
kubectl create deployment webserver --image=nginx --dry-run=client -o yaml
```

创建 Deployment 之后，应用程序就上线部署了，可以根据需要完成该应用程序的生命周期管理，如更新和回滚等。Deployment 应用程序的生命周期如图 4-2 所示。接下来的任务实现部分讲解具体的生命周期管理操作。

图 4-2 Deployment 应用程序的生命周期

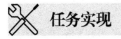

任务 4.1.1 创建 Deployment

nginx 是一个高性能的 HTTP 和反向代理 Web 服务器，属于无状态应用程序，本任务通过创建 Deployment 来部署有 3 个副本的 nginx。

1. 编写 Deployment 配置文件

与其他 Kubernetes 对象的定义一样，Deployment 配置文件中需要 apiVersion、kind、metadata 和 spec 字段。spec 字段中只有 template 和 selector 这两个子字段是必需的。template 字段定义

Pod 模板，与 Pod 定义的语法规则完全相同，由于它是嵌套的，其中不需要再定义 apiVersion 或 kind 字段。selector 字段定义 Deployment 资源如何查找要管理的 Pod，可以选择在 Pod 模板中定义的标签，还可以定义更复杂的选择规则，前提是 Pod 模板本身能够满足所定义的规则。注意，不要直接创建与此选择规则匹配的 Pod。

spec 字段中常用的可选子字段有 replicas 和 strategy。replicas 指定期望的 Pod 副本数，默认值是 1。strategy 指定新旧 Pod 替换的策略。

本例所编写的 YAML 配置文件名为 nginx-deploy.yaml，内容如下。

```
apiVersion: apps/v1              # 版本号
kind: Deployment                 # 类型为 Deployment
metadata:                        # 元数据
  name: nginx-deploy
  labels:                        # 标签
    app: nginx
spec:                            # 详细信息
  replicas: 3                    # 副本数
  strategy:                      # 策略
    type: RollingUpdate          # 滚动更新策略
    rollingUpdate:               # 滚动更新的设置
      maxSurge: 25%              # 更新过程中允许超出期望的 Pod 副本数的 Pod 数量，用百分比或整数表示
      maxUnavailable: 25%        # 更新过程中允许不可用的 Pod 数量上限，用百分比或整数表示
  selector:                      # 选择器，指定该控制器管理哪些 Pod
    matchLabels:                 # 匹配规则
      app: nginx
  template:                      # 定义模板，当副本数不足时会根据模板定义创建 Pod 副本
    metadata:
      labels:
        app: nginx               # Pod 的标签
    spec:
      containers:                # 容器列表（本例仅定义一个容器）
      - name: nginx              # 容器的名称
        image: nginx:1.14.2      # 容器所用的镜像
        ports:
        - containerPort: 80      # 容器需要发布的端口
```

本例创建名为 nginx-deploy（由 .metadata.name 字段指定）的 Deployment，需要运行 3 个 Pod 副本（由 .spec.replicas 字段定义）。

2. 基于配置文件创建 Deployment

创建 Kubernetes 对象时可以使用 kubectl create 命令，也可以使用 kubectl apply 命令。使用 kubectl create 命令创建新的资源时，如果再次运行该命令，则会出现错误，因为资源名称在名称空间中应该是唯一的。kubectl apply 命令将配置文件应用于资源，如果资源不存在，那么它将被创建，否则该命令将配置文件应用于现有资源。如果基于单个文件创建资源，两者基本相同。但是，kubectl apply 命令还可用于基于多个文件同时创建和修复资源。

本例使用 kubectl apply 命令创建 Deployment。

```
[root@master01 ~]# kubectl apply -f /k8sapp/04/nginx-deploy.yaml
deployment.apps/nginx-deploy created
```

结果显示 Deployment 已成功创建，应用程序成功上线。

3. 测试 Deployment 及其部署的应用程序

（1）执行以下命令检查该 Deployment 的状态。

```
[root@master01 ~]# kubectl get deployments -o wide
NAME           READY  UP-TO-DATE  AVAILABLE  AGE  CONTAINERS  IMAGES          SELECTOR
nginx-deploy   0/3    3           3          12s  nginx       nginx:1.14.2    app=nginx
```

这里使用 -o wide 选项以输出额外的信息。Deployment 各字段的说明如下。

- NAME：集群中 Deployment 的名称。
- READY：应用程序的可用副本数。显示模式是 "可用副本数 / 期望副本数"。期望副本数由 .spec.replicas 字段设置。虽然 Deployment 已成功创建，但是部署 Pod 副本有一个过程，刚开始时还没有一个成功部署的副本。
- UP-TO-DATE：为达期望状态已经更新的副本数。
- AVAILABLE：可供用户使用的应用程序副本数。
- AGE：应用程序运行的时间。
- CONTAINERS：应用程序运行的容器。
- IMAGES：容器所用的镜像。
- SELECTOR：Deployment 的选择规则。

（2）执行以下命令检查该 Deployment 的当前部署状态，也就是上线状态。

```
[root@master01 ~]# kubectl rollout status deployment/nginx-deploy
deployment "nginx-deploy" successfully rolled out
```

结果表明应用程序已成功部署。

（3）再次检查该 Deployment 的状态。

```
[root@master01 ~]# kubectl get deployments -o wide
NAME           READY  UP-TO-DATE  AVAILABLE  AGE  CONTAINERS  IMAGES          SELECTOR
nginx-deploy   3/3    3           3          86s  nginx       nginx:1.14.2    app=nginx
```

结果表明已创建 3 个副本，并且所有副本都是最新的且可用的。

（4）执行以下命令查看 Deployment 创建的 ReplicaSet。

```
[root@master01 ~]# kubectl get rs
NAME                      DESIRED   CURRENT   READY   AGE
nginx-deploy-7fb96c846b   3         3         3       2m51s
```

Deployment 控制器并不直接管理 Pod，而是通过管理 ReplicaSet 来间接管理 Pod。此处显示的 ReplicaSet 各字段的说明如下。

- NAME：ReplicaSet 的名称。
- DESIRED：显示期望的应用程序副本数，即在创建 Deployment 时所定义的值。
- CURRENT：显示当前运行状态中的应用程序副本数。
- READY：显示有多少个应用程序副本可以为用户提供服务。
- AGE：显示应用程序已经运行的时间。

本例创建 3 个 ReplicaSet，ReplicaSet 的名称是自动生成的，格式为 "Deployment 名称 - 哈希值"。其中的哈希（Hash）值是根据 Pod 模板标签（pod-template-hash）生成的，该标签会被添加到 Deployment 所创建的每个 ReplicaSet 中，可确保 Deployment 的 ReplicaSet 不重叠。

（5）执行以下命令查看 Deployment 创建的 Pod。

```
[root@master01 ~]# kubectl get pods -o wide
NAME                        READY STATUS  RESTARTS AGE   IP             NODE   ...
nginx-deploy-7fb96c846b-j2t9r 1/1   Running 0        3m23s 10.244.140.111 node02 ...
nginx-deploy-7fb96c846b-p8zlw 1/1   Running 0        3m23s 10.244.196.161 node01 ...
nginx-deploy-7fb96c846b-sx77k 1/1   Running 0        3m23s 10.244.140.112 node02 ...
```

可以发现，本例创建了 3 个 Pod，分别在 node01 和 node02 两个节点上运行。Pod 名称也是自动生成的，由 ReplicaSet 名称和自动产生的哈希值组成。

（6）访问 nginx 应用程序进行实际测试。

每个 Pod 都分配了 IP 地址，可以通过其发布的端口来访问。本例部署的是 HTTP 服务，发布的是默认端口 80，可以使用每个 Pod 的 IP 地址来访问，例如：

```
[root@master01 ~]# curl http://10.244.140.111
...
<p><em>Thank you for using nginx.</em></p>
...
```

还可以根据需要执行以下命令查看该 Deployment 的详细信息。

```
[root@master01 ~]# kubectl describe deployment nginx-deploy
Name:                   nginx-deploy
Namespace:              default
CreationTimestamp:      Wed, 03 May 2023 11:14:18 +0800
Labels:                 app=nginx
Annotations:            deployment.kubernetes.io/revision: 1
Selector:               app=nginx
Replicas:               3 desired|3 updated|3 total|3 available|0 unavailable
StrategyType:           RollingUpdate
MinReadySeconds:        0
RollingUpdateStrategy:  25% max unavailable, 25% max surge
Pod Template:
  Labels:  app=nginx
  Containers:
   nginx:
    Image:        nginx:1.14.2
    Port:         80/TCP
    Host Port:    0/TCP
    Environment:  <none>
    Mounts:       <none>
  Volumes:        <none>
Conditions:
  Type           Status  Reason
  ----           ------  ------
  Available      True    MinimumReplicasAvailable
  Progressing    True    NewReplicaSetAvailable
OldReplicaSets:  <none>
NewReplicaSet:   nginx-deploy-7fb96c846b (3/3 replicas created)
Events:                                                  # 事件信息
  Type    Reason          Age       From                  Message
```

```
----      ------             ----     ----                    -------
Normal    ScalingReplicaSet  5m26s    deployment-controller   Scaled up
replica set nginx-deploy-7fb96c846b to 3
```

如果 Deployment 创建不成功，可以通过查看事件信息来查找原因。

任务 4.1.2　测试 Deployment 的自动修复功能

微课

02. 测试
Deployment 的自
动修复功能

Deployment 具有自动修复功能，下面在上述实验的基础上测试该功能。

（1）将 node01 主机关机以模拟故障。

（2）稍等片刻，查看 Deployment 部署的 ReplicaSet，可以发现只有两个 ReplicaSet 正常运行（READY 值为 2），node01 节点上的 ReplicaSet 暂时不能提供服务。

```
[root@master01 ~]# kubectl get rs
NAME                        DESIRED    CURRENT    READY    AGE
nginx-deploy-7fb96c846b     3          3          2        17m
```

（3）稍等一会，再次查看 ReplicaSet，可以发现已经恢复为 3 个 ReplicaSet 正常运行（READY 值为 3）。

```
[root@master01 ~]# kubectl get rs
NAME                        DESIRED    CURRENT    READY    AGE
nginx-deploy-7fb96c846b     3          3          3        18m
```

（4）进一步查看 Deployment 部署的 Pod。

```
[root@master01 ~]# kubectl get pods -o wide
NAME                              READY STATUS      RESTARTS AGE    IP               NODE ...
nginx-deploy-7fb96c846b-5bqnv     1/1 Running       0        78s    10.244.140.115   node02...
nginx-deploy-7fb96c846b-j2t9r     1/1 Running       0        18m    10.244.140.111   node02...
nginx-deploy-7fb96c846b-p8zlw     1/1 Terminating   0        18m    10.244.196.161   node01...
nginx-deploy-7fb96c846b-sx77k     1/1 Running       0        18m    10.244.140.112   node02...
```

可以发现，node01 节点上的 Pod 副本正被终止运行，而 node02 节点上自动增加了新的 Pod 副本。

（5）启动 node01 主机以模拟故障恢复。稍等片刻，再次查看 Pod 副本，会发现 3 个 Pod 副本仍然都在 node02 节点上运行，这表明 Deployment 完成了资源的自动修复，始终保持 Pod 副本数符合期望值，但是并不会将 Pod 恢复到原节点上。

```
[root@master01 ~]# kubectl get pods -o wide
NAME                              READY STATUS    RESTARTS AGE   IP               NODE ...
nginx-deploy-7fb96c846b-5bqnv     1/1 Running     0        10m   10.244.140.115   node02...
nginx-deploy-7fb96c846b-j2t9r     1/1 Running     0        27m   10.244.140.111   node02...
nginx-deploy-7fb96c846b-sx77k     1/1 Running     0        27m   10.244.140.112   node02...
```

任务 4.1.3　更新 Deployment

微课

03. 更新
Deployment

通过 Deployment 部署应用程序之后，如果 Deployment 配置文件被更改，或者镜像版本发生更迭，则可以更新或升级 Deployment。注意，仅当 Deployment 的 Pod 模板定义（.spec.template 字段）发生改变时，如模板的标签或容器镜像被更改，才会触发 Deployment 的更新，其他修改（如增减副本数）

并不会触发更新。

Deployment 定义的 .spec.strategy.type 字段值决定两种更新方式：一种是 Recreate，表示重新创建，即在创建新的 Pod 之前，终止所有现有的 Pod，待这些 Pod 被成功移除之后，才会创建新版本的 Pod；另一种是 RollingUpdate，即滚动更新，这是默认设置。采用滚动更新方式时，可以定义 maxUnavailable 和 maxSurge 字段来控制滚动更新过程。maxUnavailable 指定滚动更新时允许不可用的 Pod 数量上限，可以用绝对数表示；也可以用百分比表示，指不可用的 Pod 副本数与所期望的 Pod 副本数的比例，值越小，越能保证服务稳定，更新越平滑。maxSurge 指定滚动更新时可以创建的超出期望的 Pod 数量，可以用绝对数表示；也可以用百分比表示，指允许可用的 Pod 副本数与所期望的 Pod 副本数的比例，值越大，更新速度越快。这两者的默认值均为 25%。

下面在前面例子的基础上示范升级容器镜像的更新操作。

（1）执行以下命令将运行 nginx 的 Pod 所使用的镜像升级为 nginx:1.16.1。

```
[root@master01 ~]# kubectl set image deployment.v1.apps/nginx-deploy nginx=nginx:1.16.1
deployment.apps/nginx-deploy image updated
```

结果表明该 Deployment 的镜像已被更新。上述命令也可改用以下用法（采用 Deployment 的另一种标识）。

```
kubectl set image deployment/nginx-deploy nginx=nginx:1.16.1
```

小贴士

我们还可以使用 kubectl edit 命令来打开 Deployment 配置文件的编辑界面（如 kubectl edit deployment/nginx-deploy），完成 Pod 模板定义的修改后，自动触发 Deployment 更新。

（2）执行以下命令查看该 Deployment 的更新状态（过程）。

```
[root@master01 ~]# kubectl rollout status deployment/nginx-deploy
Waiting for deployment "nginx-deploy" rollout to finish: 1 out of 3 new replicas have
been updated...
Waiting for deployment "nginx-deploy" rollout to finish: 1 out of 3 new replicas have
been updated...
Waiting for deployment "nginx-deploy" rollout to finish: 1 out of 3 new replicas have
been updated...
Waiting for deployment "nginx-deploy" rollout to finish: 2 out of 3 new replicas have
been updated...
Waiting for deployment "nginx-deploy" rollout to finish: 2 out of 3 new replicas have
been updated...
Waiting for deployment "nginx-deploy" rollout to finish: 2 out of 3 new replicas have
been updated...
Waiting for deployment "nginx-deploy" rollout to finish: 1 old replicas are pending
termination...
Waiting for deployment "nginx-deploy" rollout to finish: 1 old replicas are pending
termination...
deployment "nginx-deploy" successfully rolled out
```

更新过程中会发生新旧交替，创建新的副本，终止旧的副本。

（3）执行以下命令查看 Deployment 创建的 ReplicaSet。

```
[root@master01 ~]# kubectl get rs
```

```
NAME                         DESIRED   CURRENT   READY   AGE
nginx-deploy-6595874d85      0         0         0       11m
nginx-deploy-66b957f9d       3         3         3       101s
```

可以发现，更新 Deployment 的过程中，创建新的 ReplicaSet 并将其扩容到 3 个副本，并将旧的 ReplicaSet 缩容到 0 个副本。

（4）执行以下命令查看 Deployment 资源更新之后新创建的 Pod。

```
[root@master01 ~]# kubectl get pods -o wide
NAME                              READY   STATUS    RESTARTS   AGE    IP      NODE ...
nginx-deploy-68fc675d59-59s5d     1/1     Running   0          99s    ...     node02...
nginx-deploy-68fc675d59-gckxx     1/1     Running   0          74s    ...     node01...
nginx-deploy-68fc675d59-k94lz     1/1     Running   0          2m8s   ...     node02...
```

可以发现，原有的 Pod 被终止并被删除了，新的 Pod 重新部署到 node01 和 node02 节点上。

（5）执行命令查看该 Deployment 的详细信息。这里仅列出其中相关的信息。

```
NewReplicaSet:    nginx-deploy-68fc675d59 (3/3 replicas created)
Events:
  Type    Reason             Age     From                    Message
  ----    ------             ----    ----                    -------
  Normal  ScalingReplicaSet  31m     deployment-controller   Scaled up replica set
nginx-deploy-7fb96c846b to 3
  Normal  ScalingReplicaSet  2m51s   deployment-controller   Scaled up replica set
nginx-deploy-68fc675d59 to 1
  Normal  ScalingReplicaSet  2m22s   deployment-controller   Scaled down replica
set nginx-deploy-7fb96c846b to 2 from 3
  Normal  ScalingReplicaSet  2m22s   deployment-controller   Scaled up replica set
nginx-deploy-68fc675d59 to 2 from 1
  Normal  ScalingReplicaSet  117s    deployment-controller   Scaled down replica
set nginx-deploy-7fb96c846b to 1 from 2
  Normal  ScalingReplicaSet  117s    deployment-controller   Scaled up replica set
nginx-deploy-68fc675d59 to 3 from 2
  Normal  ScalingReplicaSet  116s    deployment-controller   Scaled down replica
set nginx-deploy-7fb96c846b to 0 from 1
```

可以发现，创建了名为 nginx-deploy-68fc675d59 的新 ReplicaSet。更新发生之前名为 nginx-deploy-7fb96c846b 的原 ReplicaSet 扩容至 3 个副本。更新 Deployment 时，创建了新 ReplicaSet，并将其扩容为 1 个副本，等待其就绪，然后将原 ReplicaSet 缩容到 2 个副本；再将新 ReplicaSet 扩容到 2 个副本，以便至少有 3 个 Pod 可用且最多创建 4 个 Pod；然后，Kubernetes 使用相同的滚动更新策略继续对新 ReplicaSet 扩容，并对原 ReplicaSet 缩容。最后，新 ReplicaSet 有 3 个可用的副本，而原 ReplicaSet 缩容到 0 个副本。

任务 4.1.4　回滚 Deployment

如果发现更新后的版本运行不稳定，或配置不合理，则可以回滚 Deployment。默认情况下，Deployment 的所有更新记录都保留在系统中，以便可以随时回滚。下面在前面例子的基础上示范回滚操作。

微课

04. 回滚 Deployment

用户可以在 Deployment 配置文件中使用 .spec.revisionHistoryLimit 字段指定可保留的 ReplicaSet 的个数，默认为 10，多余的 ReplicaSet 将被清理。这是实现回滚的基础。如果将此字段值设置为 0，将导致 Deployment 的所有历史记录被清空，Deployment 也就无法实现回滚。

（1）执行以下命令检查 Deployment 的修订版本历史。

```
[root@master01 ~]# kubectl rollout history deployment/nginx-deploy
deployment.apps/nginx-deploy
REVISION    CHANGE-CAUSE
1           <none>
2           <none>
```

此命令用于显示每次部署的版本号。CHANGE-CAUSE 字段值是从 Deployment 的 kubernetes. io/change-cause 注解中复制过来的，创建修订版本时会自动记录。例如，用户可以通过以下方式设置 CHANGE-CAUSE 消息，以便为 Deployment 添加注解。

```
kubectl annotate deployment/nginx-deploy kubernetes.io/change-cause="image
updated to 1.16.1"
```

（2）执行以下命令查看指定版本的详细信息（--revision 选项指定版本号）。

```
[root@master01 ~]# kubectl rollout history deployment/nginx-deploy --revision=2
deployment.apps/nginx-deploy with revision #2
Pod Template:
  Labels: app=nginx
pod-template-hash=68fc675d59
  Containers:
   nginx:
    Image:        nginx:1.16.1
    Port: 80/TCP
    Host Port:  0/TCP
    Environment:<none>
    Mounts:       <none>
  Volumes:        <none>
```

（3）执行以下命令回滚到以前的版本，这里是版本 1。

```
[root@master01 ~]# kubectl rollout undo deployment/nginx-deploy --to-revision=1
deployment.apps/nginx-deploy rolled back
```

如果回滚到当前版本的上一版本，也可以使用 kubectl rollout undo 命令，例如：

```
kubectl rollout undo deployment/nginx-deploy
```

（4）执行以下命令检查回滚是否成功以及 Deployment 是否正在运行。

```
[root@master01 ~]# kubectl get deployment nginx-deploy
NAME            READY    UP-TO-DATE    AVAILABLE    AGE
nginx-deploy    3/3      3             3            38m
```

（5）执行命令查看该 Deployment 的详细信息。这里仅列出与回滚相关的部分事件信息。

```
Events:
  Type     Reason            Age      From                   Message
  ----     ------            ---      ----                   -------
  Normal   ScalingReplicaSet 100s     deployment-controller  Scaled up
replica set nginx-deploy-7fb96c846b to 1 from 0
```

```
     Normal  ScalingReplicaSet  99s                    deployment-controller  Scaled
down replica set nginx-deploy-68fc675d59 to 2 from 3
     Normal  ScalingReplicaSet  99s                    deployment-controller  Scaled up
replica set nginx-deploy-7fb96c846b to 2 from 1
     Normal  ScalingReplicaSet  97s (x3 over 98s)  deployment-controller  (combined
from similar events): Scaled down replica set nginx-deploy-68fc675d59 to 0 from 1
```

（6）执行以下命令检查 Deployment 回滚之后的 Pod。

```
[root@master01 ~]# kubectl get pods
NAME                             READY   STATUS    RESTARTS   AGE
nginx-deploy-7fb96c846b-cxhdx    1/1     Running   0          2m29s
nginx-deploy-7fb96c846b-vk55b    1/1     Running   0          2m31s
nginx-deploy-7fb96c846b-wx8mj    1/1     Running   0          2m30s
```

可以发现，Pod 名称改变了，回滚之后又重新创建了 Pod，不过 ReplicaSet 恢复原来的名称。

任务 4.1.5 暂停、恢复 Deployment 的更新

前面的更新都是立即触发更新，实际应用中可能涉及多个修改，为避免触发不必要的更新操作，可以在触发一个或多个更新之前先暂停 Deployment 的更新（上线），也就是临时禁用更新功能，完成修改之后再重新恢复 Deployment 的更新。注意，暂停更新的 Deployment 并不影响用户访问，仅是对 Pod 模板做的任何修改都不会触发新的部署。下面在前面例子的基础上进行相应的操作。

微课

05. 暂停、恢复
Deployment 的
更新

（1）执行 kubectl rollout pause 命令暂停 Deployment 的更新。

```
[root@master01 ~]# kubectl rollout pause deployment/nginx-deploy
deployment.apps/nginx-deploy paused
```

（2）查看 Deployment 的 ReplicaSet。

```
[root@master01 ~]# kubectl get rs -o wide
NAME                      DESIRED  CURRENT  READY  AGE  CONTAINERS  IMAGES        SELECTOR
nginx-deploy-68fc675d59 0         0        0      15m  nginx       nginx:1.16.1 ...
nginx-deploy-7fb96c846b 3         3        3      44m  nginx       nginx:1.14.2 ...
```

可以发现，当前 Deployment 使用的是 nginx:1.14.2 镜像。

（3）执行以下命令更新 Deployment 的镜像。

```
[root@master01 ~]# kubectl set image deployment/nginx-deploy nginx=nginx:1.17.1
deployment.apps/nginx-deploy image updated
```

（4）再次查看 Deployment 的 ReplicaSet。

```
[root@master01 ~]# kubectl get rs -o wide
NAME                      DESIRED  CURRENT  READY  AGE  CONTAINERS  IMAGES        SELECTOR
nginx-deploy-68fc675d59 0         0        0      16m  nginx       nginx:1.16.1  ...
nginx-deploy-7fb96c846b 3         3        3      45m  nginx       nginx:1.14.2  ...
```

可以发现，没有创建新的 ReplicaSet，镜像都是原来的，说明没有更新部署被触发。

（5）继续执行其他更新操作，执行以下命令修改配额限制。

```
[root@master01 ~]# kubectl set resources deployment/nginx-deploy -c=nginx
--limits=cpu=200m,memory=512Mi
   deployment.apps/nginx-deploy resource requirements updated
```

这里将该 Deployment 的 nginx 容器的 CPU 限制为 "200m"，内存设置为 "512Mi"。

目前 Deployment 的更新处于暂停状态，所有的更新都不会产生任何效果。

（6）执行以下命令恢复 Deployment 的更新（上线）。

```
[root@master01 ~]# kubectl rollout resume deployment/nginx-deploy
deployment.apps/nginx-deploy resumed
```

（7）执行以下命令观察新的 ReplicaSet 的创建过程，其中包含应用程序的所有更新。

```
[root@master01 ~]# kubectl get rs -o wide -w
NAME                     DESIRED  CURRENT  READY  AGE  CONTAINERS  IMAGES        SELECTOR
nginx-deploy-5cff5d6b86  1        1        0      5s   nginx       nginx:1.17.1  ...
nginx-deploy-68fc675d59  0        0        0      19m  nginx       nginx:1.16.1  ...
nginx-deploy-7fb96c846b  3        3        3      48m  nginx       nginx:1.14.2  ...
...
nginx-deploy-5cff5d6b86  3        3        2      45s  nginx       nginx:1.17.1  ...
nginx-deploy-5cff5d6b86  3        3        3      46s  nginx       nginx:1.17.1  ...
nginx-deploy-7fb96c846b  0        1        1      49m  nginx       nginx:1.14.2  ...
nginx-deploy-7fb96c846b  0        1        1      49m  nginx       nginx:1.14.2  ...
nginx-deploy-7fb96c846b  0        0        0      49m  nginx       nginx:1.14.2  ...
```

观察完毕，按 Ctrl+C 组合键退出监视状态。

任务 4.1.6　扩缩容 Deployment

随着业务量的变化，通常需要对应用程序进行扩容或缩容，也就是增减 Pod 副本数。扩缩容 Deployment 主要有两种方法。一种方法是修改 YAML 配置文件中的 .spec.replicas 字段的值，再执行 kubectl apply 命令实现 Pod 副本数的动态调整。

另一种方法是使用 kubectl scale 命令直接扩缩容，使用 --replicas 选项指定要达到的 Pod 副本数。这里在前面例子的基础上进行操作，执行以下命令将 Pod 副本数扩容到 5。

```
[root@master01 ~]# kubectl scale deployment/nginx-deploy --replicas=5
deployment.apps/nginx-deploy scaled
```

检查 Deployment 的状态，可以发现目前已有 5 个副本。

```
[root@master01 ~]# kubectl get deploy
NAME          READY  UP-TO-DATE  AVAILABLE  AGE
nginx-deploy  5/5    5           5          53m
```

进一步检查 Pod，可以发现有两个 Pod 副本是被添加到 ReplicaSet 中的。

```
[root@master01 ~]# kubectl get pods -o wide
NAME                           READY  STATUS   RESTARTS  AGE    IP   NODE    ...
nginx-deploy-5cff5d6b86-9449k  1/1    Running  0         93s    ...  node01  ...
nginx-deploy-5cff5d6b86-dj8v4  1/1    Running  0         5m38s  ...  node02  ...
nginx-deploy-5cff5d6b86-rvv62  1/1    Running  0         93s    ...  node02  ...
nginx-deploy-5cff5d6b86-x6m8p  1/1    Running  0         5m17s  ...  node01  ...
nginx-deploy-5cff5d6b86-zqgcg  1/1    Running  0         6m1s   ...  node01  ...
```

小贴士　Deployment 部署的应用程序的生命周期中的主要状态包括 Progressing（进行中）、Complete（已完成）和 Failed（失败）。失败的 Deployment 无法继续运行，但是也可以对其执行扩缩容、回滚到以前的修订版本等操作；或者在需要对 Deployment 的 Pod 模板做多项调整时，将 Deployment 暂停更新。

完成以上实验后，执行以下命令删除该 Deployment，以清理实验环境。

```
[root@master01 ~]# kubectl delete deployment nginx-deploy
deployment.apps "nginx-deploy" deleted
```

删除 Deployment 会清除它创建的所有 ReplicaSet 和 Pod。

任务 4.2　使用 DaemonSet 部署集群守护进程集

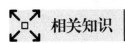

任务要求

如果需要在 Kubernetes 集群中的每个节点或者符合条件的指定节点上部署某个应用程序，且只能运行一个副本，则可以考虑使用 DaemonSet 控制器来部署集群守护进程集。DaemonSet 一般用于日志收集、节点监控等场景。本任务的基本要求如下。

（1）了解 DaemonSet 控制器及其基本用法。

（2）学会使用 DaemonSet 部署集群守护进程集。

（3）学会管理基于 DaemonSet 部署的集群守护进程集。

相关知识

4.2.1　什么是 DaemonSet

Deployment 部署的 Pod 会分布在各个节点上，每个节点上都可以运行多个 Pod，而 DaemonSet 部署的每个节点上最多只能运行一个 Pod，如图 4-3 所示。

DaemonSet 确保集群中的全部或部分节点上只运行一个 Pod。当有新的节点加入集群时，也会为新节点新增一个 Pod。当有节点从集群移除时，这些 Pod 也会被回收。删除 DaemonSet 将会删除它创建的所有 Pod。

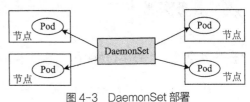

图 4-3　DaemonSet 部署

DaemonSet 部署的 Pod 具有以下优点。

• 内置自身监控功能，无须管理员再编写针对守护进程的监控程序。

• 内置资源限制功能，避免守护进程长时间运行占用过多资源而对宿主机造成影响。

4.2.2　DaemonSet 的应用场景

DaemonSet 更适合精确控制 Pod 在哪些节点上运行，确保节点上该 Pod 的运行，典型的应用场景如下。

• 在每个节点上运行存储守护进程，如 glusterd 或 ceph。

• 在每个节点上运行日志收集守护进程，如 fluentd 或 logstash。

• 在每个节点上运行监控守护进程，如 Prometheus Node Exporter 或 collectd。

如果 Pod 提供的功能是节点级别的（每个节点都需要且只需要一个副本），则此类 Pod 适合使用 DaemonSet 创建。最简单的用法是为每种类型的守护进程在所有的节点上都启动一个

DaemonSet。较为复杂的用法是为同一种守护进程部署多个 DaemonSet，每个 DaemonSet 都具有不同的标志，并且针对不同硬件类型配置内存和 CPU 资源。

实际上 Kubernetes 本身就使用 DaemonSet 运行系统组件，执行以下命令以验证。

```
[root@master01 ~]# kubectl get daemonset --namespace=kube-system
NAME          DESIRED  CURRENT  READY  ...  NODE SELECTOR            AGE
calico-node   3        3        3      ...  kubernetes.io/os=linux   15d
kube-proxy    3        3        3      ...  kubernetes.io/os=linux   15d
```

结果表明，calico-node 和 kube-proxy 组件都是由 DaemonSet 部署在每个节点上运行的。在当前部署环境中，Kubernetes 集群的每个节点上都运行着 calico-node 和 kube-proxy 进程，前者负责部署 Calico 网络插件，后者负责实现 Kubernetes 中 Service 组件的虚拟 IP 服务。

可以进一步查看 Kubernetes 集群中 DaemonSet 部署的 Pod。以 calico-node 为例，相应的 Pod 部署情况如下。

```
[root@master01 ~]# kubectl get pods --namespace=kube-system -l k8s-app=calico-
node -o wide
  NAME                 READY  STATUS   RESTARTS      AGE  IP              NODE
NOMINATED NODE   READINESS GATES
  calico-node-kltzl    1/1    Running  7 (11m ago)   15d  192.168.10.31   node01
<none>           <none>
  calico-node-rxhvx    1/1    Running  10 (11m ago)  15d  192.168.10.30   master01
<none>           <none>
  calico-node-x28cq    1/1    Running  8 (11m ago)   15d  192.168.10.32   node02
<none>           <none>
```

这里使用 -l k8s-app=calico-node 选项依据标签设置来筛选，结果表明每个节点上都运行一个 calico-node 的 Pod 副本。

✂ 任务实现

任务 4.2.1　使用 DaemonSet 部署日志收集守护进程集

微课

07. 使用 DaemonSet 部署日志收集守护进程集

Fluentd 是用于统一日志层的开源数据收集器。Kubernetes 开发了 Elasticsearch 组件来实现集群的日志管理。Elasticsearch 是一个搜索引擎，负责存储日志并提供查询接口；Fluentd 负责从 Kubernetes 搜集日志并发送给 Elasticsearch。本任务使用 DaemonSet 在集群中部署一个运行 fluentd-elasticsearch 镜像的日志收集守护进程集。

（1）创建 YAML 格式的 DaemonSet 配置文件。本例所编写的 YAML 配置文件名为 fluentd-daemonset.yaml，内容如下。

```
apiVersion: apps/v1
kind: DaemonSet                      # 资源类型为 DaemonSet
metadata:
  name: fluentd-elasticsearch
  namespace: kube-system             # 名称空间采用内置的 kube-system
  labels:
    k8s-app: fluentd-logging         # DaemonSet 资源的标签
```

```
spec:
  selector:
    matchLabels:          # 必须指定与 .spec.template 的标签匹配的 Pod 选择运算符
      name: fluentd-elasticsearch
  template:               # 创建 Pod 副本所依据的模板
    metadata:
      labels:             # Pod 模板必须指定标签
        name: fluentd-elasticsearch
    spec:
      tolerations:        # 容忍度的设置，此处设置让守护进程集也在控制平面节点上运行
      - key: node-role.kubernetes.io/control-plane
        operator: Exists
        effect: NoSchedule
      - key: node-role.kubernetes.io/master
        operator: Exists
        effect: NoSchedule
      containers:
      - name: fluentd-elasticsearch
        image: quay.io/fluentd_elasticsearch/fluentd:v2.5.2    # 镜像
        resources:                                             # 容器资源限制
          limits:
            memory: 200Mi
          requests:
            cpu: 100m
            memory: 200Mi
        volumeMounts:                                          # Pod 的卷挂载点
        - name: varlog
          mountPath: /var/log
        - name: varlibdockercontainers
          mountPath: /var/lib/docker/containers
          readOnly: true
      terminationGracePeriodSeconds: 30
      volumes:            # 声明卷（本例定义了两个卷）
      - name: varlog
        hostPath:         # 卷的类型为 HostPath（主机路径）
          path: /var/log
      - name: varlibdockercontainers
        hostPath:
          path: /var/lib/docker/containers
```

（2）执行以下命令基于上述 YAML 配置文件创建 DaemonSet。

```
[root@master01 ~]# kubectl apply -f  /k8sapp/04/fluentd-daemonset.yaml
daemonset.apps/fluentd-elasticsearch created
```

（3）执行以下命令查看该 DaemonSet 的 Pod 部署（操作该 DaemonSet 必须指定名称空间，下同）。

```
[root@master01 ~]# kubectl get pods  --namespace=kube-system -l name=fluentd-
elasticsearch -o wide
NAME                        READY STATUS   RESTARTS AGE     IP              NODE  ...
fluentd-elasticsearch-c72vq 1/1   Running  0        2m11s   10.244.140.120  node02 ...
fluentd-elasticsearch-szffp 1/1   Running  0        2m11s   10.244.196.169  node01 ...
```

```
fluentd-elasticsearch-v4996 1/1   Running  0       2m11s 10.244.241.105 master01 ...
```

可以发现，目前集群中 1 个控制平面节点、2 个工作节点上都运行了 fluentd-elasticsearch 守护进程集的 Pod。

DaemonSet 获取所有的节点列表，然后遍历，检查节点上是否带有 name=fluentd-elasticsearch 标签的 Pod 在运行，如果没有这种 Pod，则在该节点上创建 Pod。

（4）执行以下命令进一步查看该 DaemonSet 的详细信息。

```
[root@master01 ~]# kubectl describe daemonset fluentd-elasticsearch
--namespace=kube-system
   Name:              fluentd-elasticsearch
   Selector:          name=fluentd-elasticsearch
   Node-Selector:     <none>
   Labels:            k8s-app=fluentd-logging
   Annotations:       deprecated.daemonset.template.generation: 1
   Desired Number of Nodes Scheduled: 3
   Current Number of Nodes Scheduled: 3
   Number of Nodes Scheduled with Up-to-date Pods: 3
   Number of Nodes Scheduled with Available Pods: 3
   Number of Nodes Misscheduled: 0
   Pods Status:  3 Running / 0 Waiting / 0 Succeeded / 0 Failed
   Pod Template:
     Labels:   name=fluentd-elasticsearch
     Containers:
      fluentd-elasticsearch:
       Image:       quay.io/fluentd_elasticsearch/fluentd:v2.5.2
       Port:        <none>
       Host Port:   <none>
       Limits:
         memory:    200Mi
       Requests:
         cpu:       100m
         memory:    200Mi
       Environment:<none>
       Mounts:
         /var/lib/docker/containers from varlibdockercontainers (ro)
         /var/log from varlog (rw)
     Volumes:
      varlog:
       Type:        HostPath (bare host directory volume)
       Path:        /var/log
       HostPathType:
      varlibdockercontainers:
       Type:        HostPath (bare host directory volume)
       Path:        /var/lib/docker/containers
       HostPathType:
     Events:
      Type     Reason          Age      From                  Message
      ----     ------          ----     ----                  -------
      Normal   SuccessfulCreate 3m19s   daemonset-controller  Created pod: fluentd-
elasticsearch-v4996
```

```
    Normal    SuccessfulCreate    3m19s    daemonset-controller    Created pod: fluentd-
elasticsearch-c72vq
    Normal    SuccessfulCreate    3m19s    daemonset-controller    Created pod: fluentd-
elasticsearch-szffp
```

任务 4.2.2　管理 DaemonSet 部署的集群守护进程集

由于每个节点只能运行一个 Pod 副本，DaemonSet 不支持扩缩容操作。对 DaemonSet 的管理主要是更新和回滚。

微课

08. 管理 DaemonSet 部署的集群守护进程集

项目4　部署和运行应用程序

109

1. 对 DaemonSet 执行滚动更新操作

DaemonSet 涉及以下两种更新策略。

• OnDelete。在更新 DaemonSet 模板后，只有用户手动删除旧的 Pod 之后，新的 Pod 才会被自动创建。

• RollingUpdate。这是默认的更新策略，即滚动更新。在更新 DaemonSet 模板后，旧的 Pod 将被自动终止，并且将以受控方式自动创建新的 Pod。更新期间，每个节点上最多只能有一个 DaemonSet 部署的 Pod 运行。

可以在 DaemonSet 配置文件中通过 .spec.updateStrategy 字段设置更新策略，例如：

```
updateStrategy:
  type: RollingUpdate
  rollingUpdate:
    maxUnavailable: 1
```

本例对之前部署的 fluentd-elasticsearch 执行滚动更新。

（1）检查 DaemonSet 的更新策略。

```
[root@master01 ~]# kubectl get ds/fluentd-elasticsearch -o go-template='{{.spec.
updateStrategy.type}}{{"\n"}}' -n kube-system
  RollingUpdate
```

结果表明该 DaemonSet 的更新策略已被设置为 RollingUpdate（滚动更新）。

（2）本例只更新容器镜像，执行以下命令更新 DaemonSet 模板中的容器镜像。

```
[root@master01 ~]# kubectl set image ds/fluentd-elasticsearch fluentd-
elasticsearch=quay.io/fluentd_elasticsearch/fluentd:v2.6.0 -n kube-system
  daemonset.apps/fluentd-elasticsearch image updated
```

如果要修改其他配置，可以使用声明式命令更新，修改 DaemonSet 配置文件中的模板配置，再执行 kubectl apply 命令；或者使用指令式命令，执行 kubectl edit 命令修改配置。

（3）执行以下命令监视该 DaemonSet 的滚动更新状态和进度。

```
[root@master01 ~]# kubectl rollout status ds/fluentd-elasticsearch -n kube-system
  Waiting for daemon set "fluentd-elasticsearch" rollout to finish: 1 out of 3 new
pods have been updated...
  Waiting for daemon set "fluentd-elasticsearch" rollout to finish: 1 out of 3 new
pods have been updated...
  Waiting for daemon set "fluentd-elasticsearch" rollout to finish: 1 out of 3 new
pods have been updated...
  Waiting for daemon set "fluentd-elasticsearch" rollout to finish: 2 out of 3 new
pods have been updated...
```

```
    Waiting for daemon set "fluentd-elasticsearch" rollout to finish: 2 out of 3 new
pods have been updated...
    Waiting for daemon set "fluentd-elasticsearch" rollout to finish: 2 out of 3 new
pods have been updated...
    Waiting for daemon set "fluentd-elasticsearch" rollout to finish: 2 of 3 updated
pods are available...
    daemon set "fluentd-elasticsearch" successfully rolled out
```

最后一行表示滚动更新完成。

2. 对 DaemonSet 执行回滚操作

可以根据需要对 DaemonSet 执行回滚操作，使其退回到指定的版本。

（1）查看该 DaemonSet 的修订版本历史。

```
[root@master01 ~]# kubectl rollout history ds/fluentd-elasticsearch -n kube-system
daemonset.apps/fluentd-elasticsearch
REVISION   CHANGE-CAUSE
1          <none>
2          <none>
```

（2）直接回滚到该 DaemonSet 的上一版本。

```
[root@master01 ~]# kubectl rollout undo ds/fluentd-elasticsearch -n kube-system
daemonset.apps/fluentd-elasticsearch
daemonset.apps/fluentd-elasticsearch rolled back
daemonset.apps/fluentd-elasticsearch rolled back
```

（3）监视该 DaemonSet 的回滚进度。

```
[root@master01 ~]# kubectl rollout status ds/fluentd-elasticsearch -n kube-system
daemon set "fluentd-elasticsearch" successfully rolled out
```

3. 删除 DaemonSet

执行以下命令从名称空间中删除以上 DaemonSet，以清理实验环境。

```
[root@master01 ~]# kubectl delete ds fluentd-elasticsearch -n kube-system
daemonset.apps "fluentd-elasticsearch" deleted
```

进一步验证该 DaemonSet 的 Pod 已被删除。

```
[root@master01 ~]# kubectl get pods  -n kube-system -l name=fluentd-elasticsearch -o wide
No resources found in kube-system namespace.
```

任务 4.3 运行一次性任务与定时任务

任务要求

Linux 系统中可以使用 at 或 batch 工具运行一次性任务，还可以使用 Cron 服务运行定时任务。Kubernetes 也支持这两类任务调度，使用 Job 控制器创建工作负载资源可完成一次性的批处理任务，如数值计算业务；使用 CronJob 控制器创建工作负载资源可运行定时任务，如定时备份。本任务的基本要求如下。

Kubernetes集群实战（微课版）

（1）了解 Job 控制器及其基本用法。

（2）了解 CronJob 控制器及其基本用法。

（3）学会使用 Job 控制器运行一次性任务。

（4）学会使用 CronJob 控制器运行定时任务。

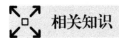 相关知识

4.3.1　Job 与一次性任务

Job 负责批量处理短暂的一次性任务，即仅执行一次的任务，并且保证批处理任务的一个或多个 Pod 能够成功结束。Job 常用于完成大型计算以及一些批处理任务，如对文件批量转码、遍历文件和目录等。

用户创建一个 Job，以便以一种可靠的方式运行某 Pod 直到完成，也可以使用 Job 以并行的方式运行多个 Pod。

Job 会创建一个或多个 Pod，尝试执行 Pod，直到指定数量的 Pod 成功终止。随着 Pod 成功结束，Job 跟踪记录成功完成的 Pod 数。当数量达到指定的成功个数时，Job 结束。

删除 Job 会清除所创建的全部 Pod。挂起 Job 则会删除 Job 的所有活跃 Pod，直到 Job 被再次恢复执行。

定义 Job 时，可以通过 .spec.completions 字段指定需要成功运行 Pod 的个数，默认值为 1；可以通过 .spec.parallelism 字段指定任意时刻应该并发运行 Pod 的数量，默认值也是 1。采用这两个字段不同值的组合，Kubernetes 支持多种 Job 类型，具体见表 4-2。

表4-2　Kubernetes支持的Job类型

类型	completions	parallelism	说明	用例
非并行 Job	1	1	创建一个 Pod，当 Pod 成功退出的结束任务	数据库迁移
指定成功运行次数的 Job	≥2	1	逐一创建 Pod 直至达到指定个数，这些 Pod 成功退出后，结束任务	处理工作队列的 Pod
指定成功运行次数的并行 Job	≥2	≥2	同时创建多个 Pod 直至达到指定个数，这些 Pod 成功退出后，结束任务	多个 Pod 同时处理工作队列
带有工作队列的并行 Job	1	≥2	创建一个或多个 Pod，直至有一个 Pod 成功退出，结束任务	多个 Pod 同时处理工作队列

4.3.2　CronJob 与定时任务

CronJob 在 Job 的基础上增加了时间调度，用于创建基于特定时间间隔重复调度的 Job，也就是运行定时任务，例如执行定时备份操作，定时发送通知。CronJob 调度任务时，可以让任务在特定的时间点运行，或在指定的时间点重复运行。

CronJob 以 Job 为其管控对象，并借助它管理 Pod，Job 定义的任务在 Job 创建之后立即执行，而 CronJob 可以按照特定的时间间隔重复运行任务。

1. 调度时间设置

CronJob 的调度时间由配置文件中的 .spec.schedule 字段值定义，该值采用 Cron 格式编写，由 5 个字段表示，格式如下。

分钟（m）小时（h）日期（dom）月份（mon）星期（dow）

各字段的取值范围：分钟（0～59）、小时（0～23）、日期（1～31）、月份（1～12）、星期（0～6，0代表星期日）。星期也可以直接采用英文简称，如 sun、mon、tue、web、thu、fri 和 sat。尤其要注意几个特殊符号的用途。星号"*"为通配符，表示取值范围中的任意值；短横线"-"表示数值区间；逗号","用于分隔多个数值的列表；斜线"/"用于指定间隔频率。在某范围后面加上"/整数值"表示在该范围内每跳过该整数值就执行一次任务。例如"*/3"或者"1-12/3"用在"月份"字段表示每3个月，"*/5"或者"0-59/5"用在"分钟"字段表示每5分钟。

小贴士　CronJob 的调度时间都是基于 kube-controller-manager 组件的时区计量的。kube-controller-manager 的时区决定 CronJob 控制器所使用的时区。

2. 并发策略设置

CronJob 配置文件中的 .spec.concurrencyPolicy 字段指定并发策略，值可以是以下任意一种。

- Allow：允许任务并发运行，这是默认设置。
- Forbid：禁止并发运行，如果上一次运行尚未完成，则跳过下一次运行。
- Replace：取消当前正在运行的任务并用新的任务替换它。

CronJob 配置文件中的 .spec.startingDeadlineSeconds 字段指定任务运行的截止时间。如果该字段值较大或者未设置（默认），且 .spec.concurrencyPolicy 字段值设置为 Allow，则任务始终至少运行一次。

3. CronJob 的使用限制

CronJob 的使用存在一定的限制。CronJob 根据时间调度，在每次执行任务时可能会创建一个任务。在特定状况下，同一个 CronJob 可以创建多个任务，还有可能不会创建任何任务。应确保任务具有幂等性，幂等性意味着一个任务执行一次和执行多次的效果一样，不因重复执行带来意外情况，这对自动化运行至关重要。

CronJob 配置文件中的 .spec.startingDeadlineSeconds 字段值如果低于 10 秒，CronJob 可能无法调度任务，这是因为 CronJob 控制器每 10 秒执行一次检查。

　任务实现

微课

09. 使用 Job 运行一次性任务

任务 4.3.1　使用 Job 运行一次性任务

Job 负责执行一次性任务，它保证批处理任务的一个或多个 Pod 成功结束。下面通过一个简单的演示任务进行示范，此任务负责计算 π 的值到小数点后 1500 位，并将结果输出。

1. 创建一次性任务

（1）创建 Job 配置文件。本例所编写的 YAML 配置文件名为 picalc-job.yaml，内容如下。

```
apiVersion: batch/v1    # 如果 Kubernetes 的版本低于 1.21，则改用 batch/v1beta1
kind: Job               # 资源类型为 Job
metadata:
```

```
    name: picalc
spec:
  template:                    # 创建 Pod 所依据的模板
    spec:
      containers:              # 容器运行任务
      - name: picalc
        image: perl:5.34.0
        command: ["perl", "-Mbignum=bpi", "-wle", "print bpi(1500)"]
      restartPolicy: Never
  backoffLimit: 4                        # 指定 Job 失败后进行重试的次数
```

Pod 的重启策略只能设置为 Never 或 OnFailure。如果设置为 Never，则 Job 会在 Pod 发生故障时创建新的 Pod，并且发生故障的 Pod 不会消失，也不会重启，只是将失败次数加 1。如果设置为 OnFailure，则 Job 会在 Pod 发生故障时重启容器，而不是创建 Pod，失败次数也不变。重启策略不能设置为 Always，因为这样会一直重启，Job 会重复执行。

.spec.backoffLimit 字段用于指定 Job 失败后重试的次数，默认是 6 次，每次失败后重试会有延迟时间，该时间呈指数级增长，最长时间是 6 分钟。

（2）执行以下命令基于上述 YAML 配置文件创建 Job。

```
[root@master01 ~]# kubectl create -f /k8sapp/04/picalc-job.yaml
job.batch/picalc created
```

2. 测试一次性任务

创建 Job 之后，可以进行测试。

（1）执行以下命令监视创建的 Job。

```
[root@master01 ~]# kubectl get jobs --watch
NAME      COMPLETIONS   DURATION   AGE
picalc    1/1           5s         11s
```

按 Ctrl+C 组合键停止监视。可以发现，所创建的 Job 持续工作了 5 秒，并处于完成状态。

（2）Job 会创建 Pod 来执行具体的任务。执行以下命令查看创建的 Pod。

```
[root@master01 ~]# kubectl get pod -o wide
NAME          READY   STATUS      RESTARTS   AGE    IP             NODE     ...
picalc-zsnjc  0/1     Completed   0          68s    10.244.140.104 node02   ...
```

创建的 Pod 的名称由 Job 名称和自动生成的哈希值组成，如 picalc-zsnjc。

（3）执行以下命令查看该 Pod 的日志。

```
[root@master01 ~]# kubectl logs -f picalc-z9gg9
3.14159265358979323846264338327950288419716939937510582097494459230781640628620899862
80348253421170679821480865132823066470938446095505822317253594081284811174502841027019385
2110555...
```

这里输出的正是 π 计算到小数点后 1500 位的结果。

3. 删除 Job

Job 完成后不会再创建新的 Pod，不过已有的 Pod 通常也不会被删除。保留这些 Pod 的目的是让用户查看已完成的 Pod 的日志，以便检查错误、警告或者其他诊断性输出。Job 完成后 Job 也一样被保留下来，以便用户查看其状态。

可以执行以下命令删除该 Job，以清理实验环境。

```
[root@master01 ~]# kubectl delete jobs/picalc
job.batch "picalc" deleted
```

删除 Job 时，该 Job 所创建的 Pod 也会被删除。

终止 Job 的另一种方式是设置一个活跃期限，方法是设置 .spec.activeDeadlineSeconds 字段，该字段值（单位为秒）表示 Pod 可以运行的最长时间，达到该值后，Pod 会自动停止。这样，无论 Job 创建了多少个 Pod，一旦 Job 运行时间达到该值，这些 Pod 都会被终止，并且将 Job 的状态更新为 "type: Failed" 和 "reason: DeadlineExceeded"。

任务 4.3.2　使用 CronJob 运行定时任务

CronJob 适合运行周期性以及重复性的任务，下面通过一个简单的演示任务进行示范。

1. 创建定时任务

（1）创建 CronJob 配置文件。本例所编写的 YAML 配置文件名为 hello-cronjob.yaml，内容如下。

```
apiVersion: batch/v1        # 如果 Kubernetes 的版本低于 1.21，则改用 batch/v1beta1
kind: CronJob               # 资源类型为 CronJob
metadata:
  name: hello
spec:
  schedule: "*/1 * * * *"   # 时间调度，这里为每分钟执行一次
# 通过 Job 模板指定需要运行的任务。CronJob 基于 Job 实现，以下就是 Job 的资源定义
  jobTemplate:
    spec:
      template:
        spec:
          containers:
          - name: hello
            image: busybox:1.28
            imagePullPolicy: IfNotPresent
            command:
            - /bin/sh
            - -c
            - date; echo Hello from the Kubernetes cluster
          restartPolicy: OnFailure
```

（2）执行以下命令基于上述 YAML 配置文件创建 CronJob。

```
[root@master01 ~]# kubectl create -f  /k8sapp/04/hello-cronjob.yaml
cronjob.batch/hello created
```

2. 测试定时任务

创建 CronJob 之后，可以进行测试。

（1）执行以下命令获取 CronJob 的状态。

```
[root@master01 ~]# kubectl get cronjob hello
NAME      SCHEDULE        SUSPEND    ACTIVE    LAST SCHEDULE    AGE
hello     */1 * * * *     False      1         21s              32s
```

ACTIVE 字段值为 "1" 表明有 1 个活跃的任务。如果该值显示为 0，则表明当前没有活跃的

任务，这意味着任务执行完毕或者执行失败。

（2）执行以下命令监视创建的 Job。

```
[root@master01 ~]# kubectl get jobs --watch
NAME             COMPLETIONS   DURATION   AGE
hello-27676976   1/1           22s        90s
hello-27676977   1/1           3s         30s
hello-27676978   0/1                      0s
hello-27676978   0/1           0s         0s
hello-27676978   1/1           3s         3s
hello-27676979   0/1                      0s
```

按 Ctrl+C 组合键停止监视。可以发现，一个运行中的任务被多次调度。CronJob 每次调度任务时都会创建一个 Job。所创建的 Job 的名称由 CronJob 名称和自动生成的序号组成，如 hello-27676979。

（3）每个 Job 都会创建 Pod 来执行具体的任务。执行以下命令查看创建的 Pod。

```
[root@master01 ~]# kubectl get pod -o wide
NAME                   READY   STATUS      RESTARTS   AGE     IP               NODE     ...
hello-27676996-rmsmc   0/1     Completed   0          2m25s   10.244.140.124   node02   ...
hello-27676997-s8jfb   0/1     Completed   0          85s     10.244.140.125   node02   ...
hello-27676998-8lv5t   0/1     Completed   0          25s     10.244.140.126   node02   ...
```

创建的 Pod 的名称由 Job 名称和自动生成的哈希值组成，如 hello-27676998-8lv5t。

（4）找到最后一次调度任务创建的 Pod，并执行以下命令查看其日志。

```
[root@master01 ~]# kubectl logs -f hello-27676998-8lv5t
Tue Aug 16 03:18:00 UTC 2022
Hello from the Kubernetes cluster
```

结果表明该任务正常执行。

3. 删除 CronJob

完成以上实验后，执行以下命令删除该 CronJob，以清理实验环境。

```
[root@master01 ~]# kubectl delete cronjob hello
cronjob.batch "hello" deleted
```

删除 CronJob 会清除它创建的所有 Job 和 Pod，并阻止它创建 Job。

项目小结

工作负载资源是 Kubernetes 对各种应用程序的抽象，在 Kubernetes 中具有重要地位，Kubernetes 的许多重要特性都是由工作负载资源实现与实施的。本项目涉及工作负载资源的创建和管理技能的训练，目的是通过控制器部署和运行几类基本的应用程序。完成本项目的各项任务之后，读者可以在 Kubernetes 中熟练地使用控制器实现应用程序的自动部署和管理。

Deployment 适用于无状态应用程序的管理，最典型的就是 Web 服务。其中，每个 Pod 都有多个共同点，即除了名称和 IP 地址不同，其余完全相同。它始终保证处于运行状态的 Pod 数量符合期望的 Pod 数量，支持 Pod 自我修复，支持滚动更新和回滚，支持动态扩缩容。

DaemonSet 旨在保证在每个节点上都运行一个容器副本，常用来部署一些集群的日志、监控或者其他系统的管理程序。

Job 负责批量处理短暂的一次性任务，即仅执行一次的任务。而 CronJob 是在 Job 的基础上增加时间调度，用于运行周期性以及重复性的任务。

项目 5 将讲解 Kubernetes 的 Service 和应用程序的对外发布。

课后练习

1. 以下关于 Deployment 无状态应用程序的说法中，不正确的是（　　）。
   A. 多个 Pod 副本的创建没有确定的顺序
   B. 多个 Pod 副本的名称是随机的
   C. 任意 Pod 副本在需要时可以随时被替换
   D. 所有 Pod 副本完全等同，Pod 副本被重新启动调度后，其 IP 地址保持不变

2. 以下关于 Deployment 管理的说法中，正确的是（　　）。
   A. Deployment 更新过程中会创建新的副本，并终止旧的副本
   B. Deployment 更新是更改现有的 Pod 副本
   C. 暂停更新的 Deployment 会影响用户访问
   D. Deployment 回滚之后的 Pod 的名称也会恢复为之前的名称

3. 以下情形中，不会触发 Deployment 更新的是（　　）。
   A. 镜像版本被更改　　　　　　　　　　B. Pod 副本数被更改
   C. Pod 端口被更改　　　　　　　　　　D. Pod 限定值被更改

4. 在 Kubernetes 集群中各工作节点上运行监控程序，首选的控制器是（　　）。
   A. Deployment　　　B. StatefulSet　　　C. DaemonSet　　　D. CronJob

5. 使用 Job 执行数据库迁移任务时，以下 Job 资源定义合适的是（　　）。
   A. .spec.completions=1，.spec.parallelism=1　　B. .spec.completions=1，.spec.parallelism=2
   C. .spec.completions=2，.spec.parallelism=1　　D. .spec.completions=2，.spec.parallelism=2

6. 使用 CronJob 每隔一小时运行一次任务，以下 .spec.schedule 字段设置正确的是（　　）。
   A. */1 * * * *　　　　B. 0 */1 * * *　　　　C. * */1 * * *　　　　D. 0 0 0 */1 *

项目实训

实训 1　使用 Deployment 运行 Apache 服务

实训目的
（1）了解 Deployment 的基本用法。
（2）学会使用 Deployment 运行和管理无状态应用程序。

实训内容
（1）准备 Kubernetes 集群实验环境。
（2）使用 Deployment 创建有 3 个副本的 httpd 服务（使用 httpd 镜像）。

（3）测试 Deployment 更新。

（4）测试 Deployment 回滚。

（5）将 Deployment 扩容到 5 个副本。

（6）将 Deployment 缩容到 2 个副本。

（7）删除 Deployment。

实训 2　使用 DaemonSet 在所有工作节点上部署 nginx

实训目的

（1）了解 DaemonSet 的基本用法。

（2）学会使用 DaemonSet 部署和管理集群守护进程集。

实训内容

（1）使用 DaemonSet 在每个工作节点上运行 nginx。

（2）验证该 DaemonSet 的 Pod 的节点部署。

（3）测试 DaemonSet 更新。

（4）测试 DaemonSet 回滚。

（5）删除 DaemonSet。

项目5

发布应用程序

05

为加快发展数字经济，推动高质量发展，国内行业头部企业应用Kubernetes不断改进提高信息化服务水平。项目4将应用程序成功地部署到Kubernetes集群中并运行，但这只是在集群内部通过Pod部署了应用程序。接下来，还要让用户能够访问Kubernetes部署的应用程序，这就需要实现应用程序的发布。Kubernetes通过Service和Ingress这两种资源来分发流量负载，完成应用程序的发布。Service为一组具有相同功能的Pod提供统一的入口地址，并且将请求负载转发到后端的Pod，而且能够为这些Pod实现负载均衡。Service基于网络第4层的TCP和UDP转发流量，实现的是第4层的负载均衡。而Ingress可以基于网络第7层的HTTP和HTTPS转发流量，通过域名和路径实现更细粒度的业务划分。Ingress基于域名或URL路径将请求转发到指定的Service，用于将集群外的请求流量转发至集群内，完成应用程序的发布。本项目在讲解Service和Ingress相关理论知识的基础上，示范使用这两种资源在Kubernetes中发布应用程序的方法。考虑到灰度发布与蓝绿发布是常用的版本升级发布方法，本项目也对这两种方法进行讲解和示范。

【课堂学习目标】

☞ 知识目标

➢ 了解 Service 的概念和工作机制。

➢ 了解不同类型的 Service 的定义方法。

➢ 了解 Ingress 和 Ingress 控制器。

➢ 了解灰度发布与蓝绿发布及其应用场景。

☞ 技能目标

➢ 学会使用 Service 在集群内部发布应用程序。

➢ 学会使用 Service 向集群外部用户发布应用程序。

➢ 学会使用 Ingress 对外基于 HTTP 发布应用程序。

➢ 掌握 Kubernetes 灰度发布与蓝绿发布的实现方法。

☞ 素养目标

➢ 培养系统思维。
➢ 培养融会贯通的能力。
➢ 提高分层解决问题的能力。

任务 5.1　使用 Service 发布应用程序

▷| 任务要求

在 Kubernetes 中，应用程序具体是由 Pod 承载的，可以通过 Pod 的 IP 地址来访问应用程序，但是这类 IP 地址并不是固定的，因而这种访问方式并不实用。为解决此问题，Kubernetes 提供了 Service，Service 会对承载同一个应用程序的多个 Pod 进行整合，并提供统一的入口地址，用户通过该入口地址即可访问后端 Pod 提供的应用程序（一般是后台运行的服务）。本任务旨在帮助读者了解 Service 的原理，掌握 Service 的使用方法，基本要求如下。

（1）了解 Service 的概念。
（2）理解 Service 的工作机制。
（3）了解 Service 的负载均衡机制和服务发现机制。
（4）了解 Service 的类型及其配置。
（5）学会使用 Service 对外发布集群中的应用程序。
（6）掌握通过 Service 发布前后端应用程序的方法。

⤢ 相关知识

5.1.1　什么是 Service

Kubernetes 中的工作负载和应用程序的发布分别交给不同的 API 实现。Pod 负责运行工作负载，Service 用于将内部的 Pod 作为服务公开给外部用户。

控制器实现的工作负载资源只是实时监控和管理指派给它的 Pod，以确保 Pod 的数量和状态与期望的相一致，具体的应用程序还是由 Pod 承载。每个 Pod 都有自己的 IP 地址，但 Pod 是有生命周期的，如使用 Deployment 运行应用程序会动态创建和销毁 Pod，重启 Pod 的 IP 地址就很有可能会发生更改，与该 Pod 关联的其他应用程序就无法再找到它。另外，控制器创建的多个 Pod 副本之间还有一个负载均衡的问题。Kubernetes 提供的 Service 正好可以解决这些问题。

Service 是将运行在一组 Pod 上的应用程序发布为网络服务的抽象方法。作为 Kubernetes 用于实现微服务架构的一种核心资源，Service 定义了一个服务访问的入口，客户端通过该入口即可访问后端一组由 Pod 副本组成的集群实例，这些副本是可互换的，客户端无须关心它们调用了哪个后端副本。如图 5-1 所示，Service 与后端的 Pod 副本集群之间的关联通过标签选择器实现，控制器保证 Service 的 Pod 副本的数量和状态保持预期水平，可以将 Service 看作一组 Pod 的逻辑集合，集群内外的各个服务都可以通过 Service 互相通信。

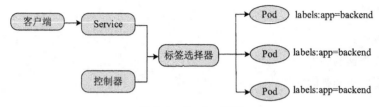

图 5-1　Service 示意

Service 主要具有以下两项基本功能。

- 服务发现。防止 Pod 无法定位，解决 Pod 的 IP 地址不固定的问题。
- 负载均衡。定义一组 Pod 的访问策略，满足一组 Pod 副本之间的负载均衡需求。

5.1.2　通过 Endpoints 理解 Service 的工作机制

理解了 Endpoints（可译为端点）这个概念，就能理解 Service 的工作机制。

1. 什么是 Endpoints

Endpoints 是一种 Kubernetes 对象，用来记录一个 Service 对应的所有 Pod 的访问地址。一个 Service 由一组后端的 Pod 组成，这些后端的 Pod 通过 Endpoints 对外发布。Kubernetes 在创建 Service 时，会根据标签选择器查找 Pod，据此创建与 Service 同名的 Endpoints，当 Pod 地址发生变化时，Endpoints 也会随之发生变化，Service 接收客户端请求时就会通过 Endpoints 找到要转发的目标 Pod。至于转发到哪个节点的 Pod，则由负载均衡机制决定。

Endpoints 实际上是 Service 后端的可访问 Pod 集合，其中的 Pod 必须处于运行状态。新创建的 Pod 处于运行状态且匹配标签选择器配置，就会被自动加入 Service 的 Endpoints 中。一旦 Pod 终止，该 Pod 也会自动从 Endpoints 中移除。

小贴士

> 只有配置了标签选择器的 Service 才会自动创建一个同名的 Endpoints，没有配置标签选择器的 Service 不会创建任何 Endpoints。

微课

01.创建 Service
以验证 Endpoints

2. 创建 Service 以验证 Endpoints

下面通过创建 Service 来验证 Endpoints 的自动创建，同时增加读者对 Service 的认识。

（1）编辑 Deployment 配置文件，内容如下。

```
apiVersion: apps/v1          # 版本号
kind: Deployment             # 资源类型为 Deployment
metadata:                    # 元数据
  name: nginx-deploy
  labels:                    # 标签
    app: nginx-deploy
spec:                        # 详细信息
  replicas: 2                # 副本数量
  selector:                  # 选择器，指定该控制器管理哪些 Pod
    matchLabels:             # 匹配规则
      app: nginx-pod
  template:                  # 定义模板，当副本数量不足时会根据模板定义创建 Pod 副本
    metadata:
```

```
      labels:
        app: nginx-pod            # Pod 的标签
    spec:
      containers:                 # 容器列表（本例仅定义一个容器）
      - name: nginx               # 容器的名称
        image: nginx:1.14.2       # 容器所用的镜像
        ports:
        - name: nginx-port
          containerPort: 80       # 容器需要发布的端口
```

注意，containerPort 是 Pod 内部容器的端口，仅起到标记作用，并不能改变容器本身的端口，可以省略。本例运行的 nginx 容器本身的发布端口就是 80。

（2）执行以下命令基于该配置文件创建 Deployment。

```
[root@master01 ~]# kubectl apply -f  /k8sapp/05/nginx-deploy.yaml
deployment.apps/nginx-deploy created
```

（3）执行以下命令查看该 Deployment 每个 Pod 的 IP 地址。

```
[root@master01 ~]# kubectl get pod -l app=nginx-pod -o wide
NAME                          READY STATUS   RESTARTS  AGE   IP             NODE   ...
nginx-deploy-7595b97f5f-nb24l 1/1   Running  0         15s   10.244.196.176 node01 ...
nginx-deploy-7595b97f5f-p8mml 1/1   Running  0         15s   10.244.140.103 node02 ...
```

（4）测试 Pod 的访问。客户端可以直接通过 Pod 的 IP 地址和容器端口来访问所发布的 nginx 服务。

```
[root@master01 ~]# curl 10.244.140.103:80
...
<h1>Welcome to nginx!</h1>
...
```

结果表示能够正常访问，可以根据需要再测试对另一个 Pod 的访问。接下来创建 Service 来发布该应用程序。

（5）创建 Service 配置文件。

```
apiVersion: v1
kind: Service
metadata:
  name: nginx-svc               # 为 Service 命名
spec:
  selector:
    app: nginx-pod              # 指定 Pod 的标签
  ports:
  - port: 8080                  # Service 绑定的端口
    targetPort: 80             # 目标 Pod 的端口（容器端口）
```

小贴士 这里标签选择器设置的标签名称要与 Deployment 中 Pod 模板中的标签名称保持一致，才能匹配。.spec.ports 字段可以定义多个端口映射，例如一个 Pod 中有多个要发布端口的容器，或者一个容器要发布多个端口。

（6）执行以下命令基于该配置文件创建 Service。

```
[root@master01 ~]# kubectl create -f  /k8sapp/05/nginx-service.yaml
```

项目5 发布应用程序

121

```
service/nginx-svc created
```

（7）执行以下命令查看该 Service 的 ClusterIP 地址和绑定的端口。

```
[root@master01 ~]# kubectl get service nginx-svc
NAME         TYPE        CLUSTER-IP       EXTERNAL-IP      PORT(S)      AGE
nginx-svc    ClusterIP   10.97.106.85     <none>           8080/TCP     25s
```

ClusterIP 地址就是集群 IP 地址，是由 Kubernetes 管理和分配给 Service 的虚拟 IP 地址。此 IP 地址只能在集群内部访问使用，既不会分配给 Pod，也不会分配给节点主机，不具备网络通信能力，无法被 ping 通，因为没有一个实体网络对象会响应它。

（8）测试通过 ClusterIP 地址和 Service 端口访问后端 Pod 承载的应用程序。

```
[root@master01 ~]# curl 10.97.106.85:8080
<!DOCTYPE html>
...
</html>
```

（9）查看该 Service 的详细信息。

```
[root@master01 ~]# kubectl describe service nginx-svc
Name:              nginx-svc
Namespace:         default
Labels:            <none>
Annotations:       <none>
Selector:          app=nginx-pod
Type:              ClusterIP
IP Family Policy:  SingleStack
IP Families:       IPv4
IP:                10.97.106.85                          # ClusterIP 地址
IPs:               10.97.106.85
Port:              <unset>  8080/TCP                     # Service 端口
TargetPort:        80/TCP
Endpoints:         10.244.140.103:80,10.244.196.176:80
Session Affinity:  None
Events:            <none>
```

可以发现，Service 生成的 Endpoints 是一组由后端 Pod 的 IP 地址和容器端口组成的端点集合。

（10）进一步查看 Endpoints 列表。

```
[root@master01 ~]# kubectl get endpoints
NAME         ENDPOINTS                              AGE
kubernetes   192.168.10.30:6443                     29d
nginx-svc    10.244.140.103:80,10.244.196.176:80    2m3s
```

可以发现，Kubernetes 自动创建了与 Service 同名的 Endpoints。

接下来考察 Pod 副本的变更对 Endpoints 的影响。

（11）执行以下命令调整 Deployment，将 Pod 副本数增加到 3。

```
[root@master01 ~]# kubectl scale deployment nginx-deploy --replicas=3
deployment.apps/nginx-deploy scaled
```

（12）再次查看该 Service 的详细信息，可以发现其 IP 地址（ClusterIP 地址）和端口没有改变，新增加的 Pod 副本的 IP 地址自动加入 Endpoints 中，目前已有 3 个 Pod。

```
[root@master01 ~]# kubectl describe service nginx-svc
...
Type:              ClusterIP
IP Family Policy:  SingleStack
IP Families:       IPv4
IP:                10.97.106.85
IPs:               10.97.106.85
Port:              <unset>  8080/TCP
TargetPort:        80/TCP
Endpoints:         10.244.140.103:80,10.244.140.104:80,10.244.196.176:80
...
```

（13）将 Pod 副本数减少到 1，查看该 Service 的详细信息，可以发现被终止的 Pod 副本自动从 Endpoints 中移除。

```
[root@master01 ~]# kubectl scale deployment nginx-deploy --replicas=1
deployment.apps/nginx-deploy scaled
[root@master01 ~]# kubectl describe service nginx-svc
...
Endpoints:         10.244.196.176:80
...
```

（14）依次删除 Service 和 Deployment，以清理实验环境。

```
[root@master01 ~]# kubectl delete -f  /k8sapp/05/nginx-service.yaml
service "nginx-svc" deleted
[root@master01 ~]# kubectl delete -f  /k8sapp/05/nginx-deployment.yaml
deployment.apps "nginx-deploy" deleted
```

小贴士

简单的 Service 也可以使用 kubectl expose 命令创建，本例基于配置文件创建 Service 的等价命令为 `kubectl expose deploy nginx-deploy --port=8080 --target-port=80 --name=nginx-svc`。也可以将 Deployment 配置文件与 Service 配置文件合并为一个多文档的 YAML 配置文件，基于该文件一次性创建 Deployment 和 Service。

5.1.3 Service 的负载均衡机制

客户端访问 Service 的 IP 地址时，Kubernetes 自动将来自客户端的请求转发到后端 Endpoints 对象中的一个端点，这需要利用负载均衡机制实现。Service 只是将多个 Pod 进行关联，实际的路由转发都是由 kube-proxy 组件来实现的，Service 必须结合 kube-proxy 组件使用。Kubernetes 集群中的每个节点上都运行 kube-proxy 组件，该组件监听有关 Service 的变动信息，将最新的 Service 转换成对应的路由转发规则，一方面实现集群内部从 Pod 到 Service 的访问，另一方面实现集群外部从 NodePort（节点端口）到 Service 的访问，具体的路由转发规则是通过后端的代理模块实现的。

1. kube-proxy 的代理模式

kube-proxy 支持多种代理模式，其中 userspace 是早期的代理模式，kube-proxy 运行在用户空间中，转发处理时会增加内核和用户空间之间的数据复制，这种模式虽然比较稳定，但是效率较低，已经不再推荐使用。目前常用的代理模式有以下两种。

（1）iptables 代理模式。

Linux 内核集成的 IP 包过滤系统由 netfilter 和 iptables 这两个组件组成。netfilter 是 Linux 内核的一部分，由包过滤表组成；iptables 是工具，用来设置、维护和检查 Linux 内核的 IP 包过滤规则。如图 5-2 所示，kube-proxy 为 Service 后端的每个 Pod 创建对应的 iptables 规则，直接将规则捕获到的 Service 的 ClusterIP 和端口的流量重定向到 Service 后端集合中的某一个 Pod。使用 iptables 处理流量具有较低的系统开销，因为流量由 Linux 内核的 netfilter 处理，无须在用户空间和内核空间之间切换，同时提高了可靠性。但是，这种模式不能提供灵活的负载均衡机制，当后端 Pod 不可用时无法进行重试。

（2）IPVS 代理模式。

IPVS 是内置在 Linux 内核中的传输层负载均衡器，实现了网络第 4 层的负载均衡。如图 5-3 所示，kube-proxy 监控 Pod 的变化并创建相应的 IPVS 规则，访问服务时，IPVS 将流量定向到某个后端 Pod。与 iptables 代理模式相比，IPVS 代理模式下的 kube-proxy 重定向通信的延迟时间更短，并且在同步代理规则时具有更好的性能。与其他代理模式相比，IPVS 代理模式还支持更高的网络吞吐量。

IPVS 提供了更多选项来均衡后端 Pod 的流量，也就是支持更多的负载均衡机制。这是目前推荐使用的代理模式。

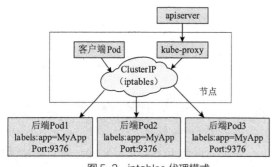

图 5-2　iptables 代理模式

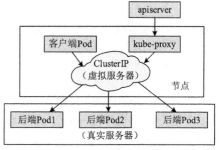

图 5-3　IPVS 代理模式

要在 IPVS 代理模式下运行 kube-proxy，必须在启动 kube-proxy 之前使 IPVS 在节点上可用。当 kube-proxy 以 IPVS 代理模式启动时，它将验证 IPVS 内核模块是否可用。如果未检测到 IPVS 内核模块，则 kube-proxy 将以 iptables 代理模式运行。可以在控制平面节点上执行以下命令查看当前所用的代理模式：

```
[root@master01 ~]# curl localhost:10249/proxyMode
ipvs
```

2. 负载均衡机制

userspace、iptables、IPVS 这 3 种代理模式默认的负载均衡机制都支持通过轮询（round-robin，rr）算法来选择后端 Pod。IPVS 代理模式还支持其他负载均衡机制，如最少连接（least connection，lc）、目标哈希（destination hashing，dh）、源哈希（source hashing，sh）、预计延迟时间最短（shortest expected delay，sed）、从不排队（never queue，nq）等。

3. 会话保持

可以通过将 Service 配置文件中的 .spec.sessionAffinity 字段的值设置为 ClusterIP，以便基于客户端 Pod 的 IP 地址选择会话亲和性，即实现会话保持。这样，首次将某个来自客户端 Pod 的 IP 地址发起的请求转发到后端的某个 Pod，之后来自该 IP 地址的请求都将转发到该 Pod。此外，也可以使用 .spec.sessionAffinityConfig.clientIP.timeoutSeconds 字段来设置会话保持时间，默认为 10800 秒，即 3 小时。

.spec.sessionAffinity 字段的默认值是 None，表示 Service 向后端 Pod 转发的规则是基于负载均衡机制不断调整的。

5.1.4 Service 的服务发现机制

Service 的 Endpoints 解决了容器发现问题，但是不知道 Service 的 ClusterIP 地址，那么要如何发现 Service 提供的服务（发布的应用程序）呢？ Service 目前支持两种类型的服务发现机制：一种是环境变量，另一种是 DNS。这两种机制中，建议使用后者。

1. 环境变量机制

当 Pod 创建完毕，在节点上运行时，kubelet 会为该 Pod 针对每个活跃状态的 Service 添加一组环境变量，包括 {SVCNAME}_SERVICE_HOST 和 {SVCNAME}_SERVICE_PORT。其中，SVCNAME 表示 Service 的名称，需要大写，如果名称中有短横线，则该短横线被转换成下画线。例如，一个名称为 redis-master 的 Service 会生成 REDIS_MASTER_SERVICE_HOST、REDIS_MASTER_SERVICE_PORT 等环境变量。

环境变量可以直接被 Pod 的应用程序用来访问同一名称空间的其他应用程序，前提是必须在客户端 Pod 创建之前先创建其他应用程序的 Service，因为在创建 Service 之前的所有 Pod 是不会注册该环境变量的。DNS 机制就不存在这样的问题，实际使用时建议通过 DNS 机制实现 Service 之间的服务发现。

2. DNS 机制

可以通过内部的 DNS 服务为 Service 发布的应用程序提供服务发现功能。Kubernetes 提供 DNS 集群插件，大多数支持的环境在默认情况下都会启用 DNS 服务。Kubernetes 1.11 及其后续版本推荐使用 CoreDNS 作为集群内部的 DNS 服务器，采用 kubeadm 安装 Kubernetes 时默认会安装 CoreDNS。CoreDNS 是基于插件方式进行扩展的，具有简单、灵活的优点。执行以下命令进行验证，可以发现正在运行 CoreDNS 服务器的 Pod。

```
[root@master01 ~]# kubectl get pod   --namespace=kube-system -o wide
NAME                     READY STATUS   RESTARTS       AGE  IP            NODE...
...
coredns-74586cf9b6-42w4v 1/1   Running  22 (6h54m ago) 29d  10.244.241.113 master01
coredns-74586cf9b6-9x22p 1/1   Running  22 (6h54m ago) 29d  10.244.241.112 master01
...
```

CoreDNS 就是默认的 DNS 集群插件，Kubernetes 为该插件发布的 Service 的名称为 kube-dns，可以通过执行以下命令进行验证。

```
[root@master01 ~]# kubectl get services kube-dns --namespace=kube-system
NAME       TYPE        CLUSTER-IP    EXTERNAL-IP    PORT(S)            AGE
kube-dns   ClusterIP   10.96.0.10    <none>         53/UDP,53/TCP,9153/TCP  29d
```

Kubernetes 集群的 DNS 服务器监视 Kubernetes API 中新的 Service，并为每个 Service 创建一组 DNS 记录，所有 Pod 都应该能够通过其 DNS 自动解析服务。

例如，如果 Kubernetes 名称空间 my-ns 中有一个名为 my-service 的 Service，则控制平面节点和 DNS 服务共同为 my-service.my-ns 创建 DNS 记录。my-ns 名称空间中的 Pod 能够通过名称 my-service 找到该 Service 发布的服务。其他名称空间中的 Pod 必须使用名称 my-service.my-ns 来访问该服务。这些名称将被解析为给 Service 分配的 ClusterIP 地址。

Kubernetes 还支持名称端口的 DNS SRV（服务）记录。如果 my-service.my-ns 具有名为 http 的端口，且协议为 TCP，则可以对 _http._tcp.my-service.my-ns 名称执行 DNS SRV 查询，来发现该 Service 的 IP 地址和端口。

Kubernetes 中的每个 Service 都会有一个对应的域名，域名的组成格式为 $service_name.$namespace_name.svc.$cluster_name。通常 Kubernetes 集群中的 $cluster_name 就是 cluster.local，这个字段一般在集群创建时就会设定好。

5.1.5 定义 Service

了解 Service 的原理和实现机制后，我们还需要掌握如何定义 Service，前面的例子已经涉及 Service 配置文件，这里再更系统地讲解一下。Service 配置文件的基本格式如下。

```
apiVersion: v1                    # API 版本
kind: Service                     # 资源类型
metadata:                         # 元数据
    name: string                  # 资源名称
    namespace: string             # 名称空间
    labels:                       # 标签
        - name: string
    annotations:                  # 注解
        - name: string
spec:
    selector: []                  # 标签选择器的配置，选择具有指定标签的 Pod 作为管理对象
    type: string                  # Service 的类型，指定 Service 的访问方式
    clusterIP: string             # 集群 IP 地址
    sessionAffinity: string       # 会话亲和性（会话保持）
    ports:                        # Service 端口列表
    - name: string                # 端口名称
      protocol: string            # 协议
      port: int                   # Service 绑定的端口
      targetPort: int             # 后端 Pod 的端口（容器端口）
      nodePort: int               # 映射到节点主机的端口
```

默认情况下，targetPort 字段的值与 port 字段的值相同。.spec.type 字段很关键，用于指定 Service 的类型。不同类型的 Service 有不同的要求，例如，LoadBalancer 类型要求通过 status.loadBalancer 字段定义外部负载均衡器。接下来介绍 Service 的类型。

5.1.6 Service 类型

创建 Service 时需要根据实际访问需求选择合适的访问方式，也就是对外发布（公开）的方式，这是由 Service 类型决定的。Kubernetes 目前支持 4 种 Service 类型，分别是 ClusterIP、NodePort、LoadBalancer 和 ExternalName。其中，ClusterIP 用于集群内部访问，NodePort 和 LoadBalancer 支持集群外部用户访问，ExternalName 用于引入外部服务。在 Service 配置文件中使用 .spec.type 字

段指定 Service 类型，再根据不同类型使用相应字段进行配置。

1. ClusterIP 类型

ClusterIP 是默认的 Service 类型，通过集群的内部 IP 地址发布 Service 发布的应用程序，应用程序只能够在集群内部访问。该类型相关的基本定义如下：

```
clusterIP: string          # 集群 IP 地址，默认会生成一个
type: ClusterIP            # Service 类型
ports:
- port: int                # Service 端口
  targetPort: int          # 目标 Pod 的端口（容器端口）
```

clusterIP 字段定义的是一个虚拟 IP 地址，只能作用于 Service，由 Kubernetes 管理和分配 IP 地址（来源于 ClusterIP 地址池）。如果不定义该字段，Kubernetes 会自动生成一个 IP 地址。

在 Kubernetes 集群内部可以结合 ClusterIP 地址和 Service 端口来访问 Service 发布的应用程序，节点上的 kube-proxy 组件通过设置的 iptables 规则进行转发。具体的访问链路如下：

```
Pod → ClusterIP:ServicePort → (iptables)DNAT → PodIP:containePort
```

而从集群外部访问该 IP 地址和端口还需要进行额外处理。

2. NodePort 类型

NodePort 类型的 Service 通过每个节点上的 IP 地址和静态端口（NodePort，即节点端口）对外发布应用程序，支持从集群外部访问。该类型相关的基本定义如下：

```
type: NodePort             # Service 类型
ports:
- port: int                # Service 端口
  targetPort: int          # 目标 Pod 的端口（容器端口）
  nodePort: int            # 节点端口
```

nodePort 字段定义节点端口，需要使用主机上的端口。这是一个可选字段，如果不定义，默认 Kubernetes 会从特定的端口范围（默认为 30000 ～ 32767）内分配一个节点端口。

NodePort 类型 Service 是在 ClusterIP 类型 Service 的基础上构建的，请求会被转发到自动创建的 ClusterIP 服务。当从集群外部使用节点的 IP 地址和端口访问 NodePort 类型 Service 发布的服务时，集群内相应节点（部署有 kube-proxy 组件）会打开指定的节点端口，之后所有的流量直接发送到这个端口，最后会被转发到后端 Pod。具体的访问链路如下：

```
外部客户端 → NodeIP:NodePort → ClusterIP:ServicePort → (iptables)DNAT → PodIP:containePort
```

可见，NodePort 类型是在 ClusterIP 类型的基础上为 Service 在每台节点主机上绑定一个端口，让外部客户端通过地址 NodeIP:NodePort 来访问其应用程序。

3. LoadBalancer 类型

LoadBalancer 是负载均衡器的意思，这种类型的 Service 通常使用云提供商的负载均衡器向外部发布应用程序，方便用户从集群外部访问。该类型相关的基本定义如下：

```
spec:
  type: LoadBalancer       # Service 类型
  clusterIP: string        # 集群 IP 地址
  ports:
  - port: int              # Service 端口
```

```
      targetPort: int                  # 目标 Pod 的端口（容器端口）
status:
  loadBalancer:                        # 外部负载均衡器，主要用于公有云环境
    ingress:
    - ip: string                       # 外部负载均衡器的 IP 地址
      hostname: string                 # 外部负载均衡器的主机名
```

这种类型比较特别，为 Service 提供的负载均衡器是异步创建的，因此负载均衡器的信息通过 Service 配置文件的 .status.loadBalancer 字段进行配置。

云提供商的外部负载均衡器会给用户分配一个 IP 地址，用户访问该 IP 地址的流量会被转发到 Kubernetes 的 Service。实际上，LoadBalancer 类型与 NodePort 类型一样都需要向外部发布一个节点端口，不同的是 LoadBalancer 类型会在集群外部再使用一个负载均衡组件，也就是多了一个环节，这个环节就是请求云提供商创建负载均衡器向 NodePort 类型 Service 转发流量。至于外部负载均衡器是如何工作的，则取决于云提供商。

小贴士 LoadBalancer 类型主要用于公有云环境，大多数公有云平台都支持创建此类型的 Service。在私有云环境中，不能直接创建此类型的 Service，但有两种替代解决方案。一种是借助开源的 MetalLB 实现，MetalLB 以 Kubernetes 原生的方式提供此类型的 Service 的支持；另一种是创建 NodePort 类型的 Service，然后使用 HAProxy 充当负载均衡器，达到类似的效果。

4. ExternalName 类型

ExternalName 是一种比较新的 Service 类型，可以将集群外部的服务引入集群内部，在集群内部直接使用。该类型相关的基本定义如下：

```
type: ExternalName          # Service 类型
externalName: string        # 外部服务域名
```

关键是通过 externalName 字段指定外部服务的域名，然后在集群内部访问此 Service 就可以访问到对应的外部服务。

例如，将 prod 名称空间中名称为 my-service 的 Service 映射到 my.database.example.com，当查找主机 my-service.prod.svc.cluster.local 时，集群 DNS 服务返回 CNAME 记录，其值为 my.database.example.com。访问 my-service 的方式与访问其他服务的方式相同，主要区别在于重定向发生在 DNS 级别，而不是代理或转发过程中。

5.1.7 无头 Service

很多 Service 都需要支持定制化，例如，开发人员不想使用 Service 提供的负载均衡机制，而是希望由自己来控制负载均衡机制。为此，Kubernetes 引入了无头 Service。这是一种没有 ClusterIP 的特殊 Service。当不需要负载均衡以及单独的 ClusterIP 时，可以通过指定 .spec.clusterIP 字段的值为 None 来创建这种 Service。

无头 Service 不分配 ClusterIP，kube-proxy 组件也不会处理它，而且 Kubernetes 不会为它提供负载均衡或路由支持。如果想要访问它，只能通过 Service 域名进行查询。

DNS 如何查找域名取决于 Service 是否定义了标签选择器。对于定义了标签选择器的无头

Service，Endpoints 控制器在 API 中创建 Endpoints，并且修改 DNS 配置以返回主机记录（即 IP 地址）。通过该 IP 地址直接到达 Service 的后端 Pod。

对于未定义标签选择器的无头 Service，Kubernetes 不会创建 Endpoints，具体由 DNS 查找和配置。具体又分为两种情形：一种是针对 ExternalName 类型的 Service，DNS 查找其 CNAME 记录；另一种是针对其他类型的 Service，DNS 查找与 Service 名称相同的任何 Endpoints 记录。

电子活页

05.01IP 地址和
端口类型

5.1.8 多端口 Service

某些应用程序可能需要公开多个端口。为满足这种需求，Kubernetes 支持为 Service 配置多个端口定义。下面给出一个多端口示例的部分代码：

```
ports:
  - name: http
    protocol: TCP
    port: 80
    targetPort: 9376
  - name: https
    protocol: TCP
    port: 443
    targetPort: 9377
```

使用多个端口时必须提供所有端口名称，以使它们无歧义。注意，端口名称只能包含小写字母、数字字符和短横线，不要使用下画线，并且以字母或数字字符开头和结尾。

任务实现

微课

02.验证Kubernetes
的服务发现机制

任务 5.1.1 验证 Kubernetes 的服务发现机制

服务发现是让客户端能够以固定的方式获取后端 Pod 访问地址的机制。下面验证环境变量和 DNS 这两种机制。

1. 验证基于环境变量的服务发现机制

前面提到，对于需要访问服务的 Pod，必须在该 Pod 创建之前创建 Service。

（1）创建 Service。这里将 5.1.2 小节中创建 Deployment 和 Service 的配置文件合并为一个包含两个文档的 YAML 配置文件，并命名为 nginx-deploy-service.yaml，注意两个文档之间加上文档分隔符（---）。

（2）执行以下命令基于该 YAML 配置文件一次性创建 Deployment 和 Service。

```
[root@master01 ~]# kubectl apply -f /k8sapp/05/nginx-deploy-service.yaml
deployment.apps/nginx-deploy created
service/nginx-svc created
```

（3）执行以下命令基于 kubeguide/tomcat-app:v1 镜像创建一个 Pod。

```
[root@master01 ~]# kubectl run tomcat --image=kubeguide/tomcat-app:v1
pod/tomcat created
```

（4）执行以下命令列出该 Pod 的环境变量，并筛选出含 NGINX 的环境变量。

```
[root@master01 ~]# kubectl exec tomcat -- printenv | grep NGINX
NGINX_SVC_PORT_8080_TCP_PORT=8080
NGINX_SVC_PORT_8080_TCP_ADDR=10.103.32.217
NGINX_SVC_PORT=tcp://10.103.32.217:8080
NGINX_SVC_PORT_8080_TCP=tcp://10.103.32.217:8080
NGINX_SVC_SERVICE_PORT=8080
NGINX_SVC_PORT_8080_TCP_PROTO=tcp
NGINX_SVC_SERVICE_HOST=10.103.32.217
```

结果证明，此 Pod 的环境变量中就包含以上 Service 的主机地址和端口（名称中的短横线被自动转换成下画线），可以引用这些环境变量来访问 Service。

（5）执行 kubectl delete po tomcat 命令删除该 Pod。

（6）执行 kubectl create namespace test-ns 命令创建测试用的名称空间 test-ns。

（7）基于 kubeguide/tomcat-app:v1 镜像创建一个属于 test-ns 名称空间的 Pod。

```
[root@master01 ~]#  kubectl run tomcat --image=kubeguide/tomcat-app:v1 -n test-ns
pod/tomcat created
```

（8）查看名称空间 test-ns 中名称为 tomcat 的 Pod 的相关环境变量。

```
[root@master01 ~]# kubectl exec tomcat -n test-ns -- printenv | grep NGINX
```

可以发现没有与 Service 相关的环境变量，这是因为该 Pod 与该 Service 分属不同的名称空间，该 Service 属于默认名称空间，彼此隔离，无法访问。

（9）执行 kubectl delete pod tomcat -n test-ns 命令删除新创建的 Pod，注意加上名称空间限制。保留本例所创建的 Deployment 和 Service，以用于下面的实验。

2. 验证基于 DNS 的服务发现机制

在下面的操作中，首先运行一个 curl 应用程序的 Pod 并进入其终端操作界面，然后查询上述 Service 的域名，最后退出终端操作界面。

```
[root@master01 ~]# kubectl run curl --image=radial/busyboxplus:curl -i --tty
If you don't see a command prompt, try pressing enter.
[ root@curl:/ ]$ nslookup nginx-svc          # 查询域名解析
Server:     10.96.0.10                        # 提供解析的 DNS 服务器
Address 1: 10.96.0.10 kube-dns.kube-system.svc.cluster.local
# 以下为解析结果
Name:       nginx-svc                         # 域名
Address 1: 10.103.32.217 nginx-svc.default.svc.cluster.local    # 解析地址
[ root@curl:/ ]$ exit
Session ended, resume using 'kubectl attach curl -c curl -i -t' command when the
pod is running
```

本例查询域名返回的解析地址都会有一个对应的域名，域名的组成格式为"服务名.名称空间名.svc.集群名"，一般来说，Kubernetes 的集群名是 cluster.local。Kubernetes 提供的 DNS 服务器也是以 Service 形式提供的，因此其域名也符合这种格式。

完成实验后，执行 kubectl delete pod curl 命令删除名为 curl 的 Pod，再执行 kubectl delete -f /k8sapp/05/nginx-deploy-service.yaml 命令删除本例所用的 Deployment 和 Service。

任务 5.1.2　使用 Service 对外发布集群中的应用程序

在 Kubernetes 集群中创建 NodePort 类型的 Service 来对外发布应用程序，可以为 Service 在每台节点主机上绑定一个端口（节点端口），让集群外部的客户端可以通过"NodeIP:NodePort"格式的地址来访问该应用程序。下面进行简单的示范。

（1）Service 的后端是 Pod，一般都是通过控制器创建相应的 Pod 来运行负载。基于 5.1.2 节中的 Deployment 配置文件运行 nginx。

```
[root@master01 ~]# kubectl apply -f /k8sapp/05/nginx-deploy.yaml
deployment.apps/nginx-deploy created
```

执行此命令除了创建一个 Deployment，还会创建一个关联的 ReplicaSet。这个 ReplicaSet 有两个 Pod，每个 Pod 都运行 nginx。

```
[root@master01 ~]# kubectl get replicasets -o wide
NAME                      DESIRED  CURRENT  READY  AGE    CONTAINERS  IMAGES
SELECTOR
nginx-deploy-7595b97f5f   2        2        2      2m19s  nginx       nginx:1.14.2
app=nginx-pod,pod-template-hash=7595b97f5f
```

（2）修改基于 5.1.2 节的 Service 配置文件，将其另存为 nginx-nodeport-service.yaml 文件，其主要内容如下。

```
spec:
  type: NodePort              # Service 类型
  selector:
    app: nginx-pod            # 指定 Pod 的标签
  ports:
  - port: 8080                # Service 绑定的端口
    targetPort: 80            # 目标 Pod 的端口
    nodePort: 30008           # 节点上绑定的端口
```

如果不设置 nodePort 字段，默认情况下 Kubernetes 控制平面节点会自动从 30000 ~ 32767 范围内分配一个端口。

（3）基于新的 Service 配置文件创建 Service 来发布 nginx。

```
[root@master01 ~]# kubectl apply -f /k8sapp/05/nginx-nodeport-service.yaml
service/nginx-svc created
```

（4）查看该 Service 的详细信息。下面列出部分信息（重点考察端口信息）。

```
Selector:                 app=nginx-pod
Type:                     NodePort
IP Family Policy:         SingleStack
IP Families:              IPv4
IP:                       10.99.191.172
IPs:                      10.99.191.172
Port:                     <unset>  8080/TCP
TargetPort:               80/TCP
NodePort:                 <unset>  30008/TCP
Endpoints:                10.244.140.112:80,10.244.196.185:80
Session Affinity:         None
External Traffic Policy:  Cluster
Events:                   <none>
```

（5）列出运行 nginx 的 Pod，可以发现 Pod 部署在两个不同的节点上。

```
[root@master01 ~]# kubectl get pods --selector="app=nginx-pod" -o wide
NAME                            READY  STATUS   RESTARTS  AGE  IP              NODE    ...
nginx-deploy-7595b97f5f-56474   1/1    Running  0         38m  10.244.196.185  node01  ...
nginx-deploy-7595b97f5f-xnvgc   1/1    Running  0         38m  10.244.140.112  node02  ...
```

（6）获取节点的 IP 地址。例如，可以执行 kubectl get node node02 -o wide 命令查看 node02 节点的 IP 地址。本例两个节点的 IP 地址分别为 192.168.10.31 和 192.168.10.32。

（7）确保节点主机相关的防火墙规则开放 NodePort 表示的端口。本例各节点都已禁用防火墙。如果防火墙开启，运行 CentOS 的节点可以通过执行以下命令开放 30008 端口。

```
firewall-cmd --query-port=30008/tcp
```

（8）使用节点地址和节点端口来访问发布的应用程序。本例执行以下命令进行测试：

```
[root@master01 ~]# curl http://192.168.10.32:30008

<h1>Welcome to nginx!</h1>
...
```

在本例的实验环境中，还可以在运行 Kubernetes 节点的 VMware WorkStation 主机（相当于外部客户端）上使用浏览器访问该 nginx 服务器以测试从外部访问 Service 发布的应用程序，结果如图 5-4 所示。

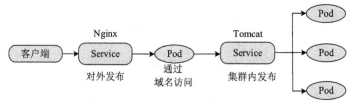

图 5-4　从外部访问 Service 发布的应用程序

这表明，使用 NodePort 类型的 Service 对外发布 nginx 是成功的。

（9）删除本例所创建的 Service 和 Deployment，以清理实验环境。

任务 5.1.3　使用 Service 发布前后端应用程序

微课

04. 使用 Service 发布前后端应用程序

部署前端（Frontend）微服务和后端（Backend）微服务是比较常见的应用场景。使用 Service 就可以在 Kubernetes 集群中实现这种部署，本例以 nginx 作为前端应用程序，Tomcat 作为后端应用程序，分别创建两个 Service，前端 Service 对外发布，前端的 Pod 通过后端 Service 的域名连接后端，如图 5-5 所示。

图 5-5　前端 nginx 连接后端 Tomcat

1. 创建并发布后端应用程序

将请求从前端发送到后端的关键是后端 Service。为简化实验，本例的后端应用程序选择基本的 Tomcat 服务器。

（1）使用 Deployment 部署该应用程序，相应配置文件（文件名为 backend-deploy.yaml）的内容如下。

```
apiVersion: apps/v1
kind: Deployment
metadata:
  name: backend
spec:
  selector:
    matchLabels:                       # 多标签选择器
      app: webapp
      tier: backend
  replicas: 3
  template:
    metadata:
      labels:
        app: webapp
        tier: backend
    spec:
      containers:                      # 容器运行 Tomcat 服务
        - name: tomcat
          image: tomcat:8.0-alpine
          ports:
          - containerPort: 8080
```

（2）执行 kubectl apply -f /k8sapp/05/backend-deploy.yaml 命令创建名为 backend 的 Deployment。

（3）使用 Service 发布该应用程序，相应配置文件（文件名为 backend-service.yaml）的内容如下。

```
apiVersion: v1
kind: Service
metadata:
  name: webapp
spec:
  selector:                           # 组合多标签选择器选择目标 Pod
    app: webapp
    tier: backend
  ports:
  - protocol: TCP
    port: 80
    targetPort: 8080
```

（4）执行 kubectl apply -f /k8sapp/05/backend-service.yaml 命令创建名为 webapp 的 Service。

（5）查看该 Service 的详细信息。

```
[root@master01 ~]# kubectl describe service webapp
...
IP:               10.111.183.72
IPs:              10.111.183.72
Port:             <unset>  80/TCP
TargetPort:       8080/TCP
Endpoints:        10.244.140.111:8080,10.244.140.115:8080,10.244.196.181:8080
Session Affinity: None
```

```
Events:                <none>
```

至此，名为 webapp 的 Service 可以将请求流量发送到后端微服务的 3 个副本。Service 用于发送网络流量，使得后端微服务总是可以访问，但是此 Service 在集群外部无法访问也无法解析。

2. 创建并发布前端应用程序

接下来创建一个可在集群外部访问的前端应用程序，并通过代理前端的请求连接到后端应用程序。本例的前端应用程序选择 nginx。与后端应用程序类似，前端应用程序包含一个 Deployment 和一个 Service，唯一的区别是前端 Service 要提供外部访问。

（1）创建 ConfigMap，将 nginx 的上游服务器配置为后端应用程序。

nginx 除了可以直接作为 Web 服务器使用外，还可以通过反向代理将请求转发给上游服务器。本例前端使用的是原生的 nginx 镜像，需要自定义配置文件，将请求转发给前面发布的后端 Service。

首先创建一个配置文件（文件名为 nginx.conf），内容如下。

```
# Backend 是 nginx 的内部标识符，用于命名以下特定的上游服务器（upstream）
upstream Backend {
    # webapp 是 Kubernetes 中的后端服务器所使用的内部域名
    server webapp;
}
server {
    listen 80;
    location / {
        # 以下语句将流量通过代理方式转发到名为 Backend 的上游服务器
        proxy_pass http://Backend;
    }
}
```

Service 具有服务发现机制，前端应用程序通过后端 Service 的域名就可以将请求发送到后端 Pod。

然后基于该配置文件创建名为 nginx-config 的 ConfigMap，供前端使用。

```
[root@master01 ~]# kubectl create configmap nginx-config --from-file=/k8sapp/05/nginx.conf
configmap/nginx-config created
```

（2）创建 Deployment 配置文件，文件名为 frontend-deploy.yaml，内容如下。

```
apiVersion: apps/v1
kind: Deployment
metadata:
  name: frontend
spec:
  selector:
    matchLabels:
      app: webapp
      tier: frontend
  replicas: 1                      # 前端只提供一个副本
  template:
    metadata:
      labels:
        app: webapp
```

```
        tier: frontend
    spec:
      containers:
        - name: nginx
          image: nginx:1.14.2
          volumeMounts:                              # 挂载由 ConfigMap 提供的配置文件
          - name: nginx-config
            mountPath: /etc/nginx/conf.d/default.conf
            subPath: nginx.conf
      volumes:                                        # 定义由 ConfigMap 提供的特殊卷
        - name: nginx-config
          configMap:
            name: nginx-config
            items:
            - key: nginx.conf
              path: nginx.conf
```

注意，这里的容器挂载了由上述 ConfigMap 提供的 nginx 配置文件。

（3）执行 kubectl apply -f /k8sapp/05/frontend-deploy.yaml 命令创建 Deployment。

（4）创建 Service 配置文件，文件名为 frontend-service.yaml，内容如下。

```
apiVersion: v1
kind: Service
metadata:
  name: frontend
spec:
  type: NodePort                                    # Service 类型为 NodePort
  selector:
    app: webapp
    tier: frontend
  ports:
  - protocol: TCP
    port: 80
    targetPort: 80
    nodePort: 30080                                 # 节点上绑定的端口
```

实际应用中，大多会使用 LoadBalancer 类型的 Service，利用云提供商的负载均衡器实现从集群外部访问的目的。为便于实验，这里改用 NodePort 类型的 Service，通过节点 IP 地址和端口对外发布应用程序。

（5）执行 kubectl apply -f /k8sapp/05/frontend-service.yaml 命令创建名为 frontend 的 Service。

（6）列出该 Service 的基本信息。

```
[root@master01 ~]# kubectl get svc frontend
NAME        TYPE        CLUSTER-IP       EXTERNAL-IP    PORT(S)        AGE
frontend    NodePort    10.102.40.195    <none>         80:30080/TCP   21s
```

（7）该 Service 仅运行一个 Pod 副本，执行以下命令列出该 Pod 的信息。

```
[root@master01 ~]# kubectl get po --selector="tier=frontend" -o wide
NAME                       READY STATUS   RESTARTS AGE  IP             NODE   ...
frontend-6847b96dc4-zfptl 1/1   Running  0        11m  10.244.140.120 node02 ...
```

可以发现，该 Service 的 Pod 副本在 node02 节点上运行。但是，外部用户可以通过集群中任一节点的 IP 地址（域名）和节点端口来访问该 Service 发布的应用程序。

至此，前端和后端的连接已经完成。

3. 通过前端发送流量进行测试

可以使用 curl 命令通过前端 Service 的集群节点 IP 地址和端口访问服务端点，进行简单的测试，结果发现能够访问后端的 Tomcat 服务器。例如，访问 node01 节点：

```
[root@master01 ~]# curl http://192.168.10.31:30080
...
        <title>Apache Tomcat/8.0.35</title>
...
```

使用浏览器访问该前端 Service，这里访问另一个节点 node02（IP 地址为 192.168.10.32），结果如图 5-6 所示，进一步验证了前后端的成功连接。

图 5-6　通过前端访问到后端应用程序

测试完毕后，依次执行以下命令删除本例创建的对象，以清理实验环境。

```
kubectl delete services frontend webapp
kubectl delete deployment frontend backend
kubectl delete cm nginx-config
```

任务 5.2　使用 Ingress 发布应用程序

任务要求

Service 可以创建一个固定 IP 地址和域名入口，可以创建 NodePort 或 LoadBalancer 类型的 Service 对外发布应用程序。但是，Service 只能提供网络第 4 层负载均衡能力，只能基于 IP 地址和端口来转发流量。对于基于 HTTP 或 HTTPS 的应用程序来说，不同的 URL 往往要对应到不同的后端服务器或虚拟服务器，对于这类应用层的转发机制，Service 是不支持的，而 Ingress 就能胜任。Ingress 可以通过 HTTP 或 HTTPS 进一步对外发布 Service 的应用程序，提供网络第 7 层负载均衡能力。Ingress 可以充当 Kubernetes 集群的入口，将路由规则整合到一个资源中，基于同一 IP 地址公开多个应用程序。本任务的基本要求如下。

（1）了解 Ingress 的概念和定义。

（2）了解 Ingress 控制器的概念和功能。

（3）掌握在 Kubernetes 集群中部署 nginx Ingress 控制器的方法。

（4）学会使用 Ingress 对外发布应用程序。

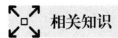 相关知识

5.2.1　什么是 Ingress

前面我们学习了几种 Service 类型的用法，了解到只有 NodePort 和 LoadBalancer 这两种类型的 Service 支持集群外部用户的访问。NodePort 类型的 Service 会占用集群节点主机的很多端口，当应用程序或服务增多时就可能出现问题。LoadBalancer 类型的每个 Service 都需要一个负载均衡器以及独有的公有 IP 地址（会造成资源浪费，因为公网 IP 地址相对比较短缺），且通常需要云提供商提供外部负载均衡配置支持。另外，Service 基于网络第 4 层实现负载均衡，配置 LoadBalancer 类型的 Service 时必须使用网络负载均衡器（Network Load Balancer），而不是应用负载均衡器（Application Load Balancer）。其缺点是无法灵活地通过域名来转发请求，使用成本相对偏高。Kubernetes 提供了 Ingress 解决这些问题。

Ingress 是对集群中 Service 的外部访问进行管理的资源，典型的访问方式是 HTTP。Kubernetes 中运行的大多数应用程序都是基于 HTTP 或 HTTPS 的 Web 应用程序。如图 5-7 所示，Ingress 公开从集群外部到集群内部 Service 的 HTTP 和 HTTPS 路由，流量路由则由 Ingress 上定义的规则控制。一个 Ingress 可以发布多个 Service，它相当于 Service 的 Service，作为集群内部应用程序的访问入口。Ingress 工作在网络第 7 层，可以根据不同的 URL 将请求转发到不同的 Service 上。

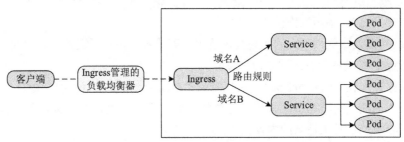

图 5-7　Ingress 示意

也就是说，Ingress 相当于网络第 7 层的一个负载均衡器，是 Kubernetes 对反向代理的一种抽象，其工作原理类似于 nginx 的反向代理。使用 Ingress 建立若干路由规则之后，Ingress 控制器就会监听这些配置规则，并将其转换成 nginx 的反向代理配置，使不同的域名指向不同的 Service，然后对外提供该 Service 发布的应用程序。

Ingress 可以为 Service 提供集群外部可访问的 URL、负载均衡流量、终止 SSL/TLS（用于检查 SSL/TLS 加密的流量，而不会破坏客户端的安全性。终止 SSL/TLS 会终止防火墙中的流量，并与其他部分创建新的 SSL/TLS 会话，这意味着将以加密方式传输 Web 流量），以及基于名称的虚拟托管。

> **小贴士** Ingress 工作在网络第 7 层，只能通过 HTTP 或 HTTPS 对外发布应用程序，不会公开任意端口或协议。如果要使用其他网络协议对外发布应用程序，则可以考虑使用 NodePort 或 LoadBalancer 类型的 Service，此类第 4 层路由机制几乎能适配所有类型的应用。

5.2.2 定义 Ingress

Ingress 是 Kubernetes 中的对象，Ingress 配置文件的基本格式如下。

```
apiVersion: networking.k8s.io/v1          # API 版本
kind: Ingress                             # 资源类型
metadata:                                 # 元数据
  name: string                            # 名称，要求是合规的 DNS 子域名
  labels:                                 # 标签
    - name: string
  annotations:                            # 注解
    - name: string
spec:
  ingressClassName: string                # Ingress 类名
  rules:                                  # 路由规则
  - host: string                          # 域名
    http:                                 # HTTP
      paths:                              # 路径定义
      - path: string                      # 具体路径
        pathType: string                  # 路径类型
        backend:                          # 资源后端
          service:
            name: string                  # Service 名称
            port:
              number: int                 # Service 绑定的端口
```

以 HTTP 规则为例，路由规则都包含以下字段。

· host：指定要发布的域名，表明规则仅适用于该域名。如果不定义 host 字段，默认该规则适用于通过指定 IP 地址的所有入站 HTTP 通信。

· paths：路径列表，例如 /testpath。可以定义多条路径，每条路径都有一个由 Service 名称和端口定义的关联后端。它与 host 字段组成完整的 URL，负载均衡器将流量定向到引用的 Service 之前，URL 都必须匹配传入请求的内容。

· pathType：路径类型。目前支持 3 种类型：Exact 表示精确匹配 URL 路径且区分大小写；Prefix 基于以"/"分隔的 URL 路径前缀进行匹配且区分大小写；ImplementationSpecific 的匹配方法取决于 Ingress 类（IngressClass）。

· backend：要关联的后端，这是后端 Service 名称和端口的组合。对于 Ingress 的 HTTP 或 HTTPS 请求，匹配 HTTP 规则的请求将被转发到 backend 定义的后端。

5.2.3 什么是 Ingress 控制器

Ingress 仅定义了请求如何转发到 Service 的规则，这些规则的解析和执行则由 Ingress 控制器负责。Ingress 控制器就是具体实现反向代理和负载均衡的程序，要让 Ingress 工作，Kubernetes 集群必须有一个正在运行的 Ingress 控制器。

Kubernetes 项目目前支持和维护的 Ingress 控制器包括 AWS、GCE 和 nginx Ingress。还有许多第三方项目支持的 Ingress 控制器，如 Apache APISIX Ingress、Avi Kubernetes Operator、Citrix Ingress、HAProxy Ingress、Istio Ingress 等。

与作为 kube-controller-manager 可执行文件的一部分来运行的其他类型的控制器不同，Ingress 控制器不是随 Kubernetes 集群自动启动的，如果要使用 Ingress 控制器，则还需要自行部署。我们可以从许多 Ingress 控制器中选择，其中 nginx Ingress 是比较常用的控制器，接下来的任务实现会示范其部署和使用。

任务实现

任务 5.2.1　部署 nginx Ingress 控制器

nginx Ingress 是使用 nginx 作为反向代理和负载均衡器的 Ingress 控制器，用于将 Kubernetes 集群内部的 Service 发布给外部，便于用户从集群外部访问集群内部的应用程序。使用 Ingress 的前提是在 Kubernetes 集群中部署 Ingress 控制器。

1. 了解 nginx Ingress 控制器的部署方式

nginx Ingress 控制器相当于部署在 Kubernetes 集群中的特殊网关，本质上是一个特殊的工作负载（一般使用 Deployment 部署），本身也需要创建 Service 将应用程序发布到集群外才能提供服务。nginx Ingress 控制器可以根据需要采用以下部署方式。

（1）使用 Deployment 和 LoadBalancer 类型的 Service。

这是典型的商用部署方式，将 Ingress 直接部署在公有云。具体方法是使用 Deployment 部署 nginx Ingress 控制器，再使用 LoadBalancer 类型的 Service 对外发布。大部分公有云都会为 LoadBalancer 类型的 Service 自动创建一个负载均衡器，通常还绑定公网地址，只要将域名解析指向该 IP 地址，就实现了对外发布。这种方式简单，发布的服务稳定、可靠；但是，需要云提供商的支持，还需要额外付费。

（2）使用 Deployment 和 NodePort 类型的 Service。

这种部署方式将 Ingress 发布在集群节点 IP 地址的特定端口上，适用于节点主机相对固定、IP 地址保持不变的应用场景。具体方法是使用 Deployment 部署 nginx Ingress 控制器，再使用 NodePort 类型的 Service 对外发布。这种方式虽然简单、方便，但是为满足实际需求，一般还会在集群之外再搭建负载均衡器来转发请求，在请求量较大时可能会对性能有一定影响。

（3）使用 DaemonSet 和 HostNetwork。

具体方法是使用 DaemonSet 并结合节点选择器将 nginx Ingress 控制器部署到特定的节点上，然后使用 HostNetwork（主机网络）将该 Pod 与节点主机所在的网络直接连通，让外部用户直接通过节点主机的 80 或 433 端口来访问相应的服务。采用这种部署方式，整个请求链路最简单，不像第 1 种部署方式那样需要付费，性能又比第 2 种部署方式高，能够支持高并发的生产环境。但是，由于直接利用节点主机的网络和端口，一个节点只能部署一个 nginx Ingress 控制器的 Pod 副本。

电子活页

05.02 使用 HostNetwork

2. 安装 nginx Ingress 控制器

微课

05. 部署 nginx
Ingress 控制器

在 Kubernetes 集群中安装 nginx Ingress 控制器一般不需要进行额外配置，主要有两种安装方法：一种是使用 Helm 工具基于 Chart 文件安装，另一种是使用 kubectl apply 命令基于 YAML 格式的配置文件安装。考虑到国内网络环境，这里采用第 2 种方法安装。部署方式采用上述第 3 种。

（1）为了将该控制器部署到指定节点，执行以下命令为该节点（本例为 node02）设置标签。

```
[root@master01 ~]# kubectl label node node02 ingress=true
node/node02 labeled
```

（2）从 nginx Ingress 控制器的官网下载 YAML 格式的配置文件 deploy.yaml，本例下载的是 1.7.1 版本的配置文件，将该文件复制到项目目录，并更名为 ingress-nginx-controller.yaml。

```
[root@master01 ~]# wget https://raw.githubusercontent.com/kubernetes/ingress-
nginx/controller-v1.7.1/deploy/static/provider/cloud/deploy.yaml
...
2023-05-07 17:57:05 (1.31 MB/s) - 已保存 "deploy.yaml" [15704/15704])
[root@master01 ~]# cp deploy.yaml /k8sapp/05/ingress-nginx-controller.yaml
```

（3）修改该文件，替换其中的镜像仓库的地址，所涉及的 3 个镜像修改如下。

```
...
#image: registry.k8s.io/ingress-nginx/controller:v1.7.1@sha256:7244b95ea47
bddcb8267c1e625fb163fc183ef55448855e3ac52a7b260a60407
image: registry.cn-hangzhou.aliyuncs.com/google_containers/nginx-ingress-
controller:v1.7.0

...
#image: registry.k8s.io/ingress-nginx/kube-webhook-certgen:v20230312-helm-chart-4.5.2-
28-g66a760794@sha256:01d181618f270f2a96c04006f33b2699ad3ccb02da48d0f89b22abce084b292f
image: registry.cn-hangzhou.aliyuncs.com/google_containers/kube-webhook-
certgen:v1.1.1

...
#image: registry.k8s.io/ingress-nginx/kube-webhook-certgen:v20230312-helm-chart-4.5.2-
28-g66a760794@sha256:01d181618f270f2a96c04006f33b2699ad3ccb02da48d0f89b22abce084b292f
image: registry.cn-hangzhou.aliyuncs.com/google_containers/kube-webhook-
certgen:v1.1.1
```

官方给出的 YAML 配置文件中拉取的镜像来自 registry.k8s.io 仓库，Docker Hub 并不提供该仓库，从国内拉取这些镜像就会报错（ErrImagePull）。解决的方法是使用国内可访问的镜像仓库代替，本例使用阿里云提供的镜像仓库。

（4）针对部署方式涉及的 DaemonSet 和 HostNetwork 定义，继续修改以上文件中名为 ingress-nginx-controller 的 Deployment 配置部分的相关内容：

```
apiversion: apps/v1
#kind: Deployment
kind: DaemonSet                   # 将类型由 Deployment 改为 DaemonSet
metadata:
...
  name: ingress-nginx-controller
  namespace: ingress-nginx
```

```
spec:
...
        # 将ClusterFirst修改为ClusterFirstWithHostNet，使nginx可以解析集群内部名称
        # dnsPolicy: ClusterFirst
        dnsPolicy: ClusterFirstWithHostNet
        nodeSelector:
        # kubernetes.io/os: linux
          ingress: "true"         # 选择部署的节点改为此设置
        hostNetwork: true         # 此项设置是增加的，表示启用主机网络
...
```

（5）基于该配置文件创建 nginx Ingress 控制器。

```
[root@master01 ~]# kubectl create -f /k8sapp/05/ingress-nginx-controller.yaml
namespace/ingress-nginx created
serviceaccount/ingress-nginx created
...
ingressclass.networking.k8s.io/nginx created
validatingwebhookconfiguration.admissionregistration.k8s.io/ingress-nginx-
admission created
```

该配置文件除了定义了 Deployment（本例已改为 DaemonSet）和 Service 外，还定义了名称空间、服务账号等配套的 Kubernetes 对象。所创建的对象都属于 ingress-nginx 名称空间。

（6）查看相关的 Pod 部署和运行情况。

```
[root@master01 ~]# kubectl get pods --namespace=ingress-nginx -o wide
NAME                                     READY   STATUS      RESTARTS   AGE
IP                  NODE ...
ingress-nginx-admission-create-g6zmp     0/1     Completed   0          3m31s
10.244.140.89       node02 ...
ingress-nginx-admission-patch-vsvw2      0/1     Completed   1          3m31s
10.244.140.88       node02 ...
ingress-nginx-controller-56c5547945-hfpdc  1/1   Running     0          3m31s
192.168.10.32       node02 ...
```

可以发现，nginx Ingress 控制器最终在 node02 节点上运行，其他两个 Pod 已经结束运行，说明仅是部署过程中所需执行的程序。

（7）查看相关的 Service 的运行情况。

```
[root@master01 ~]# kubectl get svc -n ingress-nginx
NAME                                 TYPE        CLUSTER-IP      EXTERNAL-
IP PORT(S)         AGE
ingress-nginx-controller             ClusterIP   10.97.219.152   <none>
80/TCP,443/TCP   5m
ingress-nginx-controller-admission   ClusterIP   10.104.105.148  <none>
443/TCP          5m
```

可以发现，nginx Ingress 控制器通过 ClusterIP 类型的 Service 在集群内部发布服务。

（8）在集群内部访问该控制器发布的服务进行测试。

```
[root@master01 ~]# curl 192.168.10.32
...
<center><h1>404 Not Found</h1></center>
<hr><center>nginx</center>
```

```
    </body>
    </html>
```

可以发现，该控制器就是一个 nginx 服务器，生成有默认的后端 Pod，直接访问节点主机会返回 404 错误。

3. 本地实际测试

完成上述安装之后，可以创建简单的 Ingress 进行实际测试。

（1）创建一个运行简单 Web 服务器的 Deployment 和相应的 Service。

```
[root@master01 ~]# kubectl create deployment demo --image=httpd --port=80
deployment.apps/demo created
[root@master01 ~]# kubectl expose deployment demo
service/demo exposed
```

（2）创建 Ingress，下面的例子使用映射到本地主机（localhost）的主机。

```
[root@master01 ~]# kubectl create ingress demo-localhost --class=nginx
--rule="demo.localdev.me/*=demo:80"
    ingress.networking.k8s.io/demo-localhost created
```

（3）将一个本地端口转发到 Ingress 控制器。

```
[root@master01 ~]# kubectl port-forward --namespace=ingress-nginx service/
ingress-nginx-controller 8080:80
    Forwarding from 127.0.0.1:8080 -> 80
    Forwarding from [::1]:8080 -> 80
    Handling connection for 8080
```

（4）在控制平面节点上使用浏览器访问网址 http://demo.localdev.me:8080 进行测试，结果如图 5-8 所示，表明可以通过 Ingress 访问后端的服务。

（5）执行 kubectl delete ingress demo-localhost 命令删除本例创建的 Ingress，再执行 kubectl delete deploy/demo svc/demo 命令删除 Deployment 和 Service，以清理实验环境。

图 5-8 测试 Ingress 的访问

任务 5.2.2 使用 Ingress 对外发布应用程序

部署了 nginx Ingress 控制器之后就可以使用 Ingress 对外发布应用程序，下面通过一个简单的例子进行示范。

1. 使用 Deployment 和 Service 部署和发布应用程序

由 Ingress 发布的是 Service 定义的应用程序，首先要创建 Service。这里分别为 nginx 和 Tomcat 两个 Web 服务器创建 Service 以用于示范。

（1）编写 nginx 的 Deployment 和 Service 配置文件，将其命名为 nginx-foringress.yaml。为简化操作，将 5.1.2 小节中创建 Deployment 和 Service 配置文件合并为一个包含两个文档的 YAML 配置文件，并将 Service 配置部分中的 Service 绑定的端口改为 80：

```
ports:
- port: 80                          # Service 绑定的端口
```

```
    targetPort: 80                    # 目标 Pod 的端口（容器端口）
```

（2）编写 Tomcat 的 Deployment 和 Service 配置文件，将其命名为 tomcat-foringress.yaml，内容如下。

```
apiVersion: apps/v1                   # 版本号
kind: Deployment                      # 资源类型为 Deployment
metadata:                             # 元数据
  name: tomcat-deploy
spec:
  replicas: 3
  selector:                           # 选择器，指定该控制器管理哪些 Pod
    matchLabels:
      app: tomcat-pod
  template:
    metadata:
      labels:
        app: tomcat-pod
    spec:
      containers:
      - name: tomcat
        image: tomcat:8.0-alpine      # 容器所用的镜像
        ports:
        - containerPort: 8080         # 容器需要发布的端口
---
apiVersion: v1
kind: Service
metadata:
  name: tomcat-svc                    # 设置 Service 的显示名字
spec:
  selector:
    app: tomcat-pod                   # 指定 Pod 的标签
  ports:
  - port: 8080                        # Service 绑定的端口
    targetPort: 8080                  # 目标 Pod 的端口
```

（3）执行以下命令基于配置文件 /k8sapp/05/nginx-foringress.yaml 和 /k8sapp/05/tomcat-foringress.yaml 创建 Deployment 和 Service。

（4）查看 Service 列表，可以发现新创建的两个 Service 的类型都是默认的 ClusterIP，只能在集群内部访问。

```
[root@master01 ~]# kubectl get svc
NAME          TYPE        CLUSTER-IP       EXTERNAL-IP    PORT(S)     AGE
kubernetes    ClusterIP   10.96.0.1        <none>         443/TCP     35d
nginx-svc     ClusterIP   10.101.87.74     <none>         80/TCP      4m40s
tomcat-svc    ClusterIP   10.104.116.113   <none>         8080/TCP    52s
```

2. 使用 Ingress 对外发布上述 Service

用 Service 发布的应用程序可以通过 Ingress 基于 HTTP 或 HTTPS 进一步对外发布，这需要创建 Ingress。

（1）编写定义 Ingress 配置文件，将其命名为 http-ingress.yaml，内容如下。

```
apiVersion: networking.k8s.io/v1
kind: Ingress
metadata:
  name: http-ingress
spec:
  ingressClassName: nginx              # 指定 Ingress 类
  rules:
  - host: nginx.abc.com                # 访问入口域名
    http:
      paths:
      - path: /
        pathType: Prefix
        backend:
          service:
            name: nginx-svc            # 指定后端 Service
            port:
              number: 80
  - host: tomcat.abc.com               # 访问入口域名
    http:
      paths:
      - path: /
        pathType: Prefix
        backend:
          service:
            name: tomcat-svc           # 指定后端 Service
            port:
              number: 8080
```

这里定义了两个后端 Service，由不同的域名进行转发。

电子活页

05.03 创建默认的
Ingress 类

小贴士 .spec.ingressClassName 字段为 Ingress 指定 Ingress 类。Ingress 类用于选择 Ingress 控制器，之前部署 nginx Ingress 控制器时自动创建了名称为 nginx 的 Ingress 类，它对应的 Ingress 控制器为 ingress-nginx。如果为 Kubernetes 集群定义默认的 Ingress 类，则可以不用显式指定，Kubernetes 会根据默认的 Ingress 类自动选择 Ingress 控制器。否则，需要通过 .spec.ingressClassName 字段指定 Ingress 类，或者使用 .metadata.annotations.kubernetes.io/ingress.class 注解字段明确指定 Ingress 类。

（2）基于上述 Ingress 配置文件创建 Ingress。

```
[root@master01 ~]# kubectl create -f /k8sapp/05/http-ingress.yaml
ingress.networking.k8s.io/http-ingress created
```

（3）查看 Ingress 列表。

```
[root@master01 ~]# kubectl get ing -o wide
NAME           CLASS    HOSTS                          ADDRESS    PORTS    AGE
http-ingress   nginx    nginx.abc.com,tomcat.abc.com              80       38s
```

（4）执行 kubectl describe ing http-ingress 命令查看创建的 Ingress 的详细信息。下面列出部分信息。

```
Ingress Class:       nginx
Default backend:     <default>
Rules:
  Host               Path  Backends
  ----               ----  --------
  nginx.abc.com
                     / nginx-svc:80 (10.244.140.83:80,10.244.196.186:80)
  tomcat.abc.com
                     / tomcat-svc:8080 (10.244.140.84:8080,10.244.140.86:808
0,10.244.196.132:8080)
Annotations:         <none>
```

可以发现，该 Ingress 提供两个路由规则，分别指向后端 nginx 和 Tomcat 这两个 Service，每个 Service 都有各自的 Pod 副本。

3. 访问 Ingress 发布的应用程序

本例环境中，nginx Ingress 控制器在 node02 节点上运行，且为相应的 Pod 容器配置有主机网络，我们可以通过该节点的 IP 地址 192.168.10.32 访问该控制器。

接下来在集群中的任一节点上编辑 /etc/hosts 文件来配置简单的域名解析。这里在控制平面节点上编辑 /etc/hosts 文件，将 Ingress 中的两个域名解析到 192.168.10.32：

```
192.168.10.32 node02 nginx.abc.com tomcat.abc.com
```

然后使用浏览器分别访问这两个域名，结果如图 5-9 和图 5-10 所示。

图 5-9　访问 nginx.abc.com 域名

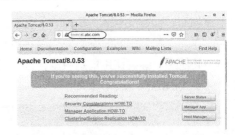

图 5-10　访问 tomcat.abc.com 域名

可以发现，Ingress 根据不同的域名转发到不同后端的应用程序，证明已经成功地部署了 Ingress。

最后执行 kubectl delete -f /k8sapp/05/http-ingress.yaml 命令删除 Ingress，执行 kubectl delete -f /k8sapp/05/tomcat-foringress.yaml 和 kubectl delete -f /k8sapp/05/nginx-foringress.yaml 命令删除 Deployment 和 Service，清理实验环境。

保留所部署的 nginx Ingress 控制器以便用于后续实验。

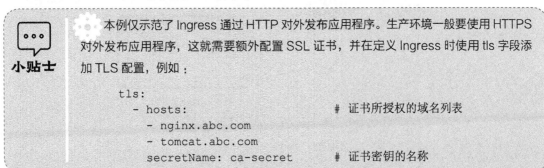

本例仅示范了 Ingress 通过 HTTP 对外发布应用程序。生产环境一般要使用 HTTPS 对外发布应用程序，这就需要额外配置 SSL 证书，并在定义 Ingress 时使用 tls 字段添加 TLS 配置，例如：

```
tls:
  - hosts:                          # 证书所授权的域名列表
    - nginx.abc.com
    - tomcat.abc.com
    secretName: ca-secret           # 证书密钥的名称
```

任务 5.3   实现灰度发布与蓝绿发布

应用程序版本更新后需要上线部署，面临最大的挑战是在新旧版本切换时保证系统能够正常使用。直接发布新版本一旦出现严重 bug，可能需要回退到上一个版本，这会严重影响用户的体验。为保证版本的平滑升级，避免因发布导致的不可用问题，业界推出了多种可行的应用程序发布策略，常用的有灰度发布、蓝绿发布、AB 测试、滚动升级、分批暂停发布等。本任务主要基于 nginx Ingress 控制器实现灰度发布和蓝绿发布，基本要求如下。

（1）了解灰度发布和蓝绿发布。

（2）了解灰度发布和蓝绿发布的 Kubernetes 解决方案。

（3）学会使用 nginx Ingress 控制器实现灰度发布。

（4）学会使用 nginx Ingress 控制器实现蓝绿发布。

相关知识

5.3.1   什么是灰度发布

灰度发布，又称金丝雀（Canary）发布，是能够实现平滑过渡的一种版本升级方式。当版本升级时，在一个集群中同时发布旧的稳定版本和新的金丝雀（测试）版本，让部分用户使用金丝雀版本，其他用户继续使用稳定版本，待金丝雀版本测试完成后，将金丝雀版本升级为新的稳定版本，并下线旧的稳定版本。

> **小贴士**
> 以前矿工在下矿洞前，会先放一只金丝雀进去探一探，通过金丝雀能否活下来来判断是否有有毒气体，金丝雀发布由此得名。

灰度发布的示例如图 5-11 所示，先分出 20% 的流量给新版本，对以下 3 种情形分别处理。

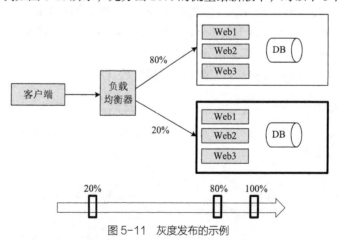

图 5-11   灰度发布的示例

- 新版本表现正常，可以逐步增加流量占比。
- 新版本一直稳定，将所有流量都切换到新版本，同时下线旧版本。
- 新版本出现异常，快速将流量切回旧版本。

灰度发布具有以下优点。

- 保证整体系统的稳定性，在发布后就可以发现问题并加以调整，减少故障带来的影响。
- 支持快速回滚。
- 便于逐步评估新功能。
- 用户无感知，平滑过渡。

灰度发布的策略相对较复杂，对自动化要求较高。

灰度发布的适用场景如下。

- 用户体验要求较高的网站业务。
- 对新版本的功能或性能缺乏把握。
- 缺乏足够的自动化发布工具研发能力。

灰度发布的实施要点如下。

- 发布一个小比例流量的新版本，主要用于验证，即金丝雀测试（灰度测试）。
- 测试通过，则将剩余的旧版本全部升级为新版本。
- 如果金丝雀版本测试失败，则直接回滚到旧版本。

灰度发布主要是通过切换并保存版本之间的路由权重，逐步从一个版本切换为另一个版本的过程。在灰度发布方案的基础上可以进行 AB 测试，即让一部分用户继续使用特定功能的 A 版本，另一部分用户开始使用不同功能的 B 版本，最后根据测试结果将所有用户都迁移到合适的版本。AB 测试是用来测试应用程序功能表现的方法。

5.3.2　什么是蓝绿发布

蓝绿发布提供了一种零宕机的发布方式，目的是减少发布过程中服务停止的时间。在保留旧版本（即绿色版本）的同时部署新版本（即蓝色版本），让两个版本同时在线，不经过灰度发布和滚动升级，一次性将流量从旧版本直接切换到新版本。蓝绿发布的新版本和旧版本同时存在，实际运行的只能为其中之一，非蓝即绿，一般通过开关控制，可以在两个版本之间快速切换。

蓝绿发布具有以下优点。

- 支持快速回滚。
- 发布策略非常简单。
- 用户无感知，平滑过渡。

蓝绿发布的缺点体现在以下两个方面。

- 短时间内会浪费一定资源成本，需要两套环境同时存在。
- 如果新版本出现问题，影响范围比较大。

蓝绿发布的适用场景如下。

- 对用户体验有一定容忍度。
- 系统资源有富余或者可以按需分配（如 AWS 云或自建容器云）。
- 暂不具备复杂的滚动升级工具研发能力。

蓝绿发布的实施要点如下。

- 发布时通过负载均衡器一次性将流量从旧版本直接切换到新版本。
- 出现问题时通过负载均衡器直接将流量切回旧版本。
- 发布初步成功后，观察期结束确认发布无问题才下线旧版本。

5.3.3 Kubernetes 的灰度发布和蓝绿发布解决方案

利用 Kubernetes 的原生功能，或者结合第三方工具都可以实现灰度发布和蓝绿发布。可以使用 Service 实现简单的灰度发布和蓝绿发布。如果需求比较复杂，则可以额外部署 nginx Ingress 等工具，或者将业务部署到应用服务网格（Application Service Mesh，ASM），利用开源工具和服务网格的能力来实施灰度发布和蓝绿发布。表 5-1 列出了这几种解决方案。

表5-1 Kubernetes的灰度发布和蓝绿发布解决方案

解决方案	适用场景	说明
Service	发布需求简单，简单测试	只需利用 Kubernetes 的原生功能，无须使用其他插件或复杂用法，不过自动化程度差。Service 通过标签选择器匹配后端 Pod，可实现一个 Service 对应多个版本的 Deployment，调整不同版本 Deployment 的副本数，即可调整不同版本服务的权重，实现灰度发布。修改 Service 对象的 .spec.selector 字段的值可以改变 Service 后端对应的 Pod，使得应用程序从一个版本直接切换到另一个版本，从而实现蓝绿发布
nginx Ingress	不限	配置 nginx Ingress 所支持注解来实现灰度发布或蓝绿发布；支持基于请求头、Cookie 和权重等流量切分策略；要求 Kubernetes 集群安装 nginx Ingress 控制器，并且能够承受一定的资源消耗
ASM	生产环境	无须修改应用程序的代码、支持界面可视化、支持更多的发布策略、需要为 Kubernetes 集群启用 Istio（为微服务架构提供流量管理机制）连接,管理和保护微服务的开放平台,占用额外资源

5.3.4 nginx Ingress 的灰度发布和蓝绿发布方法

nginx Ingress 控制器通过 Canary Ingress（金丝雀 Ingress）来满足灰度发布、蓝绿发布、AB 测试等不同场景的需求。Canary Ingress 支持 3 种流量切分策略，分别是请求头（Header）、Cookie 和权重（Weigth），这 3 种策略是通过注解来实现的，适应面广。

使用 nginx Ingress 进行灰度发布或蓝绿发布的关键是创建和使用 Canary Ingress。首先需要为应用程序创建两个 Ingress：普通 Ingress 和 Canary Ingress。其中，Canary Ingress 需要使用以下注解标记：

```
nginx.ingress.kubernetes.io/canary: "true"
```

然后为 Canary Ingress 配置流量切分策略，不同的策略使用不同的注解实现。这两个 Ingress 互相配合就可以实现版本的平滑升级。下面介绍 3 种策略的配置注解方法。

1. 基于请求头的流量切分策略

这种策略适用于灰度发布，相关的配置注解如下。
- nginx.ingress.kubernetes.io/canary-by-header：用于定义请求头字段的名称。
- nginx.ingress.kubernetes.io/canary-by-header-value：用于定义请求头字段的值，必须与上述 canary-by-header 注解一起使用。值为"always"时将该请求转发给 Canary Ingress 对应的后端服务器；值为 "never" 时则不转发，用于回滚到旧版本。用户也可以自定义值，当请求头中字段值等于自定义值时，请求将会转发给 Canary Ingress 对应的后端服务器，否则会忽略该注解，并通过优先级将请求流量按其他策略分配。

- nginx.ingress.kubernetes.io/canary-by-header-pattern：通过正则表达式而非固定值定义请求头字段的值。如果与 canary-by-header-value 同时存在，则此注解将被忽略。下面的例子表示将请求头中包含 Section 字段且值为 test 的请求转发到 Canary Ingress 对应的后端服务器。

```
nginx.ingress.kubernetes.io/canary-by-header: "Section"
nginx.ingress.kubernetes.io/canary-by-header-value: "test"
```

使用 curl 命令测试该例的用法（其中 EXTERNAL_IP 为 nginx Ingress 对外发布的 IP 地址）：

```
curl -s -H "Host:www.abc.com" -H "Section: test" http://<EXTERNAL_IP>
```

2. 基于 Cookie 的流量切分策略

这种策略适用于灰度发布，需配置注解 nginx.ingress.kubernetes.io/canary-by-cookie。该注解用于指定 Cookie 字段，字段值仅支持 "always" 和 "never"，不能自定义值。下面的例子表示只有 Cookie 字段中包含 huadong（华东地区）且值为 always 的 Web 请求才能转发到 Canary Ingress 对应的后端服务器：

```
nginx.ingress.kubernetes.io/canary-by-cookie: "huadong"
```

使用 curl 命令测试该例的用法：

```
curl -s -H "Host:www.abc.com" --cookie "huadong=always" http://<EXTERNAL_IP>
```

3. 基于权重的流量切分策略

这种策略适用于灰度发布，也适用于蓝绿发布，需配置注解 nginx.ingress.kubernetes.io/canary-weight。该注解用于指定 Canary Ingress 所分配流量的百分比，取值范围为 0～100，100 表示所有流量都将转发给 Canary Ingress 对应的后端服务器。

以上这 3 种流量切分策略会由 Kubernetes 按优先级进行评估，优先级从高到低为：请求头 → Cookie → 权重。基于权重策略的 Canary Ingress 支持按比例分配流量，基于请求头或 Cookie 策略的 Canary Ingress 可以按其他标准（如用户分类）分配流量，这正是 nginx Ingress 的优势所在。

小贴士：目前每个 Ingress 规则都只支持同时指定一个 Canary Ingress，更多的 Canary Ingress 将会被忽略。对 Canary Ingress 来说，除了 nginx.ingress.kubernetes.io/load-balance 和 nginx.ingress.kubernetes.io/upstream-hash-by 这两个注解外，所有其他非 Canary 的注解都将被忽略。

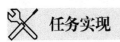 任务实现

任务 5.3.1 使用 nginx Ingress 实现灰度发布

这里在前面部署的 nginx Ingress 控制器的基础上实现灰度发布，以发布 nginx 服务器为例，采用经典的权重策略，按比例分配流量。

1. 部署两个版本的应用程序

在 Kubernetes 集群中部署两个版本的 nginx 服务器。

（1）定义旧版本的 Deployment 和 Service，本例配置文件为 nginx-deploy-service-v1.yaml，内容如下。

微课

07. 使用 nginx Ingress 实现灰度发布

```
# 定义 ConfigMap，使用 ConfigMap 更改 nginx 首页文件
apiVersion: v1
kind: ConfigMap                          # 类型为 ConfigMap
metadata:
  name: nginx-index-html-configmap1      # ConfigMap 名称
data:
  # 定制 index.html 文件的内容
  index.html: |
    This is V1
---
# 定义 Deployment
apiVersion: apps/v1
kind: Deployment                         # 类型为 Deployment
metadata:
  name: nginx-v1                         # 可通过名称区分版本号
spec:
  replicas: 2                            # 副本数量
  selector:
    matchLabels:
      app: nginx-v1
  template:
    metadata:
      labels:
        app: nginx-v1                    # Pod 的标签
    spec:
      containers:
      - name: nginx                      # 容器的名称
        image: nginx:1.14.2              # 容器所用的镜像
        ports:
        - name: nginx-port
          containerPort: 80              # 容器需要发布的端口
        volumeMounts:                    # 卷挂载点
        - mountPath: /usr/share/nginx/html
          name: nginx-index
      volumes:                           # 定义卷
      - name: nginx-index
        configMap:
          name: nginx-index-html-configmap1
---
# 定义 Service
apiVersion: v1
kind: Service
metadata:
  name: nginx-v1
spec:
  selector:
    app: nginx-v1
  ports:
  - targetPort: 80
    port: 8080
  type: NodePort
```

这里使用 ConfigMap（项目 6 会进一步介绍）定制 nginx 服务器的首页，便于测试。

（2）定义新版本的 Deployment 和 Service，本例配置文件为 nginx-deploy-service-v2.yaml，其中大部分内容与 nginx-deploy-service-v1.yaml 相同，不同之处的说明如下。

ConfigMap 定义中的名称和 index.html 文件的内容的修改如下。

```
metadata:
 name: nginx-index-html-configmap2          # ConfigMap 名称
data:
  index.html: |
    This is V2                              # index.html 文件的内容
```

在 Deployment 和 Service 定义中，将所有的名称 nginx-v1 改为 nginx-v2，容器镜像改为 nginx:1.17.2，卷定义中的 configMap 名称相应地改为 nginx-index-html-configmap2。

（3）基于以上两个配置文件 /k8sapp/05/nginx-deploy-service-v1.yaml 和 /k8sapp/05/nginx-deploy-service-v2.yaml 创建 Deployment 和 Service，同时还会创建相应的 ConfigMap。

（4）查看 Service 列表，发现两个新创建的两个版本的 Service 都能正常运行。

```
[root@master01 ~]# kubectl get svc
NAME        TYPE        CLUSTER-IP       EXTERNAL-IP    PORT(S)          AGE
nginx-v1    NodePort    10.105.207.146   <none>         8080:30487/TCP   77s
nginx-v2    NodePort    10.107.97.48     <none>         8080:31005/TCP   67s
```

（5）测试两个版本的 nginx 服务器的访问，结果都是正常的。

```
[root@master01 ~]# curl 10.105.207.146:8080
This is V1
[root@master01 ~]# curl 10.107.97.48:8080
This is V2
```

由于 Service 是 NodePort 类型的，读者可以通过"节点地址：节点端口"地址访问来进行测试。

2. 创建稳定版本 Ingress

针对旧版本的 Service 创建一个稳定版本的 Ingress，对外发布 nginx。

（1）编写 Ingress 配置文件 stable-ingress.yaml，其内容如下。

```
apiVersion: networking.k8s.io/v1
kind: Ingress
metadata:
  name: stable-ingress                          # Ingress 名称
  annotations:
    kubernetes.io/ingress.class: nginx          # 通过注解指定 Ingress 类
spec:
  rules:
  - host: nginx.abc.com                          # 对外发布服务的域名
    http:
      paths:
      - path: /
        pathType: Prefix
        backend:
          service:
            name: nginx-v1                        # 指定后端服务器（指向旧版本）
```

```
        port:
          number: 80
```

前面关于 Ingress 定义的例子中使用 .spec.ingressClassName 字段指定 Ingress 类（例中名为 nginx），这里通过注解指定该 Ingress 类。

（2）基于配置文件 /k8sapp/05/stable-ingress.yaml 创建名为 stable-ingress 的 Ingress。

（3）查看 Ingress 列表，可发现新创建的名称为 stable-ingress 的 Ingress。

```
[root@master01 ~]# kubectl get ing
NAME            CLASS     HOSTS            ADDRESS          PORTS    AGE
stable-ingress  <none>    nginx.abc.com    10.97.219.152    80       2m17s
```

（4）测试通过该 Ingress 访问 nginx 服务器。利用之前设置的 /etc/hosts 文件解析域名，测试结果表明可正常访问旧版本的 nginx 服务器。

```
[root@master01 ~]# curl nginx.abc.com
This is V1
```

3. 创建金丝雀版本 Ingress 实现灰度发布

针对新版本的 Service 创建一个金丝雀版本的 Ingress 对外发布服务，采用权重策略分配流量，仅允许 20% 的流量转发到此版本的服务中，以实现灰度发布。

（1）定义 Ingress 配置文件 canary-ingress.yaml，其内容如下。

```
apiVersion: networking.k8s.io/v1
kind: Ingress
metadata:
  name: canary-ingress                                # Ingress 名称
  annotations:
    kubernetes.io/ingress.class: nginx                # 通过注解指定 Ingress 类
    nginx.ingress.kubernetes.io/canary: "true"        # 启用金丝雀版本
# 将 20% 的流量转发到 Canary Ingress
    nginx.ingress.kubernetes.io/canary-weight: "20"
spec:
  rules:
  - host: nginx.abc.com                               # 对外发布服务的域名
    http:
      paths:
      - path: /
        pathType: Prefix
        backend:
          service:
            name: nginx-v2                            # 指定后端服务器（指向新版本）
            port:
              number: 80
```

（2）基于配置文件 /k8sapp/05/canary-ingress.yaml 创建名为 canary-ingress 的 Ingress。

（3）查看 Ingress 列表，可发现新创建的名称为 canary-ingress 的 Ingress。

```
[root@master01 ~]# kubectl get ing
NAME            CLASS     HOSTS            ADDRESS          PORTS    AGE
canary-ingress  <none>    nginx.abc.com    10.97.219.152    80       2m37s
stable-ingress  <none>    nginx.abc.com    10.97.219.152    80       134m
```

（4）执行以下命令访问使用 Ingress 发布的 nginx 服务器来测试灰度发布。

```
[root@master01 ~]# for i in {1..10}; do curl  http://nginx.abc.com; done;
This is V1
This is V1
This is V1
This is V1
This is V1
This is V1
This is V1
This is V1
This is V2
This is V2
```

可以发现，由新版本响应的大约占 20%，符合 20% 权重的设置。实际的流量分配比例可能会有所浮动，这属于正常现象。理论上讲，访问次数越多就越接近权重比例的设置。

4．将所有流量从旧版本迁移至新版本

两个版本运行一段时间后，如果新版本一直正常运行并且符合预期，则可以结束灰度发布，将所有流量迁移到新版本，下线旧版本，仅保留新版本在线，从而完成版本的升级。本例的实施步骤如下。

（1）修改稳定版本的 Ingress 配置，将 stable-ingress.yaml 文件中的后端服务器指向新版本 nginx-v2：

```
      backend:
        service:
          name: nginx-v2       # 将后端服务器指向新版本
```

（2）应用 /k8sapp/05/stable-ingress.yaml 配置文件以使配置生效。

```
[root@master01 ~]# kubectl apply -f /k8sapp/05/stable-ingress.yaml
ingress.networking.k8s.io/stable-ingress configured
```

（3）执行以下命令访问 nginx 服务器进行测试，可以发现所有流量都迁移到新版本。

```
[root@master01 ~]# for i in {1..10}; do curl  http://nginx.abc.com; done;
This is V2
This is V2
...
This is V2
This is V2
```

（4）删除用于灰度发布的金丝雀版本的 Ingress。

```
[root@master01 ~]# kubectl delete -f /k8sapp/05/canary-ingress.yaml
ingress.networking.k8s.io "canary-ingress" deleted
```

（5）删除旧版本的 Deployment 和 Service，使相应的 nginx 服务器下线。

```
[root@master01 ~]# kubectl delete -f /k8sapp/05/nginx-deploy-service-v1.yaml
configmap "nginx-index-html-configmap1" deleted
deployment.apps "nginx-v1" deleted
service "nginx-v1" deleted
```

（6）查看 Service 列表，可以发现目前仅有新版本的 Service 在运行，这样就完成了版本的升级。

```
[root@master01 ~]# kubectl get svc
NAME          TYPE          CLUSTER-IP      EXTERNAL-IP    PORT(S)          AGE
```

```
nginx-v2    NodePort    10.107.97.48    <none>    8080:31005/TCP    14h
```

（7）删除稳定版本的 Ingress，以及新版本的 Deployment 和 Service，清理实验环境。

任务 5.3.2　使用 nginx Ingress 实现蓝绿发布

前面提到过，nginx Ingress 的 Canary Ingress 基于权重的流量切分策略的典型场景是蓝绿发布。实际应用只有一个生产环境，绿色版本表示当前的生产环境，即旧版本；蓝色版本表示测试环境（金丝雀），即新版本。我们可以通过调整权重的方式（非 0% 即 100%）实现蓝绿版本的上线或下线，新版本如果有问题可以快速地回滚到旧版本。下面在任务 5.3.1 的基础上实现蓝绿发布。

（1）沿用任务 5.3.1 中部署的两个版本的 nginx 服务器，基于 nginx-deploy-service-v1.yaml 和 nginx-deploy-service-v2.yaml 文件创建相应的 Deployment 和 Service。

（2）将任务 5.3.1 中稳定版本 Ingress 作为绿色版本 Ingress，创建 stable-ingress.yaml 文件的副本，并将该副本更名为 green-ingress.yaml，其中 Ingress 的名称改为 green-ingress，注意其后端服务器应指向旧版本 nginx-v1。基于该配置文件创建绿色版本的 Ingress。

```
[root@master01 ~]# kubectl create -f /k8sapp/05/green-ingress.yaml
ingress.networking.k8s.io/green-ingress created
```

（3）访问使用 Ingress 发布的 nginx 服务器进行测试，可以发现所有流量都分配到绿色版本。

```
[root@master01 ~]# for i in {1..10}; do curl  http://nginx.abc.com; done;
This is V1
...
This is V1
```

（4）将任务 5.3.1 中金丝雀版本 Ingress 作为蓝色版本 Ingress，创建 canary-ingress.yaml 文件的副本，并将该副本更名为 blue-ingress.yaml，其中 Ingress 的名称改为 blue-ingress，nginx.ingress.kubernetes.io/canary-weight 字段的值（流量权重）设置如下，注意需要加双引号。

```
nginx.ingress.kubernetes.io/canary-weight: "100"
```

基于该配置文件创建蓝色版本的 Ingress 对象。

```
[root@master01 ~]# kubectl create -f /k8sapp/05/blue-ingress.yaml
ingress.networking.k8s.io/blue-ingress created
```

（5）访问使用 Ingress 发布的 nginx 服务器进行测试，可以发现所有流量都分配到蓝色版本。

```
[root@master01 ~]# for i in {1..10}; do curl  http://nginx.abc.com; done;
This is V2
...
This is V2
```

（6）蓝色版本运行过程中如果出现问题，修改 blue-ingress.yaml 文件，将流量权重值改为 0，使用 kubectl apply 命令基于该文件更新 Ingress，然后通过访问应用程序进行测试，可以发现所有流量都切回到绿色版本。

（7）修正蓝色版本的问题之后，再次更新应用程序部署，完成后再修改 blue-ingress.yaml 文件，将流量权重值重新设置为 100，更新 Ingress，以便将流量全部导向蓝色版本。

```
[root@master01 ~]# kubectl apply -f /k8sapp/05/nginx-deploy-service-v2.yaml
```

```
configmap/nginx-index-html-configmap2 configured
deployment.apps/nginx-v2 configured
service/nginx-v2 configured
[root@master01 ~]# kubectl apply -f /k8sapp/05/blue-ingress.yaml
ingress.networking.k8s.io/blue-ingress configured
[root@master01 ~]# for i in {1..10}; do curl  http://nginx.abc.com; done;
This is new V2
...
This is new V2
```

（8）蓝色版本一直正常运行并且符合预期，则可以结束蓝绿发布，让蓝色版本正式提供服务，撤销绿色版本，并下线旧版本应用程序，将资源释放出来，以便将来部署下一个测试的新版本。

```
[root@master01 ~]# kubectl delete -f /k8sapp/05/green-ingress.yaml
ingress.networking.k8s.io "green-ingress" deleted
[root@master01 ~]# kubectl delete -f /k8sapp/05/nginx-deploy-service-v1.yaml
configmap "nginx-index-html-configmap1" deleted
deployment.apps "nginx-v1" deleted
service "nginx-v1" deleted
```

（9）清理实验环境。删除本实验用到的所有 Ingress、Deployment 对象和 Service，删除 nginx Ingress 控制器。

小贴士　可以利用基于权重的流量切分策略将蓝绿发布与灰度发布结合来更平滑地进行版本升级。起初，将蓝色版本的权重值设置为 0，不让流量转发到此版本。然后逐步向蓝色版本引入一小部分流量，并对其进行测试和验证。如果一切正常，则可以通过将蓝色版本的权重值设置为 100，将所有请求从绿色版本转换为蓝色版本，从而完成新版本的发布。

项目小结

本项目非常重要，解决的是应用程序的可访问问题，主要让 Kubernetes 集群中运行的应用程序能够被外部用户访问。

Kubernetes 之所以需要 Service，一方面是因为 Pod 的 IP 地址不是固定的，另一方面则是因为一组 Pod 副本之间总会有负载均衡的需求。Service 是一组具有相同标签的 Pod 集合的抽象，定义访问 Pod 集合的策略，相当于一种微服务。

Service 的容器发现是通过 Endpoints 实现的，创建 Service 就会创建一个对应的 Endpoints。Service 的服务发现主要是通过 DNS 实现的，集群内外的各个应用程序可以通过 Service 的域名相互通信。

Service 只是将多个 Pod 进行了关联，实际的路由转发都是由 kube-proxy 组件实现的。Service 必须结合 kube-proxy 使用，kube-proxy 负责负载均衡以及流量转发。

Service 的类型决定了应用程序的发布（暴露）方式。默认的 ClusterIP 类型仅支持集群内部访问。NodePort 和 LoadBalancer 类型都支持集群外部访问，但 LoadBalancer 类型需要云提供商提供的外部负载均衡器。

大多数应用都使用 HTTP 或 HTTPS 请求，这就需要使用 Ingress 对外发布。Ingress 可以基于第 7 层网络协议转发流量，可以通过域名的形式让集群外部的用户能够访问到集群内部的应用程序。Ingress 仅需要一个节点端口或负载均衡器就可以发布多个 Service。要让 Ingress 正常运行，必须在集群中部署 Ingress 控制器，nginx Ingress 是常用的 Ingress 控制器。

Ingress 是常用的对外发布方式。对于无须对外发布的后端应用程序，Ingress 则是不必要的。实际应用中，Service 更多的是用于应用程序之间的集群内部访问，即后端应用程序之间的相互调用。

灰度发布（金丝雀发布）和蓝绿发布是应用程序版本升级的常用方案，Kubernetes 的 Service 和 Ingress 都提供了相应的解决方案。使用 nginx Ingress 控制器可以方便地实现灰度发布和蓝绿发布。

项目 6 将转到 Kubernetes 的存储管理和配置信息管理。

课后练习

1. 以下关于 Service 的说法中，不正确的是（   ）。

   A. Service 的两项基本功能是服务发现和负载均衡

   B. Service 定义服务访问的入口

   C. Service 将内部的 Pod 作为服务公开给外部用户

   D. Service 是同一个应用程序的 Pod 集合

2. Service 生成的 Endpoints 是一组由（   ）组成的端点集合。

   A. Pod 的 IP 地址和容器端口   B. 集群 IP 地址和 Service 端口

   C. 节点 IP 地址和节点端口   D. 节点 IP 地址和容器端口

3. 外部客户端可通过地址（   ）访问 Service 发布的服务。

   A. ClusterIP:ServicePort   B. NodeIP:NodePort

   C. PodIP:containePort   D. NodeIP:ServicePort

4. 在定义 Service 的配置文件中，有关端口定义的说法中，不正确的是（   ）。

   A. port 是 Service 端口，即 Kubernetes 服务之间的访问端口

   B. targetPort 是 Pod 中的容器端口，一个 Pod 只能有一个容器发布端口

   C. nodePort 是节点端口，即外部可访问的端口

   D. 一个 Service 可以定义多个 Service 端口

5. 以下 Kubernetes 的 IP 地址不属于虚拟地址的是（   ）。

   A. 集群 IP 地址   B. Pod 的 IP 地址   C. 节点 IP 地址   D. 容器 IP 地址

6. 名称空间 dev 中名称为 tomcat 的 Service 的域名是（   ）。

   A. svc.dev.tomcat.cluster.local   B. tomcat.dev.svc.cluster.local

   C. tomcat.svc.dev.cluster.local   D. tomcat.dev.svc.local.cluster

7. 以下关于 Ingress 的说法中，正确的是（   ）。

   A. Ingress 工作在网络第 4 至 7 层

   B. 一个 Ingress 只能发布一个 Service

   C. Ingress 几乎能发布所有类型的应用程序

   D. 要使用 Ingress，集群中必须运行 Ingress 控制器

8. 以下关于 Ingress 路由规则定义的说法中，不正确的是（   ）。

   A. host 字段指定要发布的域名，必须定义

   B. paths 字段可以定义多条路径

C. pathType 字段定义路径类型

D. backend 字段定义后端 Service 名称和端口的组合

9. （　　）适合新旧版本直接快速切换。

A. 金丝雀发布　　　　B. 灰度发布　　　　C. 滚动升级　　　　D. 蓝绿发布

10. 使用 nginx Ingress 控制器的 Canary Ingress 时，既适合灰度发布，又适合蓝绿发布的流量切分策略是（　　）。

A. 请求头　　　　　　B. Cookie　　　　　C. 权重　　　　　　D. 随机分配

项目实训

实训 1　使用 Service 发布 Apache 服务并考察 Service 工作机制

实训目的

（1）了解 Service 的概念和基本用法。

（2）学会使用 Service 对外发布应用程序。

参考任务 5.1.2 创建 NodePort 类型的 Service 并发布 Apache 服务。

实训内容

（1）编写 Deployment 配置文件，基于该配置文件运行两个副本的 Apache（使用 httpd 镜像）。

（2）编写 Service 配置文件，关联相应的 Pod，注意定义 nodePort 字段以定义节点端口。

（3）基于 Service 配置文件创建 Service 以发布 Apache 服务。

（4）查看该 Service 的详细信息，考察节点端口信息和 Endpoints 列表。

（5）列出该 Service 的 Pod，考察 Pod 的节点部署情况。

（6）获取节点的 IP 地址，使用节点地址和节点端口来访问发布的 Apache 服务。

（7）参照任务 5.1.1 运行一个 curl 应用程序的 Pod，测试 Service 的域名解析，进一步验证基于 DNS 的服务发现机制。

（8）删除本实训所创建的 Kubernetes 对象。

实训 2　部署 nginx Ingress 控制器并使用 Ingress 发布 Apache 服务

实训目的

（1）了解 Ingress 的概念和基本用法。

（2）学会使用 Ingress 对外发布应用程序。

参考任务 5.2.1 和任务 5.2.2 完成本实训。

实训内容

（1）安装 nginx Ingress 控制器。

（2）基于实训 1 编写的 Deployment 配置文件创建 Deployment。

（3）基于实训 1 编写的 Service 配置文件创建 Service。

（4）编写 Ingress 配置文件，通过 HTTP 路由规则关联 Service，指定一个域名。

（5）基于 Ingress 配置文件创建 Ingress 以发布 Apache 服务。

（6）查看 Ingress 的详细信息进行考察。

（7）测试通过域名访问发布的 Apache 服务。

项目6
管理存储和配置信息

06

　　Pod 容器运行的应用程序涉及数据存储。容器内部存储的数据会随着容器的删除而消失。为确保应用程序数据的持久化存储，Kubernetes 引入卷（Volume，又译为存储卷）的概念对容器应用程序所需的存储资源进行抽象，统一解决数据持久化存储问题。Kubernetes 目前支持的卷类型非常多，不同的卷有不同的使用方法，在生产环境中单纯使用卷很不方便。为此，Kubernetes 又引入持久卷（Persistent Volume，PV）和持久卷声明（Persistent Volume Claim，PVC）的概念进一步对存储资源进行抽象，实现底层存储的屏蔽，让用户无须关心具体的存储基础设施，需要存储资源时提出请求即可。对于大规模的应用，手动创建和配置 PV 的效率低，Kubernetes 通过 StorageClass 定义存储类，自动实现 PV 的动态创建。本项目主要通过卷、PV、PVC 和 StorageClass 来实施存储管理。Kubernetes 使用 ConfigMap 存储应用程序所需的配置信息，使用 Secret 存储应用程序所需的敏感数据，由于这两种资源可以作为卷挂载到容器中使用，也属于一种存储，本项目也会讲解它们的管理。数据是国家基础性战略资源，存储关乎数据安全，我们应贯彻总体国家安全观，确保存储的数据的可用性和安全性。

【课堂学习目标】

☞ 知识目标

➤ 了解卷的概念和类型。
➤ 理解 PV 和 PVC 的概念并掌握其基本用法。
➤ 理解 StorageClass 的概念并掌握其基本用法。
➤ 熟悉 ConfigMap 及其基本用法。
➤ 熟悉 Secret 及其基本用法。

☞ 技能目标

➤ 学会使用卷实现基本存储。
➤ 学会组合使用 PV 和 PVC 实现对持久卷的管理。
➤ 掌握使用 StorageClass 实现动态卷制备的方法。
➤ 学会使用 ConfigMap 和 Secret 为容器提供配置文件的方法。

任务 6.1 配置和使用基本存储

 任务要求

Kubernetes 存储涉及的概念和技术比较多，读者应当先熟悉卷的概念。卷不但解决了数据持久化的问题，而且解决了同一 Pod 内多个容器的数据共享问题。Kubernetes 内置了很多卷类型，本任务旨在让读者学会使用常用的卷类型完成基本存储的配置和使用，基本要求如下。

（1）了解卷的概念。
（2）了解常用的卷类型。
（3）学会使用 EmptyDir 卷存储数据。
（4）学会使用 HostPath 卷挂载宿主机文件。
（5）掌握 NFS 卷的配置和使用方法。

⤢ **相关知识**

6.1.1 什么是卷

Pod 容器中的文件在磁盘上是临时存放的，一旦容器崩溃就会造成文件丢失，容器重新启动也会丢掉运行过程中产生的数据，恢复到最初的状态。在同一个 Pod 中运行多个容器时，这些容器可能需要共享文件。Kubernetes 使用卷来解决这些问题。

Kubernetes 的卷是 Pod 的一部分，卷不是单独的对象，不能独立创建，只能在 Pod 中定义。卷关联到外部的存储设备之上的存储空间，独立于容器自身的文件系统。

卷也是 Pod 中所有容器挂载的共享目录，Pod 中所有容器都可以访问卷，但必须要挂载，卷可以挂载到容器中的任何目录。Pod 中的每个容器都必须单独指定每个卷的挂载位置，需要为 Pod 配置卷的相关参数。Pod 本身的 .spec.volumes 字段用于定义卷；其容器的 .spec.containers.volumeMounts 字段用于指定将卷挂载到容器的路径。

卷的生命周期与挂载它的 Pod 的相同，但是卷中的文件可能在卷消失后仍然存在，这取决于具体的卷类型。

Docker 也有卷的概念，但它对卷提供的管理功能有限。Docker 的卷是磁盘上或另外一个容器内的一个目录，其生命周期不受管理。Docker 提供卷驱动程序，但是其功能非常有限。

6.1.2 卷的类型

Kubernetes 支持的卷类型非常多，在实际使用中使用较多的卷类型如下。

• EmptyDir：一种简单的空目录，主要用于临时存储。
• HostPath：将主机路径（主机的某个目录）挂载到容器中。

- ConfigMap：特殊类型的卷，将 Kubernetes 特定的配置信息挂载到 Pod。
- PersistentVolumeClaim：Kubernetes 的持久化存储类型。
- NFS：将网络文件系统（Network File System，NFS）挂载到 Pod 中。

任务实现

任务 6.1.1　使用 EmptyDir 卷存储数据

1. 了解 EmptyDir 卷

作为非常简单的一种卷类型，顾名思义，EmptyDir 卷挂载后就是一个空目录，应用程序可以在其中读写文件。使用 EmptyDir 卷时会在节点主机上创建对应的目录，该目录的初始内容为空，并且无须指定节点主机上对应的目录文件，目录文件由 Kubernetes 自动生成。

EmptyDir 卷的生命周期与 Pod 的相同，当 Pod 部署到某个节点上时，EmptyDir 卷将会在该节点上自动创建，并且 Pod 在该节点上运行期间该卷会一直存在。删除 Pod 之后，EmptyDir 卷中的数据也被永久性删除。值得一提的是，容器崩溃并不会导致 Pod 从节点上被移除，因此 EmptyDir 卷中的数据仍然存在。

EmptyDir 卷的主要使用场景如下。

- 用作缓存空间，如基于磁盘的合并排序。
- 为耗时较长的计算任务提供检查点，以便任务能从崩溃前的状态恢复执行。
- Pod 中的不同容器之间共享文件，如日志采集等。

2. 测试 EmptyDir 卷的使用

项目 3 中任务 3.3.1 的多容器示例已经涉及 EmptyDir 卷的使用。下面简单示范一下 EmptyDir 卷的使用。

（1）编写 Pod 配置文件（文件名为 emptydir-pod.yaml），内容如下。

```
apiVersion: v1
kind: Pod
metadata:
  name: emptydir-demo
spec:
  containers:
  - name: busybox
    image: busybox
    volumeMounts:                    # 容器挂载卷
    - name: pod-volume               # 要挂载的卷名称
      mountPath: /pod-data           # 挂载到容器的路径
    # 容器启动命令及参数
    command: ["/bin/sh"]
    args: ["-c","while true;do /bin/echo  $(date +%T) '记录' >> /pod-data/test.txt;sleep 60; done;"]
  volumes:                           # 在 Pod 级别定义卷
  - name: pod-volume                 # 卷名称
    emptyDir: {}                     # EmptyDir 卷
```

（2）基于配置文件 /k8sapp/06/emptydir-pod.yaml 创建名为 emptydir-demo 的 Pod。

（3）进入该 Pod 容器的 Shell 环境，列出该容器根目录下的子目录，可发现挂载卷的 pod-data 目录；查看该目录下由容器命令写入的 test.txt 文件，可发现该文件中记录的内容。

```
[root@master01 ~]# kubectl exec -it emptydir-demo -- /bin/sh
/ # ls
bin    dev    etc    home    pod-data    proc    root    sys    tmp    usr    var
/ # cat /pod-data/test.txt
02:52:26 记录
02:53:26 记录
/ # exit
```

（4）查看该 Pod 所在的节点，本例的 Pod 在 node02 节点上运行。

```
[root@master01 ~]# kubectl get pod -o wide
NAME            READY    STATUS     RESTARTS    AGE      IP              NODE      ...
emptydir-demo   1/1      Running    0           3m10s    10.244.140.77   node02    ...
```

（5）登录到 node02 节点主机上，从根目录下查找名称为 EmptyDir 卷名称的文件（本例名为 pod-volume），可以发现 Kubernetes 在节点上自动创建了以 EmptyDir 卷名称命名的目录。

```
[root@node02 ~]# find / -name pod-volume
/var/lib/kubelet/pods/33a2a82d-1a1e-45c5-90a2-38f64a88464c/volumes/
kubernetes.io~empty-dir/pod-volume
/var/lib/kubelet/pods/33a2a82d-1a1e-45c5-90a2-38f64a88464c/plugins/
kubernetes.io~empty-dir/pod-volume
```

其中，第 1 个子目录是 EmptyDir 卷所在的目录，第 2 个子目录为 EmptyDir 卷的定义，目录路径中最长的字符串就是该 Pod 的全局唯一标识符（Globally Unique Identifier，GUID）。

（6）继续查看 EmptyDir 卷所在目录的内容，可以发现 Pod 容器所使用的文件。

```
[root@node02 ~]# ls /var/lib/kubelet/pods/33a2a82d-1a1e-45c5-90a2-
38f64a88464c/volumes/kubernetes.io~empty-dir/pod-volume
test.txt
```

（7）切回控制平面节点，执行 kubectl delete pod emptydir-demo 命令删除上述 Pod。

（8）转到 node02 节点上查找 pod-volume 文件，可以发现找不到该文件了，这就表明随着 Pod 的删除，EmptyDir 卷也被自动删除了。

```
[root@node02 ~]# find / -name pod-volume
```

本例的 EmptyDir 卷实际是将其内容写入 Pod 所在节点的磁盘上，这是默认设置；也可以在配置文件中通过 medium 字段更改 EmptyDir 卷的存储介质，例如将存储介质设置为内存（Memory）：

```
volumes:
  - name: pod-volume
    emptyDir:
      medium: Memory
```

任务 6.1.2　使用 HostPath 卷挂载宿主机文件

1. 了解 HostPath 卷

HostPath 是主机路径的意思，这种卷能将节点主机的文件系统上的文件或目录直接挂载到 Pod 中，以供容器使用，这样就使 HostPath 卷成为一种持久化

微课

02. 测试 HostPath
卷的使用

存储。EmptyDir 卷中的内容会随着 Pod 的删除而消失,但 HostPath 卷不同,即使相应的 Pod 被删除,HostPath 卷中的内容也依然存在于节点主机的文件系统中。如果后续重新创建 Pod 并且该 Pod 被调度到同一个节点上,那么挂载之后,该 Pod 依然可以读取之前 Pod 所写入的内容。

HostPath 卷的主要使用场景如下。

- 运行一个需要访问 Docker 内部的容器,可以以 HostPath 方式挂载 /var/lib/docker 路径。
- 在容器中运行 cAdvisor 进行监控时,以 HostPath 方式挂载 /sys 目录。
- 其他用到节点主机文件的场景。

使用 HostPath 卷的主要注意事项如下。

- HostPath 卷存储的内容与节点相关,不要使用 HostPath 卷存储跨 Pod 的数据,一定要将 HostPath 卷的使用范围限制在读取节点主机的文件上,这是因为 Pod 被重新创建后不能确定它会被调度到哪个节点上,写入文件就可能导致前后不一致。
- HostPath 卷存在许多安全风险,确实需要使用 HostPath 卷时,其范围应仅限于所需的文件或目录,并以只读方式挂载。
- 相同配置(如基于同一 Pod 模板创建)的多个 Pod 会由于节点上文件的不同而在不同节点上有不同的行为。
- 底层宿主机上创建的文件或目录只能由 root 用户写入,需要在特权容器中以 root 用户身份运行进程,或者修改主机上的文件权限以便容器能够写入 HostPath 卷。

2. 测试 HostPath 卷的使用

下面示范 HostPath 卷的使用。

(1)编写 Pod 配置文件(文件名为 hostpath-pod.yaml),这里在任务 6.1.1 的基础上进行修改,将 Pod 名称改为 hostpath-demo,卷的定义修改如下。

```
volumes:                    # 在 Pod 级别定义卷
- name: pod-volume          # 卷名称
  hostPath:
    path: /test-data        # HostPath 卷所在的路径
```

其他配置保持不变。

(2)基于配置文件 /k8sapp/06/hostpath-pod.yaml 创建名为 hostpath-demo 的 Pod。

(3)进入该 Pod 容器的 Shell 环境,查看由容器命令写入的 test.txt 文件,可发现该文件中记录的内容。

```
[root@master01 ~]# kubectl exec -it hostpath-demo  -- /bin/sh
/ # cat /pod-data/test.txt
06:47:58 记录
06:48:58 记录
/ # exit
```

(4)查看该 Pod 所在的节点,可发现本例的 Pod 在 node02 节点上运行。

```
[root@master01 ~]# kubectl get pod -o wide
NAME            READY    STATUS     RESTARTS    AGE     IP              NODE      ...
hostpath-demo   1/1      Running    0           2m4s    10.244.140.76   node02    ...
```

(5)登录到 node02 节点主机上,可以发现 Kubernetes 在该节点主机上自动创建了以 HostPath 卷名称命名的目录,且容器写入的文件位于该目录。

162

Kubernetes集群实战(微课版)

```
[root@node02 ~]# ls /test-data
test.txt
```

（6）回到控制平面节点，执行 kubectl delete pod hostpath-demo 命令删除创建的 Pod。

（7）回到 node02 节点上查看，可以发现用作 HostPath 卷的目录仍然存在，其中容器操作的文件也存在。

```
[root@node02 ~]# cat /test-data/test.txt
06:47:58 记录
...
06:51:58 记录
```

定义 HostPath 卷时，除使用必需的 path 属性指定节点的文件或目录路径之外，还可以通过 type 字段指定其类型。该字段值默认为空，表示在安装 HostPath 卷之前不会执行任何检查。可选的类型值主要包括 DirectoryOrCreate（如果指定的目录不存在，则根据需要创建空目录，权限设置为 0755）、Directory（要求指定的目录必须存在）、FileOrCreate（如果指定的文件不存在，则根据需要创建空目录，权限设置为 0755）、File（要求指定的文件必须存在）。

任务 6.1.3　使用 NFS 卷挂载 NFS 共享目录

NFS 的目的就是让不同计算机、不同操作系统之间可以共享文件。NFS 被 UNIX、Linux 系统广泛支持，占用的系统资源非常少，效率很高。NFS 采用 C/S 工作模式。在 NFS 服务器上将某个目录设置为共享目录后，其他客户端就可以将这个目录挂载到自己系统中的某个目录下，像本地文件系统一样使用。

微课

03. 使用 NFS 卷挂载 NFS 共享目录

HostPath 卷基本可以解决数据持久化的问题，但是一旦节点发生故障，Pod 转移到其他节点，就无法访问原来的数据了，因此这种卷只适合被读取。如果将 Pod 中的存储直接连接到 NFS 上，则无论 Pod 在节点之间如何转移，只要节点主机能够访问 NFS，相应的 Pod 也就可以成功访问其中的数据。我们可以使用 NFS 卷将 NFS 共享目录挂载到 Pod 中。删除 Pod 时，NFS 卷中的内容仍然会被保存，只是卷被卸载了。这就意味着 NFS 卷还可以被预先填充数据，并且这些数据可以在 Pod 之间共享。

1. 准备 NFS 共享目录

先部署 NFS 服务器，再配置共享目录。

（1）部署 NFS 服务器。为简化实验，这里直接在控制平面节点上安装 NFS 服务器。

本例实验环境中 CentOS Stream 8 操作系统默认已安装 NFS 服务器，只是没有启动它。执行以下命令启动 NFS 服务，并将其设置为开机自动启动。

```
[root@master01 ~]# systemctl start nfs-server  && systemctl enable nfs-server
Created symlink /etc/systemd/system/multi-user.target.wants/nfs-server.
service → /usr/lib/systemd/system/nfs-server.service.
```

（2）配置 NFS 共享目录。

在控制平面节点上执行以下命令准备一个拟用于共享的目录。

```
[root@master01 ~]# mkdir  -p /test-storage/nfs
```

编辑 /etc/exports 文件，在其中添加以下内容将该目录的读写权限提供给 192.168.10.0/24 网段中的所有主机。

```
/test-storage/nfs       192.168.10.0/24(rw,sync,no_subtree_check,no_root_squash)
```

关键是对 NFS 主配置文件 /etc/exports 进行设置，以确定要共享的文件系统和相关的访问权限。该文件包括若干行，每一行提供一个共享目录的设置，由共享路径、客户端列表以及针对客户端的选项构成，基本格式如下：

```
共享路径   [客户端][(选项1,选项2,...)]
```

执行以下命令，列出可共享的 NFS 共享目录，并使共享目录的设置立即生效。

```
[root@master01 ~]# exportfs  -av
exporting 192.168.10.*:/test-storage/nfs
```

（3）在 Kubernetes 集群中的其他节点上测试对 NFS 共享目录的访问。

本例的 CentOS Stream 8 操作系统已安装该软件包。例如，在 node01 节点上执行以下命令列出可访问的 NFS 共享目录。其他节点作为 NFS 客户端也需要安装 nfs-utils 软件包，但不必启动 NFS 服务。

```
[root@node01 ~]# showmount -e 192.168.10.30
Export list for 192.168.10.30:
/test-storage/nfs 192.168.10.0/24
```

2. 测试 NFS 卷的使用

（1）编写 Pod 配置文件（文件名为 nfs-pod.yaml），这里在任务 6.1.2 的基础上进行修改，将 Pod 名称改为 nfs-demo，卷的定义修改如下。

```
    volumes:                              # 在 Pod 级别定义卷
    - name: pod-volume                    # 卷名称
      nfs:
        server: 192.168.10.30             # NFS 服务器地址
        path: /test-storage/nfs           # 共享文件路径
```

其他配置保持不变。

（2）基于配置文件 /k8sapp/06/nfs-pod.yaml 创建名为 nfs-demo 的 Pod。

（3）进入该 Pod 容器的 Shell 环境，查看由容器命令写入的 test.txt 文件，可发现该文件中记录的内容。

```
[root@master01 ~]# kubectl exec -it nfs-demo  -- /bin/sh
/ #  cat /pod-data/test.txt
09:56:19 记录
/ # exit
```

（4）查看 NFS 共享目录中的文件内容，可以发现 Pod 中容器写入的新数据。

```
[root@master01 ~]# cat /test-storage/nfs/test.txt
09:56:19 记录
09:57:19 记录
```

（5）查看该 Pod 所在的节点，发现本例的 Pod 在 node02 节点上运行。

```
[root@master01 ~]# kubectl get pod -o wide
NAME        READY   STATUS    RESTARTS    AGE     IP            NODE      ...
nfs-demo    1/1     Running   0           89s     10.244.140.78 node02    ...
```

（6）执行 kubectl delete pod nfs-demo 命令删除该 Pod。

（7）执行 kubectl create -f /k8sapp/06/nfs-pod.yaml 命令创建 Pod。

（8）查看该 Pod 所在的节点，发现 Pod 已被调度到 node01 节点上运行。

```
[root@master01 ~]# kubectl get pod -o wide
NAME          READY   STATUS     RESTARTS   AGE   IP               NODE    ...
nfs-demo      1/1     Running    0          7s    10.244.196.130   node01  ...
```

如果没有在 node01 节点上运行，则可以在 Pod 配置文件中加入以下的节点选择器定义：

```
  nodeSelector:
    kubernetes.io/hostname: node01   # 调度到 node01 节点上运行
```

再基于该配置文件创建 Pod，以便对比测试。

（9）进入该 Pod 容器的 Shell 环境，查看由容器命令写入的 test.txt 文件。

```
[root@master01 ~]# kubectl exec -it nfs-demo  -- /bin/sh
/ # cat /pod-data/test.txt
09:56:19 记录
...
10:02:42 记录
```

可以发现，不同节点之间的 Pod 依然可以共享 NFS 卷中的数据。

（10）删除所创建的 Pod，清理实验环境。注意保留 NFS 共享目录以供后续实验使用。

任务 6.2　配置和使用持久卷

▷ 任务要求

Kubernetes 支持的卷类型非常多，涉及内置的存储资源、第三方开源的存储资源、厂商提供的专用存储设备，以及云提供商提供的云存储等，而这些卷往往采用不同的存储技术，如块存储、文件存储、对象存储，给用户的使用带来了不便。为此，Kubernetes 引入 PV 和 PVC 这两种资源来屏蔽底层存储实现的细节，简化用户的使用。PV 就是持久卷，基本的创建方式是静态制备，首先准备存储资源，然后基于存储资源创建 PV，最后创建 PVC，由 PVC 请求相应的 PV。为进一步改善用户体验，Kubernetes 又引入 StorageClass 定义存储类，PVC 基于 StorageClass 实现 PV 的自动构建，这是更高级的持久卷创建方式，即动态制备。本任务的基本要求如下。

（1）了解 PV 和 PVC 的概念和持久化存储机制。

（2）了解 PV 和 PVC 的定义。

（3）理解 StorageClass 的概念和运行机制。

（4）掌握 PV 和 PVC 的创建和使用方法。

（5）学会创建 StorageClass 并在 NFS 后端存储中实现 PV 的动态制备。

⤢ 相关知识

6.2.1　PV 与 PVC 的持久化存储机制

前面介绍的卷可以接入大部分存储后端，但是实际应用中会面临以下问题。

- 某个卷不再被挂载使用时，如何处理其中的数据。
- 如何限制仅允许特定的 Pod 挂载。
- 如何限制特定的 Pod 使用额定的存储空间。
- 如何实现只读挂载。

这些问题仅靠卷是无法解决的，而且卷也无法管理自己的生命周期。另外，实际应用中广泛使用的网络存储种类非常多，且有不同的使用方法，通常一个云提供商至少有块存储、文件存储和对象存储等类型的存储解决方案。为解决这些问题，Kubernetes 使用 PV 和 PVC 的持久化存储机制。

PV 描述的是具体的持久卷，是对底层各类存储资源的一种抽象，能够屏蔽底层存储实现的具体细节。PV 主要由 Kubernetes 管理员进行创建和配置，它与底层具体的共享存储技术有关，无论后端使用 NFS、iSCSI，还是特定于云平台的存储系统，都可以通过插件完成与存储资源的对接。与卷相比，PV 拥有独立于任何使用 PV 的 Pod 的生命周期，提供了更多的功能，如生命周期的管理、大小的限制等。

PVC 是对存储需求的声明，描述的是 Pod 希望使用的持久化存储的属性，如卷存储的大小、可读写权限等。这样，使用者不必关心具体的存储资源，需要存储时声明即可。

PV 与 PVC 之间的关系如图 6-1 所示。Kubernetes 管理员设置网络存储的类型，提供相应的 PV 描述符配置给 Kubernetes，使用者需要存储时只需要创建 PVC，然后在 Pod 中使用卷关联 PVC，即可让 Pod 使用存储资源。

用 PV 与 PVC 的持久化存储机制可以实现存储管理工作的合理分工，实际的存储资源由存储工程师运维，PV 由 Kubernetes 管理员运维，而 PVC 则由 Kubernetes 用户管理。

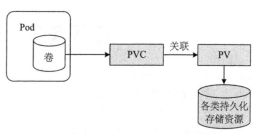

图 6-1 PV 与 PVC 之间的关系

6.2.2 PV 的定义

PV 配置文件格式如下。

```
apiVersion: v1                              # API 版本
kind: PersistentVolume                      # 资源类型
metadata:                                   # 元数据
  name: string                              # 资源名称
  labels:                                   # 标签
    - name: string
  annotations:                              # 注解
    - name: string
spec:
  capacity:                                 # 存储能力，目前只支持存储空间大小的设置
    storage: string
  volumeMode: string                        # 卷模式
  accessModes: [ ]                          # 访问模式
  storageClassName: string                  # StorageClass（存储类）名称
  persistentVolumeReclaimPolicy: string     # 回收策略
  type(string):                             # 后端存储类型，与底层存储资源对应
    ...                                     # 后端存储的详细定义
```

```
    mountOptions:                          # 可选的挂载选项
        ...
```

PV 作为存储资源，除了元数据等基本定义外（注意 PV 不属于任何名称空间），还包括以下设置。

（1）存储能力由 capacity 字段定义。目前，Kubernetes 仅支持存储容量（大小）设置，一般使用单位 Gi。

（2）卷模式由 volumeMode 字段定义。Kubernetes 支持以下两种卷模式。

• Filesystem（文件系统）：默认的卷模式。此模式的卷会被 Pod 挂载到某个目录，如果存储设备目前为空，则 Kubernetes 会在首次挂载卷之前在该设备上创建文件系统。

• Block（块）：此模式的卷作为原始块设备来使用，被 Pod 使用时不会被格式化为文件系统。

（3）访问模式由 accessModes 字段定义，用于指定存储资源的读写方式。Kubernetes 支持以下几种访问模式。

• ReadWriteOnce：卷仅被单个节点（可以是多个 Pod）以读写方式挂载。

• ReadOnlyMany：卷可以被多个节点以只读方式挂载。

• ReadWriteMany：卷可以被多个节点以读写方式挂载。

• ReadWriteOncePod：卷仅被单个 Pod 以读写方式挂载，也就是卷会被限制起来并且只能挂载到一个 Pod 上。这种模式只支持 CSI 卷以及 Kubernetes 1.22 以上的版本。CSI 是 Container Storage Interface 的缩写，可译为容器存储接口，旨在取代现有的树内存储驱动机制。

卷访问模式并不会在存储资源已经被挂载的情况下为其实施写保护，即使设置为只读模式也无法保证该卷是只读的。每个卷同一时刻只能以一种访问模式挂载，即使该卷能够支持多种访问模式。底层不同的存储类型支持的访问模式可能不同。

（4）StorageClass（存储类）由 storageClassName 字段定义，用于关联特定类的 PVC。属于特定类的 PV 只能与请求该类的 PVC 绑定。未绑定类的 PV 则只能与不请求任何类的 PVC 绑定。

（5）回收策略由 persistentVolumeReclaimPolicy 字段定义，用于决定 PV 不再被使用之后的处理方式。目前支持以下 3 种回收策略。

• Retain（保留）：保留数据，需要管理员手动清理数据进行回收。

• Recycle（回收）：清除 PV 中的数据，效果相当于执行 rm -rf /thevolume/* 命令。目前，仅 NFS 和 HostPath 卷支持 Recycle 策略。

• Delete（删除）：关联的后端存储完成卷的删除操作，常见于云提供商的存储服务。

底层不同的存储类型支持的回收策略也有可能不同。

（6）后端存储类型。PV 是用插件的形式来实现的，不同的插件支持不同的类型。Kubernetes 目前支持的后端存储类型主要包括 CephFS 卷、CSI 卷、FC 存储、HostPath 卷、iSCSI 存储、NFS 卷、RBD（Rados 块设备）卷、节点上挂载的本地存储设备。像 Glusterfs 卷这样的类型已被 Kubernetes 新版本弃用。

具体的配置字段取决于后端存储类型。下面给出一个 NFS 卷后端配置的示例：

```
nfs:                                       # 后端存储类型
    path: /                                # 共享路径
    server: 172.17.0.2                     # NFS 服务器
```

再来看一个 FC 存储的示例：

```
fc:
```

```
    targetWWNs: ["50060e801049cfd1"]
    lun: 0
    readOnly: false
```

（7）挂载选项由 mountOptions 字段定义，用于指定 PV 被挂载到节点上时使用的附加挂载设置。注意，有些 PV 类型不支持挂载选项。这里给出一个 nfs 卷挂载选项的示例：

```
mountOptions:
  - hard                          # 硬挂载方式
  - nfsvers=4.1                   # NFS 版本
```

Kubernetes 对挂载选项并不执行合规性检查。如果挂载选项不合规，挂载就会失败。

6.2.3　PVC 的定义

PVC 是用户对存储资源的需求声明，主要包括存储空间请求、访问模式、PV 选择条件和存储类别等设置。PVC 配置文件格式如下。

```
apiVersion: v1                    # API 版本
kind: PersistentVolumeClaim       # 资源类型
metadata:                         # 元数据（可以指定名称空间）
  ...
spec:
  accessModes: [ ]                # 访问模式
  volumeMode: string              # 卷模式
  resources:                      # 资源
    requests:                     # 资源请求
      storage: string             # 请求的存储空间
  storageClassName: string        # StorageClass 名称
  selector:                       # 标签选择器
  ...
```

主要配置信息说明如下。

（1）访问模式。请求具有特定访问模式的存储时，使用与 PV 相同的访问模式约定。

（2）卷模式。使用与 PV 相同的约定来表明是将卷作为文件系统还是块设备来使用。

（3）资源由 resources 字段定义，用于指定需要请求的特定数量的资源。请求的是存储资源。PV 和 PVC 都使用相同的资源模型。目前支持 requests.storage 字段的设置，即请求的存储空间大小。

（4）StorageClass 名称。可以通过设置 storageClassName 字段来请求特定 StorageClass 的 PV。这样做的目的是减少对后端存储特性详细设置的依赖，只有设置了该存储类的 PV 才能被选出，并与对应的 PVC 绑定。

（5）标签选择器。设置标签选择器可以使 PVC 对于系统中已存在的各类 PV 基于标签进行筛选。选择条件可以使用 matchLabels 和 matchExpressions 字段进行设置，如果两个字段都设置了，则需同时满足两组条件才能完成条件匹配。下面给出一个标签选择器定义的例子。

```
selector:
  matchLabels:
    release: "stable"
  matchExpressions:
    - {key: environment, operator: In, values: [dev]}
```

6.2.4　PV 和 PVC 的生命周期

PV 是 Kubernetes 集群中的资源，PVC 是对这些资源的请求。PV 和 PVC 是一一对应的，PV 和 PVC 之间的互动遵循以下生命周期。

（1）资源制备。PV 资源的制备分为静态和动态两种方式。静态制备是指管理员手动创建 PV。这些 PV 具有实际存储的细节信息，相应的卷可供用户使用。动态制备是指管理员无须手动创建 PV，而是基于 StorageClass 动态实现资源制备：PV 为后端存储指定了 StorageClass，PVC 对请求的资源使用 StorageClass 进行声明，Kubernetes 通过 StorageClass 匹配自动完成 PV 的创建以及与 PVC 的绑定。

（2）资源绑定。定义 PVC 以后，Kubernetes 根据 PVC 对存储资源的请求从现有的 PV 中选择一个满足要求的，将该 PV 与定义的 PVC 进行绑定。如果找不到合适的 PV，则 PVC 会一直处于待定（Pending）状态（未实现绑定），直到有符合条件的 PV 出现。PV 一旦绑定到 PVC 上，就会被 PVC 独占，不能再与其他 PVC 绑定。

（3）资源使用。Pod 使用卷定义将 PVC 挂载到容器内的某条路径来使用，卷的类型为 PersistentVolumeClaim。也就是说，Pod 将 PVC 当作卷来使用，Kubernetes 会检查 PVC 的请求，找到所绑定的卷，并为 Pod 挂载该卷。对于支持多种访问模式的卷，要在 Pod 中以卷的形式使用请求时，用户需指定期望的访问模式。多个 Pod 还能够挂载到同一个 PVC 上。

（4）资源保护。即保护正在使用的存储对象，目的是确保仍被 Pod 使用的 PVC 及其绑定的 PV 在系统中不会被移除，以免造成数据丢失。如果用户删除被某 Pod 使用的 PVC，该 PVC 的移除操作不会被立即执行，会推迟到其不再被任何 Pod 使用时才被执行。如果管理员删除已绑定到某 PVC 的 PV，该 PV 也不会被立即删除，而是推迟到该 PV 不再绑定到 PVC 时才被删除。

（5）资源回收。当用户不再使用其卷时，可以将 PVC 删除，从而允许该资源被回收，以便新的 PVC 绑定和使用。管理员能够设定回收策略，用于设置与之绑定的 PVC 释放资源以后如何处理遗留数据。

6.2.5　StorageClass

PV 和 PVC 虽然能够实现屏蔽底层存储，但是 PV 需要管理员手动创建。如果 Kubernetes 集群规模较大，则需要创建的 PVC 会非常多。随着项目的增加，新的 PVC 不断被提交，管理员就需要不断增加新的 PV。而且不同的应用对于存储性能的要求也不尽相同，通过 PVC 请求的存储空间不一定满足应用存储需求。为解决这些问题，Kubernetes 引入 StorageClass，支持根据 PVC 的请求自动创建对应的 PV。

1. 什么是 StorageClass

StorageClass 提供了一种描述存储类的方法，不同的类可能会映射到不同的存储服务质量等级、存储备份策略等。通过 StorageClass 的定义，管理员可以将存储资源定义为某种类型的资源，如快速存储、慢速存储、并发访问等，用户根据 StorageClass 的描述信息就能了解各种存储资源的具体特性，便于根据应用的特点和需求去请求合适的存储资源。利用 StorageClass 根据 PVC 请求实现 PV 的动态创建，进一步简化运维管理工作。

2. StorageClass 的工作机制

Kubernetes 提供动态创建和制备 PV 的方法，其工作机制如图 6-2 所示。管理员可以部署 PV 制备器（Provisioner）来决定使用哪个卷插件（Volume Plugin）制备 PV，然后定义对应的 StorageClass，这样用户（一般是开发人员）在创建 PVC 时就可以选择 StorageClass，PVC 将 StorageClass 传递给 PV 制备器，由 PV 制备器调用卷插件自动创建 PV，并自动创建底层的存储资源。

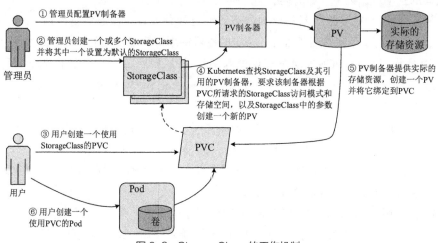

图 6-2　StorageClass 的工作机制

3. StorageClass 的定义

每个 StorageClass 都包含 provisioner、parameters 和 reclaimPolicy 字段，这些字段在 StorageClass 需要动态分配 PV 时会用到。StorageClass 的名称非常重要，用户使用该名称来请求生成一个特定的类。创建 StorageClass 时，管理员设置 StorageClass 的名称和其他参数，一旦创建了该对象就不能再对其进行更改。下面是一个来自官方的 StorageClass 配置文件例子，该例使用 AWSElasticBlockStore 卷插件提供存储。

```
apiVersion: storage.k8s.io/v1          # API 版本
kind: StorageClass                     # 资源类型
metadata:                              # 元数据
  name: standard                       # 名称
provisioner: kubernetes.io/aws-ebs     # 制备器
parameters:                            # 参数
  type: gp2
reclaimPolicy: Retain                  # 回收策略
allowVolumeExpansion: true             # 是否可扩展
mountOptions:                          # 挂载选项
  - debug
volumeBindingMode: Immediate           # 卷绑定模式
```

StorageClass 相当于一个创建 PV 的模板，其定义主要涉及以下字段。

• provisioner 字段指定制备器，用来决定 StorageClass 使用哪个卷插件基于后端存储配置 PV，此字段是必需的，不同的制备器对应不同的存储系统。Kubernetes 内置 AzureFile、RBD、VsphereVolume 等卷插件的制备器，其名称前缀为 kubernetes.io，如 kubernetes.io/vsphere-volume、kubernetes.io/rbd。管理员还可以运行和指定外部制备器，前提是它们遵循由 Kubernetes 定义的规范，如 CephFS、NFS、iSCSI 等卷就需要外部制备器。有些第三方存储供应商提供自己的外部制备器。还有一个特殊的本地卷，对应的制备器名为 kubernetes.io/no-provisioner，目前并不支持动态制备，但是需要创建 StorageClass 以延迟卷绑定，直到完成 Pod 的调度。

- parameters 字段定义的参数用于描述 StorageClass 的卷，不同的制备器接收不同的参数，最多可以定义 512 个参数。当参数被省略时，会使用默认值。

- reclaimPolicy 字段指定由 StorageClass 动态创建的 PV 的回收策略，值可以是 Delete（删除）或者 Retain（保留），默认值为 Delete。

- allowVolumeExpansion 字段指定由 StorageClass 动态创建的 PV 是否可扩展。值设置为 true 时，允许用户通过编辑相应的 PVC 来调整卷的大小。并不是所有的存储制备器都支持此功能。

- mountOptions 字段指定由 StorageClass 动态创建的 PV 的挂载选项。

- volumeBindingMode 字段指定卷绑定模式。默认为 Immediate 模式，一旦创建了 PVC 也就完成了卷的绑定和动态配置。WaitForFirstConsumer 模式将延迟 PV 的绑定和配置，直到使用该 PVC 的 Pod 被创建。

4．动态卷制备

创建 StorageClass 之后，就可以通过动态卷制备（Dynamic Volume Provisioning）按需创建卷，这种方式无须关心存储方式的复杂性和差别，而且可以选择不同的存储类型。

（1）启用动态卷制备功能。集群管理员需要预先创建一个或多个 StorageClass。一定要在定义 StorageClass 时指定使用的制备器（定义 provisioner 字段），也就是要使用哪个卷插件，同时还要指定制备器被调用时传入的参数。

（2）使用动态卷制备功能。用户在 PVC 中通过 storageClassName 字段指定存储类来请求动态提供的存储资源。该字段的值必须能够匹配到管理员配置的 StorageClass 名称。例如，下面的 PVC 定义中选择名称为 standard 的 StorageClass 作为存储类。

```
apiVersion: v1
kind: PersistentVolumeClaim
metadata:
  name: test-dvp
spec:
  accessModes:
    - ReadWriteOnce
  storageClassName: standard
  resources:
    requests:
      storage: 30Gi
```

基于该配置文件创建 PVC，当 Pod 使用到该 PVC 时就会自动创建对应的外部存储资源。当 PVC 被删除的时候，会根据 StorageClass 所定义的回收策略自动备份（或销毁）外部存储资源。

（3）使用默认的 StorageClass。PVC 可以在未指定 StorageClass 的情况下使用动态卷制备功能，这需要两个条件：一个条件是设置一个默认的 StorageClass（使用 storageclass.kubernetes.io/is-default-class 注解设置即可，一个集群中只能有一个默认的 StorageClass）；另一个条件是 API 服务器启用 DefaultStorageClass 准入控制器，默认已经启用。

如果 PVC 不设置 storageClassName 字段，或者将该字段值设置为空（""），则表示该 PVC 不要求特定的 StorageClass，会绑定到未设置 storageClassName 字段（或该字段值为空）的 PV。但是，启用了 DefaultStorageClass 准入控制器，并且设置了默认的 StorageClass，则该 PVC 会绑定到属于默认 StorageClass 的 PV，这就是使用默认 StorageClass 的好处，可以为应用程序提供通用的持久化存储。

![任务实现]

任务 6.2.1　创建基于 NFS 的 PV

微课

04. 创建基于 NFS
的 PV

　　前面已经学习了 NFS 卷的挂载，NFS 卷是一种集群共享存储的简单解决方案。这里在任务 6.1.3 所创建的 NFS 环境的基础上进行操作，使用 NFS 共享目录作为后端存储来创建 PV。

1. 准备 NFS 共享目录

创建两个 NFS 共享目录为两个 PV 提供存储资源。

（1）创建要共享的物理目录。

```
[root@master01 ~]# mkdir -p /test-storage/nfs1 /test-storage/nfs2
```

（2）修改 /etc/exports 配置文件，添加以下两行定义，增加两个共享目录。

```
/test-storage/nfs1    192.168.10.0/24(rw,sync,no_subtree_check,no_root_squash)
/test-storage/nfs2    192.168.10.0/24(rw,sync,no_subtree_check,no_root_squash)
```

（3）执行以下命令使该配置文件生效。

```
[root@master01 ~]# exportfs  -av
exporting 192.168.10.0/24:/test-storage/nfs2
exporting 192.168.10.0/24:/test-storage/nfs1
exporting 192.168.10.0/24:/test-storage/nfs
```

2. 创建 PV

（1）编写 PV 配置文件（命名为 nfs-pv.yaml），内容如下。

```
apiVersion: v1
kind: PersistentVolume
metadata:
  name: nfs-pv1
spec:
  capacity:
    storage: 5Gi                              # 定义 PV 的大小
  volumeMode: Filesystem                      # 卷模式
  accessModes:
  - ReadWriteMany                             # 访问模式
  persistentVolumeReclaimPolicy: Recycle      # 回收策略
  nfs:                                        # 存储类型
    path: /test-storage/nfs1
    server: 192.168.10.30
---
apiVersion: v1
kind: PersistentVolume
metadata:
  name: nfs-pv2
spec:
  capacity:
    storage: 3Gi                              # 定义 PV 的大小
  volumeMode: Filesystem                      # 卷模式
  accessModes:
```

```
    - ReadWriteOnce                                  # 访问模式
    persistentVolumeReclaimPolicy: Recycle           # 回收策略
    nfs:                                             # 存储类型
      path: /test-storage/nfs2
      server: 192.168.10.30
```

这是一个多文档的 YAML 配置文件, 包括两个 PV 的定义, 为了示范, 这里将两个 PV 的访问模式和容量设置得不一样。

（2）基于该配置文件创建 PV。

```
[root@master01 ~]# kubectl create -f /k8sapp/06/nfs-pv.yaml
persistentvolume/nfs-pv1 created
persistentvolume/nfs-pv2 created
```

（3）查看所创建的 PV。

```
[root@master01 ~]# kubectl get pv
NAME      CAPACITY   ACCESS MODES   RECLAIM POLICY   STATUS      CLAIM   ...   AGE
nfs-pv1   5Gi        RWX            Recycle          Available                 12s
nfs-pv2   3Gi        RWO            Recycle          Available                 8s
```

其中, RECLAIM POLICY 列表示 PV 的回收策略, STATUS 列表示状态, 值为 Available 说明 PV 处于可用的状态。每个 PV 会处于以下状态之一。

- Available（可用）: 卷是一个空闲资源, 尚未绑定到任何 PVC。
- Bound（已绑定）: 卷已经绑定到某 PVC。
- Released（已释放）: 所绑定的 PVC 已被删除, 但是资源尚未被集群回收。
- Failed（失败）: 卷的自动回收操作失败。

本例产生了两个 PV, 说明 PV 就是将实际的存储资源或设备抽象成了 Kubernetes 的资源。实际应用中, PV 通常是由运维人员进行运维的, 开发人员一般运维 PVC, 并部署和管理 Pod。

任务 6.2.2　基于 PVC 使用 PV

前面我们创建了 PV, PV 需要通过 PVC 声明才能为 Pod 所用。PVC 消耗的是 PV 资源。通过 PVC 使用存储资源时无须关心底层的存储实现细节。下面基于 PVC 来使用上述 PV 提供的存储资源。

微课

05. 基于 PVC 使用 PV

1. 创建 PVC

（1）编写 PVC 配置文件（命名为 nfs-pvc.yaml）, 内容如下。

```
apiVersion: v1
kind: PersistentVolumeClaim
metadata:
  name: nfs-pvc1
spec:
  accessModes:
    - ReadWriteMany                   # 访问模式
  volumeMode: Filesystem              # 卷模式
  resources:
    requests:
      storage: 4Gi                    # 声明存储的大小
---
```

```
apiVersion: v1
kind: PersistentVolumeClaim
metadata:
  name: nfs-pvc2
spec:
  accessModes:
    - ReadWriteOnce                    # 访问模式
  volumeMode: Filesystem               # 卷模式
  resources:
    requests:
      storage: 3Gi                     # 声明存储的大小
```

（2）基于该配置文件创建 PVC。

```
[root@master01 ~]# kubectl create -f /k8sapp/06/nfs-pvc.yaml
persistentvolumeclaim/nfs-pvc1 created
persistentvolumeclaim/nfs-pvc2 created
```

（3）查看所创建的 PVC。

```
[root@master01 ~]# kubectl get pvc
NAME       STATUS   VOLUME     CAPACITY   ACCESS MODES   STORAGECLASS   AGE
nfs-pvc1   Bound    nfs-pv1    5Gi        RWX                           83s
nfs-pvc2   Bound    nfs-pv2    3Gi        RWO                           83s
```

PVC 会通过定义的访问模式、存储大小去匹配满足条件的 PV。其中，名称为 nfs-pvc1 的 PVC 请求的是 4Gi 容量，Kubernetes 自动匹配容量为 5Gi 的 PV。这里可以发现 STATUS 列的值是 Bound，表示 PVC 已经绑定了 PV，VOLUME 列表示所绑定的 PV。

（4）查看之前的 PV。

```
[root@master01 ~]# kubectl get pv
NAME      CAPACITY ACCESS MODES   RECLAIM POLICY   STATUS   CLAIM              ...   AGE
nfs-pv1   5Gi      RWX            Recycle          Bound    default/nfs-pvc1         55m
nfs-pv2   3Gi      RWO            Recycle          Bound    default/nfs-pvc2         54m
```

可以发现，PV 的状态也变成了 Bound，CLAIM 列表示的是与 PV 绑定的 PVC，其中的 default 是名称空间的名称。因为 PV 是集群级的全局资源，并不属于任何名称空间，而 PVC 是属于特定名称空间的资源，PV 可以与任何名称空间的 PVC 绑定。

2. 使用 PVC

Pod 将 PVC 作为卷使用，并通过卷访问存储资源。PVC 必须与使用它的 Pod 位于同一名称空间。Kubernetes 在 Pod 的名称空间中查找指定名称的 PVC，并使用它来获得希望使用的 PV。之后，卷会被挂载到 Pod 中。

（1）编写 Pod 配置文件（文件名为 pvc-pod.yaml），这里在任务 6.1.3 的 Pod 配置文件的基础上进行修改，将 Pod 名称改为 pvc-demo，卷的定义修改如下。

```
volumes:                             # 在 Pod 级别定义卷
  - name: pod-volume                 # 卷名称
    persistentVolumeClaim:
      claimName: nfs-pvc1            # PVC 名称
      readOnly: false               # 不使用只读模式
```

其他配置保持不变。

（2）基于配置文件 /k8sapp/06/pvc-pod.yaml 创建名为 pvc-demo 的 Pod。

（3）进入该 Pod 容器的 Shell 环境，查看由容器命令写入的 test.txt 文件，可以看到该文件中记录的内容。

```
[root@master01 ~]# kubectl exec -it pvc-demo  -- /bin/sh
/ # cat /pod-data/test.txt
09:55:03 记录
/ # exit
```

（4）删除该 Pod。

```
[root@master01 ~]# kubectl delete po pvc-demo
pod "pvc-demo" deleted
```

（5）观察 PVC，可以发现所用的 PVC 没有发生变化。

```
[root@master01 ~]# kubectl get pvc
NAME       STATUS    VOLUME    CAPACITY    ACCESS MODES    STORAGECLASS    AGE
nfs-pvc1   Bound     nfs-pv1   5Gi         RWX                             15m
nfs-pvc2   Bound     nfs-pv2   3Gi         RWO                             15m
```

（6）删除所创建的 PVC。

```
[root@master01 ~]# kubectl delete -f /k8sapp/06/nfs-pvc.yaml
persistentvolumeclaim "nfs-pvc1" deleted
persistentvolumeclaim "nfs-pvc2" deleted
```

（7）观察 PV，可以发现 PV 处于 Released 状态。

```
[root@master01 ~]# kubectl get pv
NAME      CAPACITY  ACCESS MODES  RECLAIM POLICY  STATUS    CLAIM           ...   AGE
nfs-pv1   5Gi       RWX           Recycle         Released  default/nfs-pvc1      59m
nfs-pv2   3Gi       RWO           Recycle         Released  default/nfs-pvc2      59m
```

（8）删除所创建的 PV。

```
[root@master01 ~]# kubectl delete -f /k8sapp/06/nfs-pv.yaml
persistentvolume "nfs-pv1" deleted
persistentvolume "nfs-pv2" deleted
```

（9）查看 PV 对应的 NFS 共享目录，发现由 Pod 容器写入的 test.txt 文件仍然被保存着。

```
[root@master01 ~]# cat /test-storage/nfs1/test.txt
09:55:03 记录
...
10:00:03 记录
```

任务 6.2.3　基于 StorageClass 实现动态卷制备

利用 StorageClass 实现动态卷制备，需要相应的卷插件和外部存储系统支持。为便于实验操作，这里选择前面已经部署的 NFS 共享目录作为外部存储资源，利用 NFS 的外部存储基于 StorageClass 实现动态卷制备。Kubernetes 内置的制备器不包括 NFS，也就不包含内部 NFS 驱动，管理员需要使用外部驱动为 NFS 创建 StorageClass。目前常用的第三方开源的 NFS 制备器（卷插件）有 nfs-subdir-external-provisioner 和 nfs-ganesha-server-and-external-provisioner 这两

微课

06. 基于
StorageClass
实现动态卷制备

种。这里选择第 1 种，它基于现有的 NFS 服务器通过 PVC 请求来支持 PV 的动态分配，自动创建的 PV 被命名为 ${namespace}-${pvcName}-${pvName}，由名称空间、PVC 和 PV 这 3 个资源的名称组合而成。目前在 Kubernetes 集群中部署 nfs-subdir-external-provisioner 组件的方式有 3 种，分别是 Helm、Kustomize 和 Manually（手动）。下面示范手动部署方式，并测试其动态卷制备功能。

1. 获取 NFS 服务器的连接信息

如果没有 NFS 服务器，则需要先部署 NFS 服务器。

确保可以从 Kubernetes 集群访问 NFS 服务器，并获取连接到该服务器所需的信息，至少需要获取它的主机名。

这里利用任务 6.1.3 中已经部署的 NFS 服务器和发布的共享目录，本例 NFS 服务器的 IP 地址为 192.168.10.30，NFS 共享目录为 /test-storage/nfs。

2. 获取 nfs-subdir-external-provisioner 源码包

从源码托管平台搜索 nfs-subdir-external-provisioner，找到后下载相应的源码包（本例下载的是 nfs-subdir-external-provisioner-4.0.18.tar.gz），重点是要使用其 deploy 目录中的所有文件。本例将整个 deploy 目录复制到控制平面节点主机的项目目录（/k8sapp/06）中。

3. 创建 ServiceAccount

本例所在的 Kubernetes 集群基于 RBAC 进行权限控制，因此需要创建一个拥有一定权限的 ServiceAccount，以便绑定要部署的 nfs-subdir-external-provisioner 组件。如果要部署的项目所在的名称空间不是默认的 default，需要将 deploy/rbac.yaml 文件中 namespace 字段值修改为要部署项目的名称空间。这里保持默认设置，执行以下命令创建 ServiceAccount 等 RBAC 对象。

```
[root@master01 ~]# kubectl create -f /k8sapp/06/deploy/rbac.yaml
serviceaccount/nfs-client-provisioner created
...
```

4. 部署 nfs-subdir-external-provisioner 组件

以 Deployment 的形式部署并运行 nfs-subdir-external-provisioner 组件，该组件提供 NFS 制备器，基于 NFS 共享目录创建挂载点，运行 nfs-client-provisioner 程序，以便自动创建 PV，并将 PV 与 NFS 的挂载点关联起来。

根据本例环境修改 deploy/deployment.yaml，设置实际的 NFS 服务器连接信息（NFS 服务器和共享目录），完整的内容如下。

```
apiVersion: apps/v1
kind: Deployment
metadata:
  name: nfs-client-provisioner
  labels:
    app: nfs-client-provisioner
  namespace: default                    # 可以根据项目需要替换名称空间
spec:
  replicas: 1
  strategy:
    type: Recreate                      #  设置升级策略为删除再创建（默认为滚动更新）
  selector:
    matchLabels:
      app: nfs-client-provisioner
```

```
    template:
      metadata:
        labels:
          app: nfs-client-provisioner
      spec:
        serviceAccountName: nfs-client-provisioner
        containers:
          - name: nfs-client-provisioner
          # 针对国内网络环境修改镜像仓库的地址
          #image: registry.k8s.io/sig-storage/nfs-subdir-external-provisioner:v4.0.2
            image: registry.cn-hangzhou.aliyuncs.com/weiyigeek/nfs-subdir-
external-provisioner:v4.0.2
            volumeMounts:                    # 卷挂载点
              - name: nfs-client-root
                mountPath: /persistentvolumes
            env:
              # 制备器名称和值，以后创建的 StorageClass 的 provisioner 字段要用到它
              - name: PROVISIONER_NAME
                value: k8s-sigs.io/nfs-subdir-external-provisioner
              - name: NFS_SERVER
                value: 192.168.10.30     # NFS 服务器的设置，需与卷定义的配置保持一致
              - name: NFS_PATH
                value: /test-storage/nfs # NFS 共享目录，需与卷定义的配置保持一致
        volumes:                             # 卷定义
          - name: nfs-client-root
            nfs:
              server: 192.168.10.30       # NFS 服务器的设置
              path: /test-storage/nfs     # NFS 共享目录
```

由于官方镜像 registry.k8s.io/sig-storage/nfs-subdir-external-provisioner:v4.0.2 国内无法拉取，这里改用阿里云的镜像仓库代替。

执行以下命令将 nfs-subdir-external-provisioner 组件部署到 Kubernetes。

```
[root@master01 ~]# kubectl apply -f /k8sapp/06/deploy/deployment.yaml
deployment.apps/nfs-client-provisioner created
```

查看运行该组件的 Pod，发现本例中该 Pod 已被部署到 node02 节点。

```
[root@master01 ~]# kubectl get pod -o wide
NAME                                     READY  STATUS    RESTARTS ...  NODE ...
nfs-client-provisioner-78ccfdc95c-q4h46 1/1    Running   0        ...  node02 ...
```

5. 创建基于 NFS 共享存储的 StorageClass

要实现动态卷制备，必须创建 StorageClass。下面编写 StorageClass 配置文件（命名为 nfs-storageclass.yaml），支持使用上述 NFS 制备器，内容如下。

```
apiVersion: storage.k8s.io/v1
kind: StorageClass
metadata:
  name: nfs-storage                      # StorageClass 名称，供 PVC 引用
  annotations:
    # 设置为默认的 StorageClass
    storageclass.kubernetes.io/is-default-class: "true"
```

```
# 卷制备器名称，必须和 nfs-subdir-external-provisioner 组件的 PROVISIONER_NAME 的值一致
provisioner: k8s-sigs.io/nfs-subdir-external-provisioner
parameters:
    archiveOnDelete: "true"      # 设置为 "false" 时，删除 PVC 不会保留数据，设置为 "true" 则
保留数据
```

在 StorageClass 中，对于上述 NFS 制备器，parameters 字段可定义的参数如表 6-1 所示。

表6-1　nfs-subdir-external-provisioner所支持的卷参数

名称	说明	默认设置
onDelete	删除处理参数。值为 delete 将删除所创建的目录，值为 retain 将保留所创建的目录	使用 NFS 共享目录中名为 archived-<volume.name> 的子目录存档
archiveOnDelete	存档删除处理参数。值为 false 将删除所创建的目录；如果定义有 onDelete 参数，则 archiveOnDelete 参数会被忽略	使用 NFS 共享目录中名为 archived-<volume.name> 的子目录存档
pathPattern	路径模式参数，用于指定通过 PVC 元数据（如标签、注解、名称或名称空间）创建的目录路径的模板。指定元数据，可使用 ${.PVC.<metadata>}。如果目录应命名为 <pvc namespace>-<pvc-name> 格式，则使用 ${.PVC.namespace}-${.PVC.name} 作为路径模式	—

执行以下命令基于上述配置文件创建 StorageClass。

```
[root@master01 ~]# kubectl apply -f /k8sapp/06/nfs-storageclass.yaml
storageclass.storage.k8s.io/nfs-storage created
```

查看所创建的 StorageClass，可以发现这是一个默认的 StorageClass。

```
[root@master01 ~]# kubectl get sc
NAME                         PROVISIONER                                          RECLAIMPOLICY
VOLUMEBINDINGMODE    ALLOWVOLUMEEXPANSION       AGE
nfs-storage (default)    k8s-sigs.io/nfs-subdir-external-provisioner Delete
Immediate            false                      17s
```

6. 创建用于测试的 PVC

接下来创建一个 PVC 测试 NFS 制备器自动创建 PV，并与该 PV 绑定。这里的 PVC 配置文件名为 test-sc-pvc.yaml，内容如下。

```
kind: PersistentVolumeClaim
apiVersion: v1
metadata:
  name: test-sc-pvc
spec:
  storageClassName: nfs-storage          # 需要与前面创建的 StorageClass 名称一致
  accessModes:
    - ReadWriteOnce
  resources:
    requests:
      storage: 1Mi
```

其中的关键是要通过 storageClassName 字段指定要选用的 StorageClass 名称。

基于配置文件 /k8sapp/06/test-sc-pvc.yaml 创建名为 test-sc-pvc 的 PVC。

查看 PVC 的信息。由于该 StorageClass 的卷绑定模式为 Immediate，即立即绑定，因此 PVC 创建之后就调用与该 StorageClass 关联的制备器来动态创建并绑定 PV。

```
[root@master01 ~]# kubectl get pvc
NAME            STATUS   VOLUME                                     CAPACITY
ACCESS MODES                  STORAGECLASS    AGE
test-sc-pvc     Bound    pvc-169e0b9b-56ed-4997-b381-6375cc43917e   1Mi
RWO                           nfs-storage     20s
```

PV 卷名是自动生成的随机字符串，只要不删除 PVC，与 PV 的绑定就不会丢失。

7. 创建 Pod 测试 PV 的使用

动态卷最终需要提供给 Pod 使用，下面创建一个 Pod 进行测试。

（1）编写名为 test-sc-pod.yaml 的 PV 配置文件，内容如下。

```
kind: Pod
apiVersion: v1
metadata:
  name: test-sc-pod
spec:
  containers:
  - name: test-sc-pod
    image: busybox:latest
    command:
      - "/bin/sh"
    args:
      - "-c"
      - "touch /mnt/SUCCESS && exit 0 || exit 1"  # 创建名为 SUCCESS 的文件
    volumeMounts:
      - name: nfs-pvc
        mountPath: "/mnt"
  restartPolicy: "Never"
  volumes:
    - name: nfs-pvc
      persistentVolumeClaim:
        claimName: test-sc-pvc                      # 通过 PVC 请求 PV
```

（2）基于配置文件 /k8sapp/06/test-sc-pod.yaml 创建名为 test-sc-pod 的 Pod。

（3）在 NFS 制备器所挂载的 NFS 共享目录中查看与上述 PVC 关联的目录。

```
[root@master01 ~]# ls -l /test-storage/nfs | grep test-sc-pvc
drwxrwxrwx. 2 root root  21 9月  25 10:12 default-test-sc-pvc-pvc-169e0b9b-56ed-
4997-b381-6375cc43917e
```

可以发现，上述 NFS 制备器创建的目录命名格式为：名称空间名称 -PVC 名称 -PV 名称。

（4）查看该目录的内容，可以发现，Pod 已经在其中创建了 SUCCESS 文件。

```
[root@master01 ~]# ls -l /test-storage/nfs/default-test-sc-pvc-pvc-169e0b9b-
56ed-4997-b381-6375cc43917e
总用量 0
-rw-r--r--. 1 root root 0 9月  25 10:12 SUCCESS
```

（5）删除用于测试的 Pod（名称为 test-sc-pod）和 PVC（名称为 test-sc-pvc）。

（6）在 NFS 共享目录中再次查看与上述 PVC 关联的目录。

```
[root@master01 ~]# ls -l /test-storage/nfs | grep test-sc-pvc
drwxrwxrwx. 2 root root  21 9月  25 10:12 archived-default-test-sc-pvc-pvc-
169e0b9b-56ed-4997-b381-6375cc43917e
```

可以发现，Kubernetes 根据上述 StorageClass 中关于 NFS 制备器的存档删除处理参数定义（archiveOnDelete: "true"），自动为基于 PVC 请求所创建的目录保留了一份存档目录。

小贴士 本例基于 NFS 共享存储的 StorageClass 被定义为默认的 StorageClass，读者可以创建一个未定义 storageClassName 字段（或者将该字段值设置为空）的 PVC 来测试默认 StorageClass 的使用。

任务 6.3　管理配置信息和敏感信息

▷ 任务要求

很多应用程序在其初始化或运行期间要依赖一些配置信息，如各种参数。ConfigMap 就叫用来向 Pod 的容器注入配置信息。但 ConfigMap 本身不提供加密功能，如果要注入的是敏感信息，则可以改用 Secret。本任务的基本要求如下。

（1）了解 ConfigMap 及其基本用法。

（2）了解 Secret 及其基本用法。

（3）学会使用 ConfigMap 为应用程序注入配置信息。

（4）学会使用 Secret 为应用程序注入敏感信息。

✕ 相关知识

6.3.1　什么是 ConfigMap

许多应用程序都涉及配置，特别是应用程序的开发、测试和上线过程会涉及多种环境，不同环境的配置需要做相应的更改。如果将应用配置直接写入代码中，每次更新配置时都需要重新构建镜像。在以微服务架构为主的 Kubernetes 应用中，如果存在多个服务共用配置，而每个服务又有单独配置，那么更新配置就很不方便。为此，Kubernetes 使用 ConfigMap 将配置信息和应用程序代码分离，实现环境配置信息和容器镜像之间的解耦，简化了应用程序配置的修改，实现了镜像的可移植性和可复用性。

ConfigMap 是一种用于存储应用程序所需配置信息的 API 对象，用于保存配置信息的键值对，可以用来保存单个属性，也可以用来保存整个配置文件。

ConfigMap 适合将非机密性的信息保存到键值对中。使用 ConfigMap 时，Pod 可以将其用作环境变量、命令行参数或者卷中的配置文件。

小贴士 ConfigMap 不适合用来保存大量数据。在 ConfigMap 中保存的数据量不可超过 1MB。如果需要保存更多的数据，可以考虑改用挂载卷、使用独立的数据库或文件服务等方法。

6.3.2　创建 ConfigMap

使用 ConfigMap 之前需要先创建 ConfigMap。Kubernetes 提供多种方式来创建 ConfigMap。

1. 使用命令行创建 ConfigMap

使用 kubectl create configmap 命令基于文件、目录、字面值（Literal）来创建 ConfigMap，用法如下：

```
kubectl create configmap <map-name> <data-source>
```

其中，map-name 是为 ConfigMap 指定的名称，必须是合法的 DNS 子域名；data-source 是要从中提取数据的文件、目录或字面值。字面值是以键值对形式提供的字符串。

微课
07. 使用命令行创建 ConfigMap

电子活页
06.01 使用命令行创建 ConfigMap

（1）使用 --from-file 选项基于一个或多个文件创建 ConfigMap，可以指定键的名称，也可以在一个命令行中创建包含多个键的 ConfigMap。用法如下：

```
kubectl create configmap map-name --from-file=[key=]source --from-file=[key=]source
```

其中，source 参数为数据源文件。实际应用中，大多基于文件创建 ConfigMap。

（2）使用 --from-file 选项基于特定目录创建 ConfigMap，该目录下的每个配置文件名都会被设置为键，文件内容被设置为值。用法如下：

```
kubectl create configmap map-name --from-file=config-files-dir
```

（3）使用 --from-literal 选项基于字面值创建 ConfigMap，直接将指定的 key=value 创建为 ConfigMap 的内容。用法如下：

```
kubectl create configmap map-name --from-literal=key1=value1 --from-literal=key2=value2
```

（4）使用 --from-env-file 选项基于环境变量文件创建 ConfigMap，将环境变量文件中的变量列表转换为 ConfigMap 数据的键值对。用法如下：

```
kubectl create configmap map-name --from-env-file=env-file
```

环境变量文件包含环境变量列表，其中定义环境变量的行必须为"变量＝值"格式，而且引号不会被特殊处理（成为 ConfigMap 值的一部分）。

2. 基于配置文件创建 ConfigMap

生产环境中常用的方案是编写定义 ConfigMap 的配置文件，再使用 kubectl create 或 kubectl apply 命令基于该文件创建 ConfigMap，这与创建其他 Kubernetes 对象的方法一样。ConfigMap 配置文件的格式如下。

```
apiVersion: v1            # API 版本
kind: ConfigMap           # 资源类型为 ConfigMap
metadata:                 # 元数据（主要用于定义对象名称、名称空间）
  name: string
  namespace: string
data:                     # ConfigMap 的数据
  KEY1: Value1            # 键值对
  KEY2: Value2
  ...
```

ConfigMap 的数据（data）部分可以包括若干键值对。YAML 配置文件可以以多文档的方式定义多个 ConfigMap。

6.3.3 使用 ConfigMap

ConfigMap 的配置信息最终要在 Pod 中使用，常见的使用方式有指定环境变量和挂载卷，这也是将 ConfigMap 信息注入容器的两种方式。ConfigMap 必须在创建 Pod 之前创建，Pod 只能引用同一名称空间的 ConfigMap。

1. 通过环境变量获取 ConfigMap 的数据

在 Pod 的容器定义中可以使用 valueFrom 字段将 ConfigMap 的单个键值对作为环境变量，基本用法如下：

```
spec:
  containers:
    ...
      command: [ "/bin/sh", "-c", "env" ]
      env:                                    # 定义环境变量
      - name: string                          # 环境变量名称
        valueFrom:
          configMapKeyRef:                    # 定义要赋给环境变量的值
            name: string                      # 指定要引用的 ConfigMap
            key: string                       # 指定要引用的 ConfigMap 中的键名
      - name: string                          # 可以定义多个环境变量
        ...
```

可以根据需要使用 ConfigMap 的多个键值对来定义多个环境变量。还可以使用 envFrom 字段将 ConfigMap 中所有键值对配置为容器的环境变量，基本用法如下：

```
      command: [ "/bin/sh", "-c", "env" ]
      envFrom:
      - configMapRef:
          name: string                       # 指定要引用的 ConfigMap
```

采用这种方式，ConfigMap 中的所有键值对自动成为 Pod 容器中的环境变量，键名成为环境变量名。这种情形还会自动忽略无效的键。

2. 通过挂载卷的方式使用 ConfigMap 的数据

前面提到过，ConfigMap 是特殊的卷类型，可以通过挂载卷的方式将 ConfigMap 的数据挂载到容器内部的目录中当作文件使用。

>
> **小贴士**　ConfigMap 可用作 Kubernetes 中被称为投射卷（Projected Volumes）的数据源。投射卷是特殊的卷类型，可以将若干现有的数据源映射到同一个目录之上，所有的数据源对象都要求与使用它的 Pod 位于同一名称空间内。除 ConfigMap 外，能作为投射卷的数据源还包括 Secret、DownwardAPI 和 ServiceAccountToken 等对象。

在 Pod 中对 ConfigMap 进行挂载操作时，容器内的挂载点只能是目录，ConfigMap 的数据以文件的形式挂载到该目录下。可以使用 ConfigMap 中的数据填充卷，将其挂载到容器指定的目录中，基本用法如下：

```
spec:
  containers:
    ...
```

```
      volumeMounts:                          # 在容器级定义挂载点
      - name: string                         # 要挂载的卷名称
        mountPath: string                    # 容器中的挂载目录
    volumes:                                 # 在 Pod 级定义卷
    - name: string                           # 卷名称
      configMap:
        name: string                         # 填充卷的 ConfigMap 对象的名称
```

采用这种方式，ConfigMap 中的每个键自动成为容器中该目录下的一个文件，文件名就是键名，文件内容就是键值。

要避免使用 ConfigMap 的键自动生成的文件名，可以在卷定义中使用 path 字段为特定的 ConfigMap 键明确指定文件路径。在下面的例子中，ConfigMap 中 SPECIAL_LEVEL 键的内容将挂载在容器的 config-volume 卷的 /etc/config/keys 文件中。

```
  spec:
    containers:
      ...
      volumeMounts:                          # 在容器级定义挂载点
      - name: config-volume                  # 要挂载的卷名称
        mountPath: /etc/config               # 容器中的挂载目录
    volumes:                                 # 在 Pod 级定义卷
    - name: config-volume                    # 卷名称
      configMap:
        name: special-config                 # ConfigMap 的名称
        items:
        - key: SPECIAL_LEVEL                 # 要从 ConfigMap 中挂载的键
          path: keys                         # 挂载到容器中的特定文件路径
```

默认情况下使用 ConfigMap 挂载卷时，会先覆盖挂载点目录，然后将 CongfigMap 中的内容作为文件进行挂载。要避免覆盖容器中原来的目录下的文件，只是将 ConfigMap 中的键按照文件的方式挂载到目标目录下，可以使用 subPath 字段明确指定文件的子路径。

小贴士　使用挂载卷的 ConfigMap 数据会被 Pod 自动更新。kubelet 在每次周期性（默认为 1 分钟）同步时都会检查已挂载的 ConfigMap 是不是最新的。但是，将 ConfigMap 作为 subPath 的数据卷将不会进行 ConfigMap 更新。另外，以环境变量方式使用的 ConfigMap 数据也不会被自动更新，更新这些数据需要重新启动 Pod。

6.3.4　什么是 Secret

Secret 是一种加密存储的 API 对象，适合保存密码、令牌或密钥这类数据量较小的敏感信息，以免将这些敏感信息发布到镜像或 Pod 定义中。这样也不需要在应用程序代码中包含敏感信息，从而使得应用程序的部署和运维更加安全和灵活。

Secret 与 ConfigMap 非常类似，都采用键值对形式，创建和使用方法基本相同，不同的是 Secret 会加密存储。Kubernetes 集群中运行的应用程序也可以对 Secret 采取额外的安全措施，例如避免将此类数据写入非易失性存储。

还有一点与 ConfigMap 不同的是，Secret 有很多类型。针对常见的使用场景，Kubernetes 提供多种内置的类型，如 Opaque 可用于任意数据，属于通用类型；kubernetes.io/service-accounttoken 用于服务账号令牌；bootstrap.kubernetes.io/token 用于令牌数据；kubernetes.io/ssh-auth 用于 SSH 身份认证的凭据。Opaque 是默认类型，使用 Base64 编码存储信息，可以通过 Base64 解码器解码获得原始数据，安全性弱一些，但使用方便。

6.3.5　创建 Secret

微课

08. 创建 Secret

1. 使用命令行创建 Secret

使用 kubectl create secret 命令可以方便地创建 Secret，对于不同类型的 Secret，此命令的用法有所不同。这里以创建一个 Opaque 类型的 Secret 为例进行示范，本例的 Secret 是访问数据库的用户凭证，包括用户名和密码。

（1）分别将用户名和密码写入相应的文本文件中，进行存储。

```
[root@master01 ~]# echo -n 'admin' > ./username.txt
[root@master01 ~]# echo -n 'abc123' > ./password.txt
```

其中，-n 选项确保生成的文件在文本末尾不包含额外的换行符。这一点非常重要，因为 kubectl 读取文件并将内容编码为 Base64 字符串时，多余的换行符也会被编码。

（2）执行以下命令将上述文本文件打包并创建一个名为 db-user-pass 的 Secret。

```
[root@master01 ~]# kubectl create secret generic db-user-pass   --from-file=./username.txt   --from-file=./password.txt
secret/db-user-pass created
```

其中，generic 参数表示生成 Opaque 类型的 Secret。

（3）查看所创建的 Secret 的详细信息。

```
[root@master01 ~]# kubectl describe secret db-user-pass
Name:          db-user-pass
Namespace:     default
Labels:        <none>
Annotations:   <none>
Type:  Opaque                                    # Secret 类型
Data                                             # Secret 数据
====
password.txt:   6 bytes
username.txt:   5 bytes
```

可以发现，默认的密钥名称是文件名。与基于文件创建 ConfigMap 一样，可以选择使用以下命令来设置密钥名称（相当于键名）。

```
kubectl create secret generic secret-name --from-file=[key=]source
```

还可以使用 --from-literal=<key>=<value> 格式基于字面值为 Secret 提供数据。

（4）查看创建的 Secret 的具体内容，可以发现其中的值已被编码。

```
[root@master01 ~]# kubectl get secret db-user-pass -o jsonpath='{.data}'
{"password.txt":"YWJjMTIz","username.txt":"YWRtaW4="}
```

（5）Opaque 类型的 Secret 采用 Base64 编码，可以解码。下面对本例的密码解码：

```
[root@master01 ~]# echo "YWJjMTIz" | base64 --decode
abc123
```

2. 基于配置文件创建 Secret

在 Secret 配置文件中可以使用 data 字段提供 Base64 编码的加密数据，也可以使用 stringData 字段提供未编码的明文数据。提供 stringData 字段是为了方便用户，数据在生成 Secret 的过程中会被自动编码。这两个字段可以单独使用，也可以一起使用。下面仍然以创建一个 Opaque 类型的 Secret（内容为用户名和密码）为例。

（1）将密码字符串转换为 Base64 编码。

```
[root@master01 ~]# echo -n 'abc123' | base64
YWJjMTIz
```

（2）编写 Secret 配置文件（命名为 demo-secret.yaml），内容如下。

```
apiVersion: v1
kind: Secret                            # 资源类型
metadata:
  name: demo-secret                     # Secret 名称
type: Opaque                            # Secret 类型
stringData:                             # 提供未编码的数据
  username: admin
data:                                   # 提供已编码的数据
  password: YWJjMTIz
```

（3）执行以下命令基于该配置文件创建 Secret。

```
[root@master01 ~]# kubectl create -f /k8sapp/06/demo-secret.yaml
secret/demo-secret created
```

（4）查看所创建的 Secret 的具体内容，可以发现以未编码形式提供的数据会被自动编码。

```
[root@master01 ~]# kubectl get secret demo-secret -o jsonpath='{.data}'
{"password":"YWJjMTIz","username":"YWRtaW4="}
```

6.3.6 使用 Secret

与 ConfigMap 一样，Secret 可以作为环境变量发布给 Pod 中的容器使用，也可以以卷的形式挂载。Secret 也可用于系统中的其他部分，而不是一定要直接发布给 Pod。如果 Pod 依赖于某 Secret，则必须在创建 Pod 之前创建该 Secret。

在 Pod 的容器定义中可以使用 valueFrom 字段将 Secret 的单个键值对作为环境变量，用法基本同 ConfigMap，只是要将 ConfigMap 中的 configMapKeyRef 字段名改为 secretKeyRef。我们还可以使用 envFrom 字段一次性将 valueFrom 对象中的所有键值对配置为容器的环境变量，用法基本同 ConfigMap，只是要将 ConfigMap 中的 configMapRef 字段名改为 secretKeyRef。

在 Pod 中通过挂载卷的方式使用 Secret 的数据，用法基本同 ConfigMap，只需在定义卷时将 ConfigMap 中的 configMap 字段名改为 secret。在挂载了 Secret 卷的容器中，Secret 的键都呈现为文件名，Secret 的取值都以 Base64 编码形式，保存在这些文件中。

任务 6.3.1　使用 ConfigMap 为 Tomcat 提供配置文件

微课

09.使用ConfigMap
为 Tomcat 提供
配置文件

ConfigMap 常用来为应用程序提供配置文件，下面以为 Tomcat 服务器提供配置文件为例进行示范。

（1）编写 Tomcat 配置文件。该文件位于 /usr/local/tomcat/conf 目录下。默认情况下不支持 admin-gui 和 manager-gui 角色的用户访问 Tomcat 管理界面，可以通过修改 tomcat-users.xml 文件来启用这两个角色。创建一个名为 tomcat-users.xml 的文件，内容如下。

```
<?xml version='1.0' encoding='utf-8'?>
<tomcat-users xmlns="http://tomcat.apache.org/xml"
              xmlns:xsi="http://www.w3.org/2001/XMLSchema-instance"
              xsi:schemaLocation="http://tomcat.apache.org/xml tomcat-users.xsd"
              version="1.0">
<role rolename="admin-gui"/>
<role rolename="manager-gui"/>
<user username="admin" password="tomcat" roles="admin-gui,manager-gui"/>
</tomcat-users>
```

该配置文件启用 admin-gui 和 manager-gui 角色，并设置相应的用户名和密码。

（2）执行以下命令基于 tomcat-users.xml 文件创建一个名为 tomcat-users-config 的 ConfigMap。

```
[root@master01 ~]# kubectl create configmap tomcat-users-config  --from-file=/k8sapp/06/tomcat-users.xml
configmap/tomcat-users-config created
```

（3）查看该 ConfigMap 的信息，获知其存储的数据中 tomcat-users.xml 文件名为键名，tomcat-users.xml 文件内容为键值。

```
[root@master01 ~]# kubectl get  configmap/tomcat-users-config -o yaml
apiVersion: v1
data:
  tomcat-users.xml: "<?xml version='1.0' encoding='utf-8'?>
  ...
    rolename=\"manager-gui\"/>\r\n<user username=\"admin\" password=\"tomcat\"
roles=\"admin-gui,manager-gui\"/>\r\n</tomcat-users>\r\n\r\n"
  ...
```

（4）编写部署 Tomcat 的 Deployment 和 Service 配置文件。为简化实验操作，这里将任务 5.2.2 中的 tomcat-foringress.yaml 文件复制到项目目录 /k8sapp/06 中，并将其更名为 tomcat-deploy-service.yaml，在其基础上进行修改，主要在 Deployment 配置文件中的 Pod 模板部分尾部加入以下内容，将上述 ConfigMap 以卷的形式提供，并挂载到容器中。

```
    .volumeMounts:
    - name: tomcat-users-config            # 要挂载的卷的名称
      # 容器挂载的目录路径为 /usr/local/tomcat/conf，文件名为 tomcat-users.xml
      mountPath: /usr/local/tomcat/conf/tomcat-users.xml
      subPath: tomcat-users.xml            # 要挂载的 ConfigMap 中的键名
    volumes:
    - name: tomcat-users-config            # 定义卷名
```

```
            configMap:
               name: tomcat-users-config           # ConfigMap 名称
```

（5）基于配置文件 /k8sapp/06/tomcat-deploy-service.yaml 创建 Deployment 和 Service 对象。

（6）查看所创建的 Service，获取集群 IP 地址和服务发布端口。

```
[root@master01 ~]# kubectl get svc tomcat-svc
NAME          TYPE          CLUSTER-IP          EXTERNAL-IP          PORT(S)          AGE
tomcat-svc    ClusterIP     10.110.146.248      <none>              8080/TCP         51s
```

（7）接下来进行测试。在控制平面节点上通过浏览器访问网址 http://10.110.146.248:8080，进入 Tomcat 初始界面后，单击"Manager App"按钮弹出图 6-3 所示的对话框，根据提示输入上述 tomcat-users.xml 文件中设置的用户名和密码。单击"确定"按钮出现图 6-4 所示的"Tomcat Web Application Manager"界面，根据需要管理 Web 应用程序。

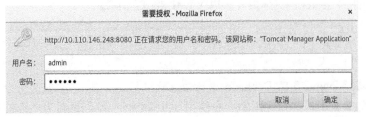

图 6-3 输入用户名和密码

Tomcat Web Application Manager

Message:	OK				

Manager

List Applications		HTML Manager Help		Manager Help	Server Status

Applications

Path	Version	Display Name	Running	Sessions	Commands
/	None specified	Welcome to Tomcat	true	0	Start Stop Reload Undeploy / Expire sessions with idle ≥ 30 minutes
/docs	None specified	Tomcat Documentation	true	0	Start Stop Reload Undeploy / Expire sessions with idle ≥ 30 minutes
/examples	None specified	Servlet and JSP Examples	true	0	Start Stop Reload Undeploy / Expire sessions with idle ≥ 30 minutes
/host-manager	None specified	Tomcat Host Manager Application	true	0	Start Stop Reload Undeploy / Expire sessions with idle ≥ 30 minutes

图 6-4 Tomcat 的 Web 应用程序管理界面

测试结果表明，ConfigMap 提供的配置在 Tomcat 服务器中生效了。

微课

10. 使用 Secret 为
MongoDB 提供
配置文件

（8）删除本例创建的 ConfigMap、Deployment 和 Service，清理实验环境。

任务 6.3.2　使用 Secret 为 MongoDB 提供配置文件

Secret 非常适合提供密码、令牌等数据量较小的加密信息，下面以为
MongoDB 提供初始化的 root 用户账户和密码为例进行示范。

（1）对要提供的账户和密码进行 Base64 编码。

```
[root@master01 ~]# echo -n 'root' | base64
cm9vdA==
[root@master01 ~]# echo -n 'mongopass' | base64
bW9uZ29wYXNz
```

（2）编写 Secret 配置文件（命名为 mongo-secret.yaml），内容如下。

```
apiVersion: v1
kind: Secret                                # 资源类型
metadata:
  name: mongo-secret                        # Secret 名称
type: Opaque                                # Secret 类型
data:                                       # 提供进行 Base64 编码的数据
  username: cm9vdA==
  password: bW9uZ29wYXNz
```

（3）基于配置文件 /k8sapp/06/mongo-secret.yaml 创建名为 mongo-secret 的 Secret。

（4）查看创建的 Secret 的具体内容（以 YAML 格式显示）。

```
[root@master01 ~]# kubectl get secret mongo-secret -o yaml
  ...
type: Opaque
```

（5）编写部署 MongoDB 的 Deployment 配置文件。

MongoDB 是数据库，实际应用中一般使用 StatefulSet 控制器运行有状态应用程序，这里仅
做测试，为简化操作，使用 Deployment 控制器部署。编写的配置文件命名为 mongo-deploy.yaml，
内容如下。

```
apiVersion: apps/v1
kind: Deployment
metadata:
  name: mongodb
spec:
  replicas: 1
  selector:
    matchLabels:
      app: mongodb
  template:
    metadata:
      labels:
        app: mongodb
    spec:
      containers:
        - name: mongo
          image: mongo:4.4
```

```
                imagePullPolicy: IfNotPresent
                env:                                      # 定义环境变量
                - name: MONGO_INITDB_ROOT_USERNAME        # 提供用户名的环境变量名称
                  valueFrom:
                    secretKeyRef:                         # 使用 Secret 提供数据
                      name: mongo-secret                  # Secret 名称
                      key: username                       # Secret 中的键
                - name: MONGO_INITDB_ROOT_PASSWORD        # 提供密码的环境变量名称
                  valueFrom:
                    secretKeyRef:
                      name: mongo-secret
                      key: password
```

这里通过 Secret 为 MongoDB 提供初始化的 root 用户账户和密码。

（6）基于配置文件 /k8sapp/06/mongo-deploy.yaml 创建名为 mongodb 的 Deployment。

（7）查看相关的 Pod，获取 Pod 名称。

```
[root@master01 ~]# kubectl get pod
NAME                        READY    STATUS     RESTARTS    AGE
mongodb-757fd9dd85-wnxqv    1/1      Running    0           3m52s
```

（8）进入 Pod 的容器进行测试。

```
[root@master01 ~]# kubectl exec  -it mongodb-757fd9dd85-wnxqv  -- /bin/sh
# mongo -u root -p mongopass
MongoDB shell version v4.4.11
connecting to: mongodb://127.0.0.1:27017/?compressors=disabled&gssapiServiceN
ame=mongodb
Implicit session: session { "id" : UUID("847b1797-c892-4be4-9e46-e2875d16e781") }
MongoDB server version: 4.4.11
    ...
---
>exit
```

结果表明，Secret 提供的用户名和密码在 MongoDB 中生效了。

（9）删除本例创建的 Secret 和 Deployment，清理实验环境。

项目小结

　　Kubernetes 集群部署的应用程序离不开存储，尤其是持久化存储。本项目涉及存储资源的创建、配置和使用，目的是让读者掌握卷、PV、PVC 和 StorageClass 等存储技术。

　　Docker 支持配置容器使用卷将数据存储于容器自身文件系统之外的存储空间中，Kubernetes 也支持类似的卷功能，不过其卷是与 Pod 而不是容器绑定的，功能更强大。Kubernetes 支持非常多的卷类型，包括本地存储和网络存储系统中的多种存储机制。

　　并不是所有的卷都可实现持久化存储。PV 和 PVC 提供持久化存储的实现机制。PV 是对存储资源创建和使用的抽象，使得存储资源作为集群中的资源统一管理，实质上是在实际存储中划分的一块用于存储数据的空间。PVC 是对存储需求的声明，描述的是希望使用的持久化存储的属性，Kubernetes 根据其声明选择并绑定匹配的 PV，让用户无须关心具体的卷实现细节。

　　StorageClass 使用类的方法对 PV 进行再抽象，相当于一个创建 PV 的模板，支持卷的动态制备，让用户根据应用程序的特点和需求通过 PVC 请求即可自动创建 PV，进一步简化了存储运维管理。可以在集群中指定一个默认的 StorageClass，部署应用程序时 PVC 无须显式指定 StorageClass 名称就可以使用这个默认的外部存储。

ConfigMap 能够向容器中注入配置信息，常用于将配置文件与镜像文件分离。与 ConfigMap 类似，Secret 用于向容器中注入不适合公开的敏感信息。

Kubernetes 针对存储问题，不断改进和优化存储解决方案。我们必须坚持问题导向，增强探索意识，聚焦实践过程中遇到的新问题，不断提出用于解决问题的新理念、新思路、新办法。

项目 7 将讲解 Kubernetes 的调度。

课后练习

1. 以下关于 Kubernetes 的卷的说法中，不正确的是（　　）。
    A. 卷是一种独立的 Kubernetes 对象　　　　B. 卷独立于容器自身的文件系统
    C. 卷只能在 Pod 级别定义　　　　　　　　D. 有的卷类型不支持持久化存储

2. 适合容器的临时存储的卷类型是（　　）。
    A. HostPath　　　　　B. NFS　　　　　C. EmptyDir　　　　　D. ConfigMap

3. 以下关于 PV 的说法中，不正确的是（　　）。
    A. PV 是对底层各类存储资源的一种抽象
    B. PV 的生命周期独立于 Pod
    C. PV 的后端不能是云存储系统
    D. PV 不属于任何名称空间

4. 以下关于 PVC 的说法中，不正确的是（　　）。
    A. PVC 是属于特定名称空间的对象　　　　B. PVC 可以作为卷提供给 Pod
    C. Pod 通过 PVC 关联 PV 来实现存储　　　D. PVC 必须由 Kubernetes 管理员创建

5. PV 与 PVC 两种资源互动的生命周期是：资源制备→（　　）→资源使用→资源保护→资源回收。
    A. 资源绑定　　　　B. 资源分配　　　　C. 资源调度　　　　D. 资源定义

6. 以下关于 StorageClass 和动态卷制备的说法中，不正确的是（　　）。
    A. 动态卷制备的前提是创建有 StorageClass
    B. 可以将 StorageClass 看作创建 PV 的模板
    C. 不同的后端存储需要不同的制备器
    D. 不同的制备器接收不同的参数，一定要在 StorageClass 中定义参数

7. 使用 kubectl create configmap 命令可以基于文件、目录、（　　）、环境变量文件来创建 ConfigMap。
    A. 普通变量　　　　B. 字面值　　　　C. 任意字符串　　　　D. 单字符

8. 以下关于 Secret 的说法中，不正确的是（　　）。
    A. 在 Secret 配置文件中 data 字段提供的是已编码的数据
    B. 在 Secret 配置文件中 stringData 字段提供的明文数据不会被自动编码
    C. Kubernetes 提供多种 Secret 类型，其中 Opaque 是默认的类型
    D. Secret 的内容可以作为环境变量提供给 Pod 中的容器使用

项目实训

实训 1　通过 PVC 使用基于 NFS 的 PV

实训目的

（1）了解 PV 与 PVC 的存储机制。

（2）掌握 PV 与 PVC 的使用方法。

实训内容

（1）在 Kubernetes 集群中部署 NFS 服务器并准备 NFS 共享目录。

（2）创建基于 NFS 的 PV。

（3）创建 PVC 来请求 PV。

（4）创建使用该 PVC 的 Pod。

（5）验证该 Pod 的存储。

（6）删除上述过程中所创建的 Kubernetes 对象。

实训 2　使用默认 StorageClass 基于 NFS 实现动态卷制备

实训目的

（1）了解 StorageClass 的概念及其用法。

（2）掌握 NFS 制备器的部署和使用方法。

（3）掌握动态卷制备的方法。

实训内容

（1）准备集群节点能够访问的 NFS 共享目录。

（2）在 Kubernetes 集群中部署 NFS 制备器 nfs-subdir-external-provisioner。

（3）创建基于 NFS 的 StorageClass 并将其设置默认的 StorageClass。

（4）创建测试用的 PVC，注意定义 PVC 时不要设置 storageClassName 字段。

（5）创建测试用的 Pod，验证 PV 的使用情况。

（6）删除上述过程中所创建的 Kubernetes 对象。

项目7

Kubernetes调度

在 Kubernetes 中，调度（Schedule）是指将 Pod 放置到合适的节点上运行。前面我们在部署和运行应用程序时很少关心 Pod 在哪个节点上运行，因为 Kubernetes 会自动将 Pod 调度到集群中的可用节点上。默认情况下，Deployment 控制器是全自动调度的。但是在生产环境中，可能需要将 Pod 部署到明确指定的具体节点或符合特定要求的某类节点上，或者将多个应用程序并置在同一节点上，还有可能将多个应用程序分置在不同节点上，这些需求都可以通过配置 Pod 的调度来实现。实际应用中，Pod 调度大都是在控制器级别配置的，以便更高效地实现一组工作负载的调度管理。从某种程度上讲，控制器本身也具备调度功能。本项目首先讲解两种功能强大的 Kubernetes 控制器：一种是部署有状态应用程序的 StatefulSet，另一种是实现水平自动扩缩容的 HPA。默认情况下它们都是由 Kubernetes 自动调度的。然后讲解 Pod 调度，包括定向调度、亲和性与反亲和性调度、污点与容忍度调度等方式，目的是将应用程序部署到所期望的节点上运行。调度管理就是一种统筹工作，需要总揽全局、协调各方。我们要统筹发展和安全，全力战胜前进道路上的各种困难和挑战。

【课堂学习目标】

☞ 知识目标

➤ 了解 StatefulSet 的概念和工作机制。

➤ 了解 HPA 的概念和工作机制。

➤ 了解 Kubernetes 调度的常见方式。

☞ 技能目标

➤ 学会使用 StatefulSet 在集群中部署有状态应用程序。

➤ 学会使用 HPA 实现应用程序的水平自动扩缩容。

➤ 掌握 Pod 调度的配置管理方法。

☞ 素养目标

➤ 培养全局统筹能力。

➤ 培养调度管理能力。

➤ 提高优化意识。

任务 7.1　使用 StatefulSet 运行有状态应用程序

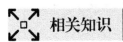

任务要求

Deployment 只适合部署和运行无状态应用程序，可以随意关闭和启动一个 Pod 副本，Pod 副本之间的关系是平等的。当 Pod 副本之间具有主从关系，以及每个 Pod 需要特定的存储时，我们面对的就是一种有状态应用程序，Deployment 就不能胜任了，StatefulSet 就派上用场了。项目 5 讲解的无头 Service 和项目 6 讲解的持久卷存储是部署 StatefulSet 所必需的两个前提条件。本项目的基本要求如下。

（1）了解 StatefulSet 的概念。

（2）理解 StatefulSet 的特点和工作机制。

（3）了解 StatefulSet 的组件和定义 StatefulSet 的配置文件。

（4）学会使用 StatefulSet 部署和管理有状态应用程序。

相关知识

7.1.1　什么是 StatefulSet

StatefulSet 是一个管理有状态应用程序的 API 对象，用来管理 Pod 集合的部署和扩缩容，并为这些 Pod 提供持久的存储和标识。与 Deployment 一样，StatefulSet 是 Kubernetes 内置的工作负载资源类型，也是一种 Pod 控制器。Deployment 管理的多个 Pod 副本对于同一个用户请求的响应结果是完全一致的，而 StatefulSet 就不同了。两者的不同之处如表 7-1 所示。

表7-1　StatefulSet与Deployment的不同之处

StatefulSet	Deployment
管理的 Pod 是有状态的，命名是有规律的	管理的 Pod 是无状态的，命名是随机的
多个 Pod 副本对于同一个用户请求的响应结果并不完全一致	多个 Pod 副本对于同一个用户请求的响应结果完全一致
Pod 在本地存储持久化数据，每个 Pod 都可以有独立的卷	Pod 不会在本地存储持久化数据
多个 Pod 副本之间存在某种依赖关系	多个 Pod 副本之间没有依赖关系
动态启动或停止 Pod 副本会对其他 Pod 副本产生影响	动态启动或停止 Pod 副本不会对其他 Pod 副本产生影响
某个 Pod 副本需要重新创建时，新的 Pod 副本必须与被替换的 Pod 副本具有相同的名称、网络标识和状态	某个 Pod 副本随时可以被一个全新的 Pod 副本替换

StatefulSet 的典型应用场景如下。

• 数据库服务，如关系数据库 MySQL、NoSQL 数据库 MongoDB。

• 消息队列服务，如 Kafka。

• 分布式协调服务，如 ZooKeeper。

如果应用程序不需要任何稳定的标识或有序的部署、删除或扩缩容，那么应该使用无状态的副本控制器提供的工作负载来部署应用程序，如 Deployment 或 ReplicaSet。

与 Deployment 一样，创建 StatefulSet 部署应用程序之后，可以根据需要完成该应用程序的生命周期管理，如更新、回滚、扩缩容、下线等。

7.1.2 StatefulSet 的特点

StatefulSet 特别适合有状态应用程序，其 Pod 具有如下特点。这些特点也说明了 StatefulSet 管理有状态应用程序的工作机制。

• 具有稳定、唯一的网络标识。每个 Pod 都将被分配一个整数序号，范围为 0 到 N-1，N 为期望的副本数，序号具有唯一性。每个 Pod 的名称由 StatefulSet 名称和 Pod 的序号组成，格式为 "StatefulSet 名称 - 序号"。Kubernetes 还会借助 StatefulSet 所依赖的无头 Service 为每个 Pod 赋予网络标识，即域名，格式为 "Pod 名称 . 服务名称 . 名称空间 .svc.cluster.local"，只要获知 Pod 的名称以及它对应的 Service 名称，就可以通过该 DNS 记录访问到 Pod 的 IP 地址。使用这种严格的对应规则，StatefulSet 保证了 Pod 网络标识的稳定性，即使重新调度，被调度到其他节点，Pod 仍然能保持之前的网络标识，从而维持 Pod 的拓扑状态。

• 具有稳定、持久的存储空间。如图 7-1 所示，每个 Pod 都会绑定一个 PVC，PVC 的命名格式为 "卷声明模板名称 -Pod 名称"，以保持与 Pod 的一一对应关系，Pod 所用的卷是基于 StorageClass 自动制备的 PV，以保证每个 Pod 有自己专用的卷。当某个 Pod 被删除后，对应的 PVC 和 PV 并不会被删除，数据仍然位于后端存储，Pod 被重新创建后，StatefulSet 会重新查找对应名称的 PVC 来绑定 PV，仍然能挂载原有的 PV，从而保证数据的完整性和一致性。

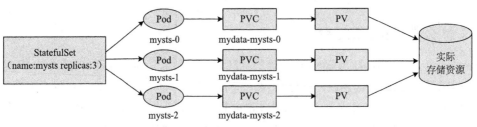

图 7-1 StatefulSet 存储实现机制

• 能够有序地、优雅地部署和扩缩容。当 Kubernetes 部署有 N 个副本的 StatefulSet 应用程序时，会严格按照序号的递增顺序创建 Pod，一个 Pod 的创建必须以前一个 Pod 处于 Ready 状态为前提；删除该应用程序时，也会严格按照序号的递减顺序删除，一个 Pod 的删除必须以前一个 Pod 停止并完全删除为前提。当扩容 StatefulSet 应用程序时，也是每新增一个 Pod 必须以前一个 Pod 处于 Ready 状态为前提；缩容 StatefulSet 应用程序时，每删除一个 Pod 也必须以前一个 Pod 停止并完全删除为前提。

• 能够有序地、自动地滚动更新。与部署和扩缩容一样，滚动更新的过程也是有序进行的，不过是按照序号的递减顺序逐一进行，Pod 创建和删除都是有前提的。

总之，在 StatefulSet 工作负载资源中，Pod 的启动、更新和销毁是按顺序进行的，这样可以保证应用程序部署和扩缩容的先后顺序。

7.1.3 StatefulSet 的组件

StatefulSet 的部署比 Deployment 的更复杂，必须包括以下 3 个基本组件。

• 无头 Service。StatefulSet 需要创建一个无头 Service 来负责生成 Pod 的网络标识，即生成可解析的 DNS 资源记录。有状态的 Pod 之间相互访问时要用到无头 Service 代理。

• StatefulSet 工作资源负载。通过 StatefulSet 控制器部署具体的 Pod 集合。

• 卷声明模板（volumeClaimTemplates）。为每一个 Pod 创建一个 PVC，PVC 会根据模式绑定到对应的 PV。StatefulSet 控制器基于动态或静态的 PV 为 Pod 提供专有、固定的存储资源。通常采用动态卷制备以自动创建 PV。如果采用静态卷制备，则需要管理员事先创建满足条件的 PV。

StatefulSet 配置文件的基本格式如下。

```
apiVersion: v1              # API 版本
kind: StatefulSet           # 资源类型
metadata:                   # 元数据
    name: string            # 资源名称
spec:
  selector:                 # 选择器，指定该控制器管理哪些 Pod
    matchLabels:            # 匹配规则
      app: string           # 必须匹配 spec.template.metadata.labels 字段值
  serviceName: string       # 负责生成 Pod 的网络标识的无头 Service 名称
  replicas: int             # 副本（实例）数，默认值为 1
  minReadySeconds: int      #  最短就绪时间，即 Pod 就绪后额外等待的秒数，默认值为 0
  template:                 # 定义 Pod 模板，当副本数不足时会根据模板定义创建 Pod 副本
    metadata:
      labels:               # 指定标签
        app: string         # Pod 标签，必须匹配 spec.selector.matchLabels 字段值
    spec:
      terminationGracePeriodSeconds: int    # 优雅终止时间（秒），默认为 30 秒
      containers:           # 容器列表
      - name: string        # 容器名称
        ...
        volumeMounts:       # 挂载点，用于为 Pod 分配存储
        - name: string      # 卷声明模板名称，同 volumeClaimTemplates.metadata.name 字段值
      name: string
          mountPath: string
  volumeClaimTemplates:                      # 卷声明模板
  - metadata:
      name: string                           # 卷声明模板名称
    spec:
      accessModes: [ strings  ]              # 访问模式
      storageClassName: string               # StorageClass 名称
      resources:                             # 请求的存储资源
        requests:
          storage: int                       # 存储空间大小
```

其中 .spec.serviceName 字段是必需的，用于指定 StatefulSet 控制器要使用的无头 Service，该 Service 用于为 Pod 提供网络标识。

.spec.template 字段也是必需的，用于定义 Pod 模板，StatefulSet 控制器依据该模板创建 Pod 副本。StatefulSet 管理的 Pod 使用的镜像是相同的，但是每个 Pod 副本执行的命令和初始化流程可以不同，以便实现具有依赖或主从关系的 Pod 部署。

StatefulSet 还必须使用 .spec.volumeClaimTemplates 字段定义卷声明模板。StatefulSet 管理的 Pod 都会分配一个对应的 PVC，PVC 的定义就来自此字段。StatefulSet 控制器依据该模板为每个 Pod 副本基于 PVC 绑定 PV 以分配独立的存储资源。建议通过 StorageClass 动态创建 PV，如果要使用静态 PV，那么 PV 中的 .spec.accessModes 字段值必须与 StatefulSet 中的 .spec.volumeClaimTemplates.accessModes 字段值完全一致。

任务 7.1.1　使用 StatefulSet 部署 MySQL 主从集群

本任务以部署 MySQL 主从集群为例，示范如何使用 StatefulSet 运行一个有状态应用程序。本例是一个多副本的 MySQL 数据库，拓扑结构如图 7-2 所示，其中有一个主服务器和多个从服务器，主从服务器之间进行数据复制，从服务器能够水平扩展，所有的写操作只能在主服务器上执行，读操作可以在所有主从服务器上执行。

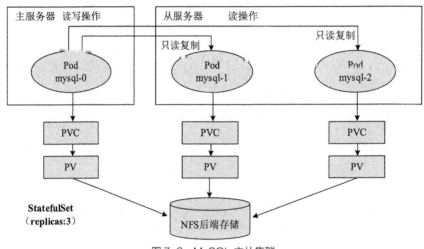

图 7-2　MySQL 主从集群

1. 准备存储资源

本例的后端存储使用 NFS 共享目录，使用任务 6.2.3 所创建的 StorageClass 为拟部署的 MySQL 应用程序提供动态卷制备。可执行以下命令查看当前的 StorageClass。

```
[root@master01 ~]# kubectl get sc
NAME                     PROVISIONER
RECLAIMPOLICY   VOLUMEBINDINGMODE   ALLOWVOLUMEEXPANSION   AGE
nfs-storage (default)    k8s-sigs.io/nfs-subdir-external-provisioner
Delete          Immediate          false                 4d16h
```

2. 创建 ConfigMap

MySQL 需要通过二进制日志功能实现主从复制。本例主从服务器需要做不同的配置，主服务器需要开启 log-bin 功能来实现主从复制，将复制的日志提供给从服务器；从服务器启用 super-read-only 功能，禁止客户端（即使是具有 SUPER 权限的用户）更新，拒绝任何不是通过复制进行的写操作。下面通过 ConfigMap 为主服务器和从服务器定义两套配置，以便 Pod 选择挂载不同的配置。编写 ConfigMap 配置文件（命名为 mysql-configmap.yaml），内容如下。

```
apiVersion: v1
kind: ConfigMap
metadata:
  name: mysql
  labels:
```

```
      app: mysql
data:
  master.cnf: |
    # 仅在主服务器上应用的配置
    [mysqld]
    log-bin
  slave.cnf: |
    # 仅在从服务器上应用的配置
    [mysqld]
    super-read-only
```

基于配置文件 /k8sapp/07/mysql-configmap.yaml 创建名为 mysql 的 ConfigMap。

3. 创建 Service

接下来创建两个 Service。第 1 个是名为 mysql 的无头 Service，其 clusterIP 字段值为 None，.spec.selector 字段选中需要代理的 StatefulSet，为 StatefulSet 管理的集合中每个 Pod 提供网络标识。

第 2 个是默认的 ClusterIP 类型的 Service，发布的应用程序能够在集群内部访问。.spec.selector 字段值设置为 app:mysql，它会代理所有具有此标签的 Pod，也就是集群中的所有 Pod。这个 Service 名为 mysql-read，集群 IP 地址的分配是为了让客户端能访问，本 Service 为客户端提供读操作。

只有读查询才能使用负载均衡的客户端 Service。因为只有一个 MySQL 主服务器，所以客户端应直接连接到 MySQL 主服务器 Pod（无头 Service 提供域名）以执行写入操作。

编写 Service 配置文件（命名为 mysql-services.yaml），内容如下。

```
# 为 StatefulSet 成员提供稳定的 DNS 记录的无头 Service
apiVersion: v1
kind: Service
metadata:
  name: mysql
  labels:
    app: mysql
spec:
  ports:
  - name: mysql
    port: 3306
  clusterIP: None                      # 无头 Service
  selector:
    app: mysql
---
# 用于连接到任一 MySQL 实例执行读操作的客户端 Service
apiVersion: v1
kind: Service
metadata:
  name: mysql-read
  labels:
    app: mysql
    readonly: "true"                   # 读操作
spec:
  ports:
```

```
  - name: mysql
    port: 3306
selector:
  app: mysql
```

基于该配置文件创建名为 mysql 和 mysql-read 的两个 Service。

4. 创建 StatefulSet

完成上述操作之后，需要创建最为关键的 StatefulSet。

（1）编写 StatefulSet 配置文件（命名为 mysql-statefulset.yaml），内容如下。此配置比较复杂，涉及主从 MySQL 服务器的部署，这里仅为了示范 StatefulSet，读者无须理解其中的每一条语句。

```
apiVersion: apps/v1
kind: StatefulSet
metadata:
  name: mysql
spec:
  selector:
    matchLabels:
      app: mysql
  serviceName: mysql                      # 无头 Service 名称
  replicas: 3                             # 副本数
  template:                               # Pod 模板
    metadata:
      labels:
        app: mysql
    spec:
      # 定义初始化容器来完成集群的初始化工作
      initContainers:
      - name: init-mysql                  # 此容器为主从服务器 Pod 提供相应的配置文件
        image: mysql:5.7
        command:
        - bash
        - "-c"
        - |
          set -ex
          # 基于 Pod 序号生成 MySQL 服务器的 ID
          [[ $HOSTNAME =~ -([0-9]+)$ ]] || exit 1
          ordinal=${BASH_REMATCH[1]}
          echo [mysqld] > /mnt/conf.d/server-id.cnf
          # 添加偏移量以避免使用 server-id=0 这一保留值
          echo server-id=$((100 + $ordinal)) >> /mnt/conf.d/server-id.cnf
          # 如果 Pod 序号是 0，说明是主服务器，复制 master.cnf，否则复制 slave.cnf
          if [[ $ordinal -eq 0 ]]; then
            cp /mnt/config-map/master.cnf /mnt/conf.d/
          else
            cp /mnt/config-map/slave.cnf /mnt/conf.d/
          fi
        volumeMounts:
        - name: conf
          mountPath: /mnt/conf.d
        - name: config-map
```

```
      mountPath: /mnt/config-map
  - name: clone-mysql                    # 此容器在从服务器 Pod 容器中实现数据复制
      # 基于数据库热备份软件 Xtrabackup 的镜像生成容器
      image: gcr.lank8s.cn/google-samples/xtrabackup:1.0
      command:
      - bash
      - "-c"
      - |
        set -ex
        # 如果已有数据，则跳过复制
        [[ -d /var/lib/mysql/mysql ]] && exit 0
        # 跳过主 Pod（序号 0）的复制
        [[ `hostname` =~ -([0-9]+)$ ]] || exit 1
        ordinal=${BASH_REMATCH[1]}
        [[ $ordinal -eq 0 ]] && exit 0
        # 从上一个已经启动的 Pod 容器复制数据到当前 Pod 容器
        ncat --recv-only mysql-$(($ordinal-1)).mysql 3307 | xbstream -x -C
/var/lib/mysql
        # 使用 --prepare 选项，使复制的数据可以用来进行恢复
        xtrabackup --prepare --target-dir=/var/lib/mysql
      volumeMounts:
      - name: data
        mountPath: /var/lib/mysql
        subPath: mysql
      - name: conf
        mountPath: /etc/mysql/conf.d


  # 定义普通容器运行 MySQL 主从服务器
  containers:
  - name: mysql                          # 此容器启动 MySQL 主从服务器
      image: mysql:5.7
      env:
      - name: MYSQL_ALLOW_EMPTY_PASSWORD
        value: "1"
      ports:
      - name: mysql
        containerPort: 3306
      # 挂载初始化容器已经完成的数据与配置
      volumeMounts:
      - name: data
        mountPath: /var/lib/mysql
        subPath: mysql
      - name: conf
        mountPath: /etc/mysql/conf.d
      resources:
        requests:
          cpu: 500m
          memory: 1Gi
      # 以下两个探测器执行 Pod 容器的健康检测
      livenessProbe:
        exec:
```

```
            command: ["mysqladmin", "ping"]
          initialDelaySeconds: 30
          periodSeconds: 10
          timeoutSeconds: 5
        readinessProbe:
          exec:
            command: ["mysql", "-h", "127.0.0.1", "-e", "SELECT 1"]
          initialDelaySeconds: 5
          periodSeconds: 2
          timeoutSeconds: 1
      - name: xtrabackup              # 此容器执行从服务器启动前的数据初始化与恢复
        image: gcr.lank8s.cn/google-samples/xtrabackup:1.0
        ports:
        - name: xtrabackup
          containerPort: 3307
        command:
        - bash
        - "-c"
        - |
          set -ex
          cd /var/lib/mysql
          # 确定复制数据的binlog（二进制日志）位置
          if [[ -f xtrabackup_slave_info && "x$(<xtrabackup_slave_info)" !=
"x" ]]; then
              # Xtrabackup 已经生成了部分 "CHANGE MASTER TO" 查询
              # 因为从一个现有副本进行复制，所以需要删除末尾的分号
              cat xtrabackup_slave_info | sed -E 's/;$//g' > change_master_to.sql.in
              # 忽略 xtrabackup_binlog_info
              rm -f xtrabackup_slave_info xtrabackup_binlog_info
          elif [[ -f xtrabackup_binlog_info ]]; then
              # 直接从主服务器进行复制，解析 binlog 位置
              [[ `cat xtrabackup_binlog_info` =~ ^(.*?)[[:space:]]+(.*?)$ ]] || exit 1
              rm -f xtrabackup_binlog_info xtrabackup_slave_info
              echo "CHANGE MASTER TO MASTER_LOG_FILE='${BASH_REMATCH[1]}',\
                    MASTER_LOG_POS=${BASH_REMATCH[2]}" > change_master_to.sql.in
          fi
          # 检查是否需要通过启动复制来完成克隆
          if [[ -f change_master_to.sql.in ]]; then
            echo "Waiting for mysqld to be ready (accepting connections)"
            until mysql -h 127.0.0.1 -e "SELECT 1"; do sleep 1; done

            echo "Initializing replication from clone position"
            mysql -h 127.0.0.1 \
                  -e "$(<change_master_to.sql.in), \
                      MASTER_HOST='mysql-0.mysql', \
                      MASTER_USER='root', \
                      MASTER_PASSWORD='', \
                      MASTER_CONNECT_RETRY=10; \
                    START SLAVE;" || exit 1
            # 如果容器重新启动，最多尝试一次
            mv change_master_to.sql.in change_master_to.sql.orig
```

```
        fi
        # 当对等的 Pod 容器发出请求时，启动服务器发送备份
        exec ncat --listen --keep-open --send-only --max-conns=1 3307 -c \
            "xtrabackup --backup --slave-info --stream=xbstream
--host=127.0.0.1 --user=root"
        volumeMounts:
        - name: data
          mountPath: /var/lib/mysql
          subPath: mysql
        - name: conf
          mountPath: /etc/mysql/conf.d
        resources:
          requests:
            cpu: 100m
            memory: 100Mi
      volumes:                          # 卷的定义
      - name: conf                      # 使用 EmptyDir 存储配置
        emptyDir: {}
      - name: config-map                # 指定要挂载的 ConfigMap
        configMap:
          name: mysql
  volumeClaimTemplates:                 # 卷声明模板
  - metadata:
      name: data
    spec:
      storageClassName: nfs-storage # 需要与 StorageClass 的名称一致
      accessModes: ["ReadWriteOnce"]
      resources:
        requests:
          storage: 10Gi
```

其中包括由 initContainers 字段定义的两个初始化容器。初始化容器在容器运行之前做一些预配置和预处理工作，仅运行一次性任务。初始化容器执行成功后，应用程序容器才能被执行。该 Pod 包括两个应用程序容器，第 1 个是主容器，名为 mysql，第 2 个是从容器，名为 xtrabackup。

（2）基于该配置文件创建名为 mysql 的 StatefulSet。

（3）稍等片刻，执行以下命令查看启动进度，会发现 3 个 Pod 都处于 Running 状态，其中的 Pod 名称由 StatefulSet 的名称和 Pod 序号组成。

```
[root@master01 ~]# kubectl get pods -l app=mysql --watch
NAME       READY    STATUS     RESTARTS        AGE
mysql-0    2/2      Running    0               2m51s
mysql-1    2/2      Running    1 (2m11s ago)   2m25s
mysql-2    2/2      Running    1 (106s ago)    2m5s
```

按 Ctrl+C 组合键结束监视操作。

（4）查看该 StatefulSet 所创建的 PVC，发现其名称由卷声明模板名称和 Pod 名称组成。

```
[root@master01 ~]# kubectl get pvc -l app=mysql
NAME           STATUS    VOLUME                                      CAPACITY
ACCESS MODES    STORAGECLASS    AGE
data-mysql-0   Bound     pvc-357b0fd6-3cf6-4144-be16-4b9204188599    10Gi
RWO             nfs-storage     11m
```

```
    data-mysql-1    Bound    pvc-77179150-9aad-4cac-b754-ab0632602107    10Gi
RWO            nfs-storage        11m
    data-mysql-2    Bound    pvc-7a966af3-5d4b-4c00-8afe-d5b7969d3bbf    10Gi
RWO            nfs-storage        10m
```

这些信息表明通过 StatefulSet 成功部署了 MySQL 主从集群。

5. 发送客户端请求进行测试

接下来发送客户端请求测试数据的读写功能和主从服务器的复制功能。

（1）运行基于 mysql:5.7 镜像的临时容器，将创建表与插入数据操作的 SQL 语句发送到 MySQL 主服务器（主机名为 mysql-0.mysql）执行。

```
    [root@master01 ~]# kubectl run mysql-client --image=mysql:5.7 -i --rm
--restart=Never -- mysql -h mysql-0.mysql <<EOF
> CREATE DATABASE test;
> CREATE TABLE test.messages (message VARCHAR(250));
> INSERT INTO test.messages VALUES ('hello');
> EOF
If you don't see a command prompt, try pressing enter.
pod "mysql-client" deleted
```

注意这里行首的"＞"符号是执行命令行自动产生的换行符，命令本身不含该符号。

（2）运行基于 mysql:5.7 镜像的临时容器，通过 mysql-read 这个 Service 将测试查询发送到所有 Pod 运行的 MySQL 服务器上，结果显示能够读取新建的表及其数据。

```
    [root@master01 ~]#  kubectl run mysql-client --image=mysql:5.7 -i -t --rm
--restart=Never -- mysql -h mysql-read -e "SELECT * FROM test.messages"
    If you don't see a command prompt, try pressing enter.
    Error attaching, falling back to logs: Internal error occurred: error
attaching to container: failed to load task: no running task found: task 99ea7106
c15df96d2a8fd4eb6ab072dc17fbc0cc6c04100fa67c1cfc0dd9dec6 not found: not found
    +---------+
    | message |
    +---------+
    | hello   |
    +---------+
pod "mysql-client" deleted
```

（3）运行基于 mysql:5.7 镜像的临时容器，循环运行 SELECT @@server_id 语句，演示 mysql-read 这个 Service 在 MySQL 服务器之间分配的连接，可以发现报告的 @@server_id 发生随机变化，每次尝试连接时都选择了不同的端点。

```
    root@master01 ~]# kubectl run mysql-client-loop --image=mysql:5.7 -i -t --rm
--restart=Never -- bash -ic "while sleep 1; do mysql -h mysql-read -e 'SELECT @@
server_id,NOW()'; done"
    If you don't see a command prompt, try pressing enter.
    +-------------+---------------------+
    | @@server_id | NOW()               |
    +-------------+---------------------+
    |         101 | 2022-10-01 12:41:49 |
    +-------------+---------------------+
    +-------------+---------------------+
    | @@server_id | NOW()               |
```

```
+-------------+---------------------+
|         100 | 2022-10-01 12:41:50 |
+-------------+---------------------+
...
```

测试完毕后，按 Ctrl+C 组合键终止临时容器的运行。

任务 7.1.2　扩缩容 StatefulSet

微课

02. 扩缩容
StatefulSet

StatefulSet 也支持扩缩容操作。前面使用 StatefulSet 部署的 MySQL 主从集群支持从服务器的扩缩容，可以通过添加副本节点来扩展读取查询的能力，下面进行示范。

（1）执行 kubectl scale statefulset mysql --replicas=4 命令扩容，将副本数增加到 4。

（2）查看 MySQL 主从集群中的 Pod，可以发现新增了一个名为 mysql-3 的 Pod。

```
[root@master01 ~]# kubectl get pods -l app=mysql
NAME      READY   STATUS    RESTARTS       AGE
mysql-0   2/2     Running   0              55m
mysql-1   2/2     Running   1 (54m ago)    54m
mysql-2   2/2     Running   1 (54m ago)    54m
mysql-3   2/2     Running   1 (114s ago)   2m5s
```

（3）运行临时容器，向新增的 MySQL 从服务器 mysql-3.mysql 发送查询操作进行测试，发现能够正常响应。

```
[root@master01 ~]# kubectl run mysql-client --image=mysql:5.7 -i -t --rm
--restart=Never -- mysql -h mysql-3.mysql -e "SELECT * FROM test.messages"
+---------+
| message |
+---------+
| hello   |
+---------+
pod "mysql-client" deleted
```

（4）执行 kubectl scale statefulset mysql --replicas=3 命令缩容，将副本数减少到 3。

（5）扩容操作会自动创建新的 PVC，但是缩容时不会自动删除这些 PVC。执行以下命令进行验证，结果表明尽管将 StatefulSet 的副本数缩小为 3，4 个 PVC 仍然存在。

```
[root@master01 ~]# kubectl get pvc -l app=mysql
NAME             STATUS     VOLUME                                      CAPACITY
ACCESS MODES    STORAGECLASS    AGE
 data-mysql-0    Bound      pvc-357b0fd6-3cf6-4144-be16-4b9204188599    10Gi
RWO             nfs-storage     58m
 ...
 data-mysql-3    Bound      pvc-cef02842-8bd3-4d83-b9e5-2089ea213286    10Gi
RWO             nfs-storage     5m14s
```

这样做的目的是让用户可以选择保留那些已被初始化的 PVC，以加速下一次扩容，或者在删除它们之前提取已有的数据。

（6）根据需要删除不打算使用的 PVC。

```
[root@master01 ~]# kubectl delete pvc data-mysql-3
persistentvolumeclaim "data-mysql-3" deleted
```

（7）执行以下命令删除以上操作所涉及的对象，清理实验环境。

```
kubectl delete statefulset mysql
kubectl delete configmap,service,pvc -l app=mysql
```

自动创建的 PV 会随着 PVC 的删除被自动删除。

任务 7.2   实现水平自动扩缩容

任务要求

实际应用中会遇到某些应用程序需要扩容的情形，典型的场景如压力测试、电商大促活动等，还有一些应用程序会因资源紧张、负载降低而需要实时增减实例数。在 Kubernetes 中通过调整 Pod 的副本数，也就是 Pod 的扩缩容，可以满足这类需求。前面介绍的 kubectl scale 命令即可用来实现 Pod 的扩缩容，但这只是一种简单的手动方式，并没有自适应能力。Kubernetes 还支持自动方式，能够根据 Pod 当前负载的变化情况自动地进行扩缩容，目前的方案主要有水平 Pod 自动扩缩容（Horizontal Pod Autoscaler，HPA）和垂直 Pod 自动扩缩容（Vertical Pod Autoscaler，VPA）。基于 Pod 的资源使用情况，HPA 自动增减 Pod 副本数，而 VPA 将 Pod 调度到有足够资源的最佳节点上。本任务仅讲解 HPA 的使用方法，基本要求如下。

（1）了解 HPA 的概念和工作机制。

（2）了解定义 HPA 的配置文件。

（3）了解 Metrics Server 并掌握其部署方法。

（4）掌握使用 HPA 实现水平自动扩缩容的方法。

相关知识

7.2.1   什么是 HPA

作为一种特殊的控制器，HPA 监控并分析 ReplicationController、Deployment、ReplicaSet、StatefulSet 等控制器控制的 Pod 的负载变化，根据资源利用率或自定义指标自动调整 Pod 的副本数，从而实现应用程序的水平自动扩缩容，让应用程序部署的规模接近实际的负载。HPA 不适用于无法扩缩的对象，如 DaemonSet。

HPA 的水平自动扩缩容功能由 Kubernetes API 资源和控制器实现，资源决定了控制器的行为，其工作机制如图 7-3 所示。在 Kubernetes 集群中，Metrics Server 负责监控资源使用情况，持续采集 Pod 的指标数据，如 CPU 和内存使用率。HPA 控制器通过 Metrics Server 的 API 获取监控指标数据，基于用户定义的扩缩容规则进行计算，得出目标 Pod 的副本数。当目标 Pod 副本数与当前副本数不同时，HPA 控制器就会对 Pod 的副本控制器（Deployment、StatefulSet 等）发起扩缩容操作，最后由副本控制器调整 Pod 的副本数，从而达到扩缩容的目的。

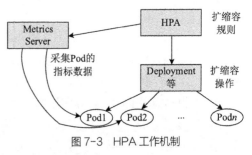

图 7-3 HPA 工作机制

7.2.2 如何定义 HPA

HPA 是 Kubernetes 的一种资源，既可以使用命令行创建，又可以基于配置文件创建。目前 HPA 有 4 个版本，即 autoscaling/v1、autoscaling/v2、autoscaling/v2beta1 和 autoscaling/v2beta2，不同版本的定义有所不同。执行 kubectl api-versions | grep autoscal 命令可以查看当前环境所支持的 HPA 版本。autoscaling/v1 仅支持基于 CPU 指标的扩缩容。autoscaling/v2beta1 在 autoscaling/v1 的基础上增加了对内存资源指标和自定义指标的支持。autoscaling/v2beta2 在 autoscaling/v2beta1 的基础上增加了对外部指标（External Metrics）的支持，autoscaling/v2 则是其正式版本。下面以 autoscaling/v2 版本为例列出其配置文件格式。

```
apiVersion: autoscaling/v2          # API 版本
kind: HorizontalPodAutoscaler       # 资源类型为 HorizontalPodAutoscaler
metadata:
  name: string                      # HPA 名称
  ...
spec:
  behavior:                         # 控制 HPA 的扩缩容行为
    scaleDown:                      # 定义缩容策略
      ...
    scaleUp:                        # 定义扩容策略
      ...
  minReplicas: int                  # 自动缩容的副本数下限，默认值是 1
  maxReplicas: int                  # 自动扩容的副本数上限
  scaleTargetRef:                   # 指定要扩缩容的对象（控制器）
    apiVersion: string              # 控制器版本，如 apps/v1
    kind: string                    # 控制器类型，如 Deployment
    name: string                    # 控制器名称
  metrics:                          # 定义动态扩缩容的控制指标
  - type: string                    # 指标类型，如 Resource
    ...                             # 具体指标的定义
```

不同指标类型的定义不同，下面进行简单介绍。

（1）Resource 类型基于当前扩缩容对象的 Pod 指标进行控制，目前支持 Utilization（使用率）和 AverageValue（平均值）类型的阈值。例如：

```
metrics:
- type: Resource
  resource:
    name: cpu                       # 基于 CPU 指标进行控制
    target:                         # 资源控制目标
      type: Utilization             # 阈值类型为资源使用率
      averageUtilization: 10        # 当整体的资源使用率超过此百分比时会进行扩容
```

（2）ContainerResource 类型基于扩缩容对象的容器的 CPU 和内存指标进行控制，目前只支持 Utilization 和 AverageValue 类型的阈值。例如：

```
metrics:
- type: ContainerResource
  containerResource:
    container: my-cont              # 指定容器
    name: memory                    # 基于内存指标进行控制
```

```
target:
    type: AverageValue          # 阈值类型为平均值
    averageValue: 300Mi         # 当指标的平均值或资源的平均使用率超过此值时会进行扩容
```

（3）Pods 类型基于扩缩容对象 Pod 的指标进行控制，数据需要第三方适配器提供，目前只允许 AverageValue 类型的阈值。

（4）External 类型基于 Kubernetes 的外部指标（由第三方适配器提供）进行控制，只支持 Value 和 AverageValue 类型的阈值。Value 类型表示当监控的指标值超过此值时就扩容。

（5）Object 类型基于 Kubernetes 特定内部对象的指标进行控制，数据需要第三方适配器（如 Ingress）提供，目前只支持 Value 和 AverageValue 类型的阈值。

Pods、External、Object 这 3 种类型支持使用标签选择器的筛选，允许条件选择。

另外，behavior 字段是 autoscaling/v2 版本的新特性，用来精确控制 HPA 的扩缩容行为，主要调节扩缩容速度，即在特定时间内最多允许扩缩容特定比例或数量的 Pod 副本。下面给出一个例子进行说明。

```
behavior:
    scaleDown:                              # 缩容策略
        stabilizationWindowSeconds: 300     # 先观察 300 秒，一直持续这种状态才执行缩容
        policies:
        - type: Percent                     # 按百分比计算
          value: 100                        # 允许减少当前副本数的 100%，但不低于副本数下限
          periodSeconds: 15                 # 每 15 秒缩容一次每次最多允许减少至当前副本数的 100%
    scaleUp:                                # 扩容策略
        stabilizationWindowSeconds: 0       # 无须等待，立即扩容
        policies:
        - type: Percent                     # 按百分比计算
          value: 100                        # 允许增加当前副本数的 100%，但不高于副本数上限
          periodSeconds: 15                 # 每 15 秒扩容一次，每次最多允许增加当前副本数的 100%
        - type: Pods                        # 按副本数计算
          value: 4
          periodSeconds: 15                 # 每 15 秒扩容一次，最多允许扩容 4 个 Pod
        selectPolicy: Max                   # 按照以上两种扩缩容策略计算的 Pod 数量最多的进行扩容
```

7.2.3 什么是 Metrics Server

电子活页

07.01 与 HPA 相关的 kube-controller-manager 启动选项参数

Metrics Server 为 Kubernetes 内置的自动扩缩容流水线提供资源度量。Metrics Server 从 kubelet 收集资源指标，并通过 Metrics API 在 Kubernetes 中发布这些指标，既可以让 HPA 基于 CPU 或内存进行水平自动扩缩容，又可以让 VPA 自动调整或推荐容器所需的资源。

Metrics Server 具有以下特性。

• 适用于大多数集群的单个部署。

• 每 15 秒收集一次指标以实现快速自动扩缩容。

• 具有较高的资源效率，集群中每个节点仅需使用 1mili（1/1000）核心 CPU 和 2MB 内存。CPU 资源以 cpu 为单位，CPU 资源的 CPU 数允许小数值，用也可以以 mili（简写为 m）为单位表示，1 个核心 CPU 等于 1000mili 的 CPU。

• 可支持多达 5000 个节点的集群。

在 Kubernetes 的新监控体系中，Metrics Server 属于核心指标提供者，仅提供节点与 Pod 的 CPU 和内存使用情况。其他自定义指标可以由 Prometheus 等组件负责采集。

Metrics Server 不适合非 Kubernetes 集群，不用于非自动扩缩容目的，也不能支持基于 CPU 或内存以外的其他资源的水平自动扩缩容。不要使用它将指标转发给监控系统，或者作为监控解决方案的指标数据来源。对于这种情形，可以考虑直接从端点收集指标。

![任务实现]

任务 7.2.1　部署 Metrics Server

微课

03. 部署 Metrics Server

HPA 的使用要求在 Kubernetes 集群中部署 Metrics Server，以便通过 Metrics API 的形式向 HPA 提供资源使用情况。Metrics Server 作为一个 Deployment 部署在 Kubernetes 集群中以提供资源使用情况监控服务。

1. 安装 Metrics Server

在 Kubernetes 集群中安装 Metrics Server 主要有两种方法：一种是使用 Helm 工具基于 Chart 文件安装，另一种是使用 kubectl apply 命令基于 YAML 格式的配置文件安装。考虑到国内网络环境，这里采用第 2 种方法。

（1）从源码托管平台下载 YAML 格式的配置文件 components.yaml，本例下载的是 0.6.3 版本，将该文件复制到项目目录，并更名为 metrics-components.yaml。

查看该文件的内容，可以发现，这是一个多文档的 YAML 配置文件，其中除了 Deployment 外，还定义了 Service、ServiceAccount、ClusterRole、ClusterRoleBinding、APIService、RoleBinding 等对象。

（2）修改该文件，将"Deployment"文档中的 containers 定义部分修改如下。

```
containers:
- args:
  - --cert-dir=/tmp
  - --secure-port=443
  - --kubelet-preferred-address-types=InternalIP,ExternalIP,Hostname
  - --kubelet-use-node-status-port
  - --metric-resolution=15s
  - --kubelet-insecure-tls                # 增加此启动参数
# 针对国内环境替换镜像
#image: registry.k8s.io/metrics-server/metrics-server:v0.6.3
image: registry.cn-hangzhou.aliyuncs.com/zailushang/metrics-server:v0.6.0
...
```

主要的改动有两处。一处是修改 Metrics Server 启动参数。Metrics Server 会请求每个节点的 kubelet 接口来获取监控数据，该接口通过 HTTPS 提供。但 Kubernetes 节点的 kubelet 使用的是自签名证书，如果 Metrics Server 直接请求 kubelet 接口，将出现证书校验失败的错误，因此需要在该文件中加上启动参数"--kubelet-insecure-tls"，以忽略安全证书校验。

另一处是修改镜像地址。该文件中拉取的镜像来自 registry.k8s.io 仓库，无法直接从国内拉取，这里改用爱好者迁移到阿里云的镜像仓库代替，本例使用的是 registry.cn-hangzhou.aliyuncs.com/zailushang/metrics-server:v0.6.0。

（3）执行以下命令基于该配置文件将 Metrics Server 一键部署到集群。

```
[root@master01 ~]# kubectl apply -f /k8sapp/07/metrics-components.yaml
serviceaccount/metrics-server created
...
```

（4）执行以下命令检查 Metrics Server 是否正常启动。

```
[root@master01 ~]# kubectl get pod -n kube-system -o wide| grep metrics-server
metrics-server-55877d4c4f-xvrpb 1/1  Running  0  114s 10.244.196.135  node01...
```

可以发现，本例中运行 Metrics Server 的 Pod 部署在 node01 节点上并正常运行。

2. 验证 Metrics Server 的部署

Metrics Server 可实现 Kubernetes 的 Metrics API（metrics.k8s.io），通过此 API 可以查询 Pod 与节点的部分监控指标。

（1）执行以下命令查出 Metrics API 的版本是 metrics.k8s.io/v1beta1。

```
[root@master01 ~]# kubectl api-versions | grep metrics
metrics.k8s.io/v1beta1
```

（2）执行以下命令在运行 kubectl 的主机和 Kubernetes API 服务器之间建立反向代理。

```
[root@master01 ~]# kubectl proxy --port=8088
Starting to serve on 127.0.0.1:8088
```

这样就可以让浏览器或 curl、wget 等工具直接访问 Kubernetes 的 REST API。kubectl 用于管理 Kubernetes 集群，也可以通过 API 访问 kubectl 的控制单元来访问 Kubernetes 集群。

（3）打开另一个终端窗口，使用 curl 命令向 /apis/metrics.k8s.io/v1beta1 端点发送 GET 请求，查看可以通过 Metrics API 查询的资源。结果表明，可以获得节点和 Pod 的资源。

```
[root@master01 ~]# curl http://127.0.0.1:8088/apis/metrics.k8s.io/v1beta1
{
  "kind": "APIResourceList",
  "apiVersion": "v1",
  "groupVersion": "metrics.k8s.io/v1beta1",
  "resources": [
    {
      "name": "nodes",
      "singularName": "",
      "namespaced": false,
      "kind": "NodeMetrics",
      "verbs": [
        "get",
        "list"
      ]
    },
    {
      "name": "pods",
      "singularName": "",
      "namespaced": true,
      "kind": "PodMetrics",
      "verbs": [
        "get",
        "list"
```

```
        ]
      }
    ]
}
```

（4）根据需要进一步测试 Metrics API。例如，访问 http://127.0.0.1:8088/apis/metrics.k8s.io/ v1beta1/nodes 可以获得所有节点的监控指标；访问 http://127.0.0.1:8088/apis/metrics.k8s.io/v1beta1/ nodes/node01 可以获得指定节点 node01 的监控指标；访问 http://127.0.0.1:8088/apis/metrics.k8s.io/ v1beta1/pods 可以获得所有 Pod 的监控指标；路径中加上具体 Pod 名称则可以获得指定 Pod 的监控指标。

（5）切回之前的终端窗口，按 Ctrl+C 组合键结束 kubectl 的反向代理。

（6）Pod 的监控指标可用于 HPA、VPA，也可通过 kubectl top pod 命令直接查询当前 Pod 的 CPU 和内存资源的使用情况。这里的 -A 选项表示不限名称空间。

```
[root@master01 ~]# kubectl  top pod -A
NAMESPACE       NAME                                    CPU(cores)    MEMORY(bytes)
kube-system     calico-kube-controllers-555bc4b957-v2xwf  6m          29Mi
...
kube-system     metrics-server-55877d4c4f-xvrpb          2m           26Mi
```

（7）集群节点的监控指标可以通过 kubectl top nodes 命令查询。

```
[root@master01 ~]# kubectl top nodes
NAME      CPU(cores)   CPU%   MEMORY(bytes)   MEMORY%
master01  147m         3%     2677Mi          35%
node01    63m          3%     1046Mi          28%
node02    51m          2%     2371Mi          65%
```

执行上述命令检查节点资源的使用情况，可以发现会显示 CPU 和内存资源的使用情况。

任务 7.2.2 通过 HPA 实现 nginx 的自动扩缩容

下面以 nginx 的自动扩缩容为例示范 HPA 的使用。

1. 创建并运行 nginx

编写 nginx 的 Deployment 和 Service 配置文件，将其命名为 nginx-deploy-service.yaml，内容如下。

微课

04. 通过 HPA 实现
nginx 的自动
扩缩容

```
apiVersion: apps/v1            # 版本号
kind: Deployment               # 类型为 Deployment
metadata:                      # 元数据
  name: nginx
  labels:                      # 标签
    app: nginx
spec:                          # 详细信息
  selector:                    # 选择器，指定该控制器管理哪些 Pod
    matchLabels:               # 匹配规则
      app: nginx
  template:                    # 定义模板，当副本数量不足时会根据模板定义创建 Pod 副本
    metadata:
      labels:
        app: nginx             # Pod 的标签
```

```
    spec:
      containers:                      # 容器列表（本例仅定义一个容器）
      - name: nginx                    # 容器的名称
        image: nginx:1.17.2            # 容器所用的镜像
        resources:
          requests:
            cpu: 100m
            memory: 200Mi
---
apiVersion: v1
kind: Service                          # 类型为 Service
metadata:
  name: nginx                          # 为 Service 命名
spec:
  selector:
    app: nginx                         # 指定 Pod 的标签
  ports:
  - port: 80                           # Service 绑定的端口
    targetPort: 80                     # 目标 Pod 的端口
```

这里的关键是必须通过 requests 字段为容器设置所需资源的最低量，本例对 CPU 和内存都做了设置。

基于该配置文件创建 nginx 的 Deployment 和 Service。

2. 使用命令行创建 HPA 并进行测试

本例对 nginx 的 Deployment 进行扩缩容。

（1）执行 kubectl autoscale 命令创建 HPA。

```
[root@master01 ~]# kubectl autoscale deployment nginx --cpu-percent=10
--min=1 --max=10
  horizontalpodautoscaler.autoscaling/nginx autoscaled
```

该 HPA 根据 CPU 使用率自动增减 Pod 副本数，此处定义的规则是：CPU 使用率超过 10%（--cpu-percent=10）就会增加 Pod 副本数以保持所有 Pod 的平均 CPU 使用率为 10%，允许扩容的副本数上限为 10（--max=10），缩容的副本数下限为 1（--min=1）。

（2）查看该 HPA 的当前状态。

```
[root@master01 ~]# kubectl get hpa
NAME    REFERENCE          TARGETS   MINPODS   MAXPODS   REPLICAS   AGE
nginx   Deployment/nginx   0%/10%    1         10        1          67s
```

这是初始状态，对 nginx 服务器没有任何请求，其 CPU 使用率为 0%，且只有 1 个 Pod 副本。TARGETS 列的两个值分别是当前实际值和期望值，刚开始的时候实际值可能会显示为 <unknown>，这是因为对 Pod 使用率的监测尚未准备完成，稍等一会再执行就会显示正常的数据。

（3）查看 nginx 的 Service 的信息，获得其集群 IP 地址。

```
[root@master01 ~]# kubectl get svc nginx
NAME    TYPE        CLUSTER-IP      EXTERNAL-IP   PORT(S)   AGE
nginx   ClusterIP   10.99.225.74    <none>        80/TCP    2m9s
```

接下来进行扩容测试。

（4）打开另一个终端窗口，运行一个循环语句模拟不停访问 nginx 服务器以进行压力测试，不断增加该 Pod 的负载。

```
[root@master01 ~]# while true;do wget -q -O- http://10.99.225.74 > /dev/null; done
```

（5）切回之前的终端窗口，执行以下命令监测该 HPA。本例的监测过程及结果如下。

```
[root@master01 ~]# kubectl get hpa nginx --watch
NAME    REFERENCE         TARGETS   MINPODS   MAXPODS   REPLICAS   AGE
nginx   Deployment/nginx  10%/10%   1         10        1          5m49s
nginx   Deployment/nginx  13%/10%   1         10        1          6m15s
nginx   Deployment/nginx  14%/10%   1         10        2          6m30s
nginx   Deployment/nginx  26%/10%   1         10        2          6m45s
nginx   Deployment/nginx  26%/10%   1         10        3          7m
nginx   Deployment/nginx  17%/10%   1         10        6          7m15s
nginx   Deployment/nginx  9%/10%    1         10        6          7m30s
```

可以发现，随着压力不断增加，Pod 的 CPU 使用率不断增加，超过 HPA 设定的 10% 之后逐次增加副本数。由于本例测试用的压力有限，未达上限即停止扩容。

从上述结果中还可以得知，HPA 控制器的自动检测周期为 15 秒，这是默认设置。不过可以通过 kube-controller-manager 服务启动选项参数进行调整。

（6）打开另一个终端窗口，依次查看 Deployment 的副本数和 Pod 列表，进一步验证扩容结果。

```
[root@master01 ~]# kubectl get deployment nginx
NAME    READY   UP-TO-DATE   AVAILABLE   AGE
nginx   6/6     6            6           8m57s
[root@master01 ~]# kubectl get pod
NAME                     READY   STATUS    RESTARTS   AGE
nginx-5999d8967d-m897z   1/1     Running   0          2m38s
...
nginx-5999d8967d-zz2nk   1/1     Running   0          9m5s
```

接下来进行缩容测试。

（7）切换到执行压力测试语句的终端窗口，按 Ctrl+C 组合键终止压力测试。

（8）切回监测 HPA 的终端窗口，继续观察 HPA 的变化。

```
NAME    REFERENCE         TARGETS   MINPODS   MAXPODS   REPLICAS   AGE
...
nginx   Deployment/nginx  0%/10%    1         10        6          10m
nginx   Deployment/nginx  0%/10%    1         10        6          14m
nginx   Deployment/nginx  0%/10%    1         10        5          14m
nginx   Deployment/nginx  0%/10%    1         10        1          14m15s
```

可以发现，CPU 使用率恢复到最初值 0%，并开始逐渐缩容。按 Ctrl+C 组合键结束 HPA 监测，然后执行以下命令查看 Pod，可以发现回到最初只有一个副本的状态。

```
[root@master01 ~]# kubectl get pod
NAME                     READY   STATUS    RESTARTS   AGE
nginx-5999d8967d-zz2nk   1/1     Running   0          15m
```

（9）删除该 HPA，清理实验环境。保留 nginx 的 Deployment 和 Service 以供后续实验使用。

```
[root@master01 ~]# kubectl delete hpa nginx
horizontalpodautoscaler.autoscaling "nginx" deleted
```

3. 通过配置文件创建 HPA

可以编写 HPA 的配置文件，以便实现 HPA 更精细的配置。例如，编写一个名为 nginx-hpa. yaml 的文件，定义 autoscaling/v2 版本的 HPA，内容如下。

```
apiVersion: autoscaling/v2
kind: HorizontalPodAutoscaler
metadata:
  name: nginx-hpa
spec:
  minReplicas: 1
  maxReplicas: 10
  metrics:
  - type: Resource
    resource:
      name: cpu
      target:
        type: Utilization
        averageUtilization: 10          # CPU 的平均使用率为10%
  scaleTargetRef:                        # 指定要控制的对象
    apiVersion: apps/v1
    kind: Deployment
    name: nginx
```

使用 kubectl apply 命令基于该配置文件创建 HPA，然后进行扩缩容测试，具体操作步骤参见前面使用命令行创建 HPA 并进行测试的内容。完成实验之后，除删除 HPA 外，还要删除 nginx 的 Deployment 和 Service。

autoscaling/v2 版本的 HPA 还支持基于内存指标进行扩缩容，相关定义的示例如下：

```
      name: memory
      target:
        type: Utilization
        averageUtilization: 20
```

任务 7.3　管理 Pod 的调度

▷ 任务要求

前面的任务涉及的 Pod 调度基本上都是自动的，运行在哪个节点上完全由 Kubernetes 调度器通过一系列自动调度算法计算出来，这个过程是不受管理员控制的。Kubernetes 还提供多种可定制的调度方式，让管理员实现更精准、更符合实际需求的 Pod 调度。本任务涉及的调度方式包括定向调度、亲和性与反亲和性调度、污点与容忍度调度，基本要求如下。

（1）了解 Kubernetes 的调度流程。

（2）了解 Pod 的定向调度并掌握其实现方法。

（3）掌握节点亲和性调度、Pod 间的亲和性调度与反亲和性调度。

（4）学会基于污点与容忍度进一步优化 Pod 调度。

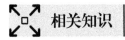

相关知识

7.3.1　Kubernetes 调度概述

在 Kubernetes 中，调度解决的是 Pod 与节点的匹配问题，目的是将 Pod 部署到适当的节点上运行。调度是由调度器来完成的，调度器通过 Kubernetes 的监测机制来发现集群中新创建的且还未被分配到任何节点上的 Pod，根据集群的计算资源、规则、匹配度等情况做出选择，将所发现的每一个未调度的 Pod 调度到一个合适的节点上运行。kube-scheduler 是 Kubernetes 的默认调度器，并且是集群控制平面节点的一个组件。

Kubernetes 的调度流程如图 7-4 所示，分成以下两个阶段。

（1）过滤（Filtering）。在此阶段，调度器将满足 Pod 调度需求的所有节点筛选出来，将不符合需求的节点排除。这些被筛选出来的节点被称为可调度节点。如果没有任何一个节点能满足 Pod 的调度需求，则该 Pod 不可调度，将一直停留在未调度状态直到找到合适的节点。图 7-4 中节点 2、节点 4 和节点 5 首先被排除掉。

（2）评分（Scoring）。在此阶段，调度器会根据当前启用的评分规则，给每一个可调度节点进行评分，从所有可调度节点中选取一个最合适的节点。图 7-4 中节点 3 的得分最高。

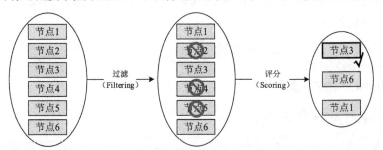

图 7-4　Kubernetes 的调度流程

调度器会将 Pod 调度到得分最高的节点上。如果存在多个得分最高的节点，则调度器会从中随机选取一个。

默认调度器 kube-scheduler 支持以下两种方式配置调度器的过滤和评分行为。

- 调度策略：配置过滤所用的断言（Predicates）和评分所用的优先级（Priorities）。
- 调度配置：配置实现不同调度阶段的插件，包括 QueueSort、Filter、Score、Bind、Reserve、Permit 等。也可以配置 kube-scheduler 运行不同的配置文件。

7.3.2　Pod 的定向调度

定向调度是一种强制性的简单调度方式，基于节点名称或节点选择器将 Pod 调度到期望的指定节点上。这会跳过调度器的其他调度逻辑，即使要定向调度的目标节点不存在，也会强制进行调度，只不过最终可能导致 Pod 运行失败。

1. 基于节点名称定向调度

配置 Pod 时使用 nodeName 字段将 Pod 直接调度到指定名称的节点上。下面给出一个简单的例子。

```
spec:
```

```
    containers:
    - name: nginx
      image: nginx:1.14.2
    nodeName: node01                         # 将 Pod 直接调度到 node01 节点上
```

2. 基于节点选择器定向调度

配置 Pod 时可以通过定义 nodeSelector 字段将 Pod 调度到具有指定标签的节点上。下面通过一个例子进行示范。

（1）为节点添加标签。

```
[root@master01 ~]# kubectl label nodes node01 nodeenv=prod
node/node01 labeled
```

（2）编写 Pod 配置文件（命名为 nodeselector-pod.yaml），部分相关内容如下。

```
spec:
  containers:
  - name: nginx
    image: nginx:1.14.2
  nodeSelector:                    # 使用此字段实现节点选择约束，这是关键
    nodeenv: prod                  # 指定调度到具有 nodeenv=prod 标签的节点上
```

（3）基于 /k8sapp/07/nodeselector-pod.yaml 文件创建名为 nginx-pod 的 Pod。

（4）查看 Pod 的信息，发现该 Pod 已被调度到 node01 节点上。

```
NAME        READY   STATUS    RESTARTS    AGE     IP                NODE      ...
nginx-pod   1/1     Running   0           30s     10.244.196.155    node01    ...
```

（5）删除该 Pod，清理实验环境。

7.3.3 亲和性与反亲和性调度

节点选择器提供了一种简单的调度方法，Kubernetes 还支持更精细、更灵活的调度机制，那就是亲和性（Affinity）与反亲和性（Anti-affinity）调度。与定向调度相比，这种调度机制支持更多的选择表达式，可以设置更具"软性"的调度策略，而不仅仅是硬性要求，还可以通过 Pod 的标签进行调度约束，而不是局限于节点的标签。常见的应用场景如下。

- 将前台应用程序和后台服务部署在一起。
- 将某类应用程序部署到某些特定节点。
- 将不同的应用程序部署到不同的节点。

Kubernetes 支持节点和 Pod 两个层级的亲和性与反亲和性调度。

1. 节点亲和性调度

节点亲和性概念上类似于节点选择器，也是根据节点上的标签来决定 Pod 可以调度的节点。但它的表达能力更强，并且允许管理员指定软性限制规则。在 Pod 配置文件中可以使用 .spec.affinity.nodeAffinity 字段来设置节点亲和性。这里给出一个示例。

```
spec:
  affinity:
    nodeAffinity:                                          # 节点亲和性
      requiredDuringSchedulingIgnoredDuringExecution:      # 硬性限制规则
        nodeSelectorTerms:                                 # 节点选择器的配置
        - matchExpressions:                                # 匹配表达式
```

```
              - key: topology.kubernetes.io/zone
                operator: In
                values:
                - beijing
                - shanghai
      preferredDuringSchedulingIgnoredDuringExecution:    # 软性限制规则
      - weight: 1                                          # 权重,值的范围为1~100
        preference:                                        # 具体的参考规则
          matchExpressions:                                # 匹配表达式
          - key: department
            operator: In
            values:
            - sales
    containers:                                            # Pod 的容器定义
      ...
```

要理解这些配置,必须了解节点亲和性的两种设置。

(1)采用 requiredDuringSchedulingIgnoredDuringExecution 字段定义硬性限制规则,即必须满足的条件。调度器只有匹配规则时才能执行调度,不匹配就不执行调度,Pod 会一直处于 Pending 状态。此字段类似于 nodeSelector 字段,但其语法表达能力更强,使用 nodeSelectorTerms 字段配置节点选择器。如果定义多个 nodeSelectorTerms 字段,则只要其中一个满足条件,Pod 就可以被调度到节点上。

(2)采用 preferredDuringSchedulingIgnoredDuringExecution 字段定义软性限制规则,也就是尽量满足条件,不满足也行。调度器尽可能寻找满足指定规则的节点。即使找不到满足规则的节点,调度器也会调度该 Pod。软性限制可以有多条规则,每条规则使用 preference 字段配置,并通过 weight 字段为该规则赋予一个权重值。对于满足规则的节点,调度器将相应的权重值添加到该节点的分值中。调度器为 Pod 做出调度决定时,总分最高的节点的优先级也最高。

这两种设置都要使用 matchExpressions 字段定义匹配表达式,对标签的键值匹配进行判断,用于进行标签判断的操作符包括 In、NotIn、Exists、DoesNotExist、Gt、Lt。NotIn 和 DoesNotExist 可以用来实现节点反亲和性行为。如果定义多个 matchExpressions 字段,则所有的条件都必须满足,才会将 Pod 调度到相应的节点。

在示例配置文件中,硬性限制规则表明,节点必须包含一个键名为 topology.kubernetes.io/zone 的标签,并且该标签的值必须为 beijing 或 shanghai;软性限制规则表明,节点最好具有一个键名为 department 且值为 sales 的标签。Pod 最终被调度到的节点必须满足硬性限制规则,尽可能满足软性限制规则。

小贴士

如果同时定义了 nodeSelector 和 nodeAffinity 字段,则两者的条件必须都要满足,才能将 Pod 调度到候选节点上。Pod 完成调度并正常运行后,即使删除或更改了已被调度节点的标签,Pod 也不会被删除,因为亲和性配置仅适用于 Pod 调度过程。

2. Pod 间的亲和性与反亲和性调度

此类调度不是基于节点上的标签,而是基于已经在节点上运行的其他 Pod 的标签来决定 Pod 可以调度到的节点。为便于理解,可以将此类调度规则描述为:如果 X 节点上运行了一个或多个满足 Y 条件的 Pod,那么该 Pod 应该运行在 X 节点上(亲和性调度),或者不应该运行在 X 节点上（反亲和性调度）。

在 Pod 配置文件中通过 topologyKey 字段表示 X。X 表示调度目标的拓扑域（也就是节点范围），亲和性调度要求 Pod 在同一个拓扑域中运行（相当于并置），反亲和性调度要求 Pod 不在同一个拓扑域中运行（相当于分置）。X 可以是一个节点、一个机柜、一个机房、一个云服务商或者是一个地区等，通常使用节点的标签来标识，还可以使用注解或污点进行标识。通过这种方式，我们就可以对 Pod 做跨集群、跨机房、跨地区的调度。

下面举例说明拓扑域。常用的 k8s.io/hostname 表示拓扑域为节点范围，k8s.io/hostname 对应的值不同就表示位于不同的拓扑域。如 Pod1 位于 k8s.io/hostname=node01 的节点上，Pod2 位于 k8s.io/hostname=node02 的节点上，Pod3 位于 k8s.io/hostname=node01 的节点上，则 Pod1 和 Pod3 位于同一个拓扑域，Pod1 和 Pod2 不在同一个拓扑域。failure-domain.k8s.io/zone 表示拓扑域为区域，failure-domain.k8s.io/zone 标签值不同的节点也就不属于同一个拓扑域。

Y 就是要匹配的规则，通常使用 labelSelector 字段基于 Pod 的标签来选择。注意节点本身不属于任何名称空间，而 Pod 有名称空间，Pod 的标签具有名称空间属性。新版本的 Kubernetes 开始支持使用 namespaceSelector 字段直接选择要匹配的名称空间。

在 Pod 配置文件中可以使用 .spec.affinity.podAffinity 字段设置 Pod 间的亲和性调度，使用 .spec.affinity.podAntiAffinity 字段设置 Pod 间的反亲和性调度。与节点亲和性调度类似，Pod 间的亲和性与反亲和性调度也采用 requiredDuringSchedulingIgnoredDuringExecution 和 preferredDuringSchedulingIgnoredDuringExecution 字段定义硬性限制规则和软性限制规则。下面给出一个示例。

```
spec:
  affinity:
    podAffinity:                                            # Pod 间的亲和性
      requiredDuringSchedulingIgnoredDuringExecution:       # 硬性限制规则
      - labelSelector:                                      # 标签选择器
          matchExpressions:                                 # 匹配表达式
          - key: security
            operator: In
            values:
            - S1
        topologyKey: topology.kubernetes.io/zone            # 调度目标的拓扑域
    podAntiAffinity:                                        # Pod 间的反亲和性
      preferredDuringSchedulingIgnoredDuringExecution:      # 软性限制规则
      - weight: 100                                         # 权重,取值范围为 1 ~ 100
        podAffinityTerm:                                    # Pod 间的反亲和性条件
          labelSelector:
            matchExpressions:
            - key: security
              operator: In
              values:
              - S2
          topologyKey: topology.kubernetes.io/zone          # 调度目标的拓扑域
  containers:
    ...
```

这个示例定义了一条 Pod 间亲和性的硬性限制规则，表示必须将 Pod 调度到与 security 标签值为 S1 的 Pod 位于同一区域的节点上，通过 topology.kubernetes.io/zone 确定拓扑域。同时还定义了一条反亲和性的软性限制规则，表示尽量不要将 Pod 调度到与 security 标签值为 S2 的 Pod 位于同一区域的节点上。

原则上 topologyKey 字段值可以是任何合法的标签键，但是出于性能和安全考虑，该字段值还是有一些限制。对于 Pod 间的亲和性调度来说，硬性限制规则或软性限制规则中 topologyKey 字段值不能为空。对于 Pod 间的反亲和性调度来说，LimitPodHardAntiAffinityTopology 准入控制器要求硬性限制规则中的 topologyKey 字段值只能是 kubernetes.io/hostname，如果要使用其他拓扑域，则要更改或禁用该准入控制器。

7.3.4 污点与容忍度

前面所讲的调度方式是让 Pod 被调度到指定的节点上，而污点（Taint）正好相反，它是让标记有污点的节点拒绝 Pod 被调度到该节点上运行，甚至将已经在该节点上运行的 Pod 驱逐出去，除非 Pod 通过容忍度（Toleration）声明能够容忍这些污点。污点和容忍度相互配合，避免 Pod 被调度到不合适的节点上，从而优化 Pod 在集群间的调度。

1. 理解污点与容忍度的概念

污点是作用于节点的，使节点能够排斥一类特定的 Pod。标记有污点的节点可以看作存在某种问题的节点，如存储空间紧张、准备停机维护、拒绝 Pod 调度。每个节点上都可以标记一个或多个污点，以阻止那些不能容忍这些污点的 Pod。可以使用 kubectl taint 命令给节点标记一个污点，用法如下：

```
kubectl taint nodes <node_name> <key>=<value>:effect
```

其中，key 和 value 参数定义的是污点的键和值，它们组成污点的标签，effect 参数表示该污点的作用或影响力。这 3 个参数构成污点的属性。

标记有污点的节点并不是故障节点，是仍然可以运行 Pod 的节点，只是拒绝不能容忍该污点的 Pod。如果某些 Pod 需要调度到这类节点上，则可以通过设置容忍度来容忍污点。

容忍度是作用于 Pod 的。设置容忍度的 Pod 会容忍污点的存在，可以被调度到标记有污点的节点上。在 Pod 配置文件中通过 .spec.tolerations 字段设置 Pod 的容忍度，基本格式如下。

```
tolerations:
- key: string                        # 键的名称
  operator: string                   # 操作符
  value: string                      # 键的值，可选
  effect: string                     # 作用
```

可以发现，容忍度的 3 个字段 key、value 和 effect 与污点的 3 个属性是对应的。容忍度还有一个字段 operator，用于定义操作符。污点和容忍度需要相互配合才能实现节点和 Pod 之间的互斥。实际上 Pod 的容忍度定义的是匹配污点的规则。

首先判断匹配关系，确定 Pod 的容忍度与节点的污点是否匹配，包括以下两种匹配方式。

（1）完全匹配。operator 字段值为 Equal，两者的 key、value 和 effect 值都相同。

（2）不完全匹配。operator 字段值为 Exists，不能定义 value，只要求两者的 key 和 effect 值相同，污点的 value 值不限。

这两种方式都被视为容忍度与污点匹配。另外，以下任一特殊情形也被视为两者匹配。

- 如果容忍度不指定 key 字段且 operator 字段值为 Exists，则该容忍度可匹配任何污点。

```
tolerations:
- operator: "Exists"
```

- 如果容忍度不指定 effect 字段，则可以匹配所有具有该 key 字段值的污点。

```
tolerations:
- key: string
  operator: "Exists"
```

然后由节点上污点的 effect 属性决定如何调度，该属性可以选择以下值，不同的值表示不同的调度策略。

- NoSchedule：意思是禁止调度，不会将 Pod 调度到具有该污点的节点上。通常是要维护的节点或者是新增加的节点会标记这种污点。
- PreferNoSchedule：与 NoSchedule 类似，只不过是非强制性的，表示尽可能避免将 Pod 调度到具有该污点的节点上。
- NoExecute：不会将 Pod 调度到具有该污点的节点上，同时会将节点上已经存在的 Pod 驱逐出去。

可以给一个节点标记多个污点，也可以给一个 Pod 添加多个容忍度设置。Kubernetes 处理多个污点和容忍度的过程就像一个过滤器：从一个节点的所有污点开始遍历，过滤掉那些 Pod 中存在与之相匹配的容忍度的污点。

2. 污点和容忍度的常见用例

管理员可以通过污点和容忍度灵活地让 Pod 避开某些节点，或者将 Pod 从某些节点驱逐。下面列出几个常见用例。

（1）专用节点，就是将某些节点专门分配给特定的一组用户使用。首先给此类节点添加一个污点，然后给该组用户的 Pod 添加一个相应的容忍度。这样，Pod 就能够被调度到专用节点，同时也能够被调度到集群中的其他节点。

如果希望这些 Pod 只能被调度到专用节点，则还需给这些专用节点添加一个与上述污点类似的标签，并通过节点亲和性或节点选择器来限制 Pod 只能被调度到添加了该标签的节点上。

（2）配备特殊硬件设备的节点。可以先给配备了特殊硬件的节点添加污点，然后给这类 Pod 添加一个相匹配的容忍度。还可以与专用节点一样进一步限制 Pod 只能被调度到此类节点上。

（3）基于污点的驱逐。将节点上污点的 effect 属性值设置为 NoExecute，就可以根据调度策略对 Pod 进行驱逐，具体涉及以下几种情形。

- 如果 Pod 不能容忍这类污点，Pod 会被立即驱逐。
- 如果 Pod 能够容忍这类污点，但是在容忍度定义中没有指定 tolerationSeconds 字段，则 Pod 还会在该节点上运行。
- 如果 Pod 能够容忍这类污点，并且在容忍度定义中指定了 tolerationSeconds 字段，则 Pod 还能在该节点上继续运行由 tolerationSeconds 字段指定的时间。

3. 内置污点

Kubernetes 节点控制器会根据当前节点的状态自动给节点添加内置的污点（具体见表 7-2），这为管理员动态控制 Pod 的调度提供了方便。

表7-2 Kubernetes内置的污点

污点名称	说明
node.kubernetes.io/not-ready	节点未准备好，相当于节点状态 Ready 的值为 "False"
node.kubernetes.io/unreachable	节点控制器访问不到节点，相当于节点状态 Ready 的值为 "Unknown"
node.kubernetes.io/memory-pressure	节点存在内存压力
node.kubernetes.io/disk-pressure	节点存在磁盘压力
node.kubernetes.io/pid-pressure	节点存在 PID 压力
node.kubernetes.io/network-unavailable	节点网络不可用
node.kubernetes.io/unschedulable	节点不可调度
node.cloudprovider.kubernetes.io/uninitialized	如果 kubelet 启动时指定一个外部云平台驱动，则它将给当前节点添加一个污点将其标志为不可用。初始化该节点之后，kubelet 将删除此污点

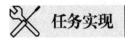 任务实现

任务 7.3.1 将应用程序部署在特定的节点上

前面关于 Pod 调度的示例主要以 Pod 的配置为例，而实际应用中通常需要对更高级别的资源（如 Deployment、StatefulSet 等）进行 Pod 调度。节点亲和性调度比节点选择器更灵活，适合将应用程序部署在特定的节点上。下面示范基于节点亲和性来调度应用程序。本例使用两条软性限制规则，第 1 条规则表示尽可能将应用程序调度到具有 nodeenv=prod 标签的节点上，权重值为 80；第 2 条规则表示尽可能将应用程序调度到具有 ssd 标签的节点上，权重值为 50。

微课

06. 将应用程序部署在特定的节点上

（1）编写 Deployment 配置文件（命名为 nodeaff-nginx-deploy.yaml），内容如下。

```
apiVersion: apps/v1
kind: Deployment
metadata:
  name: nginx-deploy
spec:
  replicas: 2                                              # 副本数
  selector:
    matchLabels:
      app: nginx
  template:
    metadata:
      labels:
        app: nginx                                         # Pod 标签
    spec:
      affinity:
        nodeAffinity:                                      # 节点亲和性配置
          preferredDuringSchedulingIgnoredDuringExecution: # 软性限制规则
          - weight: 80
            preference:                                    # 第 1 条参考规则
              matchExpressions:
              - key: nodeenv
                operator: In
                values:
```

```
                       - prod
            - weight: 50
              preference:                                    # 第 2 条参考规则
                matchExpressions:
                  - key: ssd
                    operator: Exists
         containers:
           - name: nginx
             image: nginx:1.16-alpine
```

（2）检查确认已给 node01 节点添加标签 nodeenv=prod，如果没有，则需加上该标签。

```
[root@master01 ~]# kubectl get nodes node01 --show-labels
NAME       STATUS    ROLES     AGE     VERSION    LABELS
node01     Ready     <none>    63d     v1.24.1    beta.kubernetes.io/arch=amd64,
beta.kubernetes.io/os=linux,kubernetes.io/arch=amd64,kubernetes.io/
hostname=node01,kubernetes.io/os=linux,nodeenv=prod
```

（3）基于配置文件 /k8sapp/07/nodeaff-nginx-deploy.yaml 创建 Deployment。

（4）查看该 Deployment 的 Pod 列表，验证调度结果。

```
[root@master01 ~]# kubectl get pod -l app=nginx -o wide
NAME                          READY   STATUS    RESTARTS   AGE    IP              NODE ...
nginx-deploy-649ccdfc8c-8nzfk 1/1     Running   0          115s   10.244.196.149  node01...
nginx-deploy-649ccdfc8c-j74rl 1/1     Running   0          115s   10.244.196.150  node01...
```

可以发现，两个 Pod 副本都被调度到具有标签 nodeenv=prod 的 node01 节点上。

（5）删除创建的 Deployment，清理实验环境。

微课

07. 将同一应用
程序部署到不同的
节点上

任务 7.3.2　将同一应用程序部署到不同的节点上

　　下面通过 Deployment 控制器部署 Redis 缓存，为保证每个节点上只创建一个该应用程序的实例，我们为 Pod 副本设置标签 app=store，并使用 Pod 间的反亲和性规则要求调度器避免将多个带有该标签的副本部署到同一节点上。

　　（1）编写 Deployment 配置文件（命名为 redis-cache-deploy.yaml），内容如下。

```
apiVersion: apps/v1
kind: Deployment
metadata:
  name: redis-cache
spec:
  selector:
    matchLabels:
      app: store
  replicas: 3                                               # 副本数
  template:
    metadata:
      labels:
        app: store
    spec:
      affinity:
        podAntiAffinity:                                    # Pod 间的反亲和性
          requiredDuringSchedulingIgnoredDuringExecution:  # 硬性限制规则
```

```
              - labelSelector:
                  matchExpressions:
                  - key: app
                    operator: In
                    values:
                    - store
                  topologyKey: "kubernetes.io/hostname"        # 拓扑域为节点
        containers:
        - name: redis-server
          image: redis:3.2-alpine
```

（2）基于配置文件 /k8sapp/07/redis-cache-deploy.yaml 创建 Deployment。

（3）查看 Deployment 的 Pod 副本数，可以发现期望的 3 个副本仅创建了两个。

```
[root@master01 ~]# kubectl get deploy redis-cache
NAME          READY      UP-TO-DATE     AVAILABLE     AGE
redis-cache   2/3        3              2             2m17s
```

（4）进一步查看该 Deployment 的 Pod 列表，验证调度结果。

```
[root@master01 ~]# kubectl get pod -l app=store -o wide
NAME                         READY  STATUS   RESTARTS  AGE    IP              NODE    ...
redis-cache-669897455-7r86t  1/1    Running  0         2m48s  10.244.140.99   node02  ...
redis-cache-669897455-kx5dm  0/1    Pending  0         2m48s  <none>          <none>  ...
redis-cache-669897455-rqlcw  1/1    Running  0         2m48s  10.244.196.154  node01  ...
```

可以发现，因为工作节点只有两个，一个节点只能部署该 Pod 的一个副本，所以还有一个 Pod 无法调度到合适的节点。可以使用 kubectl describe pod 命令进一步查看该 Pod 的详细信息，相关的事件信息指出了这个问题：

```
Events:
  Type      Reason            Age    From             Message
  ----      ------            ----   ----             -------
  Warning   FailedScheduling  2m     default-scheduler  0/3 nodes are available:
1 node(s) had untolerated taint {node-role.kubernetes.io/control-plane: }, 2 node(s)
didn't match pod anti-affinity rules. preemption: 0/3 nodes are available: 1 Preemption
is not helpful for scheduling, 2 No preemption victims found for incoming pod.
```

（5）执行以下命令进行缩容，将 Pod 副本数减少到 2，使其符合当前的工作节点数。

```
[root@master01 ~]# kubectl scale deploy redis-cache --replicas=2
deployment.apps/redis-cache scaled
```

保留当前部署的 Deployment，以便后续实验操作。

任务 7.3.3　将关联的应用程序部署到同一节点上

接下来在上例部署 Redis 缓存（带 app=store 标签）的基础上部署 Web 服务器，确保这两个关联的应用程序部署到同一节点上（即并置）。具体实现方案是为运行 Web 服务器的 Pod 副本创建标签 app=web-store，使用 Pod 间的亲和性规则要求调度器将 Web 服务器的每个 Pod 副本调度到已经运行的带 app=store 标签的 Pod 的节点上，再使用 Pod 间的反亲和性规则要求调度器不要在单个节点上放置多个带 app=web-store 标签的 Web 服务器副本。

微课

08. 将关联的应用
程序部署到同一
节点上

（1）编写 Deployment 配置文件（命名为 web-server-deploy.yaml），内容如下。

```yaml
apiVersion: apps/v1
kind: Deployment
metadata:
  name: web-server
spec:
  selector:
    matchLabels:
      app: web-store
  replicas: 2                                                        # 副本数
  template:
    metadata:
      labels:
        app: web-store
    spec:
      affinity:
        podAntiAffinity:                                             # Pod 间的反亲和性
          requiredDuringSchedulingIgnoredDuringExecution:  # 硬性限制规则
          - labelSelector:
              matchExpressions:
              - key: app
                operator: In
                values:
                - web-store
            topologyKey: "kubernetes.io/hostname"
        podAffinity:                                                 # Pod 间的亲和性
          requiredDuringSchedulingIgnoredDuringExecution:  # 硬性限制规则
          - labelSelector:
              matchExpressions:
              - key: app
                operator: In
                values:
                - store
            topologyKey: "kubernetes.io/hostname"
      containers:
      - name: web-app
        image: nginx:1.16-alpine
```

（2）基于配置文件 /k8sapp/07/web-server-deploy.yaml 创建 Deployment。

（3）查看上述两个关联应用程序的 Pod 列表（使用标签选择器进行过滤）。

```
[root@master01 ~]# kubectl get pod -l  "app in (web-store,store)" -o wide
NAME                            READY   STATUS    RESTARTS   AGE   IP               NODE    ...
redis-cache-669897455-7r86t     1/1     Running   0          25m   10.244.140.99    node02...
redis-cache-669897455-rqlcw     1/1     Running   0          25m   10.244.196.154   node01...
web-server-748b76d65c-kxwfd     1/1     Running   0          66s   10.244.140.97    node02...
web-server-748b76d65c-shzct     1/1     Running   0          65s   10.244.196.142   node01...
```

可以发现，每个工作节点上都并置了这两个应用程序的 Pod 副本。

（4）删除 web-server 和 redis-cache 这两个 Deployment，清理实验环境。

222

Kubernetes集群实战（微课版）

任务 7.3.4　示范污点和容忍度的使用

下面通过实例示范污点和容忍度的使用，并验证其功能。

（1）为 node01 节点标记污点，将其 key 属性值设置为 group，value 属性值设置为 info，effect 属性值设置为 NoSchedule，以拒绝将 Pod 调度到该节点上。

```
[root@master01 ~]# kubectl taint nodes node01 group=info:NoSchedule
node/node01 tainted
```

（2）编写 Deployment 配置文件（命名为 taint-nginx-deploy.yaml），规约部分的定义如下。

```
spec:
  replicas: 2
  selector:
    matchLabels:
      app: nginx
  template:
    metadata:
      labels:
        app: nginx
    spec:
      containers:
        - name: nginx
          image: nginx:1.16-alpine
```

其中没有任何容忍度定义。

（3）基于该配置文件创建名为 nginx-deploy 的 Deployment。

（4）查看该 Deployment 的 Pod 副本列表。

```
[root@master01 ~]# kubectl get pod -l app=nginx -o wide
NAME                           READY   STATUS    RESTARTS   AGE   IP              NODE ...
nginx-deploy-6cc7746975-c58n7  1/1     Running   0          65s   10.244.140.80   node02...
nginx-deploy-6cc7746975-ss8c2  1/1     Running   0          65s   10.244.140.79   node02...
```

结果表明，Pod 副本没有调度到 node01 节点，污点配置生效。

（5）修改配置文件 taint-nginx-deploy.yaml，在其中增加以下容忍度定义，以便容忍 node01 节点的污点。

```
      tolerations:
      - key: "group"
        operator: "Equal"
        value: "info"
        effect: "NoSchedule"
```

（6）执行以下命令重新应用该配置文件。

```
[root@master01 ~]# kubectl apply -f /k8sapp/07/taint-nginx-deploy.yaml
deployment.apps/nginx-deploy configured
```

（7）查看该 Deployment 的 Pod 副本列表以验证容忍度设置是否生效。

```
[root@master01 ~]# kubectl get pod -l app=nginx -o wide
NAME                           READY   STATUS    RESTARTS   AGE   IP              NODE ...
nginx-deploy-6496569d95-2rz8g  1/1     Running   0          82s   10.244.196.188  node01...
nginx-deploy-6496569d95-n626v  1/1     Running   0          81s   10.244.140.81   node02...
```

结果表明，重新生成新的 Pod，并且有一个 Pod 副本已经调度到 node01 节点上运行，可见新增的容忍度定义生效。

（8）对该 Deployment 进行扩容，副本数增加到 4，可以发现 4 个 Pod 副本分布在 node01 和 node02 两个节点上运行。

```
[root@master01 ~]# kubectl scale deploy nginx-deploy --replicas=4
deployment.apps/nginx-deploy scaled
[root@master01 ~]# kubectl get pod -l app=nginx -o wide
NAME                          READY  STATUS   RESTARTS  AGE    IP              NODE ...
nginx-deploy-6496569d95-2j77n 1/1    Running  0         19s    10.244.140.82   node02...
nginx-deploy-6496569d95-2rz8g 1/1    Running  0         4m52s  10.244.196.188  node01...
nginx-deploy-6496569d95-f576t 1/1    Running  0         19s    10.244.196.187  node01...
nginx-deploy-6496569d95-n626v 1/1    Running  0         4m51s  10.244.140.81   node02...
```

（9）将 node01 节点上标签为 group=info 的污点的 effect 属性值修改为 NoExecute，以便将该节点上已经存在的 Pod 驱逐出去。

```
[root@master01 ~]# kubectl taint nodes node01 group=info:NoExecute --overwrite=true
node/node01 modified
```

注意，修改污点时需要使用 --overwrite=true 选项进行覆盖，不过同一标签（键值相同）的污点的 effect 属性值不会被覆盖，而是再增加一个污点。

（10）查看 Pod 副本列表以验证驱逐。

```
[root@master01 ~]# kubectl get pod -l app=nginx -o wide
NAME                          READY  STATUS   RESTARTS  AGE    IP              NODE
nginx-deploy-6496569d95-2ht6h 1/1    Running  0         49s    10.244.140.84   node02...
nginx-deploy-6496569d95-2j77n 1/1    Running  0         3m19s  10.244.140.82   node02...
nginx-deploy-6496569d95-5f5zd 1/1    Running  0         49s    10.244.140.83   node02...
nginx-deploy-6496569d95-n626v 1/1    Running  0         7m51s  10.244.140.81   node02...
```

可以发现，污点变更后 node01 节点上运行的 Pod 副本已被驱逐到 node02 节点上运行。

（11）通过 kubectl describe node node01 命令查看节点的详细信息，相关的污点设置如下。

```
[root@master01 ~]# kubectl describe node node01 | grep group=info
Taints:                group=info:NoExecute
                       group=info:NoSchedule
```

本例中 node01 节点有两个污点，Kubernetes 会遍历所有污点。

（12）删除以上 Deployment，再执行以下命令清除节点上的污点，清理实验环境。

```
[root@master01 ~]# kubectl taint nodes node01 group-node/node01 untainted
```

清除污点时需要在指定的污点参数后面加上一个减号。

项目小结

应用程序都需要由 Pod 来承载，本项目解决的是 Pod 的进一步控制和调度问题，对生产环境中的 Kubernetes 应用非常重要。

Deployment 解决的是无状态应用程序的部署、扩缩容问题，而 StatefulSet 解决的是有状态应用程序的部署问题。与 Deployment 类似，StatefulSet 管理基于相同容器规格的一组 Pod。但与

Deployment 不同的是，StatefulSet 为它们的每个 Pod 维护了一个黏性的身份。这些 Pod 是基于相同的规格来创建的，但是不能相互替换，无论怎么调度，每个 Pod 都有一个不变的 ID。使用 StatefulSet 部署和运行应用程序，需要无头 Service 和持久卷存储的支持。

对于已经部署的应用程序，还有一个运维问题，Pod 的扩缩容就是常见的运维业务。手动扩缩是无法应对线上环境的各种复杂场景的，管理员需要系统能够自动感知业务，自动进行扩缩容。HPA 控制器用于水平自动扩缩容，通过监控并分析一些控制器控制的所有 Pod 的负载变化情况来确定是否需要调整 Pod 的副本数量，以保证业务平稳、健康运行。

默认情况下，Kubernetes 的 Pod 调度基本都是自动调度，由调度器组件 kube-scheduler 通过自动调度算法进行调度决策，将 Pod 放置到合适的节点上运行。在生产环境中，管理员往往需要采用不同调度策略对 Pod 的调度进行管理。比较简单的是定向调度，基于节点名称或节点选择器将 Pod 部署到指定节点上。更复杂的是功能强大的亲和性调度，涉及节点和 Pod 两个层级。节点亲和性调度根据节点上的标签决定 Pod 可以调度到的节点。Pod 间的亲和性调度根据已经在节点上运行的其他 Pod 的标签来决定 Pod 可以调度到的节点。它们都支持硬性限制规则和软性限制规则，具有相当的灵活性。污点和容忍度则可以进一步优化调度，灵活地让 Pod 避开某些节点，或者将 Pod 从某些节点中驱逐。

本项目学习起来有一定难度，读者要弘扬优良学风，坚持理论和实践相结合，注重在实践中学真知、悟真谛，加强对相关概念和原理的理解，多动手，多做实验，多进行验证分析，从而达到融会贯通的目标。项目 8 将讲解高效管理应用程序的部署。

课后练习

1. 以下关于 StatefulSet 部署的 Pod 的说法中，不正确的是（　　）。
   A. 所有 Pod 的镜像相同
   B. Pod 的启动、更新和销毁是按顺序进行的
   C. 任一 Pod 在需要时可以随时被替换
   D. 每一个 Pod 需要专有的存储

2. StatefulSet 名称为 teststs，第 3 个 Pod 副本的名称是（　　）。
   A. teststs-3　　　　　　　　　　　　　B. teststs-2
   C. teststs-2.default　　　　　　　　　　D. teststs-2.svc.cluster.local

3. 以下关于 StatefulSet 的说法中，正确的是（　　）。
   A. StatefulSet 只能使用无头 Service，不能使用其他 Service
   B. StatefulSet 应用程序的部署和扩缩容都是有先后顺序的
   C. StatefulSet 所使用的卷必须通过 StorageClass 动态创建
   D. StatefulSet 不能使用 HPA 进行扩缩容

4. 以下工作负载资源，不适合通过 HPA 扩缩容的是（　　）。
   A. Deployment　　　　　　　　　　　　B. StatefulSet
   C. DaemonSet　　　　　　　　　　　　 D. ReplicaSet

5. 以下关于 HPA 的说法中，不正确的是（　　）。
   A. HPA 需要 Metrics Server 提供 Pod 的监控指标数据

B. HPA 的 API 版本 autoscaling/v1 不支持基于内存指标的扩缩容

C. HPA 自动增减 Pod 副本数以保证业务平稳、健康运行

D. 对于不断增加的负载，HPA 为 Pod 分配更多的资源

6. 以下关于定向调度的说法中，不正确的是（　　　）。

A. 基于节点名称调度需要先为节点加上标签

B. 使用 nodeName 字段定义基于节点名称的调度

C. 定向调度的目标节点不存在会导致 Pod 运行失败

D. 使用 nodeSelector 字段定义基于节点选择器的调度

7. 以下关于亲和性调度的说法中，不正确的是（　　　）。

A. 节点亲和性调度将应用程序部署在指定的节点上

B. 软性限制规则只要求尽可能满足条件，在亲和性调度方面意义不大

C. Pod 间的反亲和性调度将同一应用程序分置到不同的节点上

D. Pod 间的亲和性调度将关联的应用程序并置到同一节点上

8. 以下关于污点和容忍度的说法中，不正确的是（　　　）。

A. 污点和容忍度的配合可优化调度

B. 将节点上污点的 effect 属性值设置为 NoExecute，不能容忍该污点的 Pod 会立即被驱逐

C. 标记有污点的节点一般都是待修复的故障节点

D. 要进行维护的节点一般会标记 effect 属性值为 NoSchedule 的污点

项目实训

实训 1　使用 StatefulSet 运行 nginx 并进行扩缩容

实训目的

（1）了解 StatefulSet 的基本用法。

（2）学会使用 StatefulSet 运行和管理有状态应用程序。

实训内容

（1）确认 Kubernetes 集群中部署有 NFS 共享后端存储，并创建有 StorageClass。

（2）创建运行 3 个副本的 nginx 的 StatefulSet。

注意定义无头 Service 以控制网络域名，定义卷声明模板以基于 NFS 共享目录提供稳定的存储。容器中的卷挂载定义如下：

```
volumeMounts:
- name: www
  mountPath: /usr/share/nginx/html
```

（3）考察所创建的每个 Pod 的名称。

（4）考察 StatefulSet 所创建的 PVC。

（5）将 StatefulSet 扩容到 5 个副本，考察 Pod 副本的创建顺序和 PVC 的变化。

（6）将 StatefulSet 缩容到 2 个副本，考察 Pod 副本的终止顺序和 PVC 的变化。

（7）删除该 StatefulSet 和相应的 PVC。

实训 2　演示通过污点和容忍度设置驱逐 Pod

实训目的

（1）了解污点和容忍度的概念和基本用法。

（2）学会使用污点和容忍度设置调度 Pod。

实训内容

（1）为某节点标记污点，将污点的 effect 属性值设置为 NoSchedule，以拒绝将 Pod 调度到该节点上。

（2）创建一个定义有容忍度（容忍该节点的污点）的 Deployment（运行 2 个副本的 nginx）。

（3）考察该 Deployment 的 Pod 副本的节点部署情况。

（4）修改该节点上的污点设置，将其 effect 属性值修改为 NoExecute。

（5）查看 Pod 副本的节点部署情况，验证 Pod 是否从该节点上被驱逐。

（6）删除该 Deployment 以及为该节点设置的污点。

项目8

高效管理应用程序的部署

08

在前面的项目中，Kubernetes 应用程序主要是通过 YAML 格式的资源配置文件进行部署的。在生产环境中，一个复杂的应用项目可能包括很多配置文件，如微服务架构应用程序的资源配置文件可能多达数十个乃至上百个，这些配置文件中通常包含应用程序定义、治理所需的标签、日志、安全上下文定义，以及资源依赖关系等。Kubernetes 本身提供了管理应用程序部署所需的核心工具，面对大量的资源配置文件，无论是上线部署，还是运维，仅靠这些核心工具实施会面临诸多问题。例如，如何将应用项目作为一个整体进行管理，如何高效复用资源配置文件，如何实现应用项目级的生命周期管理（如更新和回滚）等。为解决这些问题，Kubernetes 生态推出了应用程序部署配置管理工具。第三方开源工具 Helm 采用软件包管理方式，为应用程序增加部署配置管理功能，如打包、部署、升级、回滚等，旨在简化 Kubernetes 应用程序分发与部署的复杂度。大多数常用的 Kubernetes 应用程序都可以通过 Helm 安装，这为用户节省了时间，还能提高生产效率。官方工具 Kustomize 则基于 Kubernetes 原生概念创建并复用 YAML 格式的资源配置文件，实现应用项目级的资源配置整合，特别适合根据不同的环境生成不同的部署配置。Kustomize 的配置仍然采用 YAML 格式，更适合应用程序的定制，也更适合 DevOps 流程。本项目讲解并示范使用这两种工具实现 Kubernetes 应用程序的高效部署和运维。

【课堂学习目标】

☞ 知识目标

➤ 了解 Helm 及其相关概念。
➤ 了解 Helm 的基本用法。
➤ 了解 Kustomization 文件。
➤ 了解 Kustomize 的基本用法。

☞ 技能目标

➤ 掌握使用 Helm 部署和管理 Kubernetes 应用程序的方法。
➤ 学会使用 Kustomize 管理 Kubernetes 应用程序的部署。

☞ 素养目标

➤ 培养创新思维。
➤ 增强效率意识。

任务 8.1 使用 Helm 简化应用程序的部署和管理

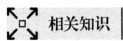 **任务要求**

项目 5 中 nginx Ingress 控制器的安装和项目 7 中 Metrics Server 的安装都提到了 Helm 工具。Helm 是 Kubernetes 的开源包管理器,可用于简化 Kubernetes 应用程序的部署和管理,如统一打包、分发、安装、升级以及回滚等。本任务的基本要求如下。

（1）了解 Helm 的概念和工作机制。

（2）了解 Chart 结构。

（3）了解 Helm 的基本用法。

（4）掌握 Helm 的安装和配置方法。

（5）学会使用 Helm 在 Kubernetes 中部署和管理应用程序。

相关知识

8.1.1 什么是 Helm

Helm 是 Kubernetes 应用程序的包管理器,与 Linux 操作系统的软件包管理器非常类似,目的是让用户方便地查找、分发和部署 Kubernetes 应用程序。Helm 将 Kubernetes 的若干资源配置文件打包到一个 Chart 中,并保存到 Chart 仓库进行存储和分发。Helm 实现了可定制配置的应用部署,支持应用配置文件的版本管理,简化了 Kubernetes 应用的部署、升级、回滚和删除等操作。

Kubernetes 的徽标◎类似于船舵,而 Helm 的徽标✿相当于掌舵者,Chart 就相当于海图,用于航行前拟定航线、制订航行计划。国内有人将 Chart 译为图表,本书直接使用英文术语。

Helm 的主要功能如下。

- 支持公开或私有仓库实现 Kubernetes 应用程序软件包的版本管理和分发。
- 方便普通用户从第三方获取共享的 Kubernetes 应用程序软件包。
- 创建和托管自己的 Kubernetes 应用程序软件包。
- 简化 Kubernetes 应用程序的部署。
- 简化 Kubernetes 应用程序的管理操作,如升级、删除、回滚等。

Helm 特别适合用来管理复杂的 Kubernetes 应用程序,因为 Chart 能够描述复杂的应用程序,提供可重复使用的应用程序安装的定义,支持应用程序封装和版本管理。

 实现高水平科技自立自强,需要扩大国际科技交流合作,形成具有全球竞争力的开放创新生态。阿里云容器服务在应用目录管理功能中集成了 Helm 工具,并进行了功能扩展,支持官方仓库,方便国内用户快速部署 Kubernetes 应用程序。

8.1.2 Helm 是如何工作的

理解 Helm 的工作机制的前提是理解 Helm 的基本概念和 Helm 模板（Template）的原理。

1. Helm 的基本概念

• Chart：代表一个 Helm 包，其中包含 Kubernetes 集群中运行应用程序、工具或服务所需的所有资源定义等。Chart 是应用程序部署的自包含逻辑单元，包括 Kubernetes 对象的配置模板、参数定义、依赖关系、文档说明等。可以将 Chart 看作 Kubernetes 应用程序的软件安装包，Chart 与 Linux 操作系统中 APT 的 dpkg 或 Yum 的 RPM 文件非常类似。

• Repository：这是用于发布和存储 Chart 的仓库。Repository 与 Perl 的综合档案网（Comprehensive Perl Archive Network，CPAN）或 Fedora 操作系统的包库类似，不过 Repository 用于 Kubernetes。

• Release：代表 Kubernetes 集群中运行的 Chart 的实例。一个 Chart 可以在同一个集群中安装多次，每安装一次，便会产生一个 Release（发行版），在 Kubernetes 中启动实际运行的应用程序。比如一个 MySQL 的 Chart，用户要在集群中运行两个 MySQL 数据库实例，就可以将该 Chart 安装两次，每次安装都会产生一个新的 Release，每个 Release 都有自己的发行版名称。

2. Helm 模板

Helm 在 Chart 中使用 Go 模板来编写表示 Kubernetes 对象（Deployment、Service 等）的模板文件，并提供让用户配置这些模板变量的能力。在安装 Chart 时，Helm 通过模板引擎将模板渲染成 Kubernetes 资源配置文件，并将它们部署到集群中的节点上。

3. Helm 的工作机制

了解 Helm 的概念和模板之后，就能容易地理解 Helm 的工作机制。如图 8-1 所示，Helm 客户端将从仓库获取的 Chart 安装到 Kubernetes 集群，并为每次安装创建一个新版本的应用程序。如果需要新的 Chart，则可以到 Helm 的 Chart 仓库中去查找并获取。Helm 客户端可以通过 HTTP 来访问仓库中 Chart 的索引文件和压缩包。

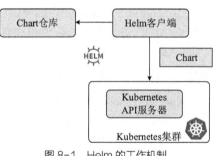

图 8-1　Helm 的工作机制

Helm 版本 2 需要在 Kubernetes 集群中安装 Tiller 组件作为 Helm 服务器，负责管理 Release，即 Kubernetes 应用程序的生命周期，而 Helm 客户端负责管理 Chart。现在的 Helm 版本 3 已经移除了 Tiller 组件，所有的功能都通过 Helm 客户端直接与 Kubernetes API 服务器进行交互。

8.1.3　Chart 结构

Helm 使用 Chart 作为打包格式。Chart 是描述一组相关 Kubernetes 对象的文件集合。单个 Chart 既可以部署简单的应用程序，如 memcached，又可以部署复杂的应用程序，如包含 HTTP 服务器、数据库、缓存等的完整 Web 应用栈。

1. Chart 的文件组织结构

Chart 是按特定的目录结构组织的文件集合。目录名是 Chart 的名称（没有版本信息）。下面以 WordPress 包为例展示其 Chart 的文件组织结构。

```
wordpress/
  Chart.yaml          # 包含 Chart 描述信息的 YAML 配置文件
  LICENSE             # 提供 Chart 许可证信息的纯文本文件，该文件是可选的
  README.md           # 易读格式的 README 文件，此文件也是可选的
  values.yaml         # 提供 Chart 默认配置值的 YAML 配置文件
```

```
values.schema.json    # 影响 values.yaml 文件结构的 JSON 模式，这是可选的
charts/               # 存放此 Chart 所依赖的其他 Chart 的目录
crds/                 # 存放自定义配置文件的目录
templates/            # 存放用于生成有效的 Kubernetes 配置文件的模板的目录
templates/NOTES.txt   # 包含模板用法简要说明的纯文本文件
```

本例中这些文件存储在 wordpress 目录中。

Helm 保留使用 charts、crds 和 templates 目录和以上列出的文件名。其他文件将被忽略。

2. Chart.yaml 文件组织格式

Chart.yaml 提供 Chart 相关的各种元数据，是 Chart 必备的核心文件，包含以下字段。

```
apiVersion: Chart API 版本（必需）
name: Chart 名称（必需）
version: 语义化（SemVer）2 版本（必需）
kubeVersion: 兼容 Kubernetes 版本的语义化版本（可选）
description: 对该项目的描述（可选）
type: Chart 类型（可选）
keywords:
  - 关于项目的关键字列表（可选）
home: 项目首页的 URL（可选）
sources:
  - 项目源码的 URL 列表（可选）
dependencies: # Chart 必要条件列表（可选）
  - name: Chart 名称（如 nginx）
    version: Chart 版本（如 "1.2.3"）
    repository: 仓库 URL（如 "https://example.com/charts"）或别名（如 "@repo-name"）（可选）
    condition: 解析为布尔值的 YAML 配置文件路径，用于启用或禁用 Chart（可选）
    tags: # （可选）
      - 用于成批启用或禁用 Chart 的标记
    import-values: # （可选）
      - 保存源值到导入父键的映射
    alias:Chart 的别名（可选）。多次添加相同的 Chart 时会很有用
maintainers: # （可选）
  - name: 维护者名字（每个维护者都需要）
    email: 维护者电子邮箱（维护者可自选）
    url: 维护者 URL（维护者可自选）
icon: 当前项目的图标的 SVG 或 PNG 格式的图片的 URL（可选）
appVersion: 包含的应用程序版本（可选）。不需要语义化，建议使用引号
deprecated: Chart 是否被降级（可选，布尔值）
annotations:
    键值对形式的注解列表（可选）
```

Helm 从 3.3.2 版本开始不允许使用其他字段。推荐的方法是在 annotations 字段中添加自定义元数据。

8.1.4　Helm 的基本用法

Helm 使用 helm 命令行作为 Kubernetes 的包管理器，其基本用法如下。

```
helm  [命令]
```

helm 提供的命令非常多，常用命令如表 8-1 所示。

这些命令中更常用的是用于搜索 Chart 的 helm search、将 Chart 下载到本地目录查看的 helm

pull、将 Chart 安装到 Kubernetes 的 helm install 和列举发布版本的 helm list。

表8-1　helm的常用命令

命令	说明
create	创建一个 Chart 并指定名称
dependency	管理 Chart 的依赖项
get	下载一个 Release。可用的子命令包括 all、hooks、manifest、notes、values
history	获取 Release 的历史信息
install	安装 Chart
list	查看 Release 列表
package	将 Chart 目录打包到 Chart 归档文件中
pull	从远程仓库中下载 Chart 到本地，如果加上 --untar 选项还会自动解压缩下载的 Chart 压缩包
push	将 Chart 推送到远程仓库
repo	管理 Chart 仓库，可用的子命令 add、list、remove、update、index 表示在本地添加、列出、移除、更新和索引 Chart 仓库
rollback	回滚到之前的版本
search	根据关键字搜索 Chart。可用的子命令包括 all、chart、readme、values
show	查看 Chart 的详细信息。可用的子命令包括 all、chart、readme、values
status	显示已命名 Release 的状态
template	本地呈现模板
uninstall	卸载 Release
upgrade	更新 Release
version	查看 Helm 客户端版本

helm create 命令用于创建 Chart，包括 Chart 目录和 Chart 用到的公共文件目录。helm package 命令将 Chart 目录打包到 Chart 归档文件中，也就是打包成一个 Chart 版本包文件。helm push 命令专门用于将 Chart 上传 Chart 到仓库中。这些命令涉及 Chart 的制作，比较专业，对于普通用户来说并不常用，本项目不示范相关操作。

任务实现

任务 8.1.1　安装和配置 Helm

通过 Helm 部署应用程序有两个前提条件：一是部署有 Kubernetes 集群，二是安装并配置了 Helm。

1. 安装 Helm

安装 Helm 就是安装 Helm 命令行工具。可以通过 Helm 项目安装 Helm，这是获取 Helm 发行版的官方渠道，具体又分为两种方法。一种是使用安装程序脚本，步骤如下。

```
curl -fsSL -o get_helm.sh https://raw.githubusercontent.com/helm/helm/main/scripts/get-helm-3
chmod 700 get_helm.sh
./get_helm.sh
```

这种方法自动获取最新版本的 Helm 并在本地安装。

另一种是手动下载二进制发行版并安装。这种方法适合安装指定的 Helm 版本，Helm 的每个版本都为各种操作系统提供了二进制发行版。本任务采用这种方法在控制平面节点 master01 的主机上安装 Helm，具体步骤如下。

（1）下载指定的 Helm 发行版。这里从官网下载适合 Linux amd64 平台的 3.10.2 版本。

```
[root@master01 ~]# wget https://get.helm.sh/helm-v3.10.2-linux-amd64.tar.gz
```

（2）执行 tar -zxvf helm-v3.10.2-linux-amd64.tar.gz 命令将下载的软件包解压缩。

（3）在解压缩后的目录中找到 helm 二进制文件，并将其移动到所需的目标位置（这里为 /usr/local/bin/helm）。

```
[root@master01 ~]# mv linux-amd64/helm /usr/local/bin/helm
```

（4）执行 helm version 命令查看 Helm 命令行版本来验证 Helm 的安装。

2. 初始化 Helm 的 Chart 仓库

要使用 Helm 部署应用程序，还需要进行基本配置，主要是初始化 Helm 的 Chart 仓库。执行以下命令查看当前的 Chart 仓库列表。

```
[root@master01 ~]# helm repo list
Error: no repositories to show
```

可以发现，安装 Helm 时默认没有提供任何 Chart 仓库，需要手动添加仓库才可以获取到要安装的 Chart。执行以下命令添加一个名为 bitnami 的 Chart 仓库。

```
[root@master01 ~]# helm repo add bitnami https://charts.bitnami.com/bitnami
"bitnami" has been added to your repositories
```

再次查看当前的 Chart 仓库列表。

```
[root@master01 ~]# helm repo list
NAME       URL
bitnami    https://charts.bitnami.com/bitnami
```

bitnami 是常用的仓库。BitNami 是一个开源项目，该项目为 Web 应用程序提供安装包和解决方案，以及封装好的多种应用程序包。添加该仓库之后，就可以查看该仓库中可用的 Chart。

```
[root@master01 ~]# helm search repo bitnami
NAME              CHART VERSION    APP VERSION    DESCRIPTION
bitnami/airflow   14.2.2           2.6.0          Apache Airflow is a tool to...
bitnami/apache    9.5.3            2.4.57         Apache HTTP Server is an...
...
```

其中，NAME 列给出 Chart 名称，CHART VERSION 列给出 Chart 版本号，APP VERSION 列给出 Chart 所封装的应用程序版本，DESCRIPTION 列显示 Chart 的说明信息。

任务 8.1.2 熟悉 Helm 的基本操作

完成 Helm 的安装之后，就可以开始熟悉其基本操作。

1. 搜索 Chart

使用 search 指令通过关键字可以搜索两种不同类型的安装源。

（1）使用 helm search hub 命令从 Artifact Hub 或自己的 Hub 实例中搜索 Chart。Artifact Hub

是基于 Web 页面的应用程序，支持 CNCF 项目软件包和配置的查找、安装和发布，其中包括公开发布的 Helm Chart。例如，执行以下命令从 Artifact Hub 中搜索关于 MySQL 的 Chart：

```
[root@master01 ~]# helm search hub mysql
NAME                                                   CHART VERSION   APP VERSION ...
...
https://artifacthub.io/packages/helm/bitnami/mysql 9.4.3              8.0.31         ...
...
```

（2）使用 helm search repo 命令可以在已添加到本地的仓库中搜索 Chart。本地搜索无须访问 Internet。例如，执行以下命令从本地仓库中搜索关于 MySQL 的 Chart：

```
[root@master01 ~]# helm search repo mysql
NAME            CHART VERSION   APP VERSION   DESCRIPTION
bitnami/mysql   9.4.3           8.0.31        MySQL is a fast,reliable,scalable...
stable/mysql    0.3.5                         Fast,reliable, scalable,and easy to...
...
```

以上搜索命令中，如果不指定关键字，则将列出所有可用的 Chart。

2. 查看 Chart 的详细信息

使用 helm show chart 命令可以查看指定 Chart（目录、文件或 URL）的详细信息，并显示其 Chart.yaml 文件的内容。下面给出一个例子。

```
[root@master01 ~]# helm show chart bitnami/mysql
annotations:
  category: Database
apiVersion: v2
appVersion: 8.0.31
dependencies:
- name: common
  repository: https://charts.bitnami.com/bitnami
...
name: mysql
sources:
- https://github.com/bitnami/containers/tree/main/bitnami/mysql
- https://mysql.com
version: 9.4.3
```

使用 helm show all 命令则可以查看指定 Chart（目录、文件或 URL）的详细信息，并显示其所有内容，包括 values.yaml、Chart.yaml 和 README.md。

3. 通过安装 Chart 部署应用程序

电子活页

08.01Helm 安装资源的顺序

可以执行 helm install 命令来安装 Chart，将应用程序部署到 Kubernetes，基本用法如下。

```
helm install [NAME] [CHART] [flags]
```

NAME 参数指定应用程序的 Release 名称，CHART 参数指定安装的 Chart 源，如果不明确指定 Release 名称，则应加上 --generate-name 选项让 Helm 自动生成 Release 名称。可以从多种源安装 Chart，可用的安装源如表 8-2 所示。

表8-2　Helm Chart安装源

安装源	示例
Chart 引用	helm install mymaria example/mariadb
本地的 Chart 文件	helm install mynginx ./nginx-1.2.3.tgz
未打包的 Chart 目录路径	Helm install mynginx ./nginx
完整的 URL	helm install mynginx https://example.com/charts/nginx-1.2.3.tgz
Chart 引用和仓库的 URL	helm install --repo https://example.com/charts/ mynginx nginx
OCI 注册中心	helm install mynginx --version 1.2.3 oci://example.com/charts/nginx

其中，OCI 的英文全称为 Open Container Intiative，指开放容器创新组织。

这里使用 bitnami 的 Chart 安装源，以安装 MySQL 为例。MySQL 的 Chart 要求使用默认的 StorageClass 实现数据持久化，本例使用项目 6 创建的 StorageClass。

（1）执行 helm repo update 命令更新本地仓库，确保获取最新的 Chart 列表。

（2）执行安装 MySQL 的 Chart 命令。

```
[root@master01 ~]# helm install bitnami/mysql --generate-name
NAME: mysql-1684417119                          # Release 名称
LAST DEPLOYED: Thu May 18 21:38:46 2023
NAMESPACE: default                              # 名称空间
STATUS: deployed                                # 部署状态
REVISION: 1                                     # 版本号
TEST SUITE: None
NOTES:
CHART NAME: mysql                               # Chart 名称
CHART VERSION: 9.9.1                            # Chart 版本
APP VERSION: 8.0.33                             # 应用程序本身的版本
** Please be patient while the chart is being deployed **
Tip:                                            # 以下为操作提示信息
   Watch the deployment status using the command: kubectl get pods -w
--namespace default                             # 查看部署状况所用的命令
   Services:                                    # 查看服务名称命令
   echo Primary: mysql-1684417119.default.svc.cluster.local:3306
   Execute the following to get the administrator credentials: # 获取管理员凭证
   echo Username: root
   MYSQL_ROOT_PASSWORD=$(kubectl get secret --namespace default
mysql-1684417119 -o jsonpath="{.data.mysql-root-password}" | base64 -d)
   To connect to your database:                 # 连接到数据库
   1. Run a pod that you can use as a client:   # 运行 Pod 作为 MySQL 客户端
       kubectl run mysql-1684417119-client --rm --tty -i --restart='Never'
--image  docker.io/bitnami/mysql:8.0.33-debian-11-r7 --namespace default --env
MYSQL_ROOT_PASSWORD=$MYSQL_ROOT_PASSWORD --command -- bash
   2. To connect to primary service (read/write): # 登录 MySQL 服务器进行读写操作
       mysql -h mysql-1684417119.default.svc.cluster.local -uroot -p"$MYSQL_
ROOT_PASSWORD"
```

安装过程中会输出一些有用的提示信息，如创建了哪些资源、Release 的当前状态，以及其他配置步骤是否还需要执行额外的配置步骤等。helm 命令不会等待所有资源都处于运行状态后才退出。很多 Chart 可能都需要拉取 Docker 镜像，而且有些镜像文件比较大，全部安装完毕可能需要较长的时间。

（3）根据安装过程中的提示，执行以下命令观察应用程序的部署状态。

```
[root@master01 ~]# kubectl get pods -w --namespace default
NAME                          READY   STATUS    RESTARTS   AGE
mysql-1684417119-0            1/1     Running   0          5m15s
```

可以发现，安装过程中创建了一个名为 mysql-1684417119-0 的 Pod。

（4）进一步查看所创建的 Service。

```
[root@master01 ~]# kubectl get svc
NAME                        TYPE        CLUSTER-IP       EXTERNAL-IP   PORT(S)    AGE
mysql-1684417119            ClusterIP   10.110.176.114   <none>        3306/TCP   7m19s
mysql-1684417119-headless   ClusterIP   None             <none>        3306/TCP   7m19s
```

可以发现，创建了两个有关 MySQL 的 Service，其中 mysql-1684417119-headless 是 MySQL 实例内部通信使用的无头 Service，另一个是外部可访问的 Service。

（5）根据安装提示执行以下步骤连接到数据库继续测试所部署的 MySQL 实例。

获取 MySQL 实例的 root 用户账户的密码。

```
[root@master01 ~]# MYSQL_ROOT_PASSWORD=$(kubectl get secret --namespace default mysql-1684417119 -o jsonpath="{.data.mysql-root-password}" | base64 -d)
```

运行一个 Pod 作为 MySQL 客户端，然后登录连接到 MySQL 服务器。

```
[root@master01 ~]# kubectl run mysql-1684417119-client --rm --tty -i --restart='Never' --image docker.io/bitnami/mysql:8.0.33-debian-11-r7 --namespace default --env MYSQL_ROOT_PASSWORD=$MYSQL_ROOT_PASSWORD --command -- bash
If you don't see a command prompt, try pressing enter.
I have no name!@mysql-1684417119-client:/$ mysql -h mysql-1684417119.default.svc.cluster.local -uroot -p"$MYSQL_ROOT_PASSWORD"  # 连接 MySQL
mysql: [Warning] Using a password on the command line interface can be insecure.
Welcome to the MySQL monitor.  Commands end with ; or \g.
Your MySQL connection id is 78
...
mysql> show databases;                           # 执行数据库操作
+--------------------+
| Database           |
+--------------------+
| information_schema |
...
5 rows in set (0.00 sec)
mysql> quit;                                     # 退出 MySQL 连接
Bye
I have no name!@mysql-1684417119-client:/$ exit  # 退出 Pod 容器
exit
pod "mysql-1684417119-client" deleted            # 自动删除相应的 Pod
d
```

测试结果表明，通过安装 Chart 成功地部署了 MySQL。

4. 查看部署的 Release

使用 helm list（或 helm ls）命令可以查看所部署的 Release。

```
[root@master01 ~]# helm list
NAME                NAMESPACE  REVISION  UPDATED  STATUS  CHART    APP VERSION
```

```
mysql-1684417119 default     1      2023-... deployed mysql-9.9.1 8.0.33
```

执行此命令将显示所有已部署的 Release 的列表。如果没有指定名称空间，则使用当前名称空间。默认情况下，只会列举出部署的或者失败的 Release。本例显示的是 MySQL 的 Release。

还可以使用 helm status 命令查看指定 Release 的状态和配置信息，显示的结果与安装过程中的信息基本相同。

5. 删除部署的 Release

可以使用 helm uninstall 命令删除指定的 Release。

```
[root@master01 ~]# helm uninstall mysql-1684417119
release "mysql-1684417119" uninstalled
```

执行此命令将会从 Kubernetes 集群中删除已部署的 Release，默认会删除与该 Release 相关联的所有资源以及 Release 历史记录。如果使用 --keep-history 选项，则会保留 Release 历史记录。

值得一提的是，使用 bitnami 的 Chart 安装源安装 MySQL 时默认会创建 PVC 并提供 PV 来存储数据，而执行 helm uninstall 命令并不会删除 PVC 和 PV，可以执行以下命令进行验证：

```
[root@master01 ~]# kubectl get pvc
NAME                         STATUS    VOLUME
CAPACITY   ACCESS MODES          STORAGECLASS    AGE
  data-mysql-1684417119-0    Bound     pvc-c5d80b7f-5e1a-4f93-b01b-598eeac258e1
8Gi        RWO                   nfs-storage     20m
[root@master01 ~]# kubectl get pv
NAME                                          CAPACITY  ACCESS MODES  RECLAIM POLICY
STATUS    CLAIM                               STORAGECLASS REASON   AGE
  pvc-c5d80b7f-5e1a-4f93-b01b-598eeac258e1    8Gi       RWO           Delete
Bound     default/data-mysql-1684417119-0     nfs-storage          20m
```

其中，PV 的回收策略（RECLAIM POLICY）为 Delete，由关联的后端存储自动完成卷的删除操作。删除 PVC 会自动删除该 PV。

```
[root@master01 ~]# kubectl delete pvc data-mysql-1684417119-0
persistentvolumeclaim "data-mysql-1684417119-0" deleted
```

6. 管理 Chart 仓库

可以根据需要添加多个本地 Chart 仓库。下面再添加两个国内的仓库。

```
[root@master01 ~]# helm repo add stable    https://kubernetes.oss-cn-hangzhou.
aliyuncs.com/charts
"stable" has been added to your repositories
[root@master01 ~]# helm repo add kaiyuanshe http://mirror.kaiyuanshe.cn/
kubernetes/charts
"kaiyuanshe" has been added to your repositories
[root@master01 ~]# helm repo list
NAME              URL
bitnami           https://charts.bitnami.com/bitnami
stable            https://kubernetes.oss-cn-hangzhou.aliyuncs.com/charts
kaiyuanshe        http://mirror.kaiyuanshe.cn/kubernetes/charts
```

其中，将阿里云的仓库命名为 stable，另一个是国内的开源社仓库（命名为 kaiyuanshe）。这样，通过本地仓库查询 Chart 时，也会返回这两个仓库的查询结果，如执行 helm search repo mysql 命令会返回 kaiyuanshe/mysql、stable/mysql 等 Chart。

237

删除本地仓库的用法如下：

```
helm repo remove 仓库名称
```

如果要更换某仓库，可以先删除原先的仓库，再添加新的仓库地址。

任务 8.1.3　使用 Helm 在 Kubernetes 中部署 Kafka

微课

03. 使用 Helm 在
Kubernetes 中部
署 Kafka

　　Kafka 是一个开源的、高吞吐量的分布式发布订阅消息系统。下面通过 BitNami 提供的 Chart 仓库来部署 Kafka 集群，并示范 Helm 的一些高级用法，如自定义部署、Release 版本的升级与回滚等。Kafka 的 Chart 部署要求使用 PVC 实现数据持久化，本例使用项目 6 创建的 StorageClass。值得一提的是，以前版本的 Kafka 通过 ZooKeeper 协调管理和存储集群中的所有元数据信息，新版的 Kafka 采用 Raft（Reliable, Replicated, Redundant, And Fault Tolerant）模式，被称为 KRaft，不再需要 ZooKeeper，而是将元数据存储在 Kafka 本身，基于 Raft 共识算法进行协调。

1. 部署 Kafka 集群

　　执行 helm install 命令时可以通过选项参数传递配置数据来覆盖默认的配置，以实现自定义部署，具体有以下两种方式。

　　• 使用 --values（-f）选项指定 YAML 配置文件，该文件中定义要覆盖默认配置的配置数据。在命令中可以多次使用该选项以指定多个文件，多个文件中涉及同一个配置项的定义时，最后指定的文件的优先级最高。

　　• 使用 --set 选项以键值对的形式指定需要直接覆盖默认配置的配置项。最简单的写法是 --set key=val，同时指定多个值时的写法是 --set key=val key1=val1,key2=val2。当然也可以使用多个 --set 选项来传递多个值，此时最后一个选项的优先级最高。如果值本身太长或是动态生成，则可以使用 --set file 选项从文件中读取单个值，如 --set file key1=path1,key2=path2。还可以使用 --set json 选项从命令行设置 JSON 值（标量、对象、数组）。

　　下面的例子中采用第 2 种方式。

　　（1）搜索 Kafka 的 Chart。

```
[root@master01 ~]# helm search repo kafka
NAME           CHART    VERSION  APP VERSION DESCRIPTION
bitnami/kafka  22.1.2   3.4.0    Apache Kafka is a distributed streaming...
...
```

　　（2）安装 Kafka 指定版本的 Chart，并使用 --set 选项进行自定义部署配置（replicaCount=2 表示将副本数设置为 2），部署名为 kafka 的 Release。安装过程中会给出许多提示信息。

```
[root@master01 ~]# helm install kafka bitnami/kafka --version 22.1.2  --set
replicaCount=2
  NAME: kafka
  LAST DEPLOYED: Fri May 19 14:35:39 2023
  NAMESPACE: default
  STATUS: deployed
  REVISION: 1
  ... # 以下为关键的提示信息
  Kafka can be accessed by consumers via port 9092 on the following DNS name
from within your cluster:                    # 消费者访问 Kafka 的域名和端口
```

```
        kafka.default.svc.cluster.local
    Each Kafka broker can be accessed by producers via port 9092 on the following DNS
name(s) from within your cluster:          # 集群中访问 Kafka 服务器的域名和端口
        kafka-0.kafka-headless.default.svc.cluster.local:9092
        kafka-1.kafka-headless.default.svc.cluster.local:9092
    To create a pod that you can use as a Kafka client run the following commands:
    # 创建 Pod 作为 Kafka 客户端的命令
        kubectl run kafka-client --restart='Never' --image docker.io/bitnami/
kafka:3.4.0-debian-11-r28 --namespace default --command -- sleep infinity
        kubectl exec --tty -i kafka-client --namespace default -- bash
        PRODUCER:          # 运行消息生产者程序
            kafka-console-producer.sh \
                --broker-list kafka-0.kafka-headless.default.svc.cluster.local:
9092,kafka-1.kafka-headless.default.svc.cluster.local:9092 \
                --topic test
        CONSUMER:          # 运行消息消费者程序
            kafka-console-consumer.sh \
                --bootstrap-server kafka.default.svc.cluster.local:9092 \
                --topic test \
                --from-beginning
```

（3）执行 kubectl get pod 命令查看部署的 Pod，可以发现在 Kubernetes 集群中创建了两个运行 Kafka 服务器的 Pod 副本。

NAME	READY	STATUS	RESTARTS	AGE
kafka-0	1/1	Running	0	10m
kafka-1	1/1	Running	1 (36s ago)	10m

（4）执行 kubectl get svc 命令进一步查看所创建的 Service。

NAME	TYPE	CLUSTER-IP	EXTERNAL-IP	PORT(S)	AGE
kafka	ClusterIP	10.97.38.2	<none>	9092/TCP	13m
kafka-headless	ClusterIP	None	<none>	9092/TCP,9094/TCP,9093/TCP	13m

可以发现，创建了两个有关的 Service，其中，kafka-headless 是 Kafka 实例在集群内部通信使用的无头 Service，kafka 是集群外部可访问的 Service。

接下来根据安装过程中的关键提示信息进行测试。

（5）执行以下命令创建一个用作 Kafka 客户端的 Pod。

```
[root@master01 ~]# kubectl run kafka-client --restart='Never' --image docker.io/
bitnami/kafka:3.4.0-debian-11-r28 --namespace default --command -- sleep infinity
    pod/kafka-client created
```

（6）执行以下命令进入该 Pod 容器，再执行相应命令创建一个消息生产者。

```
[root@master01 ~]# kubectl exec --tty -i kafka-client --namespace default -- bash
I have no name!@kafka-client:/$ kafka-console-producer.sh \
            --broker-list kafka-0.kafka-headless.default.svc.cluster.local:
9092,kafka-1.kafka-headless.default.svc.cluster.local:9092 \
            --topic test
>
```

（7）打开另一个终端窗口，执行以下命令进入该 Pod 容器，再执行相应命令创建一个消息消费者。

```
[root@master01 ~]# kubectl exec --tty -i kafka-client --namespace default -- bash
I have no name!@kafka-client:/$ kafka-console-consumer.sh \
        --bootstrap-server kafka.default.svc.cluster.local:9092 \
        --topic test \
        --from-beginning
```

（8）切换到消息生产者所在的终端窗口，输入测试用的消息内容。然后切换到消息消费者所在的终端窗口，可以发现会同步显示该消息内容，如图 8-2 所示。

图 8-2　测试 Kafka 的消息同步

在 Kafka 集群中，Broker 表示服务器；Producer 表示消息生产者，是负责将消息发布到 Broker 的客户端；Consumer 表示消息消费者，是从 Broker 读取消息的客户端。每条发布到 Kafka 集群的消息都有一个类别，这个类别被称为 Topic（主题）。

（9）退出 Kafka 客户端。在两个终端窗口中先按 Ctrl+C 组合键终止程序运行，再执行 exit 命令中断客户端的连接。

（10）执行 kubectl delete pod kafka-client 命令删除用作 Kafka 客户端的 Pod。

2. 升级与回滚 Kafka 部署的 Release

可以使用 helm upgrade 命令对现有的 Release 部署进行升级（更新）。该命令的用法基本同 helm intsall。除非使用 --version 选项明确指定 Chart 版本，否则会使用最新版本的 Chart。另外，执行 helm upgrade 命令使用 --reset-values 选项可以清除执行 helm install 命令时通过 --set 选项设置的配置值。

执行以下命令对前面部署的 Kafka 集群进行升级。

```
[root@master01 ~]# helm upgrade kafka bitnami/kafka --version 22.1.2  --set
replicaCount=3
Release "kafka" has been upgraded. Happy Helming!
NAME: kafka
LAST DEPLOYED: Fri May 19 15:12:17 2023
NAMESPACE: default
STATUS: deployed
REVISION: 2
...                    # 与安装过程一样，升级过程中会给出提示信息
```

这里的重点是将副本数调整为 3。下面进行验证。

```
[root@master01 ~]# kubectl get pod
NAME                        READY      STATUS        RESTARTS         AGE
kafka-0                     1/1        Running       0                37m
```

```
kafka-1                           1/1      Running   1(28m ago)      37m
kafka-2                           1/1      Running   0               63s
```

进一步查看 Kafka 的 Release 部署的版本历史信息。

```
[root@master01 ~]# helm history kafka
REVISION UPDATED                 STATUS      CHART         APP     VERSION DESCRIPTION
1        Fri May 19 14:35:39 2023 superseded kafka-22.1.2  3.4.0   Install  complete
2        Fri May 19 15:12:17 2023 deployed   kafka-22.1.2  3.4.0   Upgrade  complete
```

其中，REVISION 列表示 Release 版本号，本例中目前有两个版本。

还可以使用 helm rollback 命令回滚版本，用法如下。

```
helm rollback <RELEASE> [REVISION] [flags]
```

第 1 个参数是 Release 的名称，第 2 个参数是版本号。如果省略版本号，则将自动回滚到上一个版本。执行以下命令将 Kafka 的 Release 部署回滚到第 1 个版本。

```
[root@master01 ~]# helm rollback kafka 1
Rollback was a success! Happy Helming!
```

查看 Pod 列表进行验证，可以发现副本数减少到 2。

```
[root@master01 ~]# kubectl get pod
NAME                READY     STATUS     RESTARTS        AGE
kafka-0             1/1       Running    0               39m
kafka-1             1/1       Running    1(30m ago)      39m
```

3. 删除现有的 Release 部署

执行 helm uninstall 命令删除前面部署的 Kafka。

```
[root@master01 ~]# helm uninstall kafka
release "kafka" uninstalled
```

需要注意的是，执行 helm uninstall 命令并不会删除 Release 自动创建的相关 PVC，这里还要删除 data-kafka-0、data-kafka-1、data-kafka-2 等 PVC。

电子活页

08.02 修改 values. yaml 文件实现 Helm 自定义部署 ZooKeeper

小贴士　本例是通过选项参数传递配置数据来实现 Helm 自定义部署的，还可以直接修改 Chart 中的 values.yaml 文件来定制部署配置。例如，部署 ZooKeeper 时先下载 Chart 并解压缩，再修改其中的 values.yaml 文件，最后以 Chart 所在目录作为 Chart 源进行安装。

任务 8.2　使用 Kustomize 定制应用程序的部署配置

任务要求

大多数云原生用户都使用 Helm 借助公开 Chart 仓库下载第三方发布的 Chart，在 Kubernetes 集群中快速部署自己的应用程序。用户如果需要使用 Helm 将自己的 Kubernetes 应用程序打包为 Chart 并发布，则需要编写表示 Kubernetes 对象的模板文件，这就要额外学习 Go template 模板语言，而且 Helm 对资源的定制仅限于预先存在的配置选项。Kustomize 可以用来解决这些问题，它引入了一种无模板的方式来定制应用程序的配置，基于 Kubernetes 的原生概念创建并复用 YAML

格式的资源定义配置，允许用户以一个配置文件（YAML 格式）为基准，然后通过覆盖的方式生成最终部署应用程序所需的资源配置文件。Kustomize 对 Kubernetes 对象进行声明式管理，从而简化了应用程序的管理。Kustomize 可以作为独立的工具使用，kubectl 命令就内置 Kustomize 功能，无须单独安装 Kustomize。本任务直接使用 kubectl 命令实现 Kustomize 功能，具体要求如下。

（1）了解 Kustomize 的特性和应用场景。

（2）了解 Kustomize 的基本用法。

（3）学会使用 Kustomize 的贯穿性字段统一定义对象。

（4）学会使用 Kustomize 组合和定制资源。

（5）学会使用 Kustomize 管理不同环境的应用程序配置。

相关知识

8.2.1 Kustomize 的特性和应用场景

Kustomize 提供一种自定义 Kubernetes 资源配置的解决方案，主要具有以下特性。

• 与 Kubernetes 一样使用纯声明性的配置定制方法，无须学习额外的领域特定语言（Domain Specific Language，DSL）语法。

• 能够遍历 Kubernetes 配置文件以添加、删除或更新配置选项。

• 可以管理任意数量的自定义 Kubernetes 配置。

• 使用的每个配置文件都是简单的 YAML 配置文件，方便进行验证和处理。

Kustomize 用于管理部署 Kubernetes 应用程序的配置文件，主要应用场景如下。

• 通过统一的模板管理一个项目的 Kubernetes 部署结构。

• 简化多套部署环境的 Kubernetes 应用程序管理。Kustomize 可以针对开发环境、测试环境、生产环境等不同的配置进行定制，高效解决不同环境之间的差异，如图 8-3 所示。

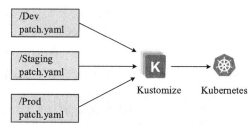

图 8-3 用于多套部署环境的 Kustomize 应用

• 用于持续集成和持续部署版本管理工作流，支持 GitOps 的应用软件持续交付。GitOps 是一种持续交付方式，其核心思想是将应用系统的声明性基础架构和应用程序存放在 Git 版本库中。

Kustomize 主要作为定制 Kubernetes 配置的工具，在 Kubernetes 中的具体功能如下。

• 基于文件或字面值生成 ConfigMap 和 Secret。

• 为 Kubernetes 对象设置贯穿性（Cross-Cutting）字段。这类字段可应用于整个项目的所有对象，例如为所有对象添加相同的名称前缀。

• 组合和定制资源。通常在项目中将一组对象进行组合，并在同一文件或目录中管理它们，对这些对象打补丁或者进行其他定制，从而达到资源复用或定制的目的。

8.2.2 Kustomization 文件

Kustomize 通过 Kustomization 这一核心文件来统一管理 Kubernetes 对象。该文件的名称必须是 kustomization.yaml 或 kustomization.yml，本项目主要使用前者。Kustomization 是定义

Kubernetes 对象模型（Kubernetes Resource Model，KRM）对象的 YAML 格式的文件，描述了如何生成或转换为其他 KRM 对象，其基本组成涉及以下 4 个列表。

```
apiVersion: kustomize.config.k8s.io/v1beta1
kind: Kustomization
resources:                      # Kubernetes 对象
- {pathOrUrl}
- ...
generators:                     # 生成器用来创建 Kubernetes 对象
- {pathOrUrl}
- ...
transformers:                   # 转换器用来处理 Kubernetes 对象
- {pathOrUrl}
- ...
validators:                     # 验证器用来检验是否存在错误
- {pathOrUrl}
- ...
```

其中，每个列表中的顺序都是相关的，需要遵守约定。在构建阶段，Kustomize 先处理资源，其次运行生成器，将其添加到正在考虑的资源列表中，然后运行转换器以修改列表，最后运行验证器以检查列表是否存在错误。在 resources 字段下，读取 KRM 对象配置文件或递归执行 Kustomization 文件的结果将成为当前构建阶段的输入对象列表。在 generators、transformers 和 validators 字段下，读取或处置的结果是 KRM 对象的列表，这些对象配置 Kustomize 预期执行的操作。

{pathOrUrl} 列表项可以指定包含一个或多个 KRM 对象的 YAML 配置文件的文件系统路径，或包含 Kustomization 文件的目录（本地或远程仓库中）。例如，resources 字段下的列表项是描述 Kubernetes 对象的 YAML 配置文件的路径。如果是相对路径，那么就是相对于 Kustomization 文件的路径。

不过大多数实用的 Kustomization 文件实际上并不完全包括上述列表，还使用其他字段，其中一些字段是便捷字段。表 8-3 列出部分常用的字段。

表8-3 Kustomization文件常用字段

字段	类型	说明
bases	[]string	作为另一个 Kustomization 文件的基准，其条目为包含 kustomization.yaml 文件的目录
commonAnnotations	map[string]string	为所有资源加上注解。如果对应的键已被定义，则其值被覆盖
commonLabels	map[string]string	为所有资源加上标签和选择器。如果资源上已存在标签键，则其值被覆盖
configMapGenerator	[]ConfigMapArgs	生成 ConfigMap，列表中的条目都会生成一个 ConfigMap
generatorOptions	GeneratorOptions	更改 ConfigMapGenerator 和 SecretGenerator 的行为
images	[]Image	修改镜像的名称、标签或镜像摘要，不必生成补丁
labels	map[string]string	为所有资源添加标签和可选的选择器，与 CommonLabels 字段总是添加选择器不同，此字段允许添加标签而不自动添加相应的选择器
namePrefix	string	为所有资源和引用的名称添加前缀
namespace	string	为所有资源添加名称空间
nameSuffix	string	为所有资源和引用的名称添加后缀
patchesStrategicMerge	[]string	每个条目都能解析为某 Kubernetes 对象的策略性合并补丁
patchesJson6902	[]Patch	每个条目都能解析为 Kubernetes 对象和 JSON 补丁
replicas	int	修改资源的副本数
secretGenerator	[]SecretArgs	生成 Secret
resources	[]string	要包括的资源。列表中的每个条目都必须能够解析为现有的资源配置文件
vars	[]Var	替代名称引用，每个条目用来从某资源的字段析取文本

8.2.3　Kustomize 的基本用法

使用 Kustomize 管理 Kubernetes 应用程序的基本用法如下。

（1）准备 Kustomize 项目。准备所需的 Deployment、Service、ConfigMap 等 Kubernetes 对象配置文件（YAML 格式），并将其放置到特定的项目目录中。在项目目录中创建一个 Kustomization 文件，该文件声明这些资源以及应用于它们的任何自定义项，例如添加一个通用的标签。下面给出一个典型的 Kustomize 项目的组成结构。

```
app1/
   kustomization.yaml        # 下面 4 行是 kustomization.yaml 内容
      | resources:
      | - ../base
      | patches:
      | - patch1.yaml
   patch1.yaml

app2/
   kustomization.yaml        # 下面 4 行是 kustomization.yaml 内容
      | resources:
      | - ../base
      | patches:
      | - patch2.yaml
   patch2.yaml

base/
   kustomization.yaml        # 下面 3 行是 kustomization.yaml 内容
      | resources:
      | - deployment.yaml
      | - configMap.yaml
   deployment.yaml
   configMap.yaml
```

可以发现，每个环境目录中都有一个名为 kustomization.yaml 的文件，该文件指定源文件以及对应的一些转换文件，例如修补程序等。

（2）基于该项目生成自定义的 YAML 配置文件，所执行的命令的语法格式如下：

```
kubectl kustomize <Kustomization 目录>
```

Kustomization 目录是指包含 kustomization.yaml 文件的目录。例如，针对示例中 app1 目录中的 kustomization.yaml 文件生成 YAML 配置文件：

```
kubectl kustomize app1
```

（3）将该项目的资源部署到 Kubernetes 集群。使用 --kustomize 或 -k 选项执行 kubectl apply 命令来实现：

```
kubectl apply -k <Kustomization 目录>
```

例如，将上例中 app1 目录中的资源部署到 Kubernetes 集群：

```
kubectl apply -k app1
```

（4）根据需要通过其他用法进一步管理资源。在 kubectl 命令中使用 --kustomize 或 -k 选项来指定被 Kustomization 文件所管理的资源，该选项的参数是一个 Kustomization 目录。

查看 Kubernetes 集群中使用 Kustomize 部署的对象的命令如下：

```
kubectl get -k <Kustomization 目录>          # 显示对象列表
kubectl describe -k <Kustomization 目录>     # 显示对象详细信息
```

下面的命令用于删除使用 Kustomize 创建的对象。

```
kubectl delete -k <kustomization 目录>
```

✂ 任务实现

任务 8.2.1　使用 Kustomize 管理 Secret

ConfigMap 和 Secret 包含其他 Kubernetes 对象所需的配置信息或敏感信息。项目 6 示范过 ConfigMap 和 Secret 的多种创建方法。kubectl 支持使用 Kustomize 基于文件或字面值来生成这两种对象。可以引用的文件可以是 .properties 文件、.env 文件以及其他文本文件。这里以基于键值对组成的字面值生成 Secret 为例进行示范。

微课

04.使用Kustomize
管理 Secret

1. 创建 Secret

（1）准备一个存放 Kustomization 文件的目录。

```
[root@master01 ~]# mkdir /k8sapp/08/secretGen
```

（2）在该目录中创建名为 kustomization.yaml 的文件，内容设置如下。

```
secretGenerator:
- name: database-creds
  literals:
  - username=admin
  - password=abc123
```

literals 字段表示字面值，下面的列表内容是用户名和密码的键值对，不需要对用户名和密码进行 Base64 编码。

（3）执行以下命令基于 Kustomization 目录生成 Secret。

```
[root@master01 ~]# kubectl apply -k /k8sapp/08/secretGen
secret/database-creds-bkkhd2g59f created
```

默认情况下，所生成的 Secret 的名称是由 name 字段定义的名称和数据的哈希值拼接而成的。这样就可以保证每次修改数据时会生成一个新的 Secret。

（4）查看所创建的 Secret 的具体内容以进行验证。

```
[root@master01 ~]# kubectl get secret/database-creds-bkkhd2g59f -o yaml
apiVersion: v1
data:
  password: YWJjMTIz
  username: YWRtaW4=
kind: Secret
metadata:
```

```
...
type: Opaque
```

2. 修改 Secret 数据

（1）对上述 kustomization.yaml 文件进行修改，这里将 password 字段值修改为 xyz789。

（2）基于该 Kustomization 目录生成一个新的 Secret。

```
[root@master01 ~]# kubectl apply -k /k8sapp/08/secretGen
secret/database-creds-4fk78b5485 created
```

这样会创建一个新的 Secret，而不是更新现有的 Secret。

（3）列出当前的 Secret，可以发现原有的 Secret 依然保留。

```
[root@master01 ~]# kubectl get secret
NAME                          TYPE     DATA   AGE
database-creds-4fk78b5485     Opaque   2      58s
database-creds-bkkhd2g59f     Opaque   2      8m25s
```

（4）删除这两个 Secret，清理实验环境。

```
[root@master01 ~]# kubectl delete secret database-creds-4fk78b5485 database-
creds-bkkhd2g59f
```

3. 控制 Secret 的生成

默认情况下，所生成的 Secret 的名称中会有一个基于内容生成的哈希值作为后缀。我们可以使用 generatorOptions 字段禁止这种行为，还可以在其中通过关键字为生成的 Secret 指定贯穿性字段，如添加标签。下面进行示范。

（1）修改上述 kustomization.yaml 文件，在其内容后面添加以下代码：

```
generatorOptions:
  disableNameSuffixHash: true
  labels:
    type: generatedByKustomize
```

（2）基于该 Kustomization 目录生成一个新的 Secret。

```
[root@master01 ~]# kubectl apply -k /k8sapp/08/secretGen
secret/database-creds created
```

可以发现，Secret 的名称就是 kustomization.yaml 文件中所指定的 name 字段值。

（3）查看所创建的 Secret 的详细信息以进行验证，这里列出部分内容，其中包括为该 Secret 添加的标签。

```
labels:
  type: generatedByKustomize
```

（4）删除该 Secret，清理实验环境。

任务 8.2.2　为 Kubernetes 对象设置贯穿性字段

贯穿性字段常见的应用场景如下。

• 为所有对象设置相同的名称空间。

• 为所有对象的名称添加相同的前缀或后缀。

- 为对象添加相同的标签集合。
- 为对象添加相同的注解集合。

下面给出一个例子来示范其用法。

（1）准备一个项目目录。

```
[root@master01 ~]# mkdir /k8sapp/08/crossField
```

（2）在该目录中创建 deployment.yaml 文件（用于创建 Deployment），内容如下。

```
apiVersion: apps/v1
kind: Deployment
metadata:
  name: nginx-deploy
  labels:
    app: nginx
spec:
  selector:
    matchLabels:
      app: nginx
  template:
    metadata:
      labels:
        app: nginx
    spec:
      containers:
      - name: nginx
        image: nginx:1.14.2
```

（3）在该目录中创建名为 kustomization.yaml 的文件，内容设置如下。

```
namespace: test-namespace                  # 设置名称空间
namePrefix: dev-                           # 添加名称前缀
nameSuffix: "-001"                         # 添加名称后缀
commonLabels:                              # 添加标签和选择器
  app: test-nginx
commonAnnotations:                         # 添加注解
  oncallPager: test cross-cutting
resources:                                 # 要处理的资源
- deployment.yaml
```

（4）创建一个名为 test-namespace 的名称空间。贯穿性字段设置的名称空间必须预先创建。

```
[root@master01 ~]# kubectl create ns test-namespace
namespace/test-namespace created
```

（5）基于该项目生成自定义的 YAML 配置文件。

```
[root@master01 ~]# kubectl kustomize /k8sapp/08/crossField
apiVersion: apps/v1
kind: Deployment
metadata:
  annotations:                             # 添加的注解
    oncallPager: test cross-cutting
  labels:                                  # 添加的标签
    app: test-nginx
```

```
    name: dev-nginx-deploy-001              # 添加的名称前后缀
    namespace: test-namespace               # 设置的名称空间
spec:
  selector:                                 # 添加的选择器
    matchLabels:
      app: test-nginx
  template:
    metadata:
      annotations:                          # 添加的注解
        oncallPager: test cross-cutting
      labels:                               # 添加的标签
        app: test-nginx
    spec:
      containers:
      - image: nginx
        name: nginx:1.14.2
```

可以发现，Kustomization 文件定义的贯穿性字段都生效了，在 Deployment 资源定义中增加了相关的定义，其中会为资源中的所有对象添加标签和注解。

（6）将该项目的资源部署到 Kubernetes 集群。

```
[root@master01 ~]# kubectl apply -k /k8sapp/08/crossField
deployment.apps/dev-nginx-deploy-001 created
```

（7）查看所创建的 Deployment，需要加上名称空间。

```
[root@master01 ~]# kubectl get deploy -n test-namespace
NAME                   READY   UP-TO-DATE   AVAILABLE   AGE
dev-nginx-deploy-001   1/1     1            0           6m55s
```

（8）改用有关 Kustomize 的方法来查看 Deployment。

```
[root@master01 ~]# kubectl get -k /k8sapp/08/crossField
NAME                   READY   UP-TO-DATE   AVAILABLE   AGE
dev-nginx-deploy-001   0/1     1            0           7m25s
```

或者执行以下命令查看 Deployment 的详细信息。

```
[root@master01 ~]# kubectl describe -k /k8sapp/08/crossField
Name:                dev-nginx-deploy-001
Namespace:           test-namespace
CreationTimestamp:   Thu, 17 Nov 2022 21:29:52 -0500
Labels:              app=test-nginx
...
```

（9）执行 kubectl delete -k /k8sapp/08/crossField 命令删除部署的 Deployment。

可以发现，对于使用 Kustomize 创建的对象，都可以使用相关的方法进行管理。

微课

06. 使用 Kustomize
组合 Kubernetes
资源

任务 8.2.3　使用 Kustomize 组合 Kubernetes 资源

Kustomize 支持组合不同的资源。在 kustomization.yaml 文件中通过 resources 字段设置 Kubernetes 资源配置文件的路径。下面给出一个例子，将 nginx 应用程序的 Deployment 和 Service 进行组合。

（1）准备一个项目目录。

```
[root@master01 ~]# mkdir -p  /k8sapp/08/composing
```

（2）在该目录中创建 deployment.yaml 文件，其内容与任务 8.2.2 中的 deployment.yaml 文件相同。

（3）在该目录中创建 service.yaml 文件，内容设置如下。

```
apiVersion: v1
kind: Service
metadata:
  name: nginx-svc
  labels:
    app: nginx
spec:
  ports:
  - port: 80
    protocol: TCP
  selector:
    app: nginx
```

（4）在该目录中创建 kustomization.yaml 文件，内容设置如下，以组合上述两个资源。

```
resources:
- deployment.yaml
- service.yaml
```

（5）使用 tree /k8sapp/08/composing 命令查看整个项目的目录结构。

```
/k8sapp/08/composing
├── deployment.yaml
├── kustomization.yaml
└── service.yaml
```

（6）执行以下命令基于该项目生成自定义的 YAML 配置文件。

```
[root@master01 ~]# kubectl kustomize /k8sapp/08/composing
apiVersion: v1
kind: Service
...
---
apiVersion: apps/v1
kind: Deployment
...
```

所生成的 YAML 配置文件将定义 Deployment 和 Service 的两个配置文件简单地合并为一个 YAML 配置文件，其中既包含 Deployment 又包含 Service。读者可以根据需要将该组合资源部署到 Kubernetes 集群。

任务 8.2.4　使用 Kustomize 定制 Kubernetes 资源

Kustomize 支持使用补丁文件对 Kubernetes 资源执行不同的定制。Kustomize 通过 patchesStrategicMerge 和 patchesJson6902 这两个字段支持不同的打补丁机制。patchesStrategicMerge 定义的是一个文件路径的列表，其中每个文件都能够解析为策略性合并补丁（Strategic Merge Patch）。这种补丁的目的是修补原来的部分

微课

07. 使用 Kustomize
定制 Kubernetes
资源

资源，而不是完全替换，适合较小的改动。下面给出一个例子，使用一个补丁来增加 Deployment 的副本数，再使用另外一个补丁来增设内存限制。

（1）准备一个项目目录。

```
[root@master01 ~]# mkdir -p  /k8sapp/08/patches
```

（2）在该目录中准备 deployment.yaml 文件。为简化实验操作，这里将任务 8.2.3 中的 deployment.yaml 文件复制过来，直接使用。

（3）在该目录中创建补丁文件 increase_replicas.yaml，内容如下。

```
apiVersion: apps/v1
kind: Deployment
metadata:
  name: nginx-deploy                          # 名称与原资源定义保持一致
spec:
  replicas: 3                                 # 副本数改为 3
```

注意，补丁文件中的 name 字段定义的名称需与要打补丁的原资源定义保持一致。

（4）在该目录中创建另一个补丁文件 set_memory.yaml，内容如下。

```
apiVersion: apps/v1
kind: Deployment
metadata:
  name: nginx-deploy
spec:
  template:
    spec:
      containers:
      - name: nginx
        resources:                            # 限制所用的内存资源
          limits:
            memory: 512Mi
```

（5）在该目录中创建 kustomization.yaml 文件，内容如下。

```
resources:
- deployment.yaml
patchesStrategicMerge:
- increase_replicas.yaml
- set_memory.yaml
```

（6）查看整个项目的目录结构。

```
/k8sapp/08/patches
├──  deployment.yaml
├──  increase_replicas.yaml
├──  kustomization.yaml
└──  set_memory.yaml
```

（7）执行以下命令基于该项目合成带补丁的资源定义。

```
[root@master01 ~]# kubectl kustomize  /k8sapp/08/patches
apiVersion: apps/v1
kind: Deployment
...
```

```
spec:
  replicas: 3
  selector:
    matchLabels:
      app: nginx
  template:
...
    spec:
      containers:
      - image: nginx:1.14.2
        name: nginx
        resources:
          limits:
            memory: 512Mi
```

读者可以根据需要将此带补丁的资源部署到 Kubernetes 集群。

小贴士

并非所有资源或者字段都支持策略性合并补丁。patchesJson6902 字段支持对任何资源的任何字段进行修改，其定义主要包括两个字段 target 和 path。target 字段以 JSON 格式定义要打补丁的 Kubernetes 资源，如按照组（group）、版本（version）、类别（kind）和名称（name）、名称空间（namespace）、标签选择器（labelSelector）和注解选择器（annotationSelector）来选择要打补丁的资源。path 字段指定 JSON 补丁文件的文件路径，此文件中的内容可以是 JSON 格式，也可以是 YAML 格式。

任务 8.2.5 使用 Kustomize 管理不同环境的应用程序配置

电子活页

08.03 使用 JSON 补丁定制 Kubernetes 资源

Kustomize 采用基准和覆盖机制管理和维护不同环境的应用程序配置。

1. 了解基准和覆盖的实现机制

基准（Base）是一个包含 Kustomization 文件的特定目录，其中包含一组资源及其相关的定制，基准可以是本地目录或者来自远程仓库的目录，要求其中有 kustomization.yaml 文件。覆盖（Overlay）也是一个包含 Kustomization 文件的目录，该文件以包含 bases 字段引用其他 Kustomization 目录作为基准。一个基准可以被多个覆盖使用。一个覆盖可以使用多个基准，组合所有来自基准的资源，并且可以在基准之上进行定制。一个覆盖也可以用作另一个覆盖的基准。

基准主要声明共享的内容，如资源和常见的资源配置。覆盖在继承基准的基础上，主要声明与基准之间的差异。Kustomize 通过覆盖来维护基于基准的不同变体（Variants），为不同的环境提供不同的应用程序配置。

2. 根据不同环境生成应用程序配置

微课

08. 根据不同环境生成应用程序配置

下面给出一个简单的例子。首先通过基准定义一些基础配置，然后通过覆盖针对开发环境和生产环境增加个性化的配置，以达到生成不同环境的应用程序配置的目的。

（1）准备一个项目目录。

```
[root@master01 ~]# mkdir -p /k8sapp/08/inherit
```

（2）在项目目录中创建一个用于包含基准资源定义的子目录，并在其中准备配置文件。为简化实验操作，这里将任务 8.2.3 中的项目目录的内容（包括的文件有 deployment.yaml、service.yaml 和 kustomization.yaml）复制过来使用。

```
[root@master01 ~]# mkdir -p  /k8sapp/08/inherit/base
[root@master01 ~]# cp -r /k8sapp/08/composing/* /k8sapp/08/inherit/base
```

这个基准定义可在多个覆盖中使用。下面继续定义两个使用该基准的覆盖。

（3）在项目目录中创建一个针对开发环境的子目录，并在其中准备覆盖定义的内容。

```
[root@master01 ~]# mkdir -p  /k8sapp/08/inherit/dev
```

在其中创建 kustomization.yaml 文件，内容如下。

```
bases:                                   # 引用基准 Kustomization 目录
- ../base
namePrefix: dev-                         # 添加名称前缀
commonAnnotations:                       # 添加注解
  note: Development
```

这里定义了两个贯穿性字段。

（4）在项目目录中创建针对生产环境的子目录，并在其中准备覆盖定义的内容。

```
[root@master01 ~]# mkdir -p  /k8sapp/08/inherit/prod
```

在其中创建 kustomization.yaml 文件，内容如下。

```
bases:
- ../base
namePrefix: prod-                        # 同样定义两个贯穿性字段
commonAnnotations:
  note: Production
```

（5）查看整个项目的目录结构。

```
/k8sapp/08/inherit
├──── base
│     ├──── deployment.yaml
│     ├──── kustomization.yaml
│     └──── service.yaml
├──── dev
│     └──── kustomization.yaml
└──── prod
      └──── kustomization.yaml
```

（6）根据开发环境生成应用程序配置。

```
[root@master01 ~]# kubectl kustomize  /k8sapp/08/inherit/dev
apiVersion: v1
kind: Service
metadata:
  annotations:
    note: Development
  labels:
    app: nginx
  name: dev-nginx-svc
spec:
...
```

```
---
apiVersion: apps/v1
kind: Deployment
metadata:
  annotations:
    note: Development
  labels:
    app: nginx
  name: dev-nginx-deploy
spec:
  replicas: 2
  selector:
    matchLabels:
      app: nginx
  template:
    metadata:
      annotations:
        note: Development
      labels:
        app: nginx
...
```

（7）执行 kubectl kustomize /k8sapp/08/inherit/prod 命令根据生产环境生成应用程序配置。
读者可以根据需要针对开发环境和生产环境部署 Kubernetes 对象。

项目小结

Kubernetes 作为一个容器编排平台，其核心是使用 YAML 配置文件对资源进行编排，实现应用程序的部署和运维。Kubernetes 生态系统是不断发展的，出现了一些用于解决复杂应用程序部署的管理工具。

Helm 为 Kubernetes 的包管理工具，提供一套专门的体系来管理复杂的 Kubernetes 应用程序，将一个应用项目的相关资源组织成 Chart，并通过 Chart 管理软件包，让用户专注于应用程序的生命周期管理。Helm 实现了可配置的应用程序部署，简化了 Kubernetes 部署应用程序的版本控制、打包、发布、删除和更新等操作。

Kubernetes 是云原生操作系统，Helm 就是 Kubernetes 的应用商店与包管理工具。由于有公开仓库支持，使用 Helm 安装常用的应用程序非常便捷，但是应用程序的定制化部署仅限于 Chart 本身提供的配置选项。Helm 自成体系，如果要打包制作 Chart，则学习曲线陡峭，但是强大的封装能力使得 Helm 适合开发人员制作对外交付使用的安装包。Helm 支持额外的扩展插件，能够加入持续集成和持续部署或其他方面的辅助功能。目前 Helm 拥有众多用户和强大的在线支持。

Kustomize 基于 Kubernetes 原生的 YAML 配置文件，使用覆盖和补丁而不是模板来定制 Kubernetes 应用程序的配置。需要多套部署环境的业务应用，不同环境的部署差异不大，就非常适合使用 Kustomize 来配置。由于 Chart 相对稳定，Helm 更倾向于静态管理。由于 YAML 配置文件修改简单、管理灵活，Kustomize 更适合动态管理，可以管理需求不断变更、快速迭代的应用程序，当然也更适合 DevOps 的实施。

项目 9 将讲解如何在 Kubernetes 中实施 DevOps，也就是应用程序的持续集成和持续部署。

课后练习

1. 以下关于 Helm 的 Chart 的说法中，不正确的是（　　　）。
   - A. Chart 是 Helm 的软件包
   - B. Chart 相当于 CentOS 中的 RPM 包
   - C. Chart 在 Kubernetes 中不能重复安装
   - D. Chart 包含 Kubernetes 对象定义

2. 修改 Chart 中的（　　　）文件，可以实现 Helm 部署的定制化。
   - A. Chart.yaml
   - B. values.yaml
   - C. LICENSE
   - D. templates/NOTES.txt

3. 使用 helm status 命令查看 Release 的状态，其中（　　　）列表示应用程序本身的版本。
   - A. CHART VERSION
   - B. REVISION
   - C. LAST DEPLOYED
   - D. APP VERSION

4. 使用 helm install 命令时，Chart 参数指定安装的 Chart 源，该值为 ./nginx 时表示安装源为（　　　）。
   - A. 未打包的 Chart 目录路径
   - B. 打包的 Chart 目录路径
   - C. Chart 引用
   - D. URL 相对路径

5. 以下不适合使用 Kustomize 的应用场景是（　　　）。
   - A. Kubernetes 资源复用
   - B. Kubernetes 资源定制
   - C. 复杂应用程序的打包发布
   - D. 持续集成和持续部署版本管理工作流

6. 以下关于 Helm 和 Kustomize 的说法中，不正确的是（　　　）。
   - A. Kustomize 仅需使用普通的 YAML 配置文件
   - B. Helm 属于第三方工具，完全不需要 YAML 配置文件
   - C. Kustomize 支持基准和覆盖，更容易扩展和定制应用程序
   - D. Helm 为应用程序提供强大的生命周期管理功能

7. 以下 Kustomization 文件名正确的是（　　　）。
   - A. Kustomization.yaml
   - B. Kustomize.yaml
   - C. Kustomization.yml
   - D. kustomization.yml

8. 在 kubectl 命令中使用 --kustomize 选项指定的参数是（　　　）。
   - A. Kustomization 目录
   - B. YAML 配置文件
   - C. Kustomization 文件
   - D. URL 地址

项目实训

实训 1　使用 Helm 在 Kubernetes 中部署 MongoDB

实训目的

（1）了解 Helm 的基本概念。

（2）掌握使用 Helm 安装和管理应用程序的方法。

实训内容

（1）确认集群中创建有默认的 StorageClass。

（2）搜索 MongoDB 的 Chart。

（3）将 bitnami/mongodb 的 Chart 下载到本地并解压缩到 Chart 目录。

（4）修改该目录中的 values.yaml 文件定制 Chart 配置，仅修改副本数。

（5）以该目录作为 Chart 源进行安装。

（6）根据安装过程中给出的提示信息进行测试操作。

（7）将当前部署的 MongoDB 实例进行升级。

（8）查看 MongoDB 的 Release 部署的历史信息。

（9）尝试 MongoDB 的 Release 部署的回滚操作。

（10）删除 MongoDB 的 Release 部署。

实训 2　使用 Kustomize 管理不同环境的应用程序配置

实训目的

（1）了解 Kustomize 的概念及其基本用法。

（2）学会使用 Kustomize 管理不同环境的应用程序配置。

实训内容

参照任务 8.2.5 为开发环境和生产环境分别定制 Tomcat 的配置。

（1）准备项目目录，并在其中创建包含基准资源定义的子目录，在该目录中准备配置文件。

（2）在项目目录中创建针对开发环境的子目录，并在其中准备覆盖定义的内容。

（3）在项目目录中创建针对生产环境的子目录，并在其中准备覆盖定义的内容。

（4）考察整个项目的目录结构。

（5）根据开发环境生成应用程序配置。

（6）根据生产环境生成应用程序配置。

（7）尝试基于开发环境部署 Kubernetes 应用程序。

（8）测试部署结果，然后删除所部署的应用程序。

项目9
持续集成和持续部署

09

前面的项目在 Kubernetes 集群中部署应用程序使用的都是现成的 Docker 镜像。但实际应用中，用户需要将开发的应用程序部署到 Kubernetes，还涉及镜像的构建和分发。应用程序从开发、测试到部署的整个周期可以手动管理，随着网络强国和数字中国建设的不断推进，微服务和云原生应用开始大量部署，这种传统的手动解决方案难以适应软件产品的快速上线和快速迭代，需要转向 DevOps（开发运维一体化）模式，具体实施流程主要包括持续集成（Continuous Integration，CI）、持续交付（Continuous Delivery，CD）和持续部署（Continuous Deployment，CD）。持续交付和持续部署都可以缩写为 CD，在具体的实践中往往并不严格区分这几个概念，常用英文缩写 CI/CD 或 CI&CD 来表示整个工作流。为方便叙述，本书中 CI/CD 的中文表述统一为持续集成和持续部署。Kubernetes 平台和 CI/CD 工作流都可以提高软件质量，实现自动化和提高开发速度。因此，本项目转向 DevOps 实践，侧重 Kubernetes 与 CI/CD 的结合使用，实现 Kubernetes 云原生应用程序的快速交付部署和持续改进。为简化实验操作，编者选择主流的开源软件 GitLab、Jenkins、Harbor 和 Kubernetes 的组合来搭建云原生应用程序的 CI/CD 平台，并以一个简单的 Spring Boot 演示软件项目为例，层层递进，由浅入深地示范基于云原生应用程序的 CI/CD 工作流的多种实施方法。

【课堂学习目标】

☞ 知识目标

➤ 了解云原生应用程序从开发到部署的流程。

➤ 了解 DevOps 与 CI/CD 的概念。

➤ 了解云原生应用程序的 CI/CD 平台。

➤ 了解 Jenkins 的项目类型和流水线。

➤ 了解 Jenkins 的主节点和代理节点。

☞ 技能目标

➤ 掌握基于 Kubernetes 的应用程序从开发到部署的流程。

➤ 学会使用 Harbor 部署企业级 Docker 注册中心。

➤ 学会搭建云原生应用程序的 CI/CD 平台。

> ➢ 掌握 Jenkins 的 Maven 项目的 CI/CD 实施方法。
> ➢ 掌握 Jenkins 的流水线项目的 CI/CD 实施方法。
> ➢ 掌握 Jenkins 的代码分支的 CI/CD 实施方法。
> ➢ 学会在 Kubernetes 中动态创建 Pod 代理以实施 CI/CD。

☞ 素养目标

> ➢ 增强系统观念，培养统筹协调、解决复杂问题的能力。
> ➢ 学习流程管理的思想和方法。
> ➢ 培养执着专注、精益求精、一丝不苟、追求卓越的工匠精神。

任务 9.1　在 Kubernetes 中部署开发的应用程序

▷ 任务要求

Kubernetes 主要应用于云架构和云原生的部署场景。云原生应用程序是自包含的、可移植的、可按需快速扩展的基于轻量级容器的独立服务。这是一种容器化应用程序，可以在 Kubernetes 中部署和运行。读者需要了解在 Kubernetes 中部署应用程序的基本流程，并掌握相应的实现方法。本任务的基本要求如下。

（1）了解在 Kubernetes 中部署应用程序的基本流程。

（2）了解企业级 Docker Registry 项目 Harbor。

（3）掌握 Harbor 的部署和使用方法。

（4）掌握手动将应用程序部署到 Kubernetes 的流程和方法。

⋰⋱ 相关知识

9.1.1　将应用程序部署到 Kubernetes 的基本流程

应用程序从开发到部署到 Kubernetes，一般需要经过以下流程。

（1）编写应用程序代码。

（2）对应用程序进行测试。

（3）编写 Dockerfile 并构建 Docker 镜像。这是应用程序容器化的关键，为要部署的应用程序编写 Dockerfile。在充分考虑业务类型和运作方式的前提下构建合适的镜像。

（4）将构建的 Docker 镜像推送到 Docker 注册中心进行发布。

（5）编写 YAML 配置文件，用于对 Kubernetes 对象进行编排与部署。具体内容主要包括：将容器放入 Pod，创建符合预期的 Pod；根据不同业务的不同需求选择合适的控制器来管理 Pod 的运行；使用 Service 管理 Pod 访问；使用 Ingress 提供外部访问；使用 PV/PVC 管理持久化数据；使用 ConfigMap 管理应用配置文件等。

（6）利用 kubectl 工具基于 YAML 配置文件在 Kubernetes 中运行应用程序。

（7）根据需要更改 YAML 配置文件中的 Docker 镜像来实现应用程序的升级。

YAML 配置文件中的镜像标签应避免使用 latest，建议每个容器镜像的标签都使用版本号。

9.1.2 开源的企业级 Docker Registry 项目 Harbor

容器化应用程序的部署离不开 Docker 注册中心。Harbor 是 CNCF 托管的开源的可信云原生 Docker Registry 项目，旨在提供用于存储和分发 Docker 镜像的企业级注册中心。Harbor 通过添加用户通常需要的功能（如安全、身份和管理），扩展了开源项目 Docker Distribution。Docker Distribution 是 Docker Hub 以及其他多种容器注册中心方案的组成部分，也是容器注册中心的实现基础。

 Harbor 是我国原创的项目，是坚持面向世界科技前沿，加快实现高水平科技自立自强的重要成果。我们一方面要坚持创新在我国现代化建设全局中的核心地位，增强自主创新能力，另一方面要加强国际科技交流合作，加强国际化科研环境建设，形成具有全球竞争力的开放创新生态。

Harbor 主要具有以下特性。

- 云原生注册服务器。支持容器镜像和 Helm Chart，Harbor 作为云原生环境（如容器运行时和编排平台）的注册中心。
- 基于角色的访问控制。用户通过"项目"访问不同的镜像仓库，用户可以对项目下的镜像或 Helm Chart 拥有不同的权限。
- 基于策略的复制。支持混合和多云场景中的多数据中心部署。
- 增强的安全功能。

Harbor 除了提供可视化管理界面外，还提供出色的性能，以提高分发镜像的效率，满足企业级需求。

 任务实现

微课

01.基于 Harbor
自建企业级 Docker
注册中心

任务 9.1.1 基于 Harbor 自建企业级 Docker 注册中心

在项目 1 中基于官方的 Registry 工具搭建过简易的私有 Docker 注册中心，但其功能有限，仅适合简单测试。实际应用中大都选择 Harbor 来建立企业级 Docker 注册中心。

1. 准备 Harbor 安装环境

Harbor 易于部署，可以通过 Docker Compose 或 Helm Chart 部署，还可以使用 Harbor Operator 部署。这里通过 Docker Compose 直接在项目 1 所用的 Docker 主机（主机名为 docker_dev，IP 地址为 192.168.10.20）上安装 Harbor，使其兼作 Docker 注册中心。

 本项目的实验环境包括项目 1 部署的 1 个 Docker 主机和项目 2 部署的 3 个集群节点主机。Docker 主机用于应用程序开发，兼作 Harbor、GitLab、Jenkins 服务器，为方便读者参考，尽量通过域名或主机名，而不是 IP 地址来访问各主机。为提供名称解析，修改所有主机的 /etc/hosts 文件，本例需在该文件中添加以下名称解析记录（IP 地址可根据实际情形变更）：

```
192.168.10.20 harbor.abc.com gitlab.abc.com jenkins.abc.com
192.168.10.30 master01
192.168.10.31 node01
192.168.10.32 node02 nginx.abc.com tomcat.abc.com
```

Kubernetes集群实战（微课版）

首先需要保证安装了 Docker 和 Docker Compose。执行 docker version 命令可以查看当前安装的 Docker Engine 版本；执行 docker compose version 命令可以查看当前安装的 Docker Compose 版本。如果安装有 Docker Desktop，则无须单独安装 Docker Compose。本例的环境中在安装 Docker Engine 时，同时安装了 Compose 插件。

在安装了 Docker Engine 的前提下，可以单独安装 Docker Compose。与 Docker Engine 的安装类似，在 Linux 主机上可以采用以下 3 种安装方式安装 Compose 插件：通过 Docker 的软件仓库安装、下载软件包手动安装和使用自动化便捷脚本安装。

多数情况下，用户会通过 Docker 的软件仓库安装 Compose 插件。首先执行 yum update 命令升级所有软件包，然后执行 yum install -y docker-compose-plugin 命令安装 Compose 插件，最后执行 docker compose version 命令查看 Docker Compose 的版本信息进行验证。

确认项目 1 搭建的私有 Docker 注册中心（容器名为 myregistry）已被卸载。

2. 安装 Harbor

这里使用离线包 harbor-offline-installer 通过 Docker Compose 安装 Harbor。

（1）下载合适的版本，本例下载的是 2.7.0 版本。一般使用最新版本，可以根据需要选择下载的版本。

（2）将该软件包解压缩到 /opt 目录中。

```
[root@docker_dev ~]# tar -xzf harbor-offline-installer-v2.7.0.tgz -C /opt
```

（3）将当前目录切换到 /opt/harbor（此为 Harbor 的 Docker Compose 项目目录），再将 Harbor 预置的默认配置文件模板复制一份作为 Harbor 的配置文件。

```
[root@docker_dev ~]# cd  /opt/harbor
[root@docker_dev harbor]# cp harbor.yml.tmpl harbor.yml
```

（4）修改配置文件 harbor.yml，这里仅更改部分字段。

```
# DO NOT use localhost or 127.0.0.1, because Harbor needs to be accessed by
external clients.
hostname: harbor.abc.com
# http related config
http:
  # port for http, default is 80. If https enabled, this port will redirect
to https port
  port: 5000
...
# https related config
# https:
...
# Remember Change the admin password from UI after launching Harbor.
harbor_admin_password: Harbor12345
...
# The default data volume
data_volume: /data/harbor
```

其中，hostname 字段值表示 Harbor 服务器的访问地址，可以是域名或 IP 地址，本例改为 harbor.abc.com。

http 部分的 port 字段值是 Harbor 服务器的 HTTP 端口，默认为 80，本例改为 5000（若开启防火墙则需开放此端口）。

若启用 HTTPS，则此端口会重定向到 https 部分的 port 字段所设置的端口。生产环境中应使用域名并启用 HTTPS 访问，这需要在 https 部分配置从第三方证书机构（Certification Authority，CA）获得的证书。在测试或开发环境中，用户可以使用自己的 CA。为简化实验操作，本例注释掉 https 部分的所有配置项，不启用 HTTPS 访问。

harbor_admin_password 字段值为 Harbor 管理员账户 admin 的密码，本例保持默认值 Harbor12345。

data_volume 字段设置的是 Harbor 数据目录，本例改为 /data/harbor。

（5）确认当前目录为 /opt/harbor，执行以下命令进行预配置。

```
[root@docker_dev harbor]# ./prepare
prepare base dir is set to /opt/harbor
...
Unable to find image 'goharbor/prepare:v2.7.0' locally
v2.7.0: Pulling from goharbor/prepare
HTTP protocol is insecure...
```

（6）执行以下命令进行一键安装。

```
[root@docker_dev harbor]# ./install.sh
[Step 0]: checking if docker is installed ...
...
✔ ----Harbor has been installed and started successfully.-----
```

这样，就完成了 Harbor 的安装，而且 Harbor 服务已经成功启动。

3. 使用浏览器访问 Harbor

Harbor 服务启动成功后，读者就可以打开浏览器通过所配置的域名或 IP 地址访问 Harbor 管理界面了，本例使用的网址是 http://harbor.abc.com:5000。进入登录界面之后，分别输入正确的用户名和密码，这里是 admin（管理员）及其密码，单击"登录"按钮进入 Harbor 主界面。

单击"新建项目"按钮弹出如图 9-1 所示的对话框，这里输入项目名称"k8s"，其他保持默认设置，访问级别为非公开，即私有仓库。

单击"确定"按钮，新建的项目出现在项目列表中，如图 9-2 所示。除了新建的项目之外，还有一个名为"library"的默认项目（公开）。

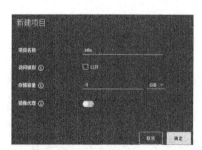

图 9-1　新建项目

图 9-2　Harbor 项目列表

4. 使用 docker 命令访问 Harbor

Docker 访问 Docker 注册中心默认使用的协议是 HTTPS，本例 Harbor 未启用 HTTPS 访问，直接访问就会出现 "http: server gave HTTP response to HTTPS client" 这样的错误。最简单的解决方案是修改 Docker 客户端的 daemon.json 配置文件，将要使用的注册中心的域名或 IP 地址添加到 insecure-registries 列表中，以允许 Docker 客户端与该列表中的注册中心进行不安全的通信。本例在 Docker 主机上的 /etc/docker/daemon.json 中加上以下语句。

```
{ "insecure-registries":["harbor.abc.com:5000"] }
```

如果该文件已有其他 JSON 对象，则只需将不含花括号的部分作为 JSON 对象加入。

然后执行 systemctl restart docker 命令重启 Docker 服务使配置生效。

接下来测试使用 docker 命令访问 Harbor 服务器。首先进行登录测试。

```
[root@docker_dev ~]# docker login harbor.abc.com:5000
Username: admin
Password:
WARNING! Your password will be stored unencrypted in /root/.docker/config.json.
Configure a credential helper to remove this warning. See
https://docs.docker.com/engine/reference/commandline/login/#credentials-store
Login Succeeded
```

Harbor 的登录信息以未加密方式保存在 /root/.docker/config.json 文件中。

将前面下载到本地的 hello-world 镜像打上标签后上传到 Harbor 服务器。

```
[root@docker_dev ~]# docker tag hello-world  harbor.abc.com:5000/k8s/hello-world:v1
[root@docker_dev ~]# docker push harbor.abc.com:5000/k8s/hello-world:v1
The push refers to repository [harbor.abc.com:5000/k8s/hello-world]
...
```

可以通过浏览器访问 Harbor 服务器，查看 k8s 项目中的镜像仓库来验证上传的镜像，结果如图 9-3 所示，这表明镜像上传成功。

切换到命令行，从 Harbor 服务器拉取刚才上传的镜像进行测试。

```
[root@docker_dev ~]# docker pull
harbor.abc.com:5000/k8s/hello-world:v1
```

5. Harbor 本身的管理操作

通过 Docker Compose 一键安装的 Harbor，

图 9-3 Harbor 的镜像仓库中已包括 k8s/hello-world

其本身的管理操作也要用到 Docker Compose。切换到 Docker Compose 项目目录（本例为 /opt/harbor）下，根据需要执行以下命令。

- docker compose ps：用于查看正在运行的 Harbor 服务。
- docker compose up -d：用于从后台启动 Harbor 服务。
- docker compose down：用于停止 Harbor 服务。

如果 Harbor 服务器发生故障，无法正常访问，可以先尝试使用 docker compose down 命令停止 Harbor 服务，再执行 docker compose up -d 命令启动该服务。

如果对配置文件 harbor.yml 做了修改，则需要依次执行 ./prepare 命令和 docker-compose up -d 命令。

任务 9.1.2　在 Kubernetes 集群中使用来自 Harbor 的镜像

前面示范了通过 Docker 访问 Harbor 服务器的方法。新版本的 Kubernetes 使用 containerd 作为容器运行时，使用来自 Harbor 的镜像也需要进行适当的配置。

1. 让 containerd 访问未启用 HTTPS 的 Harbor 服务器

对于 Harbor 未启用 HTTPS 访问的情形，使用 Docker 作为容器运行时，则可以参照前面的方法修改各节点主机上的 daemon.json 配置文件；使用 containerd 作为容器运行时拉取 Harbor 的镜像，则需要更改 containerd 的配置文件 config.toml。本例在 Kubernetes 工作节点（node01 和 node02）中修改 /etc/containerd/config.toml 文件，在 [plugins."io.containerd.grpc.v1.cri".registry.mirrors] 节点下添加以下 Harbor 配置。

```
[plugins."io.containerd.grpc.v1.cri".registry.mirrors."harbor.abc.com:5000"]
    endpoint = ["http://harbor.abc.com:5000"]
```

其中，前一行末尾引号内填写的是 Harbor 服务器的 IP 地址或域名，应加上非标准端口号；后一行引号内填写的是 Harbor 服务器的完整访问地址，应加上协议名。本例 Harbor 服务器仅支持 HTTP。

> **小贴士**　生产环境中 Harbor 启用 HTTPS，还需将 endpoint 值改为 https 前缀的完整访问地址。例如在 [plugins."io.containerd.grpc.v1.cri".registry.configs] 节点下添加以下配置：
>
> ```
>     [plugins."io.containerd.grpc.v1.cri".registry.configs."harbor.abc.com:5000".tls]
>         insecure_skip_verify = true          # 指定是否跳过证书认证
> ```
> 根据需要增加证书认证配置。可以使用 ca_file 选项指定 CA 证书，使用 cert_file 和 key_file 选项指定 Harbor 证书和 Harbor 私钥。

如果 Harbor 服务器提供的是公开镜像，就可以直接访问了。前面上传的 hello-world 镜像是私有镜像，拉取时就需要认证。重启 containerd，进行拉取镜像测试。

```
[root@node01 ~]# systemctl restart containerd
[root@node01 ~]# crictl pull --creds admin:Harbor12345 harbor.abc.com:5000/
k8s/hello-world:v1
  Image is up to date for sha256:feb5d9fea6a5e9606aa995e879d862b825965ba48de0
54caab5ef356dc6b3412
```

这里使用 --creds 选项提供 Harbor 用户名和密码进行认证，结果表明该节点能够从 Harbor 拉取私有镜像。/etc/containerd/config.toml 文件是提供给 crictl 和 kubelet 命令使用的，而 ctr 命令并不使用该配置文件，因为它不使用容器运行时。ctr 命令默认使用 HTTPS，只有加上 --plain-http 选项才能支持 HTTP。例如：

```
ctr -n k8s.io image pull harbor.abc.com:5000/k8s/hello-world:v1 --plain-http
--user admin:Harbor12345
```

ctr image pull 命令拉取的镜像默认放在 default 名称空间，而 crictl pull 和 kubelet 默认拉取的镜像都放在 k8s.io 名称空间下。因此通过 ctr 命令拉取镜像时最好指定命名空间。

可以使用 crictl images 查看主机上的镜像列表，为便于后续实验，使用 crictl rmi 命令删除拉取的 hello-world 镜像，本例可以使用部分镜像 ID（feb5）作为参数来标识该镜像。

2. 提供 Harbor 的认证信息

Kubernetes 资源配置文件中用到 Harbor 的私有镜像仓库时也需要认证。对于以 containerd 为容器运行时的 Kubernetes 集群来说，最简单的方案是在工作节点的 containerd 配置文件中提供 Harbor 的管理员账号的认证信息。但这种方案缺乏灵活性，实际应用中一般采用另一种方案，即使用 Secret 提供 Harbor 的认证信息。下面示范创建这种 Secret 的方法，并测试通过 Kubernetes 资源配置文件来使用 Harbor 的私有镜像。

微课
03. 提供 Harbor 的认证信息

电子活页
09.01 在 containerd 配置文件中提供 Harbor 管理员账号的认证信息

（1）如果工作节点的 /etc/containerd/config.toml 配置文件提供了 Harbor 的管理员账号的认证信息，则删除这些认证信息，并重启 containerd。

（2）在 master01 主机上执行以下命令创建用于 Harbor 认证的 Secret。

```
[root@master01 ~]# kubectl create secret docker-registry harbor-cred --docker-
server=http://harbor.abc.com:5000 --docker-username=admin --docker-password=Harbor12345
secret/harbor-cred created
[root@master01 ~]# kubectl get secret
NAME            TYPE                              DATA    AGE
harbor-cred     kubernetes.io/dockerconfigjson    1       5s
```

（3）在 master01 主机上编写 Pod 配置文件（命名为 hello-world-pod1.yaml），内容如下。

```
apiVersion: v1
kind: Pod
metadata:
  name: hello-world
spec:                                       # 配置 Pod 的具体规格
  restartPolicy: OnFailure
  containers:
  - name: hello-world
    image: "harbor.abc.com:5000/k8s/hello-world:v1"    # Harbor 的私有镜像
  nodeName: node01                          # 指定将 Pod 直接调度到 node01 节点上
  imagePullSecrets:
  - name: harbor-cred
```

需要在创建容器时通过 imagePullSecrets 字段指定刚才创建的 Secret。

（4）执行相应命令基于上述配置文件创建 Pod。

（5）执行 kubectl describe pod hello-world 命令查看该 Pod 的详细信息，可以发现该 Pod 在 node01 节点上成功部署，hello-world 镜像被成功拉取。

```
  Normal  Pulling  32s   kubelet  Pulling image "harbor.abc.com:5000/k8s/hello-
world:v1"
  Normal  Pulled   32s   kubelet  Successfully pulled image "harbor.abc.
com:5000/k8s/hello-world:v1" in 110.536813ms
```

（6）删除该 Pod，并转到 node01 节点上使用 crictl rmi 命令删除 hello-world 镜像，清理实验环境。

注意保留名为 harbor-crcd 的 Secret，以供后续实验使用。

与在配置文件中统一提供 Harbor 的认证信息相比，采用 Secret 提供 Harbor 认证信息有一个优势，就是可以实现用户隔离。具体方法是为不同的用户创建名称空间，在名称空间下创建 Secret 用于拉取镜像时通过认证。这里示范了使用命令创建认证用的 Secret。Kubernetes 拉取的是 Docker 镜像，认证要用到的是 kubernetes.io/dockerconfigjson 类型的 Secret。管理员还可以直接创建这种类型的 Secret 来提供 Harbor 的认证信息。

任务 9.1.3　将开发的应用程序部署到 Kubernetes

微课

04. 将开发的应用程序部署到 Kubernetes

电子活页

09.02 创建 dockerconfigjson 类型的 Secret

下面通过在 Kubernetes 中部署一个简单的 Spring Boot 应用程序来学习从应用程序开发到部署的基本流程。Spring Boot 是开源的轻量级 Java 框架，便于程序员轻松创建独立的、生产级的基于 Spring 的应用程序。与其他 Java 应用程序一样，可以通过 Maven 工具打包，在 Kubernetes 中部署还需构建 Docker 镜像。

1. 准备 Maven 打包环境

Maven 是 Apache 软件基金会提供的一个开源项目管理工具，主要用于 Java 的项目构建、依赖项管理和项目信息管理。Maven 包含一个项目对象模型（Project Object Model，POM）、一组标准集合、一个项目生命周期、一个依赖项管理系统，以及用来运行定义在生命周期阶段（Phase）中的插件目标（Goal）的逻辑。

（1）安装 Java 开发套件（Java Development Kit，JDK）以便编译 Java 代码。

CentOS Stream 8 操作系统默认未安装和配置 JDK，执行以下命令安装 1.8.0 版本的 OpenJDK。

```
yum install -y java-1.8.0-openjdk-devel.x86_64
```

安装完毕后可以通过查看 Java 版本进行测试。

```
[root@docker_dev ~]# javac -version
javac 1.8.0_362
```

（2）安装 Maven。

从 Maven 官网下载其二进制安装包，示例中下载的是 apache-maven-3.8.8-bin.tar.gz。接着将该安装包解压缩，并将 apache-maven-3.8.8 目录移动到 /usr/local 目录中。

```
[root@docker_dev ~]# tar -zxvf apache-maven-3.8.8-bin.tar.gz
[root@docker_dev ~]# mv apache-maven-3.8.8 /usr/local/
```

执行以下命令测试 Maven 是否正确安装。

```
[root@docker_dev ~]# mvn -v
Apache Maven 3.8.8 (4c87b05d9aedce574290d1acc98575ed5eb6cd39)
...
```

在进行下面的工作之前，最好重启系统，使 Maven 在整个系统内都能使用。

2. 准备项目源码

为简化实验，这里在 /dev-app/09/spring-boot-demo 目录中准备了一个非常简单的 Spring Boot 演示项目，该项目所有文件的目录结构如下：

```
│   pom.xml
│   README.md
└── src
    ├── main
    │   └── java
    │       └── com
    │           └── abc
    │               └── demo
    │                       Application.java
    │                       DemoController.java
    └── test
        └── java
            └── com
                └── abc
                    └── demo
                            ApplicationTests.java
```

其中，src 子目录包含项目所有的源码和资源文件，以及与项目相关的其他文件。该目录的 main 子目录包含构建该项目的制品（Artifact，又译为工件，表示已打包的 Java 应用程序）所需的代码和资源文件，test 子目录则包含单元测试相关的代码和资源文件。这两个子目录的结构是相同的。本项目非常简单，src/main/java/com/abc/demo 目录中只有 Application.java 和 DemoController.java 两个文件。DemoController.java 文件中的 return 语句用于返回信息：

```
return "Hello World!\n";
```

src/test/java/com/abc/demo 目录中只有 ApplicationTests.java 文件，用于单元测试。

使用 Maven 构建项目需要编写 pom.xml 文件。pom.xml 文件用于描述项目对象模型，Maven 依据该文件实现项目管理。

3. 使用 Maven 工具将应用程序打包

在用户主目录下创建一个名为 deploy-demo 的项目目录，切换到该项目目录，将准备的项目源码复制到该目录中。

```
[root@docker_dev ~]# mkdir  deploy-demo && cd deploy-demo
[root@docker_dev deploy-demo]# cp -r /dev-app/09/spring-boot-demo/* .
```

执行 mvn clean package 命令进行构建。该命令依次执行 clean、resources、compile、testResources、testCompile、test、jar（打包）等 7 个阶段，最后产生可执行的 JAR 包。

```
 [root@docker_dev deploy-demo]# mvn clean package
[INFO] Scanning for projects...
...
[INFO] Building jar: /root/spring-boot-demo/target/spring-boot-demo-0.0.1-SNAPSHOT.jar
...
[INFO] BUILD SUCCESS
```

检查并确认当前环境未运行 8080 端口（可使用 netstat -anp | grep 8080 命令），然后执行以下命令运行生成的 Java 类以测试。

```
[root@docker_dev deploy-demo]# java  -jar target/spring-boot-demo-0.0.1-
SNAPSHOT.jar
```

正常运行的 Spring Boot 程序如图 9-4 所示。

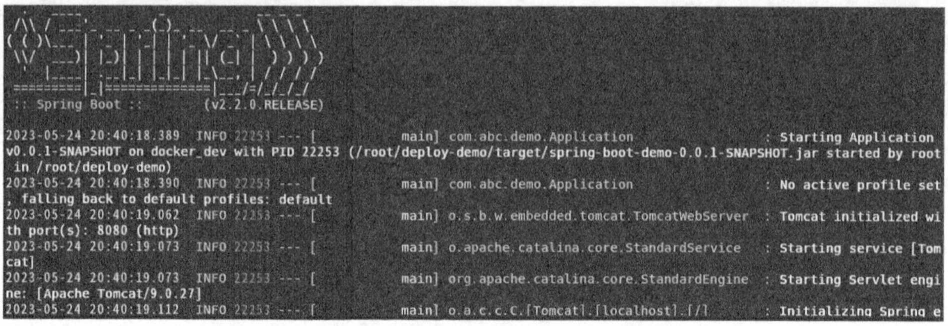

图 9-4 正常运行的 Spring Boot 程序

打开另一个终端窗口，执行以下命令进行实测。

```
[root@docker_dev ~]# curl 127.0.0.1:8080
Hello World!
```

切回原终端窗口，按 Ctrl+C 组合键结束 Spring Boot 程序的运行。

4. 构建应用程序的 Docker 镜像

（1）在该项目目录下创建 Dockerfile 并在其中添加以下代码。

```
FROM openjdk:8-jre
COPY target/spring-boot-demo-0.0.1-SNAPSHOT.jar /app.jar
ENTRYPOINT ["java","-Djava.security.egd=file:/dev/./urandom","-jar","/app.jar"]
```

默认情况下，JVM 中生成随机数的库依赖于 /dev/random，但 Docker 容器上没有足够的熵来支持 /dev/random，将其改成 /dev/urandom 会使启动过程更快。

（2）在该项目目录下执行构建镜像的命令。

```
[root@docker_dev deploy-demo]# docker build -t spring-boot-demo .
```

（3）基于该镜像运行一个容器进行测试。

```
[root@docker_dev deploy-demo]# docker run --rm --name spring-boot-demo  -d -p
8080:8080 spring-boot-demo
```

（4）访问该容器进行实测。

```
[root@docker_dev deploy-demo]# curl 127.0.0.1:8080
Hello World!
```

（5）停止该容器，会自动删除该容器。

```
[root@docker_dev deploy-demo]# docker stop spring-boot-demo
```

5. 将 Docker 镜像发布到 Docker 注册中心

可以将构建的容器镜像发布到不同的私有或公有云仓库中，这里将其发布到前面自建的
Harbor 服务器。首先打上标签（这里给出一个版本号），然后将其推送到 Harbor 的 k8s 镜像仓库：

```
[root@docker_dev ~]# docker tag spring-boot-demo  harbor.abc.com:5000/k8s/
spring-boot-demo:v0.90
```

```
[root@docker_dev ~]# docker push   harbor.abc.com:5000/k8s/spring-boot-
demo:v0.90
```

由于是私有镜像仓库，应先进行登录。但是前面执行 docker login 命令成功登录 Harbor 服务器所产生的 ~/.docker/config.json 文件存储有 Docker 注册中心的认证信息，docker 命令会自动调取认证信息，无须再次显式登录。

登录到 Harbor 查看 k8s 项目中的镜像列表，结果表明镜像已上传到仓库，如图 9-5 所示。

图 9-5　推送到 Harbor 的镜像

6. 基于 Kubernetes 资源配置文件运行应用程序

最后一步是将应用程序部署到 Kubernetes 运行。

（1）为简化实验，这里没有涉及 PV/PVC 配置持久化数据存储，将 Deployment 和 Service 配置合并到一个 YAML 配置文件，存储到集群控制平面节点 master01 的主机的 /dev-app/09/spring-boot-demo.yaml 文件中，内容如下。

```
apiVersion: v1
kind: Service                         # 类型为 Service
metadata:
  name: sbdemo-svc
spec:
  type: NodePort
  ports:
  - name: sbdemo
    port: 8080                        # 让集群知道 Service 绑定的端口
    nodePort: 31008                   # 节点上绑定的端口
    targetPort: 8080                  # 目标 Pod 的端口
    protocol: TCP
  selector:
    app: sbdemo
---
apiVersion: apps/v1
kind: Deployment                      # 类型为 Deployment
metadata:
  name: sbdemo-deploy
spec:
  replicas: 1
  selector:
    matchLabels:
      app: sbdemo
  template:
    metadata:
      labels:
```

```
        app: sbdemo
  spec:
    containers:
      - name: sbdemo
        image: harbor.abc.com:5000/k8s/spring-boot-demo:v0.90
        imagePullPolicy: Always
        ports:
        - containerPort: 8080
    imagePullSecrets:
    - name: harbor-cred                    # 提供拉取私有镜像认证的 Secret
```

（2）转到 master01 主机上操作，使用 kubectl create -f /k8sapp/09/spring-boot-demo.yaml 命令将应用程序部署到 Kubernetes。

（3）查看 Service 列表，可以发现正常运行的该应用程序的 Service。

```
[root@master01 ~]# kubectl get svc
NAME          TYPE       CLUSTER-IP      EXTERNAL-IP     PORT(S)        AGE
sbdemo-svc    NodePort   10.96.173.103   <none>          8080:31008/TCP 92s
```

使用节点地址和节点端口来访问发布的应用程序。本例执行以下命令进行测试：

```
[root@master01 ~]# curl master01:31008
Hello World!
```

结果表明，已经将应用程序成功部署到 Kubernetes 上运行。

（4）删除本例所创建的 Service 和 Deployment，清理实验环境。

任务 9.2 搭建云原生应用程序的 CI/CD 平台

任务要求

应用程序从开发到部署的整个流程完全手动实施，无法适应需求多、需要快速迭代、频繁上线的场景，云原生应用程序提倡通过 DevOps 实施开发和运维。不过 DevOps 只是一种理念，CI/CD 才是 DevOps 一种重要的具体实现。Kubernetes 和 CI/CD 都旨在保证软件质量，实现流程自动化，提高开发和运维效率，前提是要搭建云原生应用程序的 CI/CD 平台。本任务的基本要求如下。

（1）了解 DevOps 与 CI/CD 的概念和工作机制。

（2）了解 CI/CD 的主要工具。

（3）学会规划和组建 CI/CD 平台。

（4）掌握 GitLab 服务器的部署和使用方法。

（5）掌握 Jenkins 服务器的部署和基本配置。

相关知识

9.2.1 DevOps 的概念

DevOps 一词来自 Development（开发）和 Operations（运维）的组合，可译为开发运维一体化，旨在突出软件开发人员和运维人员的沟通与合作，通过自动化流程使得软件的构建、测试、发布更加快捷、频繁和可靠。DevOps 的目标是让业务所要求的那些变化能随时上线、可用，加快项目的交付速度和提升质量。DevOps 本质上是全方位的服务业务，它以业务为中心，所有的工作，包括加快上线部署、版本管理、问题记录反馈、线上部署监控、发布迭代、故障及时响应、快速版本回滚等，都是为了更好和更快地满足业务需求。目前国内外的行业头部企业，如华为、阿里巴巴、谷歌、亚马逊、IBM、微软、Apple 等公司都采用 DevOps，或者提供与 DevOps 相关的支持产品。

9.2.2 CI/CD 的概念

DevOps 是一组过程、方法、文化与系统的名称。DevOps 有一套完整的运维开发流程，就开发人员来说，DevOps 主要涉及敏捷开发；就运维人员来说，DevOps 重视的是持续集成、持续交付、持续部署，也就是 CI/CD 工作流，这也是本项目的重点。

持续集成表示开发应用程序时频繁地向主干提交代码，新提交的代码在最终合并到主干前需要经过编译和自动化测试工作流进行验证。持续集成的目标是让产品可以快速迭代，同时能保持较高的质量。使用持续集成，只要代码有变更，就自动运行构建和测试，并反馈运行结果。持续集成不但能够节省开发人员的时间，避免他们手动集成代码的各种变更，还能提高软件本身的可靠性。有时也将持续集成称为持续构建。

> **小贴士**　现代软件开发过程中要实现高效的团队协作，就需要使用代码管理系统实现代码的共享、追溯、回滚及维护等功能。代码管理工具使用代码分支标记特定代码的提交，这在实际开发中非常重要。软件项目创建时的默认分支是 main（或 master），也就是代码主干，一般不用于开发，而是保留当前线上发布的版本。开发分支、预发布分支、需求分支、测试分支等都由开发团队根据项目和需求进行约定。例如，采用简单分支管理流程，在开发完成后，将开发分支合并到预发布分支上，代码发布上线后，再把预发布分支合并到代码主干上。

持续交付是指在持续集成的基础上，将集成后的代码部署到更贴近真实运行环境的类生产环境（Production-like Environment）中。如果代码没有问题，就可以将其部署到生产环境中。它要实现的目标是不管软件如何更新，都可以随时随地交付使用。

持续部署表示通过自动化的构建、测试和部署循环来快速交付高质量的软件产品。它要实现的目标是代码在任何时刻都是可部署的，可以进入生产阶段。持续部署意味着所有流程都是自动化的，在没有人为干预的情况下，通过单次提交触发自动化工作流，并最终将生产环境更新为最新版本。

前面在 Kubernetes 中手动部署开发的应用程序就涉及这些流程，最后的步骤属于 CD 流程，其他的步骤都属于 CI 流程。

将 Kubernetes 和 CI/CD 结合起来，为云原生应用程序实施 CI/CD 可使软件产品交付周期更短，同时简化了开发和部署工作流。CI/CD 工作流对于自动构建、测试和部署云原生应用程序非常重要,可以充分利用云计算服务和功能,如容器化、无服务器,以及实施多云基础架构、支持整个软件开发生命周期的云服务。

9.2.3　CI/CD 的主要工具

企业用户常用的 CI/CD 工具如下。

1. Jenkins

实施 CI/CD 首先需要选择合适的持续集成工具。Jenkins 是 CI/CD 领域使用最为广泛的开源项目之一,旨在让开发人员从繁杂的集成业务中解脱出来,专注于更为重要的业务逻辑实现。

作为基于 Java 开发的持续集成工具,Jenkins 生态系统中提供了上千个插件来支持构建、部署、自动化,能够高度定制以满足不同场合的 CI/CD 需求。Jenkins 还具有易于安装、配置简单、分布式构建等优点。

Jenkins 是可扩展的自动化服务器,既可以用作简单的持续集成服务器,又可以成为任何项目的持续交付中心,也特别适合较大规模的企业用户使用。

可以将 Jenkins 与 Docker、Kubernetes 结合起来建立 CI/CD 平台,用于实现云原生应用程序的自动化构建、发布和部署。

2. GitLab

实施 CI/CD 离不开代码管理系统的支持。GitLab 是一个代码仓库管理工具项目,提供了一套用于管理软件开发生命周期的工具,可以用来构建、运行、测试和部署代码。它还支持用户在虚拟机、容器或其他服务器中构建作业。

3. Harbor

由于基于 Kubernetes 实施云原生应用的 CI/CD 需要构建和部署的是容器化应用程序,并涉及 Docker 镜像的制作和分发,因此还需要 Docker 注册中心提供镜像仓库服务。企业用户通常选择开源项目 Harbor 建立自己的镜像注册中心。

小贴士　微软、亚马逊、谷歌等主要云提供商也提供 CI/CD 工具。国内的华为云、阿里云、腾讯云等在提供 CI/CD 工具的同时,还支持完善的持续云交付服务。

9.2.4　CI/CD 平台的组建思路

云原生应用程序的 CI/CD 平台的组建有多种解决方案,这里选择常用的开源解决方案:组合使用 Jenkins、GitLab、Harbor 和 Kubernetes 组建 CI/CD 平台,实施云原生应用程序的自动化构建、发布和部署的工作流,如图 9-6 所示。

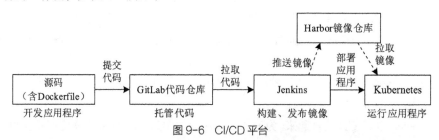

图 9-6　CI/CD 平台

云原生应用程序的 CI/CD 平台的组建思路如下。

（1）基于代码仓库托管项目源码部署 GitLab 服务器，将包含 Dockerfile、YAML 配置文件的项目源码提交给该仓库。代码仓库是 CI/CD 平台的基本要素之一，还可以改用其他开源代码托管平台。

（2）使用 Harbor 搭建企业 Docker 注册中心来托管镜像。Docker 镜像的存储和分发离不开 Docker 注册中心，也可以改用 Docker Hub 或其他第三方注册中心。

（3）部署 Jenkins 服务器实施持续集成、持续交付和持续部署流程，在 Jenkins 项目中完成镜像的构建、发布和云原生应用程序的部署。

（4）部署 Kubernetes 集群运行云原生应用程序。Kubernetes 可以作为测试环境或生产环境，基于镜像运行应用程序。

（5）通过 GitLab 代码仓库的变更触发 Jenkins 项目的自动化构建和部署。

任务实现

任务 9.2.1　规划 CI/CD 平台

编者选择 GitLab、Jenkins、Harbor 和 Kubernetes 的组合来搭建云原生应用程序的 CI/CD 平台。这是一种企业常用的开源解决方案，其中，GitLab 用于托管源码并控制版本，源码是应用程序发布的基础和源头；Jenkins 作为核心的 CI/CD 工具，主导和协调整个 DevOps 业务；Harbor 用于存储和发布镜像，Kubernetes 集群中的应用程序都是以镜像为基准发布的；Kubernetes 集群用于实际部署和运行应用程序。

GitLab、Jenkins、Harbor 等组件都可以在 Kubernetes 集群中安装与部署，但是在实际应用中通常不采用这种方案，而是将这些组件分别部署在不同的主机上运行。Kubernetes 集群可以自己搭建，也可以使用付费的 Kubernetes 云服务。

为简化实验，这里将 GitLab、Jenkins、Harbor 部署在同一台主机上，即项目1搭建的 Docker 主机（主机名为 docker_dev）；Kubernetes 直接使用前面使用 kubeadm 工具搭建的三节点集群（主机名分别为 master01、node01 和 node02）。前面已经部署了 Harbor 和 Kubernetes，并在 Kubernetes 集群中实现了对接 Harbor 的 containerd 配置。接下来主要部署 GitLab 和 Jenkins，以完成 CI/CD 平台的整体搭建。

任务 9.2.2　部署 GitLab 服务器

GitLab 使用 Git 工具作为代码管理客户端，并且提供 Web 服务。

1. 安装 GitLab 服务器

在 docker_dev 主机上搭建 GitLab 服务器。GitLab 要求主机内存不低于 4GB，本例使用的是 VMware WorkStation 虚拟机，建议将内存提升到 8GB。针对 CentOS Stream 8 操作系统的 GitLab 的安装步骤如下。

（1）执行以下命令安装所需的依赖包。

```
[root@docker_dev ~]# yum install -y policycoreutils-python openssh-server
```

CentOS Stream 8 操作系统没有提供 policycoreutils-python 软件源，报错时可以忽略。

微课

05. 安装 GitLab 服务器

（2）下载 GitLab 安装包（本例使用的是 gitlab-ce-15.0.0 版本）。

```
[root@docker_dev ~]# wget --content-disposition https://packages.gitlab.com/
gitlab/gitlab-ce/packages/el/8/gitlab-ce-15.0.0-ce.0.el8.x86_64.rpm/download.rpm
```

（3）执行以下命令安装 GitLab。

```
[root@docker_dev ~]# rpm -Uvh gitlab-ce-15.0.0-ce.0.el8.x86_64.rpm
```

安装完毕会提示在配置文件 /etc/gitlab/gitlab.rb 中将 external_url 字段值更改为 GitLab 服务器的域名或 IP 地址。

（4）根据上述提示修改配置文件 /etc/gitlab/gitlab.rb，本例中 external_url 字段值设置如下。

```
external_url 'http://gitlab.abc.com'
```

（5）执行以下命令重新加载配置文件。

```
[root@docker_dev ~]# gitlab-ctl reconfigure
```

该命令执行过程中会提示初始的管理员账户及其密码存储在 /etc/gitlab/initial_root_password 文件中，密码 24 小时之后会失效。

（6）GitLab 提供的 Web 服务默认使用 80 端口，打开浏览器访问网址 http://gitlab.abc.com 即可进入 GitLab 登录界面。如果提示 502 错误则需要等待一会，一般是因为启动较慢。以 root 用户身份登录，其默认密码位于 /etc/gitlab/initial_root_password 文件中。

（7）成功登录之后，建议修改管理员（root 用户账户）密码。具体方法是单击右上角的 "Administrator" 按钮，从弹出的下拉列表中选择 "Preferences" 选项打开用户设置界面，单击 "Password" 按钮进入相应的界面修改密码。

GitLab 服务的基本管理操作命令如下。

- gitlab-ctl start：启动所有 GitLab 组件。
- gitlab-ctl stop：停止所有 GitLab 组件。
- gitlab-ctl restart：重启所有 GitLab 组件。
- gitlab-ctl status：查看服务状态。
- systemctl enable gitlab-runsvdir.service：开机启动 GitLab 服务。
- systemctl disable gitlab-runsvdir.service：禁止开机自启动 GitLab 服务。

2. 创建测试用的项目

微课
06. 在 GitLab 服务器上创建项目

电子活页
09.03 解决 GitLab 初始密码失效的问题

接下来在 GitLab 服务器上创建项目（代码仓库）以托管自己的代码，通常分组管理项目。

（1）创建一个组。单击 "Menu" 按钮，从弹出的下拉列表中选择 "Groups" → "Create group" 选项，出现图 9-7 所示的界面，在 "Group name" 文本框中输入组名称（本例为 k8s），在 "Group URL" 文本框中输入组 URL 地址（本例为 http://gitlab.abc.com/k8s），其他选项保持默认设置（类型为 Private，表示仅能由注册用户使用），单击 "Create group" 按钮（图 9-7 中未显示）完成组的创建。

（2）组创建成功之后，进入该组的基本信息界面，单击 "New project" 按钮出现 "Create new project" 界面。

（3）单击 "Create blank project" 按钮，出现图 9-8 所示的界面，输入项目名称（本例为

spring-boot-demo），其他选项保持默认设置，单击"Create project"按钮完成项目的创建。一个项目就是一个代码仓库。

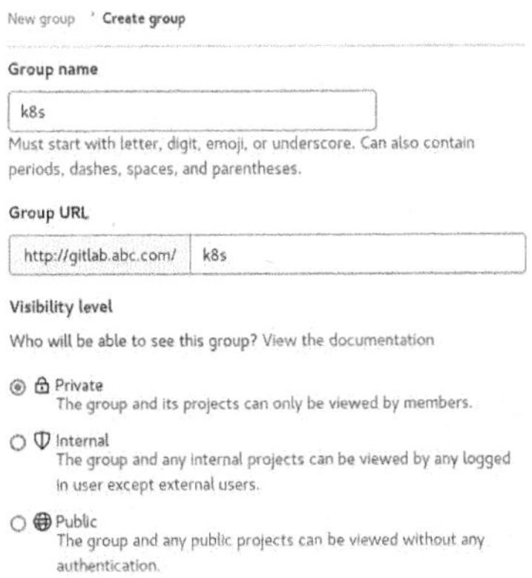

图9-7　创建组（仅显示部分界面） 　　　　图9-8　创建项目（代码仓库）

（4）项目创建成功后会显示相关的详细信息，除了项目的文件列表外，还会给出 Git 操作的代码仓库地址信息，如图9-9所示。

图9-9　新建项目的详细信息

用户的本地 Git 仓库和 GitLab 仓库之间的传输通过 SSH 加密，需要设置 SSH 密钥。由于首次使用 GitLab 服务器，没有设置 SSH 密钥，项目详细信息界面的顶端会给出相应的提示信息（参见图9-9）。

（5）单击其中的"Add SSH key"按钮打开图9-10所示的界面，将复制的公钥信息粘贴到"Key"文本框中，并单击"Add key"按钮完成 SSH 密钥的添加。

本例中 docker_dev 主机可以作为 Git 客户端，确保已经创建自己的 SSH 密钥，在用户 root 主目录里找到 .ssh 目录，可以打开 id_rsa.pub 文件并复制其中的公钥信息。

在用户主目录下查看是否有一个 .ssh 目录（隐藏目录）。如果有，再查看这个目录下有没有 id_rsa（存放私钥）和 id_rsa.pub（存放公钥）这两个文件。如果没有以上目录和文件，则可以在

CLI 中执行 ssh-keygen -t rsa -C k8s@abc.com 命令来创建 SSH 密钥，采用默认设置即可，无须设置密码。

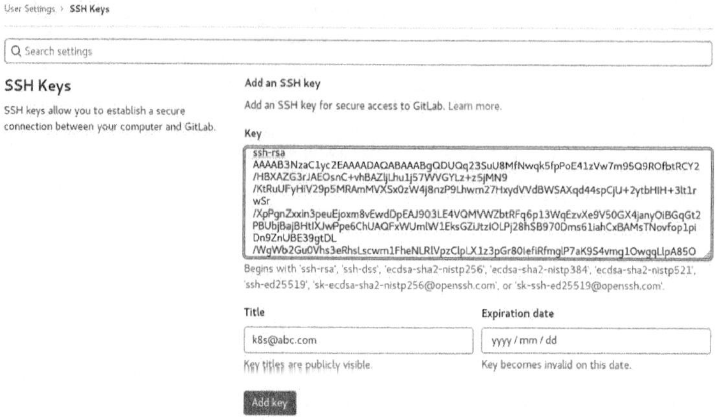

图 9-10 添加 SSH 密钥

微课

07. 将项目源码
提交到代码仓库

3. 将项目源码提交到代码仓库

接下来测试使用 Git 客户端提交源码。

（1）确保安装有 Git 客户端，如果没有则需要执行 yum install git 命令进行安装。还需要进一步设置 Git 客户端的用户名和邮件账户，本例执行下列命令完成此项工作。

```
[root@docker_dev ~]# git config --global user.name "gly"
[root@docker_dev ~]# git config --global user.email "k8s@abc.com"
```

（2）将 GitLab 服务器上的 spring-boot-demo 代码仓库克隆到本地。

```
[root@docker_dev ~]# git clone git@gitlab.abc.com:k8s/spring-boot-demo.git
```

目前该代码仓库是空的，只有一个默认的 README.md 文件。

（3）将当前目录切换到本地仓库目录。

```
[root@docker_dev ~]# cd spring-boot-demo
```

（4）沿用任务 9.1.3 所用的 Spring Boot 演示项目文件，将它们复制到本地仓库目录。

```
[root@docker_dev spring-boot-demo]# cp -r /dev-app/09/spring-boot-demo/* .
cp：是否覆盖'./README.md'？ y
```

（5）将该目录中的源文件添加到本地仓库。

```
[root@docker_dev spring-boot-demo]# git add .
```

（6）将源文件提交到本地仓库，使用 -m 选项指定备注信息。

```
[root@docker_dev spring-boot-demo]# git commit  -m "1st commit"
```

（7）将本地仓库中的所有内容推送到远程仓库。

```
[root@docker_dev spring-boot-demo]# git push  origin main
...
To gitlab.abc.com:k8s/spring-boot-demo.git
   3ae7d2c..4eb5178  main -> main
```

一直以来业界使用 master 一词来表示代码仓库的主要版本。从 2020 年 9 月起源码托管平台 Github 上创建的所有新的代码仓库都将被命名为 main 而不是 master，旨在删除不必要的"奴隶制"相关术语,并使用更具包容性的术语取代。随后开源的 GitLab 也跟进,改用 main 表示主分支。

（8）查看 GitLab 服务器上的 spring-boot-demo 代码仓库的内容，可以发现已经更新。

任务 9.2.3　部署 Jenkins 服务器

就本地安装而言，Jenkins 可以在 Linux、macOS 和 Windows 等操作系统上安装，也可以作为 Docker 容器运行。如果作为容器运行，要求硬盘空间不低于 10GB。Jenkins 运行要求使用 Java 8 或更高版本（JRE 或 JDK）。为便于实验，这里在 docker_dev 主机上以 Docker 容器形式运行 Jenkins 服务器。

1. 安装 Jenkins

这里选择长期提供支持的 jenkins/jenkins:lts 镜像来运行 Jenkins 容器。用户也可以考虑选用 jenkinsci/blueocean，以免单独安装 Blue Ocean 插件。Blue Ocean 是 Jenkins 推出的一个插件，其目的就是降低程序员工作流程的复杂度和提升工作流程的清晰度。

微课

08. 部署 Jenkins 服务器

打开终端窗口，执行以下命令运行 Jenkins 容器。

```
[root@docker_dev ~]# docker run --restart always -u root --privileged -d  -p
8999:8080 -p 50000:50000 --name jenkins   -v /var/jenkins_home:/var/jenkins_home
-v /var/run/docker.sock:/var/run/docker.sock  -v /usr/bin/docker:/usr/bin/docker
jenkins/jenkins:lts
```

--restart 选项用于设置容器随主机启动自动重启。

-u root 选项表示以 root 用户身份运行容器，--privileged 表示启用 root 特权，两者结合起来容器就具有最高权限，可以启用 root 特权进入 Docker 并进行控制。

第 1 个 -p 选项设置 Jenkins 服务器的 Web 访问端口（容器的端口 8080 映射到主机上的端口 8999）；第 2 个 -p 选项设置基于 Java 网络启动协议（Java Network Launching Protocol，JNLP）的 Jenkins 代理的端口，从节点通过该端口与 Jenkins 主节点进行通信（容器的端口 50000 映射到主机上的端口 50000）。

第 1 个 -v 选项表示将容器中的 /var/jenkins_home 目录映射到主机上的 /var/jenkins_home 目录，用于存放 Jenkins 服务器数据以保持 Jenkins 的当前状态。

第 2 个 -v 选项表示容器绑定主机上挂载的 /var/run/docker.sock 文件到容器的 /var/run/docker.sock 文件，让容器中的进程可以在容器中与 Docker 守护进程通信，达到在容器中操作主机上的 Docker 的目的，这就是 "Docker in Docker" 技术。Jenkins 服务器作为容器运行，它本身还要运行容器，因此需要拥有管理容器的能力，也就是需要绑定挂载 /var/run/docker.sock 文件。

第 3 个 -v 选项表示容器可以调用主机上的 docker 命令，因为 Jenkins 容器需要使用 docker 命令来构建和管理镜像。

本例还使用 --name 选项将该容器命名为 jenkins。本例安装的是 Jenkins 2.387.3，读者可以根据需求安装不同的版本，以容器形式安装时加上版本号，如 jenkins/jenkins: 2.387.3-lts，不同版本的界面略有差别。

2. 运行 Jenkins 安装向导执行一次性初始化操作

（1）进入入门界面解锁 Jenkins。首次访问 Jenkins 时要求使用自动生成的密码对其进行解锁。在浏览器中访问 http://jenkins.abc.com:8999 会出现"解锁 Jenkins"界面。

（2）打开主机上的密码文件（"解锁 Jenkins"界面中会给出密码文件路径），并从中复制自动生成的初始管理员密码。

（3）如图 9-11 所示，在"解锁 Jenkins"界面中将该密码粘贴到"管理员密码"文本框中并单击"继续"按钮（此处的操作界面截图中未包括该按钮）。

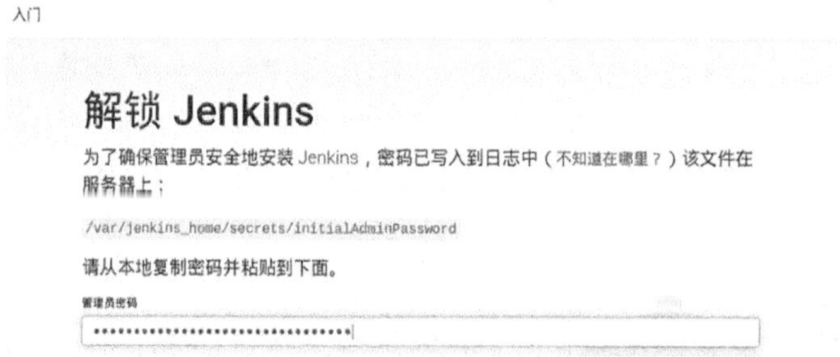

入门

解锁 Jenkins

为了确保管理员安全地安装 Jenkins，密码已写入到日志中（不知道在哪里？）该文件在服务器上：

/var/jenkins_home/secrets/initialAdminPassword

请从本地复制密码并粘贴到下面。

管理员密码

●●●●●●●●●●●●●●●●●●●●●●●●●●●●●●●●●

图 9-11 "解锁 Jenkins"界面

（4）使用插件自定义 Jenkins。完成 Jenkins 的解锁之后，出现"自定义 Jenkins"界面，单击"安装推荐的插件"按钮。

如图 9-12 所示，安装向导会显示正在配置的 Jenkins 的进程，以及推荐安装的插件，这个过程需要花费一些时间，具体取决于当前网络状况。

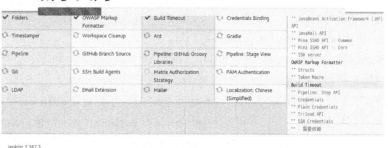

图 9-12 安装推荐的 Jenkins 插件

（5）创建管理员用户。完成自定义 Jenkins 后，出现"创建第一个管理员"界面，在相应的文本框中设置用户详细消息，注意必须提供电子邮件地址，单击"保存并完成"按钮（本例创建的用户名为 gly）。

（6）出现"实例配置"界面，给出 Jenkins 的 URL 地址（根地址），本例中为 http://jenkins.abc.com:8999/，单击"保存并完成"按钮。

（7）出现"Jenkins 已就绪"界面时，单击"开始使用 Jenkins"按钮。如果该界面在 1 分钟后没有自动刷新，则使用 Web 浏览器手动刷新。

（8）根据需要登录 Jenkins 服务器，登录成功之后就可以开始使用 Jenkins 了。

（9）查看 Jenkins 容器的 JDK 和 Docker 环境。

执行以下操作进入名为 jenkins 的 Jenkins 容器内部，可以查看 JDK 和 Docker 的版本信息，可以发现该容器运行有 Java 编译环境和 Docker。

```
[root@docker_dev ~]# docker exec -it jenkins bash
root@80517f496b4f:/# javac -version
javac 11.0.19
root@80517f496b4f:/# docker --version
Docker version 24.0.1, build 6802122
```

其中，Docker 运行的是主机上的 Docker，这里采用的是"Docker in Docker"技术。

3. 安装必要的 Jenkins 插件

运行 Jenkins 安装向导时已经安装了推荐的插件，要完成本项目的 CI/CD
任务还需要安装 GitLab 等相关插件。

微课

09. 安装 Jenkins
插件

（1）通过浏览器打开 Jenkins 的 Dashboard 界面，单击左侧的"系统管理"按钮，
再单击"插件管理"按钮，打开图 9-13 所示的 Jenkins 插件管理界面。

图 9-13 Jenkins 插件管理界面

接下来以 GitLab 插件为例示范插件的安装，该插件让 GitLab 触发 Jenkins 构建并在 GitLab
界面中显示构建结果。

（2）单击"Availabe plugins"按钮查看可安装的插件列表，在搜索框中输入"GitLab"，如
图 9-14 所示，从插件列表中勾选"GitLab"复选框，单击"Install without restart"按钮。

图 9-14 安装 GitLab 插件

此界面中有两个插件安装按钮。单击"Install without restart"按钮会立刻安装并且可以选择

项目9 持续集成和持续部署

277

是否自动重启，Jenkins 会立即感知到所安装的插件；单击 "Download now and install after restart"
按钮则立刻安装但稍后重启，需要手动重启 Jenkins 之后 Jenkins 才能感知到所安装的插件（有些
新版本的 Jenkins 不需要重启也能感知到所安装的插件）。

（3）出现图 9-15 所示的界面，显示插件的安装进度。当插件的安装状态都显示为 "Success"
时，说明已经成功安装。

有些情况比较特殊，由于所依赖的插件版本升级需要重启 Jenkins 后才能生效，插件安装后
本身处于失败状态，重启 Jenkins 即可解决。

图 9-15　Jenkins 的插件安装状态

（4）执行 docker restart jenkins 命令重启 Jenkins。

重新登录 Jenkins 之后，单击 "Installed plugins" 按钮查看已安装的插件列表，在搜索框中输
入 "GitLab"，可以发现 GitLab 已成功安装，如图 9-16 所示。

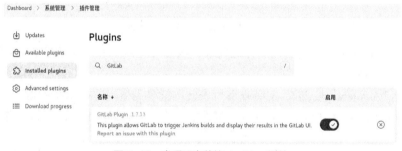

图 9-16　查看已安装的 Jenkins 插件

多数插件可以通过"启用"按钮来启用或禁用。单击⊗按钮则可以卸载该插件，有些插件
的卸载需要重启 Jenkins 之后才能生效。

（5）结合本项目实施的需要，确认安装表 9-1 中所列的 Jenkins 插件。

表9-1　本项目所需的插件

插件名称	说明
Git	将 Git 与 Jenkins 集成
Git Parameter	实现参数化构建，提供从项目中配置的 Git 仓库中选择分支、标签或版本的能力
Git Pipeline for Blue Ocean	用于 Blue Ocean 的 Git SCM（源码管理）流水线创建
GitLab	让 GitLab 触发 Jenkins 构建并在 GitLab 用户界面中显示其结果
Blue Ocean	Blue Ocean 聚合器

续表

插件名称	说明
Blue Ocean Pipeline Editor	在 Jenkins 中创建流水线的编辑器
Dashboard for Blue Ocean	Blue Ocean 仪表板
Build With Parameters	允许用户在 URL 中提供构建参数，在触发任务之前提示确认
Pipeline	实现自动化任务编排的流水线
Pipeline: Declarative	声明式流水线
Kubernetes	将 Kubernetes 与 Jenkins 集成
Kubernetes CLI	配置用于 Kubernetes 的 kubectl
Kubernetes Credentials	通用类型的 Kubernetes 凭据
Credentials Binding	允许将凭据绑定到环境变量，以便在其他生成步骤中使用
Maven Integration	提供 Jenkins 和 Maven 之间的深度集成
SSH	通过 SSH 协议远程执行 Shell 命令
Publish Over SSH	通过 SSH 协议发送已构建的制品

279

任务 9.2.4　通过 Jenkins 集中管理凭据

实施 CI/CD 任务会涉及 GitLab、Jenkins、Harbor 和 Kubernetes 等不同服务组件的账户、密码、证书、公钥、私钥等凭据（Credential，又译为凭证），这些凭据可以由 Jenkins 集中管理。Credentials 插件提供了对凭据的创建和管理机制，同时也为其他插件提供了用于存储和访问凭据的 API。下面将本项目所需的重要凭据添加到 Jenkins 中统一管理和使用。

1. 添加用于 GitLab 的凭据

Jenkins 服务器作为 Git 客户端，从 GitLab 服务器上托管的代码仓库中拉取源码时需要提供相应的凭据。

（1）在 Jenkins 的 Dashboard 界面中单击左侧的"系统管理"按钮，再单击"Credentials"按钮，进入凭据管理界面。

（2）单击"Stores scoped to Jenkins"区域列表中"域"列中的"全局"（global），显示"全局凭据（unrestricted）"列表。

微课

10. 通过 Jenkins 集中管理凭据

（3）单击右上角的"Add Credentials"按钮，添加用于 GitLab 的凭据。如图 9-17 所示，从"类型"下拉列表中选择"SSH Username with private key"，表示使用私钥的 SSH 用户账户；在"ID"文本框中设置凭据 ID；在"描述"文本框中输入说明信息；在"Username"文本框中输入用户名（可以是任意值）；在"Private Key"区域选中"Enter directly"单选按钮，并在"Key"文本框中粘贴相应的私钥信息，然后单击"Create"按钮完成该凭据的添加。

小贴士

本例凭据要用于 GitLab，需要与前面设置的 GitLab 的 SSH 密钥相对应。只是 GitLab 的 SSH 密钥设置的是公钥，这里需要设置对应的私钥。本例从 docker_dev 主机上 root 用户主目录里找到 .ssh 子目录，从 id_rsa 文件（用于存储私钥）中获取私钥信息。

2. 添加用于 Harbor 的凭据

Jenkins 服务器将构建的镜像上传到 Harbor 镜像仓库，需要提供相应的凭据，可以通过 Jenkins 管理 Harbor 的用户名和密码。

在"全局凭据（unrestricted）"列表中单击右上角的"Add Credentials"按钮，添加用于 Harbor 的凭据。如图 9-18 所示，从"类型"下拉列表中选择"Username with password"，表示使用用户名和账户；在"ID"文本框中设置凭据 ID；在"用户名"和"密码"文本框中分别输入 Harbor 用户名和密码，然后单击"Create"按钮完成该凭据的添加。

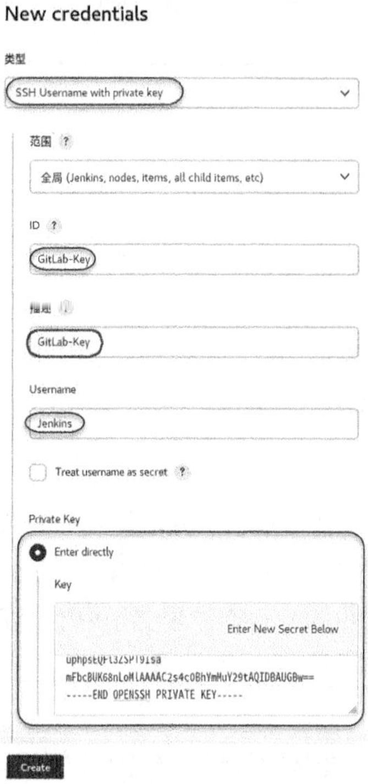

图 9-17　添加用于 GitLab 的凭据 　　　　图 9-18　添加用于 Harbor 的凭据

3. 添加用于 Kubernetes 的凭据

安装在 Kubernetes 控制平面节点的 kubectl 是操作 Kubernetes 集群的命令行工具，该命令可以通过 kubeconfig 文件进行认证。如果 Jenkins 使用 Kubernetes 插件操作集群，则可以将该文件作为凭据添加到 Jenkins 中使用。该文件位于控制平面节点主机的 ~/.kube 目录中，本例中该文件为 /root/.kube/config。

为简化操作，转到 master01 主机上进行操作。通过浏览器登录 Jenkins，打开"全局凭据（unrestricted）"列表，单击右上角的"Add Credentials"按钮，添加用于 Kubernetes 的凭据。如图 9-19 所示，从"类型"下拉列表中选择"Secret file"，表示使用加密文件；在"ID"文本框中设置凭据 ID；在"File"区域单击"浏览"按钮打开"文件上传"对话框，选定 /root/.kube/config 文件并上传，然后单击"Create"按钮完成该凭据的添加。

4. 集中管理凭据

完成上述操作之后，这些凭据出现在"全局凭据（unrestricted）"列表中，如图 9-20 所示，可以根据需要进一步添加凭据，以及更改、删除现有的凭据。后面将在任务中使用这些凭据。

图 9-19　添加用于 Kubernetes 的凭据

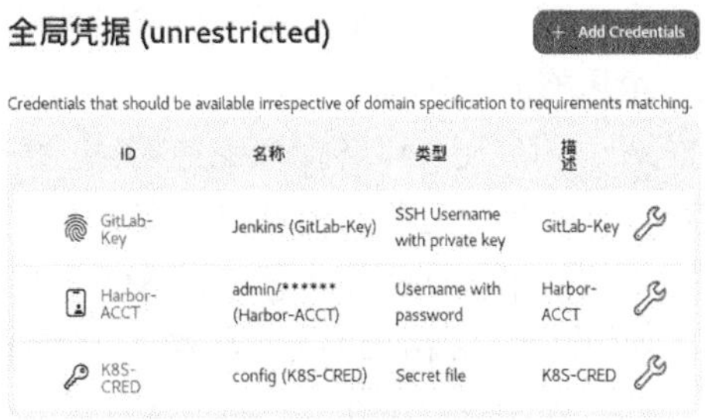

图 9-20　凭据列表

任务 9.3　使用 Jenkins 的 Maven 项目实施 CI/CD

任务要求

在前面搭建的 CI/CD 平台中，Jenkins 处于核心地位。就运维人员来说，掌握 Jenkins 的配置和使用非常关键。Jenkins 提供不同的项目类型来满足 CI/CD 实施的需求。本任务针对前面的 Spring Boot 演示项目，在 Jenkins 中选择 Maven 项目类型基于 Kubernetes 实施 CI/CD。Maven 项目类型为 Java 应用程序的构建提供了向导，适合 CI/CD 入门学习。本任务的基本要求如下。

（1）了解 Jenkins 的项目类型。

（2）了解 Maven 项目的 CI/CD 流程。

（3）学会通过 Maven 项目实施 Java 应用程序的 CI/CD。

（4）掌握软件项目的自动化构建和部署方法。

相关知识

9.3.1　Jenkins 的项目类型

早在容器技术和 Kubernetes 出现之前，Jenkins 就已成为主流的 CI/CD 服务器。Jenkins 以自动化的方式构建应用程序，通常使用 Maven 构建 Java 应用程序，使用 npm 构建 Node.js 应用程序，使用 PyInstaller 构建 Python 应用程序。Jenkins 根据不同的软件项目需求对项目（任务）类型进行了分类，比较常用的有以下 3 种。

1. 自由风格（FreeStyle）的项目

选用此类项目，Jenkins 可以结合任何源码管理（Source Control Management，SCM）系统和任何构建系统来构建软件项目，甚至还可以构建软件以外的系统。

2. Maven 项目

此类项目是专门针对 Java 应用程序构建的，需要在 Jenkins 中安装 Maven 插件。

3. 流水线（Pipeline）项目

Jenkins 的流水线（Pipeline，也译为管道）是一套插件，支持在 Jenkins 中实现和集成 CI/CD 流水线。流水线实际上就是工作流。流水线项目使用专门的代码来定义构建项目的过程，具有极强的灵活性和可定制性，更适合用来构建非常复杂的项目。流水线项目理论上可以增加或者定制难以采用自由风格的任何项目。

除此之外，用户还可以选择多配置项目、多分支流水线项目来构建复杂的应用程序。对于大多数项目类型，项目配置界面上都提供有基本设置、源码管理、构建选项。理论上，不同类型的项目都可以完成应用程序的构建过程，获得构建结果，只是在操作方式、灵活性等方面有所区别。例如，一个使用 Maven 构建 Java 应用程序的项目，采用自由风格或流水线都可以轻松实现，正可谓殊途同归。在实际应用中可以根据软件项目的特点和自己的偏好来选择 Jenkins 项目类型。

9.3.2 Maven 项目的 CI/CD 流程

针对 Kubernetes 的云原生应用程序，Jenkins 的 Maven 项目的 CI/CD 流程如图 9-21 所示。

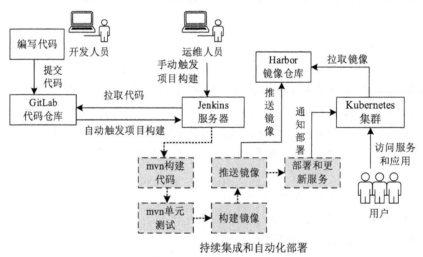

图 9-21　Maven 项目的 CI/CD 流程

开发人员编写 Java 代码，将 Java 代码提交到 GitLab 代码仓库中，Jenkins 通过 GitLab 拉取这些代码。运维人员（也可以是开发人员）通过 Jenkins 手动触发项目构建，或者由 GitLab 仓库代码更新自动触发项目构建，Jenkins 调用 Maven 工具（通常使用 mvn 命令）构建打包，再调用 Docker 构建镜像，最后调用 Shell 命令在 Kubernetes 中远程部署并运行应用程序。

🛠 **任务实现**

微课

11. 准备 Maven
项目的实施环境

任务 9.3.1　准备 Maven 项目的实施环境

任务 9.1.3 手动实施了 Spring Boot 项目的构建和部署，现在要将整个流程交由 Jenkins 自动化实现。Jenkins 要负责更新代码以及打包和发布服务，就必须具有实现这些功能的插件和工具。首先确认 Jenkins 安装了 Maven 项目所需的插件并进行了相应的全局插件配置。

1. 安装必要的 Jenkins 插件

前面以容器形式部署的 Jenkins 服务器上已包含 JDK，且安装有 Maven Integration 和 Git 插件。Maven 项目必须安装 Maven Integration 插件，用于 Java 项目的清理、打包、测试等。此插件提供了 Jenkins 和 Maven 之间的深度集成，增加了对项目之间自动触发的支持。

本例还需安装 Publish Over SSH 插件。该插件通过 SSH 协议发送已构建的制品，可用于向 Kubernetes 控制平面节点主机传送要部署的配置文件，还可以远程执行部署和更新命令。这个插件非常有用，可以定制构建过程中和构建完成之后的许多操作。

2. 配置 Maven 安装选项

本例 Jenkins 中安装有 Maven Integration 插件，但没有提供 Maven 工具，需要安装和配置。

（1）打开 Jenkins 的 Dashboard 界面，单击左侧的"系统管理"按钮，再单击"全局工具配置"按钮，打开全局工具配置界面。

（2）向下移动到"Maven"区域，单击"Maven 安装"按钮。

（3）展开图 9-22 所示的界面，配置 Maven 安装选项，在"Maven Name"文本框中为要安装的 Maven 工具命名，勾选"自动安装"复选框，从"版本"下拉列表中选择合适的版本，本例选择"3.8.7"。

（4）单击界面底部的"保存"按钮保存该设置。

3. 配置 Publish over SSH 选项

将 Kubernetes 控制平面节点主机添加为 SSH 服务器，便于传送 Kubernetes 资源配置文件并远程执行命令，以实现自动化部署或其他操作。重点是设置用于发布资源和执行操作的 SSH 服务器。

（1）打开 Jenkins 的 Dashboard 界面，单击左侧的"系统管理"按钮，再单击"系统配置"按钮，打开"Configure System"界面。

（2）向下移动到"Publish over SSH"区域，配置 Publish over SSH 选项。

（3）在"SSH Servers"区域单击"新增"按钮新增一个 SSH 服务器。

（4）如图 9-23 所示，新增的 SSH 服务器的基本选项配置如下。

图 9-22 配置 Maven 安装选项

图 9-23 配置 SSH 服务器的基本选项

在 "Name" 文本框中为该 SSH 服务器命名，本例为 k8s-master。

在 "Hostname" 文本框中设置该 SSH 服务器的主机名（或 IP 地址），本例为 master01。

在 "Username" 文本框中设置登录 SSH 服务器的账户名，本例为 root。

在 "Remote Directory" 文本框中设置 SSH 服务器中可发布资源的目录，本例为 "/"。

（5）单击 "高级" 按钮，勾选 "Use password authentication, or use a different key" 复选框以支持密码验证，并在 "Passphrase/Password" 文本框中输入访问 SSH 服务器的密码，如图 9-24 所示。

（6）单击 "Test Configuration" 按钮测试 SSH 服务器是否连接，出现 "Success" 表示配置成功，如图 9-25 所示。

图 9-24　配置 SSH 服务器的高级选项　　　　图 9-25　SSH 服务器连接成功

（7）完成上述设置之后，单击该界面底部的 "保存" 按钮保存该设置。

注意，SSH 服务器的连接认证既可以使用密码登录，也可以使用密钥登录。

任务 9.3.2　新建 Maven 项目实施 CI/CD

微课

12. 新建 Maven 项目实施 CI/CD-1

按照 CI/CD 流程，需要从准备源码开始。

1. 准备项目源码

为简化实验，这里沿用任务 9.1.3 中的项目源码，将其复制到 /dev-app/09/maven-demo 目录中。修改其中的 DemoController.java 文件，将其中的 return 语句修改为：

```
return "Hello! Please test maven!\n";
```

将其中用于构建镜像的 Dockerfile 的内容调整为：

```
FROM openjdk:8-jre
ARG app
ADD $app app.jar
ENTRYPOINT ["java","-Djava.security.egd=file:/dev/./urandom","-jar","/app.jar"]
```

另外，将在 Kubernetes 集群中部署应用程序的 spring-boot-demo.yaml 文件（本例位于 master01 主机的 /k8sapp/09 目录）复制到本机的 /dev-app/09/maven-demo 目录中，并更名为 kube.yaml，并将其中容器的镜像语句修改为：

```
image: harbor.abc.com:5000/k8s/spring-boot-demo
```

2. 将项目源码提交到代码仓库

（1）参照任务 9.2.2 中的操作方法，在 GitLab 服务器上的 k8s 组中创建一个名为 maven-demo 的空白项目。

（2）将当前目录切换到用户主目录，并将 GitLab 服务器上的 maven-demo 代码仓库克隆到本地。

```
[root@docker_dev ~]# git clone git@192.168.10.20:k8s/maven-demo.git
```

（3）将当前目录切换到本地仓库目录，将前面准备好的项目文件复制到本地仓库目录。

（4）依次执行以下命令将代码提交到 GitLab 代码仓库。

```
[root@docker_dev maven-demo]# git add .
[root@docker_dev maven-demo]# git commit  -m "test maven"
[root@docker_dev maven-demo]# git push  origin main
```

3. 新建 Maven 项目

在 Jenkins 中通过新建任务向导新建一个 Maven 项目。

（1）打开 Jenkins 的 Dashboard 界面，单击左侧的"新建任务"按钮，启动新建任务向导。

图 9-26　新建 Maven 项目

（2）在图 9-26 所示的界面中，首先为新建的任务设置一个名称（本例为 maven-demo），然后单击"构建一个 maven 项目"按钮，最后单击界面底部的"确定"按钮，创建一个 Maven 项目。

（3）出现项目设置界面，切换到"源码管理"界面，设置源码管理选项。如图 9-27 所示，选中"Git"单选按钮，在"Repository URL"文本框中设置 GitLab 代码仓库的地址；默认未提供凭据，所以会显示红色的警告信息，从"Credentials"下拉列表中选择之前设置的用于 GitLab 的凭据"Jenkins(GitLab-Key)"，再单击右侧的"添加"按钮即可提供该凭据，这样警告信息就不见了；向下移动到"Branches to build"区域，将"指定分支"文本框中的"*/master"改为"*/main"，如图 9-28 所示。

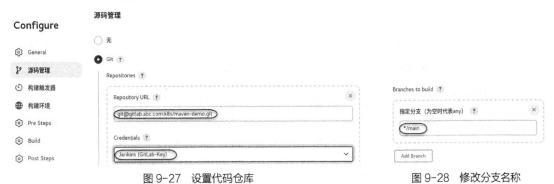

图 9-27　设置代码仓库　　　　　　　　　图 9-28　修改分支名称

（4）切换到"Build"界面，设置构建选项。如图 9-29 所示，在"Goals and options"文本框中输入"clean package"。这表示在构建过程中执行 mvn clean package 命令。

对生成的 JAR 包还需做进一步的处理，首先要将 JAR 包构建成 Docker 镜像并推送到镜像仓库。

本例环境中使用域名或主机名访问各服务器，Jenkins 以容器形式运行，如果没有提供名称解析，则会出现问题。例如，此处会出现无法连接仓库的问题，提示"stderr: ssh: Could not resolve hostname gitlab.abc.com: Name or service not known"。解决此问题的方法是，打开终端窗口，先停止 Jenkins 容器的运行并删除该容器，然后参照任务 9.2.3 安装 Jenkins 的方法，执行运行 Jenkins 容器的命令时再加上 -v /etc/hosts:/etc/hosts 选项，通过挂载主机的 /etc/hosts 文件实现名称解析。连接 GitLab 代码仓库时如果出现"stderr: Host key verification failed."这样的错误提示，则表明 GitLab 服务器未加入 Jenkins 容器的 ~ /.ssh/known_hosts 文件中。此问题最简单的解决方法是，打开 Jenkins 的系统管理界面，再单击"全局安全配置"按钮，向下移动到"Git Host Key Verification Configuration"区域，从"Host Key Verification Strategy"下拉列表中选择"No verification"，单击"保存"按钮。

（5）切换到"Post Steps"界面，设置构建之后的操作步骤。如图 9-30 所示，保持选中"Run regardless of build result"单选按钮，单击"Add post-build step"按钮，从下拉列表中选择"执行 shell"。

Build

Root POM ?

pom.xml

Goals and options ?

clean package

图 9-29　设置构建选项

Post Steps

○ Run only if build succeeds

○ Run only if build succeeds or is unstable

◉ Run regardless of build result

Should the post-build steps run only for successful builds, etc.

Add post-build step ▲

Filter

Execute shell script on remote host using ssh
Invoke Ant
Invoke Gradle script
Run with timeout
Send files or execute commands over SSH
Set build status to "pending" on GitHub commit
执行 Windows 批处理命令
执行 shell
调用顶层 Maven 目标

图 9-30　添加构建之后的操作步骤

如图 9-31 所示，在展开的文本区中输入以下 Shell 脚本。

```
#!/bin/bash
set -e
# 主要变量
jarName=spring-boot-demo-0.0.1-SNAPSHOT.jar
jarFolder=spring-boot-demo
projectName=spring-boot-demo
dockerPath=${WORKSPACE}
cp ${WORKSPACE}/target/${jarName} ${dockerPath}
appName=$jarName
# Harbor 认证用户
userName=admin
```

```
password=Harbor12345
# Harbor 地址以及标签
tag=$(date +%s)
harborSrv=harbor.abc.com:5000
harborPro=k8s
tagetImage=${projectName}:${tag}
echo ${tagetImage}
# 登录 Docker
docker login ${harborSrv} -u ${userName} -p ${password}
# 生成镜像并推送到 Harbor，最后删除本地镜像
docker build --build-arg app=${appName} -t ${tagetImage} .
docker tag ${tagetImage} ${harborSrv}/${harborPro}/${projectName}
echo "The name of image is ${harborSrv}/${harborPro}/${projectName}"
docker push ${harborSrv}/${harborPro}/${projectName}:latest
docker rmi -f $(docker images|grep ${projectName}|grep ${tag}|awk '{print
$3}'|head -n 1)
```

这些脚本的作用是对 Maven 构建产生的 JAR 包再构建得到 Docker 镜像，然后推送到 Harbor 镜像仓库，最后删除本地生成的镜像文件。

（6）单击 "Add post-build step" 按钮，从下拉列表中选择 "Send files or execute commands over SSH"，在展开的区域中设置关于 SSH 服务器的选项，如图 9-32 所示。

图 9-31　输入要执行的 Shell 脚本

图 9-32　设置 SSH 服务器的选项

从 "Name" 下拉列表中选择前面配置好的 SSH 服务器，本例为 k8s-master。

在 "Transfers" 区域定义传输设置，这里在 "Source files" 文本框中设置需要部署到目标服务器的源文件路径（"**/" 表示项目的所有目录及其子目录）；在 "Remote directory" 文本框中设置要发送到的远程服务器的目标目录路径；在 "Exec command" 文本框中设置目标文件发送完成后需要执行的操作命令，这里输入的要执行的命令如下：

```
cd /spring-boot-demo
kubectl apply -f kube.yaml
```

```
kubectl delete -f kube.yaml && kubectl apply -f kube.yaml
```

这些命令将在完成构建之后并将目标文件部署到远程主机上再执行。第 3 条命令是保证重新构建之后使用新的镜像运行服务，因为本例每次生成的 Docker 镜像标签始终是默认的 latest，不会自动改变，这个问题后面会加以改进。

然后将 Kubernetes 资源配置文件 kube.yaml 远程传输到 Kubernetes 集群中进行部署。

（7）单击"保存"按钮保存项目设置，显示该项目的基本信息界面。

4. 执行项目构建

执行项目构建的步骤如下。

（1）在该项目的基本信息界面中，单击左侧的"立即构建"按钮，将手动开始该项目的构建。本例的第 1 次构建因为 Harbor 服务器不正常，未成功，修复错误后，第 2 次构建成功，如图 9-33 所示。

左下方的构建历史列表（Build History）中显示历次项目构建的条目以及当前正在进行构建的项目进度，其中不同的标记含义不同，蓝色⊙表示正在构建，红色⊗表示构建已经失败，绿色⊘表示构建已经成功。

（2）单击构建历史列表中的序号，出现图 9-34 所示的界面，显示此次项目构建的基本信息。可以发现此次项目构建由用户 gly 启动（手动发起构建）。可以对此次项目构建结果执行进一步操作。

图 9-33　构建项目　　　　　图 9-34　单次项目构建的基本信息

（3）单击"控制台输出"（Console Output），打开相应的控制台输出界面，可查看此次项目构建的过程。下面列出部分内容，编者加上了注释以说明项目构建的操作步骤。

```
# 开始拉取源码
Cloning the remote Git repository
Cloning repository git@gitlab.abc.com:k8s/maven-demo.git
 > git init /var/jenkins_home/workspace/maven-demo # timeout=10
...
Commit message: " test maven "
# 执行 Maven 构建项目
Executing Maven:  -B -f /var/jenkins_home/workspace/maven-demo/pom.xml clean package
...
```

```
# 构建 Docker 镜像并推送到镜像仓库
Sending build context to Docker daemon    35.25MB
...
Successfully tagged spring-boot-demo:1685006233
The name of image is harbor.abc.com:5000/k8s/spring-boot-demo
The push refers to repository [harbor.abc.com:5000/k8s/spring-boot-demo]
...
# SSH 远程传输文件并执行命令
SSH: Connecting with configuration [k8s-master] ...
SSH: EXEC: completed after 602 ms
SSH: Disconnecting configuration [k8s-master] ...
SSH: Transferred 1 file(s)
Finished: SUCCESS
```

（4）登录到 Harbor 查看 k8s 项目中的镜像列表，可以发现构建的镜像已上传到仓库。

（5）转到 master01 主机上执行以下命令在 Kubernetes 中查看正在运行的 Service，会发现名为 sbdemo-svc 的 Service 已经运行；分别测试内部端口和外部端口的访问，结果都正常。

```
[root@master01 ~]# kubectl get svc
NAME          TYPE        CLUSTER-IP      EXTERNAL-IP   PORT(S)          AGE
sbdemo-svc    NodePort    10.96.173.203   <none>        8080:31008/TCP   112s
[root@master01 ~]# curl 10.96.173.203:8080
Hello! Please test maven!
[root@master01 ~]# curl master01:31008
Hello! Please test maven!
```

任务 9.3.3　通过 GitLab 自动触发项目构建和部署

前面采用的是手动构建项目，而 CI/CD 一般要实现自动化构建和部署项目。一个典型的应用场景是，一旦向 GitLab 仓库提交成功的代码发生过变更，GitLab 就会通知 Jenkins 开始构建项目，构建成功后自动部署项目。这个过程一般通过 Webhook（Web 钩子）实现。Webhook 是一种 Web 回调或者 HTTP 的推送 API，是向 App 或者其他应用程序提供实时信息的一种方式。使用 Webhook 需要为它准备一个 URL 用于 Webhook 发送请求。下面在任务 9.3.2 的基础上进一步配置 Jenkins 和 GitLab 来实现这种应用。

1. 配置 Jenkins 构建触发器

配置 Jenkins 构建触发器的步骤如下。

（1）进入上述 Maven 项目的基本信息界面，单击左侧的"配置"按钮，打开该项目的配置界面。

微课

14. 通过 GitLab 自动触发项目构建和部署

（2）切换到"构建触发器"界面，设置构建触发器。如图 9-35 所示，勾选"Build when a change is pushed to GitLab..."复选框，当有改动的代码推送到 GitLab 时就构建；其他选项保持默认设置，其中"Push Events"表示有推送事件时启用 GitLab 触发器。由于安装有"GitLab Hook"插件，这里会自动生成一个回调地址，并在"GitLab webhook URL"处显示。

（3）Jenkins 默认不允许匿名用户触发项目构建，可以通过在 Jenkins 和 GitLab 之间使用密钥令牌（Secret Token）来实现安全验证。上述构建触发器的配置中提供了高级选项，单击"高级"（Advanced）按钮展开其高级设置部分，单击"Generate"按钮，会生成一个密钥令牌，如图 9-36 所示。

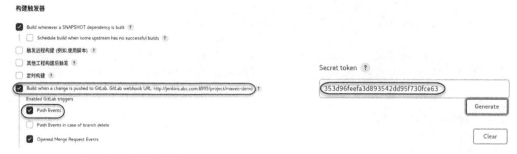

图 9-35 设置构建触发器   图 9-36 生成密钥令牌

（4）复制该令牌和 Webhook URL 地址，单击"保存"按钮保存项目设置的修改。

2. 在 GitLab 服务器上创建 Webhook

在 GitLab 服务器上创建 Webhook 的步骤如下。

（1）安全起见，GitLab 默认不允许向本地网络发送 Webhook 请求。由于本例使用局域网环境进行实验，所以要修改为允许。具体方法是以管理员身份登录 GitLab，单击顶部标题栏中的"Menu"按钮，选择"Admin"进入管理区域（Admin Area），展开左侧的"Settings"项，再单击其中的"Network"项，在右侧的"Outbound requests"区域单击"Expand"按钮（单击该按钮后，按钮变成"Collapse"），勾选"Allow requests to the local network from web hooks and services"复选框，如图 9-37 所示，单击"Save changes"按钮保存设置。

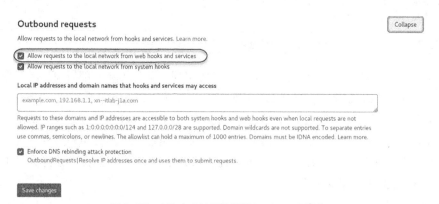

图 9-37 允许向本地网络发送 Webhook 请求

此处如果不修改，添加基于本地网络的 Webhook 时，会出现"GitLab Webhook URL is blocked: Requests to the local network are not allowed"这样的警告信息。

（2）在 GitLab 服务器上打开之前创建的 maven-demo 项目，单击左侧的"Settings"项，再单击该项下面的"Webhooks"项，右侧出现 Webhook 设置界面，如图 9-38 所示，将上述 Jenkins 构建触发器时生成的 GitLab 回调地址（Webhook URL）和密钥令牌分别填入"URL"和"Secret token"文本框中，确保勾选了"Push events"复选框。这里还有很多触发器可选，可以根据实际的应用场景进行选择。

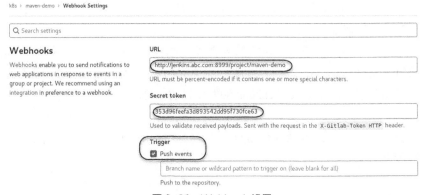

图 9-38　Webhook 设置

（3）单击"Add webhook"按钮新建一个 Webhook，如图 9-39 所示。

3. 测试自动触发项目的构建

在 GitLab 服务器上完成 Webhook 的添加之后，下方就会列出新添加的 Webhook，如图 9-39 所示，单击"Test"按钮，从弹出的下拉列表中选择"Push events"即可测试推送事件触发项目构建，测试成

图 9-39　新建 Webhook

功 GitLab 服务器上该项目的 Webhook 会显示"Hook executed successfully: HTTP 200"的提示，如图 9-40 所示。

切换到 Jenkins 界面，可以发现相应的 Maven 项目已经处于构建状态了，如图 9-41 所示，此次项目构建下方的"Started by GitLab push by Administrator"提示信息表明，构建是由 GitLab 的推送事件发起的。

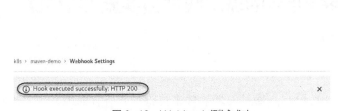

图 9-40　Webhook 测试成功

图 9-41　GitLab 推送事件发起的构建

4. 提交更改的代码自动触发项目的构建和部署

可以重新提交代码到 GitLab 代码仓库进行实际测试，下面进行示范。

（1）在 docker_dev 主机上进入用户主目录下的本地代码目录 maven-demo。

（2）修改 DemoController.java 文件，只需象征性地将其中的 return 语句修改为：

```
return "Hello! Please test autobuild!\n";
```

（3）依次执行以下命令将代码提交到 GitLab 代码仓库。

```
[root@docker_dev maven-demo]# git add .
[root@docker_dev maven-demo]# git commit  -m "test autobuild"
[root@docker_dev maven-demo]# git push  origin main
```

（4）在 Jenkins 上打开该项目的基本信息界面，即可发现已经自动触发该项目的构建。构建过程会利用缓存，所以速度很快。

（5）构建完毕后查看此次项目构建的基本信息，如图 9-42 所示，可以发现"Changes"下面显示代码修改过 1 次，推送到 GitLab 仓库的版本提交说明信息为"test autobuild"，另外"Triggered by GitLab Webhook"表示由 GitLab Webhook 触发项目的构建。

图 9-42　此次自动触发项目构建的基本信息

读者可以根据需要进一步查看控制台的输出，还可以在 Kubernetes 集群中查看正在运行的 Service 并进行访问测试。

任务 9.4　使用 Jenkins 的流水线项目实施 CI/CD

任务要求

在早期版本中，Jenkins 所有的新功能都是通过安装插件来提供的，所有的配置都是通过 Web 界面来实现的。Jenkins 从 2.0 版本开始引入配置即代码（Configuration as Code）的概念，用代码表示流程更便于版本控制和自动化，配置与源码一起纳入代码仓库管理，可以更加容易地支持多分支开发部署。这种解决方案在 Jenkins 中具体是由流水线项目实现的，用户通过编写代码定义流水线来执行各种任务，以便更灵活地定制 CI/CD 流程。本任务的基本要求如下。

（1）初步了解 Jenkins 流水线语法。

（2）初步掌握在 Jenkins 中使用流水线的方法。

（3）学会通过编写流水线文件实施 CI/CD。

（4）掌握实施代码分支的 CI/CD 的方法。

9.4.1 Jenkins 的流水线语法

Jenkins 的流水线是一种将软件从代码提交到最终交付用户使用的全流程自动化表现形式。这个流程包括构建、测试、部署等阶段，流水线提供一系列可扩展的工具将此流程通过代码描述。也可以说，流水线是指一套运行于 Jenkins 上的工作流框架，将原本独立运行于单个或者多个节点的任务连接起来，实现单个任务难以完成的复杂发布流程。

流水线代码定义了整个 CI/CD 流程，包括以下基本要素。

· 阶段（Stage）。一个流水线可以划分为若干个阶段，每个阶段代表一组操作。阶段是一个逻辑分组的概念，可以跨多个节点。流程中的打包、构建、部署等环节就是阶段。

· 节点（Node）。Jenkins 的节点是指执行流水线步骤的具体运行环境。Jenkins 支持主从模式，可将构建任务分发到多个从节点（也称代理节点）去执行，从而支持多个项目的大量构建任务。

· 步骤（Step）。这是基本的操作单元，小到创建一个目录，大到构建一个镜像，由各类 Jenkins 插件提供。

流水线代码支持两种语法格式：脚本式和声明式。脚本式是基于 Groovy（一种基于 Java 的敏捷开发语言）的 DSL 实现的一种命令式编程模型。脚本式为 Jenkins 用户提供了灵活性和可扩展性，但需要用户掌握相关的编程技能。声明式更简单明了，比较适合没有编程经验的初学者。声明式和脚本式的流水线代码基本结构的比较见表 9-2。

表9-2　声明式和脚本式的流水线代码基本结构的比较

声明式流水线	脚本式流水线

<pre>pipeline {
  // 在任何可用的代理上执行此流水线或任何阶段
  agent any
  stages {
    stage('Build') {   // 定义构建阶段
      steps {
        // 执行与构建阶段相关的一些步骤
      }
    }
    stage('Test') {   // 定义测试阶段
      steps {
        // 执行与测试阶段相关的一些步骤
      }
    }
    stage('Deploy') { // 定义部署阶段
      steps {
        // 执行与部署阶段相关的一些步骤
      }
    }
  }
}</pre>
	<pre>node { // 在任何可用的代理上执行流水线或任何阶段
	  stage('Build') { // 定义构建阶段
	    // 执行与构建阶段相关的一些步骤
	  }
	  stage('Test') { // 定义测试阶段
	    // 执行与测试阶段相关的一些步骤
	  }
	  stage('Deploy') { // 定义部署阶段
	    // 执行与部署阶段相关的一些步骤
	  }
	}</pre>

一定要注意，实际的流水线代码支持单行注释（//）和块注释（/* */），但不支持行尾注释，表 9-2 中的行尾注释仅是方便说明。

在声明式流水线语法中，所有有效的声明必须包含在 pipeline 块中，所有的阶段（stage）必须位于 stages 块中，stages 是流水线中的多个 stage 的容器。agent 部分用于控制在哪个 Jenkins 代理上执行流水线。

在脚本式流水线语法中，一个或多个 node 块在整个流水线中执行核心工作。node 内容为可执行的 Groovy 脚本。stage 块是可选的，使用它可以更清楚地显示每个阶段的任务子集。

本项目的任务实现中重点是使用声明式语法编写流水线代码。

9.4.2 在 Jenkins 中使用流水线

在 Jenkins 中使用流水线首先需要创建流水线项目。在流水线项目中，我们可以直接在 Jenkins 提供的 Web 界面上编写流水线代码，还有一种方法是创建 Jenkinsfile 文件并将文件添加到代码仓库中。Jenkins 支持从代码仓库直接读取流水线代码，我们只需在项目中配置源码管理，指定代码仓库的地址以及 Jenkinsfile 文件所在的路径，每次构建时 Jenkins 会自动到指定的目录执行该代码文件。这是推荐的方法，方便流水线项目的管理，并且具有以下好处。

- 自动为所有分支和代码拉取请求创建流水线生成过程。
- 支持流水线上的代码审查或迭代。
- 支持流水线的审计跟踪。
- 确认流水线的单一真实来源，流水线可以由项目的多个成员查看和编辑。

Jenkins 提供多种生成流水线代码的向导和帮助。所有流水线项目的 Web 界面中都有一个名为"流水线语法"的按钮，单击之后可以查看一些关于流水线的帮助文档，以及使用代码生成向导。例如，可以使用"片段生成器"向导将 Web 表单中的配置参数转换成流水线代码，还可以使用"Generate Declarative Directive"向导生成声明式流水线代码。

 任务实现

任务 9.4.1 新建流水线项目实施 CI/CD

为便于演示，这里使用 Jenkins 流水线项目重复实现任务 9.3 的功能。

1. 准备项目源码

沿用前面 Maven 项目所用的 Spring Boot 演示项目代码，将其复制到 /dev-app/09/pipe-demo 目录中。为便于测试效果，修改其中的 DemoController.java 文件，将 return 语句修改为：

```
return "Hello! Please test pipeline!\n";
```

2. 编写 Jenkinsfile 文件

本例旨在实现前面所述的 Maven 项目的构建，在项目目录下创建 Jenkinsfile 文件，内容如下。

```
pipeline {
    agent any
    tools {
        // 需要使用 maven 工具构建
        maven 'maven'
    }
    stages {
        stage('Build') {
            steps {
```

```
                sh 'mvn -B -DskipTests clean package'
            }
        }
        stage('Test') {
            steps {
                sh 'mvn test'
            }
            post {
                always {
                    junit 'target/surefire-reports/*.xml'
                }
            }
        }
        stage('Docker build for creating image') {
            environment {
                HARBOR_USER = credentials('Harbor-ACCT')
            }
            steps {
                sh '''
                    echo ${HARBOR_USER_USR} ${HARBOR_USER_PSW}
                    docker build --build-arg app=${App_Name} -t
${HARBOR_ADDRESS}/${REGISTRY_DIR}/${IMAGE_NAME} .
                    docker login -u ${HARBOR_USER_USR} -p ${HARBOR_USER_PSW}
${HARBOR_ADDRESS}
                    docker push ${HARBOR_ADDRESS}/${REGISTRY_DIR}/${IMAGE_NAME}
                    docker rmi ${HARBOR_ADDRESS}/${REGISTRY_DIR}/${IMAGE_NAME}
                '''
            }
        }
        stage('Publish') {
            steps {
                sshPublisher(publishers: [sshPublisherDesc(configName: 'k8s-
master', transfers: [sshTransfer(cleanRemote: false, excludes: '', execCommand:
'''cd /spring-boot-demo
        kubectl apply -f kube.yaml
        kubectl delete -f kube.yaml && kubectl apply -f kube.yaml''',
execTimeout: 120000, flatten: false, makeEmptyDirs: false, noDefaultExcludes: false,
patternSeparator: '[, ]+', remoteDirectory: '/spring-boot-demo', remoteDirectorySDF:
false, removePrefix: '', sourceFiles: '**/*.yaml')], usePromotionTimestamp: false,
useWorkspaceInPromotion: false, verbose: false)])
            }
        }
    }
    environment {
        // 此处定义环境变量
        App_Name = "target/spring-boot-demo-0.0.1-SNAPSHOT.jar"
        GITLAB_SRV="gitlab.abc.com"
        HARBOR_ADDRESS = "harbor.abc.com:5000"
        REGISTRY_DIR = "k8s"
        IMAGE_NAME = "spring-boot-demo"
    }
}
```

此文件用于实现任务 9.3 中 Maven 项目的全部流程，共定义了 4 个阶段，每个阶段定义了相应的步骤。其中，environment 块中定义的环境变量可以与 stages 块平级，是全局的环境变量；也可以在某个 stage 中定义环境变量，如 stage('Docker build for creating image') 中的 environment 块，这样的环境变量只能在所定义的 stage 中有效，不能在其他 stage 中使用。

Jenkinsfile 文件中所用的代码有些可以通过"片段生成器"向导生成，如本例中发布阶段（stage('Publish')）的代码就可以由"片段生成器"向导自动生成。

3. 将项目源码和 Jenkinsfile 文件一起提交到代码仓库

电子活页

09.04 使用片段生成器自动生成代码

（1）在 GitLab 服务器上的 k8s 组中创建一个名为 pipe-demo 的空白项目。

（2）切换到用户主目录，将 GitLab 服务器上的 pipe-demo 代码仓库克隆到本地。

（3）切换到本地仓库目录，将项目文件以及 Jenkinsfile 文件复制到本地仓库目录中。

（4）将代码提交到 GitLab 代码仓库的主分支 main 中。

4. 在 Jenkins 中新建流水线项目

（1）打开 Jenkins 的 Dashboard 界面，启动新建任务向导，将任务名称设置为 pipe-demo，项目类型选择"流水线"，然后单击底部的"确定"按钮，新建一个流水线项目。

（2）打开该项目的设置界面，切换到"流水线"界面，设置源码管理选项，如图 9-43 所示。注意将"指定分支"文本框中的"*/master"修改为"*/main"，确认"脚本路径"文本框设置为"Jenkinsfile"（见图 9-44），以便 Jenkins 读取代码仓库中的 Jenkinsfile 文件。

图 9-43 设置源码管理选项　　　　　　　　图 9-44 设置脚本路径

（3）单击"保存"按钮保存项目设置，显示该项目的基本信息界面。

小贴士

流水线项目的配置中也会有一些简单的表单配置项，如参数化构建，这些参数可以在流水线部分定义的脚本中进行访问。但是使用 Jenkinsfile 文件定义流程，Jenkinsfile 文件本身与项目配置是分开的，这样并不方便，最好是在 Jenkinsfile 文件中定义这些功能选项，除了必需的流水线配置之外。

5. 在 Jenkins 中执行项目构建

（1）在该项目的基本信息界面中，单击左侧的"立即构建"按钮，将手动开始该项目的构建。

构建过程中或构建完成会显示阶段视图，这是流水线项目的特性，如图 9-45 所示。

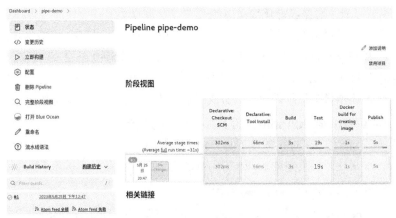

图 9-45 项目构建的阶段视图

（2）单击构建历史列表中的序号，会显示此次项目构建的基本信息。可以发现此次项目构建由用户 gly 启动（手动发起构建）。可以根据需要对此次项目构建结果执行进一步操作。

（3）单击"打开 Blue Ocean"按钮，可以更直观地查看流水线项目构建的完整流程，如图 9-46 所示。

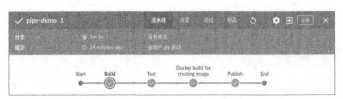

图 9-46 查看 Blue Ocean 流水线

（4）查看控制台的输出可以进一步分析项目构建过程。下面列出部分片段，首先从代码仓库获取 Jenkinsfile 文件，然后开始流水线（Start of Pipeline），最后结束流水线（End of Pipeline）。

```
Obtained Jenkinsfile from git git@gitlab.abc.com:k8s/pipe-demo.git
[Pipeline] Start of Pipeline
[Pipeline] node
Running on Jenkins in /var/jenkins_home/workspace/pipe-demo
[Pipeline] {
[Pipeline] stage
[Pipeline] { (Declarative: Checkout SCM)
# 此处省略
[Pipeline] // node
[Pipeline] End of Pipeline
Finished: SUCCESS
```

（5）在 Kubernetes 集群中进行访问测试，结果表明测试成功。

```
[root@master01 ~]# curl master01:31008
Hello! Please test pipeline!
```

任务 9.4.2　实施代码分支的 CI/CD

实际应用中每个项目的代码仓库基本都会有不同的分支，在 Jenkins 中用户可以专门创建分支类型的流水线项目来实现多分支的构建，也可以使用普通的流水线项目来支持多分支的构建。

这里示范后一种方案，以便读者进一步理解流水线代码。

1. 准备参数化构建环境

这种方案需要确认安装有 Git Parameter 插件以支持参数化构建，这样在项目构建的过程中，就可以根据用户的输入动态传入一些参数值，定制整个构建的结果。就本例来说，多个代码分支，不用在流水线代码中提供分支名称，只需让项目接收外部输入的分支名称，为项目构建动态提供特定名称的代码分支。

2. 准备项目源码和 Jenkinsfile 文件并提交到代码仓库

（1）这里沿用任务 9.4.1 中的 Spring Boot 演示项目代码。为便于测试效果，修改 DemoController.java 文件，将其中的 return 语句修改为：

```
return "Hello! Please test main branch!\n";
```

修改其中的 Kubernetes 资源配置文件 kube.yaml，将使用的 Docker 镜像的标签改为可替换的字符串 "<BUILD-TAG>"，这样就可以在流水线代码中动态更改镜像的标签，以区分每次提交的代码仓库版本。

```
image: harbor.abc.com:5000/k8s/spring-boot-demo:<BUILD-TAG>
```

（2）重新修改流水线文件 Jenkinsfile，内容如下。

```
pipeline {
    agent any
    tools {
        maven 'maven'
    }
    stages {
        stage('Pulling Code') {
            parallel {
                stage('Pulling Code by Jenkins') {
                    when {
                        expression {
                        env.gitlabBranch == null
                        }
                    }
                    steps {
                        checkout scmGit(branches: [[name: "${BRANCH}"]], extensions: [],
userRemoteConfigs: [[credentialsId: "${env.GITLAB_PUB}", url: "${env.GITLAB_URL}"]])
                        script {
                            COMMIT_ID = sh(returnStdout: true, script: "git log -n 1
--pretty=format:'%h'").trim()
                            TAG = BUILD_TAG + '-' + COMMIT_ID
                            println "Current branch is ${BRANCH}, Commit ID is
${COMMIT_ID}, Image TAG is ${TAG}"
                        }
                    }
                }
                stage('Pulling Code by trigger') {
                    when {
                        expression {
                        env.gitlabBranch != null
                        }
                    }
```

```
                }
            steps {
                checkout scmGit(branches: [[name: "${env.gitlabBranch}"]],
extensions: [], userRemoteConfigs: [[credentialsId: "${env.GITLAB_PUB}", url:
"${env.GITLAB_URL}"]])
                script {
                    COMMIT_ID = sh(returnStdout: true, script: "git log -n 1
--pretty=format:'%h'").trim()
                    TAG = BUILD_TAG + '-' + COMMIT_ID
                    println "Current branch is ${env.gitlabBranch}, Commit
ID is ${COMMIT_ID}, Image TAG is ${TAG}"
                }
            }
        }
    }
    stage('Build') {
        // 此处代码同任务 9.4.1，省略
    }
    stage('Test') {
        // 此处代码同任务 9.4.1，省略
    }
    stage('Docker build for creating image') {
        environment {
            HARBOR_USER = credentials('Harbor-ACCT')
        }
        steps {
            sh """
                echo ${HARBOR_USER_USR} ${HARBOR_USER_PSW}
                docker build --build-arg app=${App_Name} -t
${HARBOR_ADDRESS}/${REGISTRY_DIR}/${IMAGE_NAME}:${TAG} .
                docker login -u ${HARBOR_USER_USR} -p ${HARBOR_USER_PSW}
${HARBOR_ADDRESS}
                docker push ${HARBOR_ADDRESS}/${REGISTRY_DIR}/${IMAGE_NAME}:${TAG}
                docker rmi ${HARBOR_ADDRESS}/${REGISTRY_DIR}/${IMAGE_NAME}:${TAG}
            """
        }
    }
    stage('Publish') {
        steps {
            // 修改 kube.yaml 文件中的镜像标签
            sh "sed -i 's/<BUILD-TAG>/${TAG}/' kube.yaml"
            sshPublisher(publishers:
                // 此处代码同任务 9.4.1，省略
            )
        }
    }
}
environment {
    App_Name = "target/spring-boot-demo-0.0.1-SNAPSHOT.jar"
    GITLAB_SRV="gitlab.abc.com"
    GITLAB_URL = 'git@gitlab.abc.com:k8s/branch-demo.git'
```

```
        GITLAB_PUB = 'GitLab-Key'
        HARBOR_ADDRESS = "harbor.abc.com:5000"
        REGISTRY_DIR = "k8s"
        IMAGE_NAME = "spring-boot-demo"
    }
    parameters {
        gitParameter(branch: '', branchFilter: 'origin/(.*)', defaultValue:
'main', description: 'Branch for build and deploy', name: 'BRANCH',
quickFilterEnabled: false, selectedValue: 'NONE', sortMode: 'NONE', tagFilter:
'*', type: 'PT_BRANCH')
    }
}
```

Git Parameter 插件支持在项目构建中以 Git 分支名称、标签、拉取请求或修订号等作为参数来选择代码仓库，本例在 parameters 块中用 gitParameter 方法定义，默认分支为 main，参数类型 PT_BRANCH 表示以 Git 分支名称作为参数。

在 stage('Pulling Code') 块中使用 parallel 指令定义一个包含 stage('Pulling Code by Jenkins') 和 stage('Pulling Code by trigger') 阶段的并行流水线。这个并行流水线根据获取的 Git 分支名称来决定执行哪个阶段的步骤，如果没有 gitlabBranch 变量，则选择前一个阶段的步骤执行，由 Jenkins（手动）发起代码拉取；否则选择后一个阶段的步骤执行，由触发器（自动）发起代码拉取。步骤中的 checkout scmGit 方法用于拉取 Git 代码。

在声明式代码中，script 块中定义的环境变量属于脚本定义环境变量，比较特别，可以跨 stage 块使用。

（3）在 GitLab 服务器上的 k8s 组中创建一个名为 branch-demo 的空白项目，然后将项目代码的主分支（main）提交到该代码仓库，提交时注意将备注信息设置为"1st main commit"。

3. 新建流水线项目并手动执行项目构建

（1）新建一个名为 branch-demo 的流水线项目，并设置从 git@gitlab.abc.com:k8s/branch-demo.git 代码仓库中读取 Jenkinsfile 文件。

（2）在该项目的基本信息界面中单击"立即构建"按钮，由于构建参数由流水线代码生成，首次执行会失败。刷新界面则会发现"立即构建"按钮变为"Build with Parameters"（使用参数化构建）按钮，如图 9-47 所示。

（3）查看该项目的配置，可以发现已经自动勾选了"参数化构建过程"复选框，并设置了相应的 Git 参数，如图 9-48 所示。实际上这些配置是由 Jenkinsfile 文件的流水线代码生成的。

（4）回到该项目的基本信息界面，单击"Build with Parameters"执行参数化构建，从分支列表中选择"main"（主分支），如图 9-49 所示，单击"开始构建"按钮。

（5）项目构建成功，如图 9-50 所示。

（6）打开此次项目构建的基本信息界面，如图 9-51 所示。界面左边列出了多种功能的操作按钮，可以根据需要进一步操作，例如"参数"按钮可用来查看构建参数。

（7）单击"打开 Blue Ocean"按钮，可以更直观地查看流水线项目构建的完整流程，如图 9-52 所示，可以发现并行流水线，本例选择的是代码拉取由 Jenkins 发起。

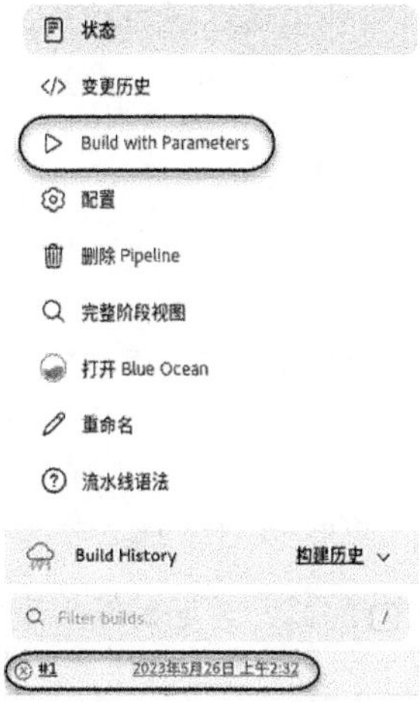

状态
变更历史
Build with Parameters
配置
删除 Pipeline
完整阶段视图
打开 Blue Ocean
重命名
流水线语法
Build History
构建历史
Filter builds...
#1
2023年5月26日 上午2:32

图 9-47 首次构建失败

参数化构建过程
Git 参数
名称
BRANCH
描述
Branch for build and deploy
[纯文本] 预览
参数类型
分支
默认值
main
高级
Edited
添加参数

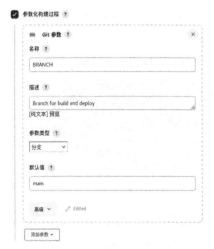

图 9-48 自动生成的参数构建配置

状态
变更历史
Build with Parameters
配置
删除 Pipeline
完整阶段视图
打开 Blue Ocean
重命名
流水线语法
Pipeline branch-demo
需要如下参数用于构建项目:
BRANCH
Branch for build and deploy
main
开始构建

图 9-49 选择分支开始构建

Build History
构建历史
Filter builds...
#2
2023年5月26日 上午2:41
#1
2023年5月26日 上午2:32
Atom feed 全部
Atom feed 失败

图 9-50 项目构建成功

Dashboard
branch-demo
#2
状态
变更历史
Console Output
编辑构建信息
删除构建 '#2'
参数
Timings
Git Build Data
Test Result
打开 Blue Ocean
从指定阶段重新运行
回放
流水线步骤
Workspaces
上一次构建
Build #2 (2023年5月26日 上午2:41:15)
永久保留此次编译
Started 2 分 16 秒 ago
Took 34 秒
添加说明
启动用户gly
This run spent:
9 毫秒 waiting;
34 秒 build duration;
34 秒 total from scheduled to completion.
git
Revision: 731d9f5c2f2fb9898c1dae1a0223ca046324bfae
Repository: git@gitlab.abc.com:k8s/branch-demo.git
refs/remotes/origin/main
Test Result (没有失败)
The following steps that have been detected may have insecure interpolation of sensitive variables
(click here for an explanation):
sh: [HARBOR_USER_PSW]

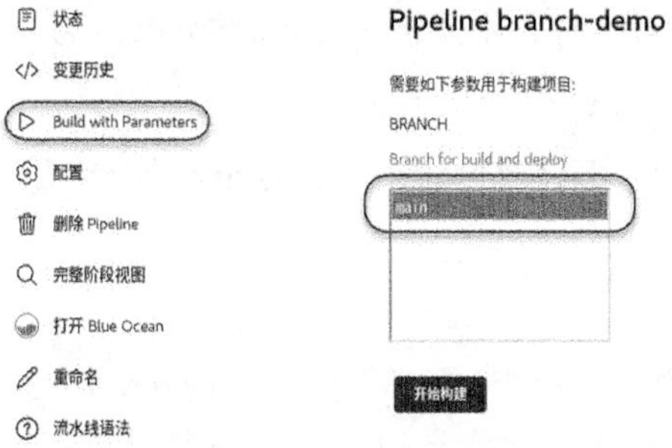

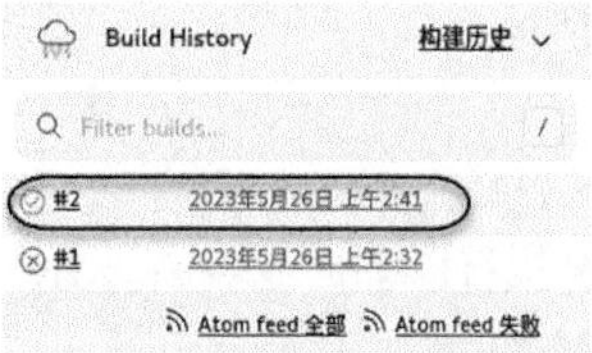

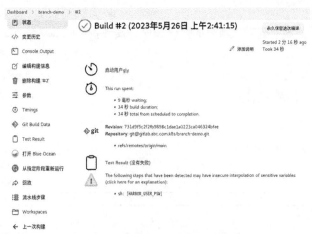

图 9-51 代码分支构建的基本信息界面

branch-demo < 2
流水线
改变
测试
制品
注销
分支:
提交:
34s
6 minutes ago
没有修改
由用户 gly 启动
并行流水线
Start
Pulling Code
Build
Test
Docker build for creating image
Publish
End
Pulling Code by Jenkins
Pulling Code by trigger

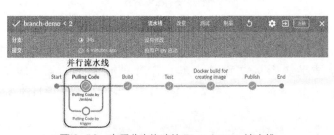

图 9-52 查看分支构建的 Blue Ocean 流水线

（8）查看所构建的 Docker 镜像，如图 9-53 所示，可以发现镜像已经自动打上了标签，这个标签是由 Jenkins 项目构建代号和代码提交 ID 共同组成的。可以到 GitLab 服务器上查看该代码仓库的 main 分支提交 ID 进一步验证，如图 9-54 所示。

图 9-53　查看镜像标签　　　　　　　　　　　　　图 9-54　代码提交 ID

（9）在 master01 主机上执行 curl master01:31008 命令进行测试，返回的结果表明测试成功。

```
Hello! Please test main branch!
```

4. 创建新的代码分支并进行构建

（1）修改 DemoController.java 文件，将其中的 return 语句修改为：

```
return "Hello! Please test dev branch!\n";
```

（2）在本地仓库目录下执行以下命令创建一个名为 dev 的分支并切换到该分支。

```
[root@docker_dev branch-demo]# git checkout -b dev
```

（3）依次执行以下命令更新该分支本地仓库并将其提交到远程代码仓库的 dev 分支。

```
[root@docker_dev branch-demo]# git add .
[root@docker_dev branch-demo]# git commit  -m "1st dev commit"
[root@docker_dev branch-demo]# git push  origin dev
```

（4）到 GitLab 服务器上查看该项目的代码仓库，发现新建的 dev 分支，如图 9-55 所示。

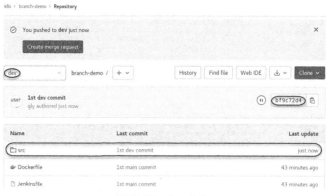

图 9-55　dev 分支

（5）切换到 Jenkins 界面，如图 9-56 所示，在该项目的基本信息界面中单击"Build with Parameters"按钮执行参数化构建，从分支列表中选择新的"dev"，单击"开始构建"按钮。

（6）本次构建结果如图 9-57 所示。其中有两次 git 操作，第 1 次是从 main 分支拉取 Jenkinsfile 文件用于定制流水线，第 2 次是从 dev 分支拉取代码用于项目的具体构建和部署。

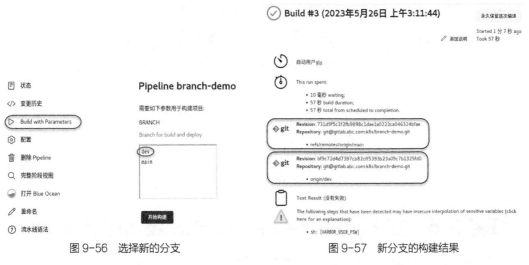

图 9-56　选择新的分支　　　　　　　　图 9-57　新分支的构建结果

（7）在 master01 主机上执行 curl master01:31008 命令进行测试，返回的结果表明测试成功。

```
Hello! Please test dev branch!
```

5．自动提交分支代码并进行构建

（1）参照任务 9.3.3 的操作为本 Jenkins 项目构建触发器，并转到在 GitLab 服务器上创建相应的 Webhook。

（2）修改 DemoController.java 文件，将其中的 return 语句修改为：

```
return "Hello! Please test branch autobuild!\n";
```

（3）在本地代码仓库目录下依次执行以下命令，切换到 dev 分支，更新该分支本地仓库并将其提交到远程代码仓库的 dev 分支。

```
[root@docker_dev branch-demo]# git checkout dev
[root@docker_dev branch-demo]# git add .
[root@docker_dev branch-demo]# git commit  -m "2st dev commit"
[root@docker_dev branch-demo]# git push  origin dev
```

（4）切换到 Jenkins 界面，会发现该项目自动开始构建，构建的结果如图 9-58 所示。结果表明备注信息为"2st dev commit"的提交代码发生改变，由 GitLab Webhook 触发自动构建。

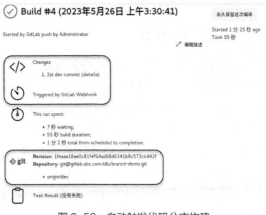

图 9-58　自动触发代码分支构建

（5）查看 Blue Ocean 流水线，如图 9-59 所示，可以发现代码拉取是由触发器发起的。

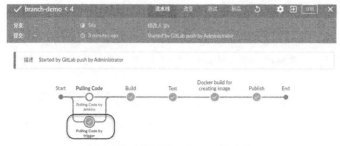

图 9-59　查看 Blue Ocean 流水线

任务 9.5　在 Kubernetes 中动态创建代理节点实施 CI/CD

任务要求

前面的 Jenkins 任务都是在 Jenkins 服务器上执行构建的。Jenkins 支持分布式构建，Jenkins 服务器作为主节点并不适合执行高负载的构建任务，生产环境中应该由专门的代理节点执行构建任务。Jenkins 与 Kubernetes 集成，将代理节点（从节点）以 Pod 的形式在 Kubernetes 中动态创建，可以更加灵活地调度资源来完成 Jenkins 任务的构建。本任务沿用任务 9.2 搭建的 CI/CD 平台创建 Pod 代理，Jenkins 服务器（仍然在 Kubernetes 集群之外）作为主节点，但仅负责任务的管理和控制，由在 Kubernetes 中运行的 Pod 作为代理节点，负责任务的构建。本任务的基本要求如下。

（1）了解 Jenkins 的主节点和代理节点。

（2）了解 Jenkins 与 Kubernetes 的集成，以及 Pod 代理的工作机制。

（3）掌握 Kubernetes 中 Pod 代理的配置方法。

（4）学会在 Kubernetes 中动态创建 Pod 代理实施 CI/CD。

相关知识

9.5.1　Jenkins 的主节点和代理节点

Jenkins 中的任务，不管是流水线项目还是自由风格的项目，都要在某个节点上进行构建。所有可以执行 Jenkins 任务的系统都可以称为节点。节点可以是一台运行 Linux、Windows 或 macOS 的主机，也可以是一个 Docker 容器，前提是节点上需要提供 Java 运行时环境。

Jenkins 的分布式构建特性使得任务可以被分布在不同的节点上运行，这样既可以平衡负载，又可以让同一套代码在不同的环境（如 Linux、Windows）中进行编译和测试。节点可以分为主节点（Master）和代理节点（Agent）。

主节点是 Jenkins 的主要控制系统，能够访问所有的 Jenkins 配置选项和任务列表。安装并运行 Jenkins 服务器软件的系统就是主节点。

如果没有明确指定其他节点，则 Jenkins 任务默认都会在主节点上执行构建。如果任务多且复杂，则容易造成主节点阻塞，这就需要考虑使用代理节点。

代理节点又称从节点（Slave）。所有非主节点的其他节点都是代理节点。代理节点由主节点管理，根据主节点的分配执行特定的任务。例如，用户可以针对不同的配置指派不同的代理节点执行构建任务，或者安排多个代理节点并发执行测试任务等。代理节点可以是固定配置的，也可以是动态配置的。

主节点与代理节点之间可以使用 JNLP、SSH 等方式进行连接。JNLP 是 Java 提供的一种可以通过浏览器直接执行 Java 程序的途径。

当有多个节点时，用户可以在 Jenkins 中选择任务的构建节点。前面提到过，在声明式流水线代码中，agent 用于指定节点；而在脚本式流水线代码中，node 用于指定节点。

以声明式语法为例，在 agent 块中，any 表示任意节点；label 指定选择节点所依据的标签；none 表示根据每个 stage 块中定义的 agent（代理）运行（stage 块中必须指定）；node 与 label 类似，可以添加其他配置。用户还可以使用 docker 模块启动一个容器作为节点，例如：

```
agent {
        docker {
            image 'maven:3-jdk-8-alpine'
            args '-v $HOME/.m2:/root/.m2'
        }
}
```

9.5.2　在 Kubernetes 中使用 Pod 作为代理节点

在生产环境中，Jenkins 通常将主节点作为控制器用于配置管理任务，代理节点专门用于构建任务。传统的解决方案是代理节点采用固定配置的方式，这可能导致代理节点的资源分配不均衡，而且不同代理节点的配置环境不同还会增加管理负担。

Jenkins 基于 Kubernetes 插件与 Kubernetes 集成提供了新的解决方案，不管是主节点还是代理节点，都能以 Pod 的形式在 Kubernetes 集群中运行，Pod 会按需动态创建、自动删除。当 Jenkins 主节点收到任务构建的请求时，会根据配置的标签动态创建一个 Pod 代理并注册到主节点上，完成任务的构建后，该 Pod 会被注销并且会被自动删除，恢复到初始状态。这种解决方案可以实现动态扩缩，合理使用资源，而且可以将 Pod 代理动态分配到相对空闲的节点上创建。当将 Jenkins 主节点部署在 Kubernetes 中时，这种方案还可以实现高可用性，当 Jenkins 主节点发生故障时，Kubernetes 会自动创建一个新的 Pod 作为主节点。当然，Jenkins 主节点也可以在 Kubernetes 集群外运行。Jenkins 代理节点的整个生命周期都在 Kubernetes 中，并且通过 JNLP 与 Jenkins 主节点进行连接。

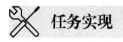

微课

19. 在 Jenkins 中
配置 Pod 代理

任务 9.5.1　在 Jenkins 中配置 Pod 代理

前面已将 Jenkins 主节点部署在 Kubernetes 集群外的主机上，这里在 Jenkins 中配置能够实现动态构建任务的 Pod 代理。首先需要完成 Kubernetes 集群作为云的连接配置。

1. 配置 Kubernetes 云

前面以容器形式部署的 Jenkins 服务器上已安装有用于 Jenkins 与 Kubernetes 集成的

Kubernetes 插件，还需在节点管理中进行相应配置。

（1）打开 Jenkins 的 Dashboard 界面，单击左侧的"系统管理"按钮，再单击"节点管理"按钮，显示图 9-60 所示的节点列表。

图 9-60　节点列表

（2）单击"Configure Clouds"按钮，再单击"Add a new cloud"按钮，在弹出的下拉列表中选择"Kubernetes"，如图 9-61 所示。

（3）出现图 9-62 所示的配置界面，首先为要连接的 Kubernetes 集群命名（本例命名为 k8s）。

图 9-61　添加 Kubernetes 作为云　　　　　　　　图 9-62　设置云（集群）的名称

（4）单击"Kubernetes Cloud details"按钮配置 Kubernetes 云的详细设置，首先从"凭据"下拉列表中选择之前添加的 Kubernetes 凭据，如图 9-63 所示；然后单击"连接测试"按钮，出现"Connected to kubernetes v1.25.4"的信息，就表明连接成功了，如图 9-64 所示。

图 9-63　添加 Kubernetes 凭据　　　　　　　　图 9-64　连接测试

（5）向下移动到"Pod Labels"区域，单击"Add Pod Label"按钮，在弹出的下拉列表中选择"Pod Label"，出现图 9-65 所示的界面，分别设置 Pod 标签的键和值。

（6）单击底部的"Apply"按钮保存配置。

2. 配置 Pod 代理的模板

接下来通过 Pod 模板指定要创建的 Pod 代理的模板和环境。Kubernetes 插件在 Pod 中分配 Jenkins 代理，这些 Pod 总有一个名为 jnlp 的特殊容器在运行 Jenkins 代理。该容器用于 Jenkins 主节点与 Jenkins 代理节点之间的通信。用户可以在 Pod 模板中自行添加其他容器以满足特定需求，这些容器中都可以动态运行命令。这里示范通过 Web 界面直接配置 Pod 模板。

（1）添加 Pod 模板。在"配置集群"界面（见图 9-62）中单击"Pod Templates"按钮，再单击"添加 Pod 模板"按钮，如图 9-66 所示，首先为该模板命名，这里命名为 cicd-pod。这个名称很重要，后面在 Jenkinsfile 文件中指定代理节点时要引用。

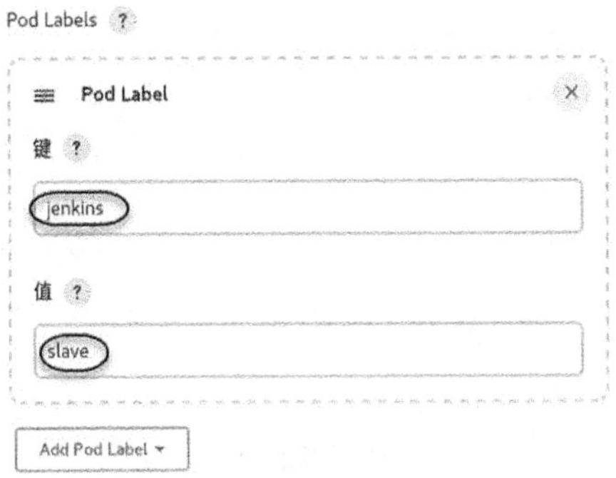

图 9-65　设置 Pod 标签 　　　　　图 9-66　添加 Pod 模板

（2）单击"Pod Template details"按钮设置该 Pod 模板的详细配置。可以根据需要设置命名空间和标签列表，这里保持默认设置，从"用法"下拉列表选择"只允许运行绑定到这台机器的 Job"（另一个选项是"尽可能地使用这个节点"），如图 9-67 所示。

可以为该 Pod 进行具体配置，如对容器、环境变量、卷等进行配置，如图 9-68 所示。

图 9-67　添加 Pod 模板　　　　　图 9-68　配置 Pod

下面重点是添加 Pod 中要运行的其他容器。官方不建议覆盖 jnlp 容器，除非是在特殊情况下。本例针对 Maven 项目构建环境定义所需的容器。

（3）向下移动到"容器列表"区域，单击"添加容器"按钮，在弹出的下拉列表中选择"Container Template"，定义要添加的容器。这里先添加一个用于提供 Maven 项目构建环境的 maven 容器，如图 9-69 所示，除了设置容器名称外，还需设置相应的 Docker 镜像和工作目录。

（4）添加一个用于编译、推送 Docker 镜像的 docker 容器，如图 9-70 所示。可以为该容器分配伪终端。

图 9-69　添加 maven 容器 　　　　　　图 9-70　添加 docker 容器

（5）添加一个用于在 Kubernetes 中运行 kubectl 命令管理应用程序的 kube 容器，如图 9-71 所示，这里 Docker 镜像选择 portainer/kubectl-shell。

（6）向下移动到"卷"区域，单击"添加卷"按钮，为简化实验，这里选择"Host Path Volume"，定义要挂载到 Pod 代理中的卷列表。如图 9-72 所示，本例添加了 3 个主机路径卷，其中 /root/.m2 用于 maven 容器保存本地存储库，/var/run/docker.sock 用于 docker 容器操作主机上的 Docker，/etc/hosts 用于提供名称解析，便于 Pod 代理使用域名访问其他服务器。

图 9-71　添加 kube 容器　　　　　　图 9-72　设置 Pod 代理的挂载路径

（7）向下移动到"节点选择器"区域，这里"kubernetes.io/hostname=node01"明确指定在主机名为 node01 的集群节点上运行 Pod 代理，如图 9-73 所示。当然，也可以为运行 Pod 代理的节点专门设置标签，然后在此处进行指定。

图 9-73　设置节点选择器

3. 在集群节点上安装 Docker

本例的 Kubernetes 集群没有采用 Docker 作为容器运行时，但是构建 Docker 镜像必须使用 Docker，因此还需在指定的集群节点（本例为 node01）上安装 Docker，具体步骤不赘述。

Pod 代理使用 Docker IN Docker 模式构建 Docker 镜像，前面已经通过挂载主机的 /var/run/docker.sock 文件让 docker 容器使用主机的 Docker，docker 容器还需要利用节点主机上的 Docker 来推送镜像，由此也需要在集群节点上配置对 Harbor 镜像仓库的信任，具体方法是在该主机上的 /etc/docker/daemon.json 中加入 insecure-registries 定义，并重启 Docker 服务使配置生效。

任务 9.5.2　新建 Jenkins 项目测试 Pod 代理的动态创建

完成上述配置之后，Jenkins 主节点就可以动态创建 Pod 代理，并使用该 Pod 完成 Jenkins 任务的构建以实现项目的持续集成和部署。任务构建完成以后会自动删除该 Pod。这样既可以减轻主节点的负载，又可以极大地提高资源利用率。下面进行测试和验证操作。

1. 准备项目源码和 Jenkinsfile 文件并提交到代码仓库

（1）这里沿用任务 9.4.1 的 Spring Boot 演示项目代码。为便于测试效果，修改 DemoController.java 文件，将其中的 return 语句修改为：

```
return "Hello! Please test k8s agent!\n";
```

确认 Kubernetes 资源配置文件 kube.yaml 中 Docker 镜像的标签采用可替换的字符串 "<BUILD-TAG>"。

（2）重新编写流水线文件 Jenkinsfile，内容如下。

```
pipeline {
  agent {
    // 使用 Kubernetes 的 Pod 作为代理
    kubernetes {
    // 指定 Pod 代理的云环境，需要与前面新建的云环境名称一样
    cloud 'k8s'
    // 指定要使用的 Pod 模板
    inheritFrom 'cicd-pod'
    }
  }
  stages {
    stage('Build') {
      steps {
      // 使用 Pod 模板定义的名为 maven 的容器执行 Maven 构建
        container('maven') {
                sh 'mvn -B -DskipTests clean package'
          }
        }
      }
    stage('Test') {
      steps {
        container('maven') {
          sh 'mvn test'
            }
```

```
        }
        post {
            always {
                junit 'target/surefire-reports/*.xml'
            }
        }
    }
    stage('Docker build for creating image') {
        environment {
            HARBOR_USER = credentials('Harbor-ACCT')
        }
        steps {
            sh 'echo ${HARBOR_USER_USR} ${HARBOR_USER_PSW} ${TAG}'
            // 使用 Pod 模板定义的名为 docker 的容器执行 Docker 镜像的构建和推送
            container(name. 'docker') {
                sh """
                    docker build --build-arg app=${App_Name} -t ${HARBOR_ADDRESS}/
${REGISTRY_DIR}/${IMAGE_NAME}:${TAG} .
                    docker login -u ${HARBOR_USER_USR} -p ${HARBOR_USER_PSW}
${HARBOR_ADDRESS}
                    docker push ${HARBOR_ADDRESS}/${REGISTRY_DIR}/${IMAGE_NAME}:${TAG}
                    docker rmi ${HARBOR_ADDRESS}/${REGISTRY_DIR}/${IMAGE_NAME}:${TAG}
                """
            }
        }
    }
    stage('Deploying to K8s') {
        environment {
            // 获取连接 Kubernetes 集群的凭据
            KUBE_CONFIG = credentials('K8S-CRED')
        }
        steps {
            // 使用 Pod 模板定义的名为 kube 的容器执行应用程序的部署
            container(name: 'kube'){
                sh """
                    sed -i 's/<BUILD-TAG>/${TAG}/' kube.yaml
                    /usr/local/bin/kubectl --kubeconfig $KUBE_CONFIG apply -f kube.yaml
                """
            }
        }
    }
}
environment {
    App_Name = "target/spring-boot-demo-0.0.1-SNAPSHOT.jar"
    HARBOR_ADDRESS = "harbor.abc.com:5000"
    REGISTRY_DIR = "k8s"
    IMAGE_NAME = "spring-boot-demo"
    // 获取代码提交 ID 作为镜像标签
    TAG = sh( returnStdout: true, script: 'git rev-parse  --short HEAD').trim()
}
}
```

默认情况下，命令将在 Pod 代理的 jnlp 容器中执行（jnlp 是为了兼容性而保留的历史名称）。如果要使用其他容器执行任务，可以通过 container 指令进行容器的切换。

注意，脚本中的 git rev-parse HEAD 用于获取完整的代码提交 ID，而 git rev-parse --short HEAD 用于获取短格式的代码提交 ID。与任务 9.4.2 不同，本例的镜像标签仅使用了短格式的代码提交 ID，没有使用 Jenkins 项目构建代号。

（3）在 GitLab 服务器上的 k8s 组中创建一个名为 k8sagent-demo 的空白项目，然后将项目代码的主分支（main）提交到该代码仓库。

2. 新建流水线项目并手动执行项目构建

（1）新建一个名为 k8sagent-demo 的流水线项目，并设置从 git@gitlab.abc.com:k8s/k8sagent-demo.git 代码仓库中读取 Jenkinsfile 文件，还要注意将分支改为"*/main"。

（2）在该项目的基本信息界面中单击"立即构建"按钮，切换到系统管理功能的"节点列表"界面，单击 ↻ 按钮，可以发现除了名为 master 的主节点外，还临时创建了一个代理节点，如图 9-74 所示。

图 9-74　临时创建的代理节点

（3）在 Kubernetes 的当前 Pod 中，可以发现有新增的 Pod，其名称与前面的代理节点名称相同，这表明是为 Jenkins 动态创建的 Pod 代理。

```
[root@master01 ~]# kubectl get pod
NAME                                    READY   STATUS     RESTARTS     AGE
k8sagent-demo-1-7zlff-rbhr0-hqg05       4/4     Running    0            20s
sbdemo-deploy-7cdd4d8466-bj7wl          1/1     Running    0            19m
```

稍等片刻，再次查看当前的 Pod，可以发现该 Pod 已经不存在了，自动销毁了。值得注意的是，前面我们仅为 Pod 代理定义了 3 个容器，这里却显示 4 个容器（READY 值为 4/4），继续下面的考察即可找出原因。

（4）回到该项目的基本信息界面，可以发现此次项目构建成功，进一步查看此次项目构建的控制台输出，可以详细考察 Pod 代理的创建过程，如图 9-75 所示。

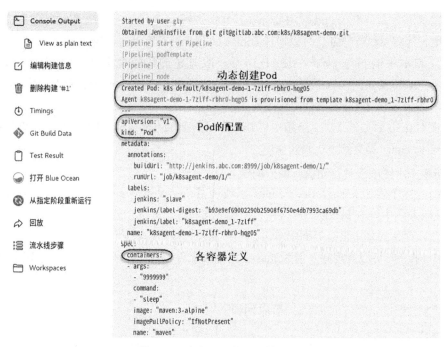

图 9-75 考察 Pod 代理的创建过程

其中从 apiVersion: "v1" 开始的部分代码用于定义 Pod 代理，我们可以将这些代码嵌入 Jenkinsfile 文件中用于动态创建 Pod 代理。

小贴士　前面使用 Web 界面定义 Pod 模板属于 Kubernetes 云环境配置。Pod 模板也可以在 Jenkins 流水线项目的 Jenkinsfile 文件中使用代码定义，用户在该文件中加入 Pod 配置清单（YAML 格式）来灵活地控制 Pod 代理的创建以建立任务构建的运行环境。

继续考察控制台输出的内容，可以发现自动创建了一个名为 jnlp 的容器：

```
image: "jenkins/inbound-agent:3107.v665000b_51092-5"
  name: "jnlp"
```

这正是 Kubernetes 插件默认使用的容器，因此本例的 Pod 代理就拥有 4 个容器。

（5）从控制台输出的内容中还可以发现构建 Docker 镜像的命令，其中镜像标签为代码提交 ID。

```
+ docker build --build-arg 'app=target/spring-boot-demo-0.0.1-SNAPSHOT.jar'
-t harbor.abc.com:5000/k8s/spring-boot-demo:2970423 .
```

（6）在 master01 主机上执行 curl master01:31008 命令进行测试，返回的结果表明测试成功。

```
Hello!Please k8s agent!
```

项目小结

DevOps 是一套完整的软件开发运维流程，可以实现软件构建、测试和发布，而 CI/CD 是重要的 DevOps 实践。

云原生应用程序是以容器形式提供的，使用 Kubernetes 可以实现容器在多个节点上的统一调度，可以将容器对接到持久化存储、虚拟网络，还可以实现弹性伸缩等，提高软件产品的迭代效率。应用程序从开发、测试、部署到 Kubernetes 中运行是一个完整的流程，Kubernetes 结合 CI/CD 工作流可以自动实现这个流程，进一步改进软件产品交付流程，简化软件产品的开发和部署工作流。

多数企业用户基于开源软件 GitLab、Jenkins、Harbor 和 Kubernetes 的组合来搭建云原生应用程序的 CI/CD 平台。GitLab 是基于 Git 的开源代码管理平台。Harbor 是为企业用户设计的 Docker 镜像仓库开源项目。作为开源的自动化服务器，Jenkins 是 CI/CD 的事实标准。

Jenkins 提供多种项目类型来满足不同用户对软件项目的 CI/CD 需求。Jenkins 的精髓是流水线即代码，流水线是官方推荐使用的项目类型。与传统的自由风格项目不同，流水线项目通过编写代码来实现。进入"云原生时代"，大多数用户将 Jenkins 基于 Kubernetes 插件与 Kubernetes 集成，使 Jenkins 代理节点以 Pod 的形式在集群内部动态创建、运行、销毁等，从而满足大规模 CI/CD 的需求。

本项目所采用的 Spring Boot 演示项目比较简单，还有很多 CI/CD 功能没有介绍，但搭建的 CI/CD 平台和示范的 CI/CD 流程很有意义。掌握这些基础知识和基本技能之后，读者可以灵活运用，结合实际需要举一反三，完成各类软件项目的 CI/CD 实施任务。

课后练习

1. 以下关于镜像仓库的说法中，不正确的是（　　　）。
    A. 将镜像推送到私有镜像仓库需要认证
    B. 从私有镜像仓库拉取镜像无须认证
    C. Harbor 适合企业级 Docker 注册中心
    D. Secret 可用于提供 Harbor 认证信息

2. （　　　）属于代码管理系统。
    A. GitLab
    B. Jenkins
    C. Harbor
    D. DevOps

3. 以下不属于 DevOps 的目标的是（　　　）。
    A. 加快项目的交付速度
    B. 提高软件质量
    B. 软件产品流程自动化
    D. 自动处理程序错误

4. 以下不属于 CI/CD 工作流的是（　　　）。
    A. 持续集成
    B. 持续交付
    C. 持续部署
    D. 低代码平台

5. 以下不能由 Jenkins 统一管理的凭据是（　　　）。
    A. 账户和密码
    B. 动态口令
    C. 数字证书
    D. 公钥

6. 以下关于 Jenkins 项目的说法中，不正确的是（　　）。
    A. 自由风格的项目不能用流水线项目替代
    B. Maven 项目适合 Java 应用程序的 CI/CD
    C. 流水线项目使用代码定义
    D. 多分支流水线项目适合用来构建复杂的应用程序
7. 在 Jenkins 流水线中，（　　）是基本的操作单元。
    A. 阶段　　　　　　　　　　　　　　　B. 节点
    C. 步骤　　　　　　　　　　　　　　　D. 脚本
8. 以下关于 Jenkins 节点的说法中，不正确的是（　　）。
    A. Jenkins 任务默认会在主节点上执行构建
    B. Jenkins 的节点不能是虚拟机
    C. 代理节点根据主节点的分配执行特定的任务
    D. Jenkins 代理节点可以在 Kubernetes 中以 Pod 的形式动态创建

项目实训

实训 1　手动将 Python 应用程序部署到 Kubernetes

实训目的
（1）熟悉从提交源码到部署应用程序的整个流程。
（2）掌握将开发的应用程序部署到 Kubernetes 的流程和方法。

实训内容
（1）准备 Python 项目源码。采用一个简单的 Flask 测试程序文件，创建一个项目目录，在其中准备 app.py 文件，参考代码如下。

```
from flask import Flask
app = Flask(__name__)
@app.route('/')
def index():
    return 'Test container deployment!'
if __name__ == '__main__':
    app.run(host='0.0.0.0', port=8888)
```

（2）构建应用程序的镜像。
首先在项目目录下创建 Dockerfile 并在其中添加以下代码。

```
FROM python:3.8-alpine
RUN pip3 install -i https://pypi.douban.com/simple flask
RUN mkdir -p /app
COPY app.py /app
WORKDIR /app
EXPOSE 8888
```

```
CMD ["python", "app.py"]
```
然后基于该文件创建一个镜像。

（3）基于该镜像运行一个容器进行测试。测试完毕后，删除容器。

（4）将该镜像推送到 Docker 注册中心。

（5）编写 Kubernetes 资源配置文件，基于该文件部署应用程序并进行测试。

实训 2　搭建云原生应用程序的 CI/CD 平台

实训目的

（1）了解 CI/CD 平台的组成。

（2）学会搭建适合 Kubernetes 应用程序的 CI/CD 平台。

实训内容

参考任务 9.2 完成此实训。

（1）结合 Kubernetes 环境规划 CI/CD 平台。

（2）安装并配置 GitLab 服务器。

（3）安装并配置 Harbor 服务器。

（4）安装并配置 Jenkins 服务器。

（5）安装 GitLab、Blue Ocean、Pipeline、Kubernetes Credentials、SSH 和 Publish Over SSH 等 Jenkins 插件。

（6）在 Jenkins 中添加用于 GitLab 和 Harbor 的凭据。

实训 3　使用 Jenkins 的流水线项目实施 CI/CD

实训目的

（1）了解 Jenkins 的流水线及其基本语法。

（2）掌握使用 Jenkins 的流水线项目实施 CI/CD 的流程和方法。

实训内容

参考任务 9.4 完成此实训，对 Python 应用程序实施 CI/CD。

（1）准备项目源码，采用实训 1 的项目源码。

（2）编写 Jenkinsfile。Python 程序无须编译，流水线可以只包括构建镜像和发布程序。

（3）将项目源码和 Jenkinsfile 文件一起提交到代码仓库。

（4）在 Jenkins 中新建流水线项目。

（5）在 Jenkins 中执行项目构建。

（6）在 Kubernetes 中测试是否成功部署应用程序。

（7）查看并分析流水线项目构建的整个流程。

（8）通过 GitLab 自动触发项目的构建和部署。